全国高职高专园林类专业“十二五”规划教材

园林 3ds Max 辅助设计

主　编　杨云霄
副主编　张鹏举　张培杰
参　编　马思雨　刘慧珏　侯可雷　吴艳华
主　审　马　英

黄河水利出版社
·郑州·

内 容 提 要

本教材是全国高职高专园林类专业系列教材之一，内容包括模型的创建、材质与贴图的编辑与操作技能、相机灯光渲染操作技能和园林效果图制作操作技能四大部分，具体由9个任务、67个子任务(即67个实例)组成。本教材以实际操作为主线，理论知识贯穿其中，在编写体例上不拘一格，具备"任务引领型""案例型""项目实训型"等特点，其目的是让学生在学中练、在练中学，在实际动手练习中掌握理论知识和专业技能。

本书可作为高等职业院校、成人教育园林及相关专业教材，也可供从事园林设计工作的人员阅读参考。

图书在版编目(CIP)数据

园林3ds Max辅助设计/杨云霄主编．—郑州：黄河水利出版社，2011.7 (2022.7 修订重印)
全国高职高专园林类专业"十二五"规划教材
ISBN 978-7-5509-0074-5

Ⅰ.①园… Ⅱ.①杨… Ⅲ.①园林设计：计算机辅助设计-应用软件，3ds Max-高等职业教育-教材 Ⅳ.①TU986.2-39

中国版本图书馆CIP数据核字(2011)第128263号

策划编辑：杨雯惠　电话：0371-66020903　E-mail：yangwenhui923@163.com

出 版 社：黄河水利出版社　网址：www.yrcp.com
地址：河南省郑州市顺河路黄委会综合楼14层　邮政编码：450003
发行单位：黄河水利出版社
发行部电话：0371-66026940、66020550、66028024、66022620(传真)
E-mail：hhslcbs@126.com
承印单位：河南新华印刷集团有限公司
开本：787 mm×1 092 mm　1/16
印张：17
字数：393千字
版次：2011年7月第1版　印次：2022年7月第3次印刷

定价：35.00元

全国高职高专园林类专业“十二五”规划教材

编审委员会

参编院校

出版说明

近年来,随着社会的进步和人们生活水平的提高,人类对生存环境的质量要求越来越高,园林作为生态环境建设的重要组成部分和提高人类生存环境质量的重要凭借手段,越来越受到环境决策者和建设者的重视,特别是在城市,生态园林建设已成为解决社会快速发展所带来的环境问题的主要方式之一,因而以服务和改造室内外环境为基本内容的园林专业也随之迅速发展,新观念、新技术不断涌现,社会对园林工程专业高素质技能型人才的要求也不断提高。

为了配合全国高职高专园林类专业的教学改革与教材建设规划,按照国家对高职高专园林专业人才培养目标定位和市场对园林专业人才生态知识及实践技能的要求,在对现有园林工程专业教材出版情况进行深入调研并充分征求了各课程主讲老师意见的基础上,我社组织出版了这套"全国高职高专园林类专业'十二五'规划教材"。教材的编写立足于高起点、出精品,本着知识传授与能力培养并重的原则,以培养园林高级专业技术人才为目标,着重加强职业教育的技能培养特色,重点突出实验、实训教学环节。

本系列教材的编写和出版得到了全国20多所园林类高职高专院校的大力支持,我们特别邀请了多所高等院校相关专业的老师对稿件进行了严格审查把关。正是由于他们的辛勤工作和无私奉献,才使得这些教材能够在最短的时间内付梓印刷,并有效保证了教材的整体水平和质量。在此,对推进此次教材编写与出版工作的各院校领导、参编和审稿的老师表示衷心的感谢和诚挚的敬意。

诚然,人才的培养需要教育者长期坚持不懈的努力,好的教材也需要经过时间的考证和实践的检验。希望各院校在使用这些教材的过程中提出改进意见与建议,以便再版时不断修改和完善。

黄河水利出版社

前　言

随着我国经济社会的快速发展，尤其在国务院大力加强职业教育的推动下，高职高专教育以服务为宗旨，以就业为导向，走产学研相结合的道路，进入了快速、健康的发展阶段。同时，各级各类企业对高技能型人才的需求也在加大。本教材在编写过程中，按照培养高技能型人才的具体要求，以“实际、实用”为目的，重点进行操作技能和案例实战的训练，充分体现了高职高专的教学特点，反映了最新园林效果图制作的设计成果，并形成本教材的特色。

目前，人们的生活水平与欣赏能力不断提高，对园林效果图的要求也越来越高，因此园林设计所面对的挑战也越来越大。那么，如何才能提高自身的设计和表现水平，让自己设计的方案真实、自然、表现合理呢？效果图的“表现”无疑是园林设计中非常重要的环节，真实、细致的表现在一定程度上可以起到推波助澜的作用。

本教材在重点介绍 3ds Max 建模、编辑材质、设置灯光和相机、渲染输出等内容的基础之上，在综合实战实例中展示了 V－Ray 渲染器的风采。它可以表现出真实的光影效果（如白天、傍晚、夜晚等）和各种不同的物体质感（如金属、玻璃、陶瓷、布料等）。对于一些特殊质感的物体的表现，如蜡烛、玉石、皮肤等具有次表面散射效果的物体，V－Ray 渲染器也能够轻松胜任。同时，V－Ray 渲染器还能快速地生成预览和快速地得到最终的渲染成品。

本教材图文并茂，使学生能够轻松入门，通过任务引领的形式让学生边学边练，学练结合，以迅速提高 3ds Max 园林效果图制作的能力，从而达到学生出了校门即能上岗的目的。在教学过程中，子任务中如无特别提到所用 3ds Max 的版本，即可使用 3ds Max 的任何版本。

本教材由黑龙江生物科技职业学院杨云霄主编，并负责全书的统稿工作。全书内容共包括 4 个项目 9 个任务。具体编写分工如下：山东东营职业学院张培杰编写任务 3、任务 4 和任务 6；哈尔滨理工大学张鹏举编写任务 9 的子任务 1、子任务 2 和子任务 3；哈尔滨铁道职业学院刘慧珏编写任务 9 的子任务 5；哈尔滨商业大学广厦学院马思雨编写任务 9 的子任务 6；辽宁农业职业技术学院吴艳华编写任务 9 的子任务 4；山东日照职业技术学院侯可雷编写任务 7；黑龙江生物科技职业学院杨云霄编写任务 1、任务 2、任务 5 和任务 8。本教材由河北政法职业学院马英担任主审。

由于编者水平有限，书中难免会出现疏漏之处，敬请读者批评指正。

编　者

2011 年 5 月

前言

目 录

项目一　模型的创建

教学目标

- 熟悉常用的基本工具
- 掌握对象选择的操作方法
- 掌握建立选择集与组的操作方法
- 掌握对象变换的操作方法
- 掌握对象复制、镜像、对齐、阵列的操作方法
- 掌握二维形体的创建与编辑方法
- 掌握三维建模的操作方法

任务1　由二维图形生成三维模型

子任务1　制作花瓶模型

制作目的

本子任务通过一个花瓶造型的制作，学习【线】命令、【编辑样条线】中的【顶点】命令、【修改器列表】中的【车削】以及【焊接内核】、【翻转法线】等命令的应用。

实例效果

花瓶造型见图1-1。

图1-1　花瓶造型

操作步骤

1. 重置3ds Max系统。点击【图形】/【线】命令，在前视图中绘制一个如图1-2所示的二维闭合图形。

2. 进入修改命令面板，从修改器下拉列表中选择【编辑样条线】命令，进入二维对象的子对象【顶点】级别，即单击按钮，选择视图中的顶点，将图形修改成如图1-3所示的形状。

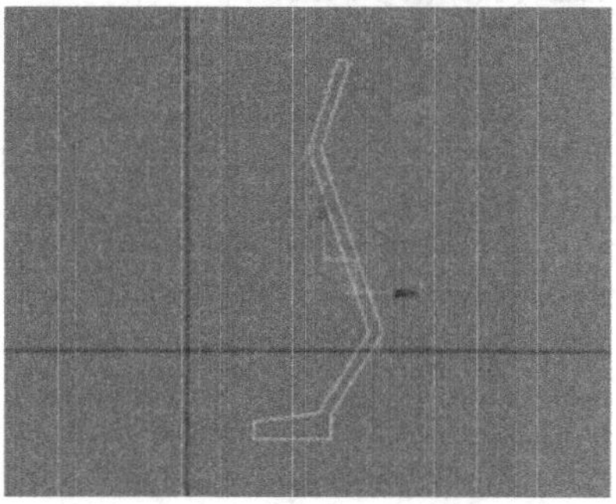

图1-2　用直线创建的图形

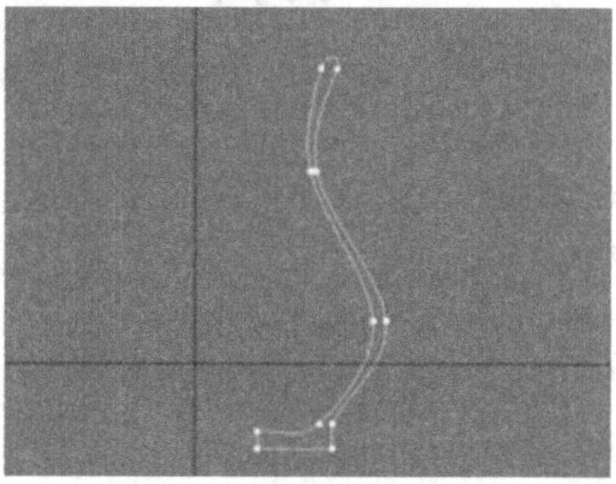

图1-3　修改后的图形

3. 选择视图中的图形，单击修改器列表下的【车削】命令，按下【最小】按钮，再勾选【焊接内核】，调大【分段】后面的数值，完成花瓶造型的制作，结果如图1-1所示。

说明

车削原理是通过旋转一个二维图形产生三维造型。【车削】命令主要是为了制作轴对称模型而设计的，如苹果、高脚杯、葫芦、碟子、瓶子等对象的制作。

另请注意：如果车削完成后的模型不能正确显示，请勾选【翻转法线】复选框。

巩固训练

灵活编辑二维线形，运用【车削】命令绘制如图1-4所示的碗、高脚杯、喷水池等轴对称图形。

图1-4　碗、高脚杯和喷水池造型

子任务2　制作镜框模型

制作目的

本子任务通过制作一个镜框模型，进一步熟练【线】命令、【编辑样条线】中的【顶点】命令的使用，学习并掌握用【附加】命令连接二维图形，在【样条线】次物体下对二维图形用【布尔】命令进行布尔运算，以及【面片/样条线编辑】下的【车削】命令的进一步应用。

实例效果

镜框造型见图 1-5。

图 1-5　镜框造型

操作步骤

1. 重置 3ds Max 系统。单击【创建】/【图形】/【直线】按钮，在顶视图中创建一个三角形，按住【Shift】键创建水平线和垂直线，如图 1-6 所示。

2. 单击【修改】按钮，打开修改面板，从修改器堆栈中单击次对象的【顶点】按钮。然后向上拖动参数面板，从中找到【优化】按钮并单击，在三角形的斜边上增加节点，增加节点之后，单击【优化】按钮使其关闭。选择新增加的点，右键单击鼠标，将点的属性改为【Bezier】项，并调整其状态。同样，修改三角形左下方点的属性为【Bezier 角点】并调整其形态，如图 1-7 所示。

3. 在顶视图中再创建两个矩形和一个圆形，位置如图 1-8 所示。

4. 选择修改后的三角形，右键单击鼠标，选择【附加多个】项，到视口中分别拾取两个矩形和一个圆形，结果如图 1-9 所示。

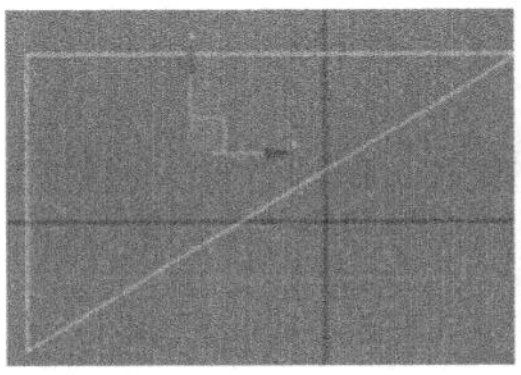
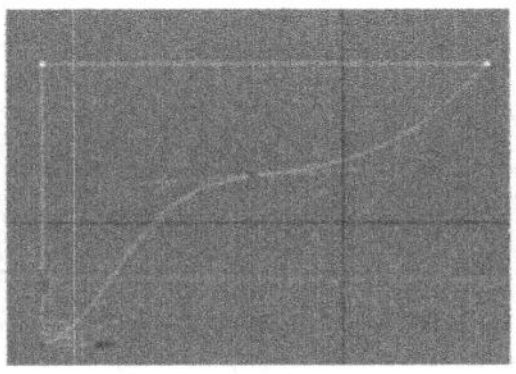

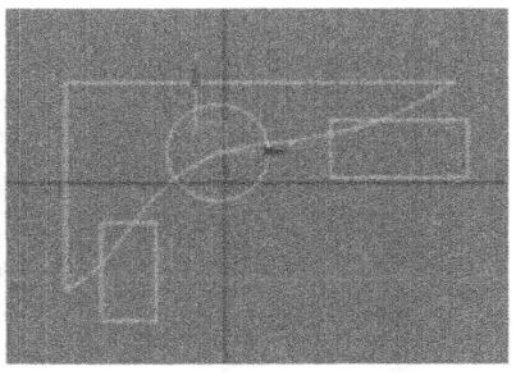

图 1-6　用直线画三角形　图 1-7　加点并调整点　图 1-8　其他图形的位置　图 1-9　图形的附加

5. 进入修改面板，激活按钮，在视图中选择修改后的三角形，使其变为红色，如图 1-10所示。然后单击【布尔】/【差集】，分别拾取两个矩形，再单击【并集】，拾取圆形，结果如图 1-11 所示。

6. 取消子对象的选择状态，单击主菜单中的【修改器】/【面片/样条线编辑】/【车削】命令，调整修改面板下的【分段】数为 4。然后，打开修改器堆栈中【车削】前面的加号，激活【轴】，如图 1-12 所示。在顶视图中拖动【轴】控制相框开口的大小，相框的厚度可通过缩放工具来调整，最终效果如图 1-5 所示。

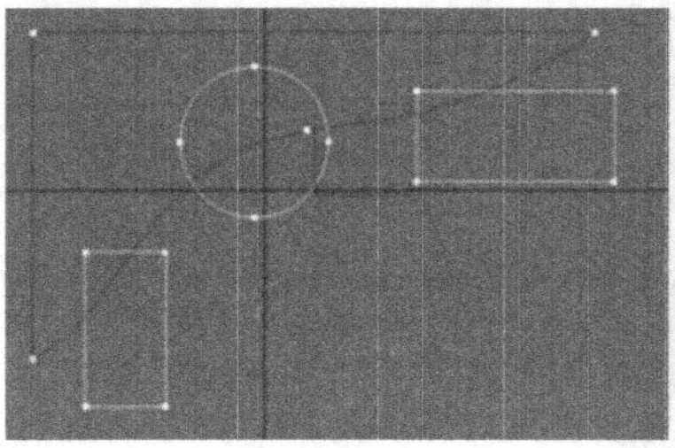

图 1-10　布尔运算前选择原对象

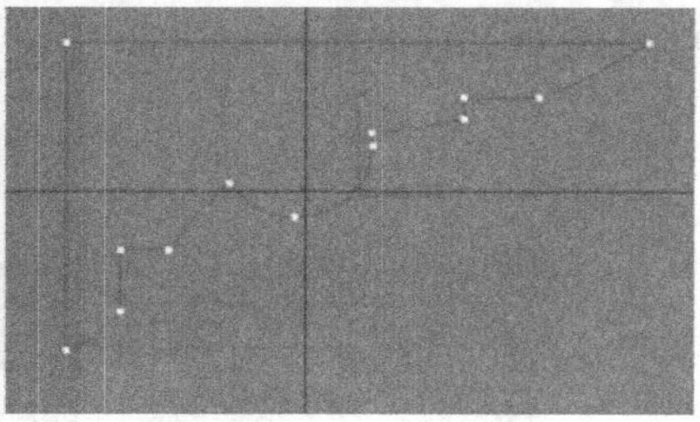

图 1-11　布尔运算结果

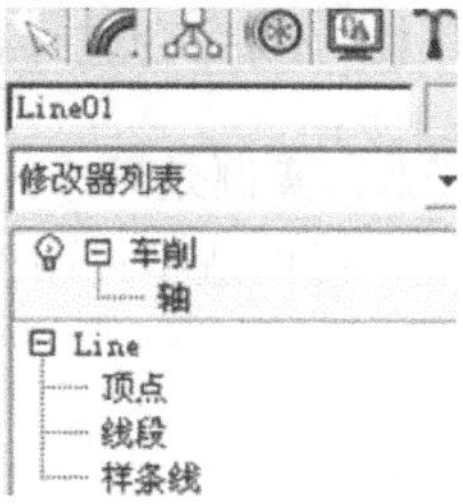

图 1-12　布尔运算

说明

在 3ds Max 中，如果要对一个对象进行操作，那么首先要选择这个对象，如果完成了本次操作，一般要取消本次选择，特别是子对象一级的选择，然后再开始新的操作。

巩固训练

制作如图 1-13 所示的圆形镜框。提示：将修改面板下的【分段】数调大。

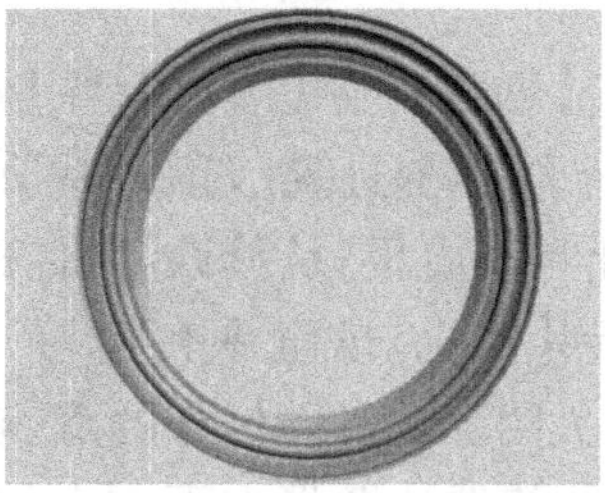

图 1-13　圆形镜框

子任务 3　制作室外长椅模型

制作目的

本子任务首先用【线】命令绘制长椅的外形轮廓和需要镂空的线形，将二者实施【附加】命令后进行【挤出】操作；然后用【矩形】命令绘制椅子的横梁，再运用【复制】、【旋转】、【移动】等命令完成整体操作。通过室外长椅的制作，掌握简单造型的创建顺序及相互位置关系的呼应处理。

实例效果

室外长椅造型见图 1-14。

操作步骤

1. 重置 3ds Max 系统，设置单位为“mm”。单击【矩形】命令，在左视图中绘制一个 1060 × 895 的辅助矩形。

2. 单击【线】命令，在左视图的辅助矩形中绘制如图 1-15 所示的闭合的二维线形。

图 1-14　室外长椅造型

3. 删除辅助矩形，继续在左视图中绘制如图 1-16 所示的二维封闭线形。

4. 选择任一个二维线形，单击鼠标右键，在弹出的菜单中选择【转换为可编辑样条线】，在右侧的【几何体】卷展栏中单击【附加】按钮，在视窗中拾取另一个二维线形，将二者附加到一起，变为白色，如图 1-17 所示。

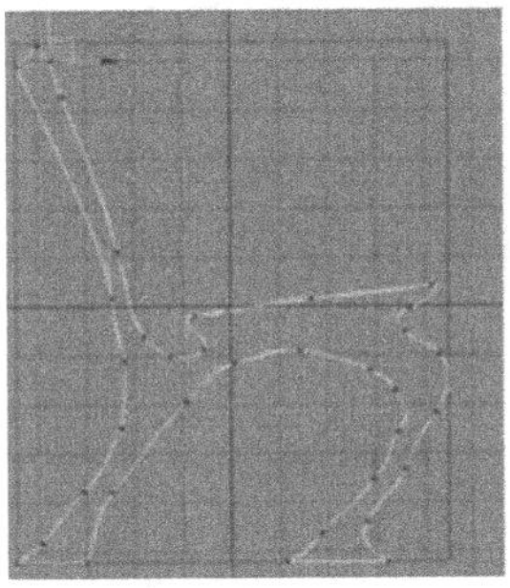

图 1-15　闭合的二维线形

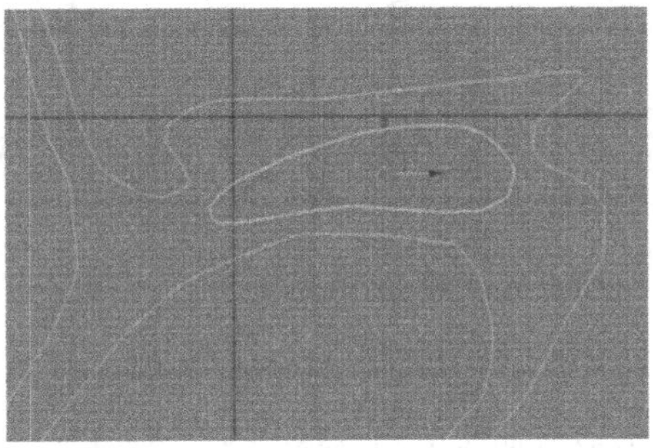

图 1-16　又绘制的二维封闭线形

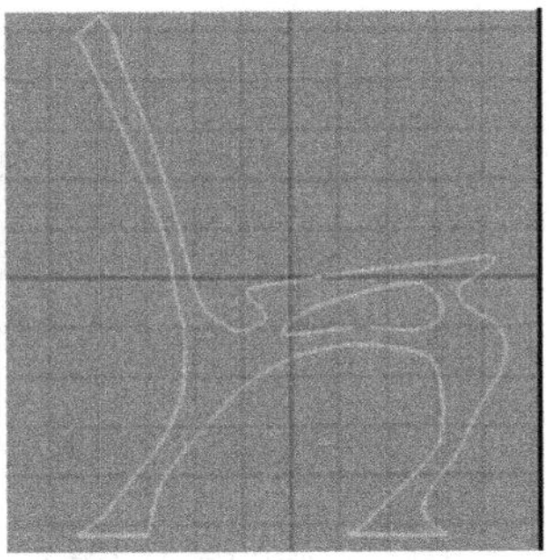

图 1-17　附加二维线形

5. 单击【修改】命令，在其下拉列表中选择【挤出】命令，设置【数量】为 100，并命名为“椅子支撑”，结果如图 1-18 所示。

6. 在顶视图中，按住【Shift】键的同时，用【移动】命令将“椅子支撑”以【实例】的方式沿 X 轴方向复制两个，两个“椅子支撑”之间的距离为 800，结果如图 1-19 所示。

说明

“椅子支撑”之间的距离是通过在顶视图中绘制了一个 10 × 800 的辅助矩形来准确控制的，位置正确后将辅助矩形删除即可。

7. 单击【矩形】按钮，在左视图中绘制一个 35 × 100 的矩形，命名为“横梁”，位置如图 1-20所示。

8. 为造型添加【挤出】修改，设置【数量】为 1800，然后为造型添加【编辑多边形】修改，进入【边】层级，按【Ctrl + A】键全选所有的边，单击【切角】旁边的□按钮，设置【切角量】为 5，结果如图 1-21 所示。

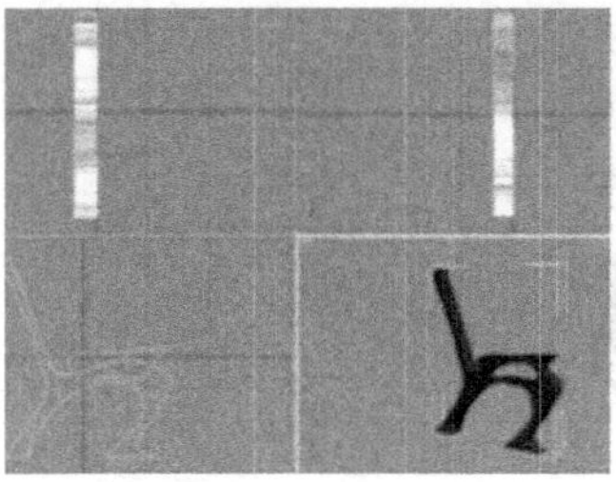

图 1-18　挤出造型

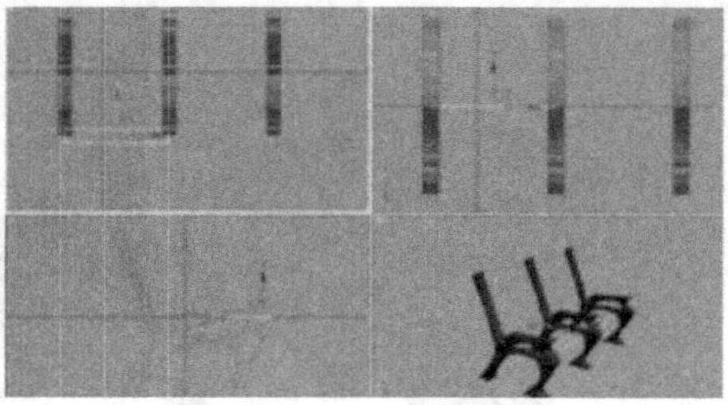

图 1-19　复制"椅子支撑"

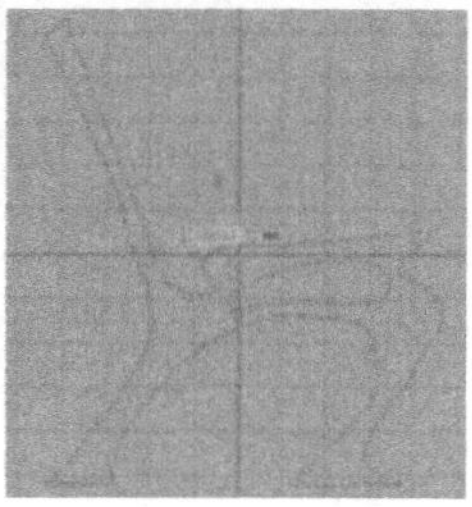

图 1-20　绘制矩形

9. 将"横梁"复制 6 个，对它们用【移动】命令和【旋转】命令分别进行移动和旋转操作，靠背上的"横梁"先在顶视图中沿 X 轴方向旋转 90°，然后再做细微的旋转调整，最终位置如图 1-22 所示。

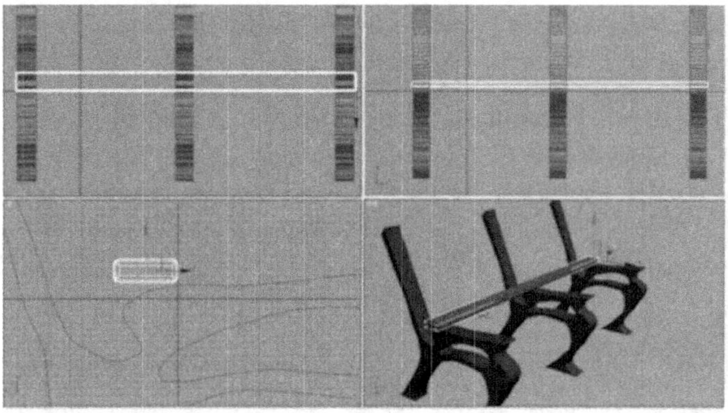

图 1-21　挤出"横梁"并进行多边形边的编辑

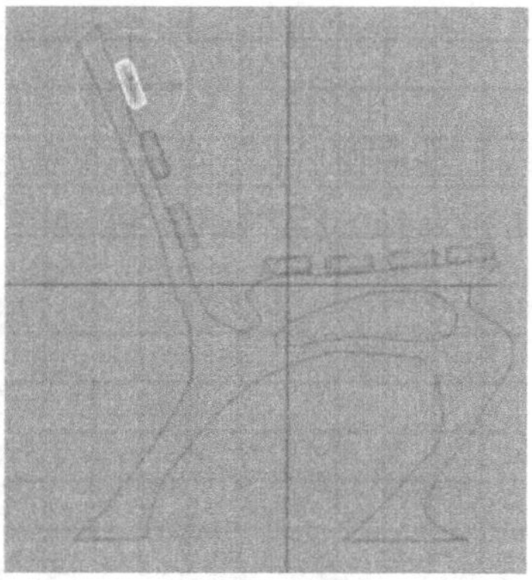

图 1-22　复制"横梁"并分别调整角度

10. 造型的整体最终渲染形态如图 1-14 所示。

说明

【挤出】命令是将二维形体沿与其垂直的方向拉伸，形成立体模型的操作。

巩固训练

绘制如图 1-23 所示的两款椅子造型。

图 1-23　椅子造型

子任务 4　制作雕刻字效果

制作目的

本子任务主要运用了【文本】、【对齐】、【克隆】、【附加】、【挤出】等命令，通过制作一个雕刻字效果，熟练掌握这些命令的使用方法。

实例效果

雕刻字效果见图 1-24。

图 1-24　雕刻字效果

操作步骤

1. 重置 3ds Max 系统，设置单位为“mm”。单击【矩形】命令在前视图中创建一个 100 × 300的矩形。

2. 单击【图形】按钮下的【文本】按钮，此时弹出参数面板，从中选择“楷体_GB2312”字体，并在文本框中输入“清风湖公园”5 个字，参数设置如图 1-25 所示。

3. 在前视图中单击鼠标左键，将文字创建到场景中来，系统将其自动命名为“Text01”。确认“Text01”处于被选择状态，单击【对齐】按钮，然后在前视图中点击“矩形”，在弹出的“对齐当前选择”对话框中设置中心对正，如图 1-26 所示。图形位置如图 1-27所示。

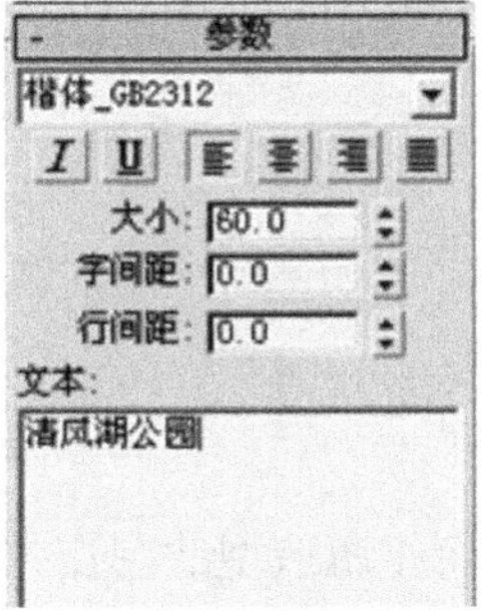

图 1-25　参数设置

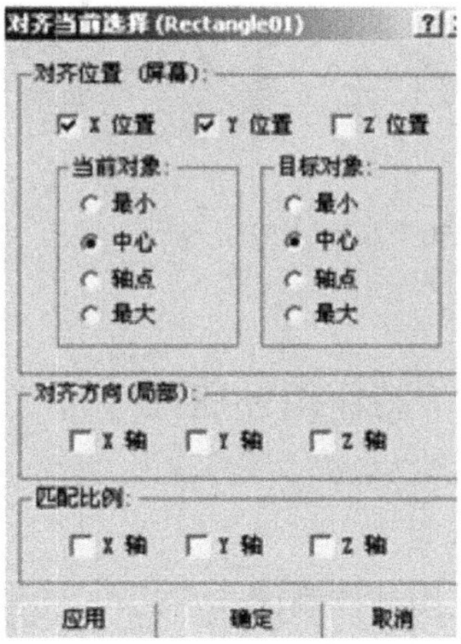

图 1-26　设置中心对正

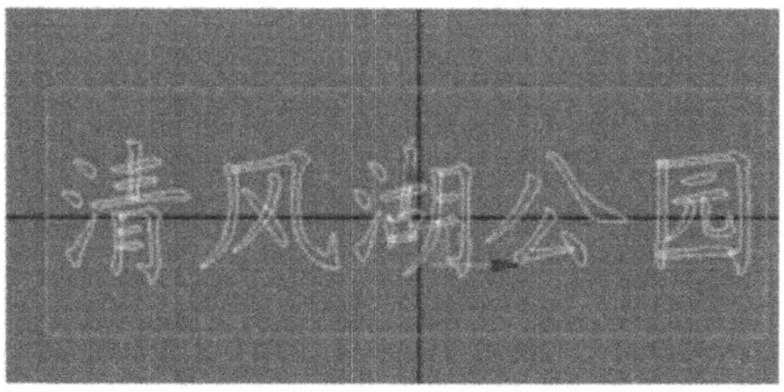

图 1-27　图形位置

4. 选择“Text01”,按【Ctrl + V】键,设置“克隆选项”对话框如图 1-28 所示。复制出“Text02”。

5. 确认“Text01”处于被选择状态,在任一视图中单击鼠标右键,选择【转换为】/【转换为可编辑样条线】命令,在命令面板中的【几何体】卷展栏中单击【附加】项,在视图中点击“矩形”,将二者连接。然后对连接对象实施【挤出】,设置挤出【数量】为 30,结果如图 1-29所示。

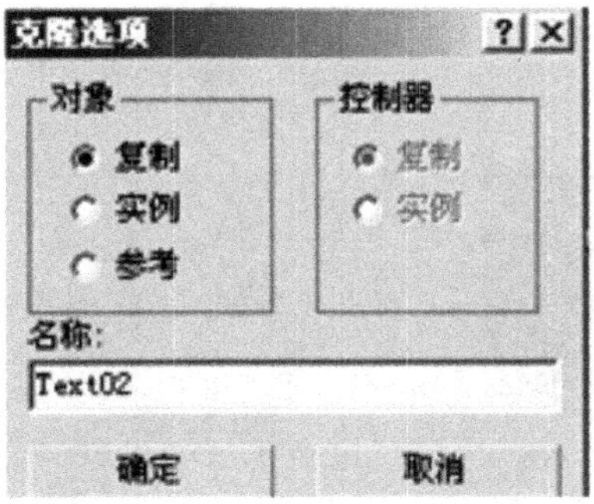

图 1-28　“克隆选项”对话框

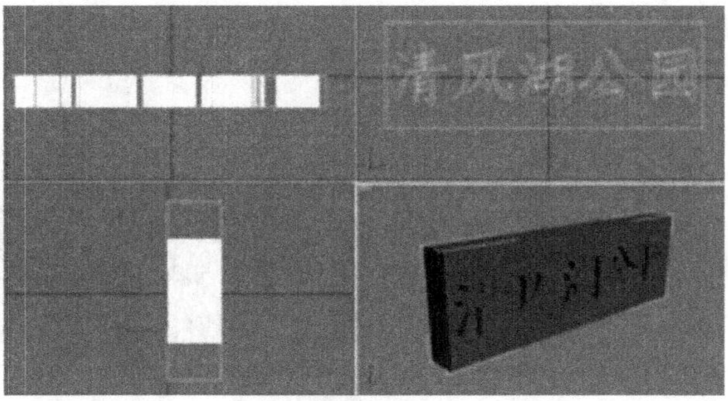

图 1-29　挤出操作

6. 单击【选择对象】按钮,从中选择“Text01”,对其实施挤出操作,挤出【数量】为 33,最终效果如图 1-24 所示。

说明

二维线形连接后实施挤出操作,将出现镂空。

巩固训练

绘制如图 1-30 所示的两款牌匾造型。

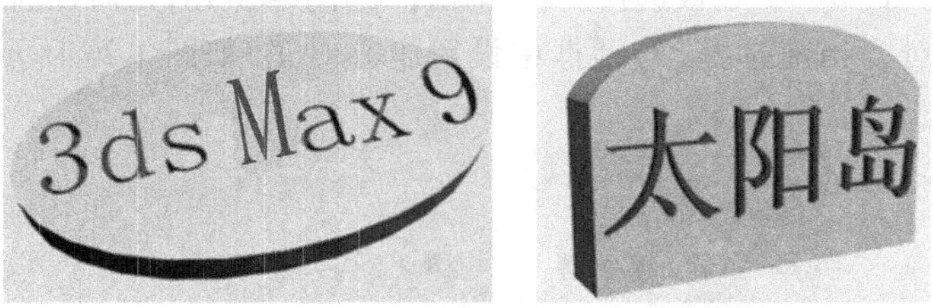

图 1-30　牌匾造型

子任务 5　制作茶杯造型

制作目的

茶杯一般包括杯体和杯把两部分,其中杯体制作非常简单,与前面花瓶造型的制作方法相同,杯把制作起来比较麻烦,要使用多种截面图形放样制作。本子任务所用的工具有【放样】、【车削】、二维物体的编辑等。通过茶杯造型的制作,熟练掌握多种截面图形放样的操作方法。

实例效果

茶杯造型见图 1-31。

图 1-31　茶杯造型

操作步骤

1. 重置 3ds Max 系统。单击【创建】/【图形】/【线】命令，在前视图中绘制如图 1-32所示的二维线形，作为截面图形。

2. 单击【修改】/【修改器列表】/【编辑样条线】修改器，打开【样条线】子对象级，在几何体【参数】卷展栏中设置【轮廓】数值为正值，表示为其设置外轮廓，如图 1-33 所示。

3. 选择【修改器列表】/【车削】修改器，在【参数】卷展栏中将【分段】设置为 30，单击【方向】区域中的 Y 轴，并选择【对齐】区域中的【最小】按钮，完成茶杯造型，如图 1-34 所示。

4. 单击【创建】/【图形】/【线】命令，在前视图中绘制如图 1-35 所示的图形，作为把手的路径。

图 1-32　二维线形

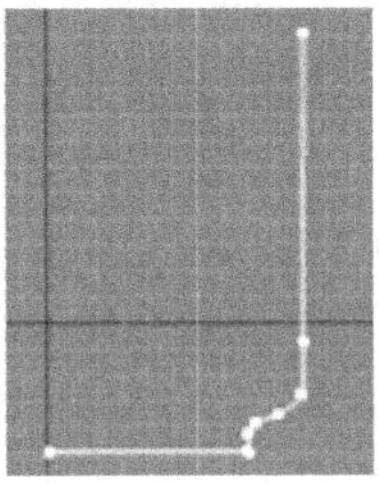

图 1-33　轮廓

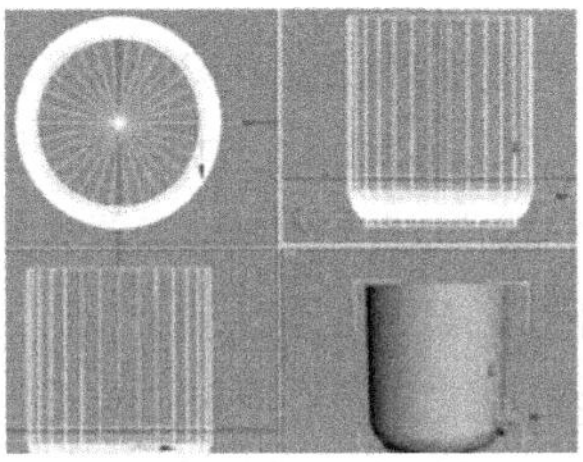

图 1-34　车削

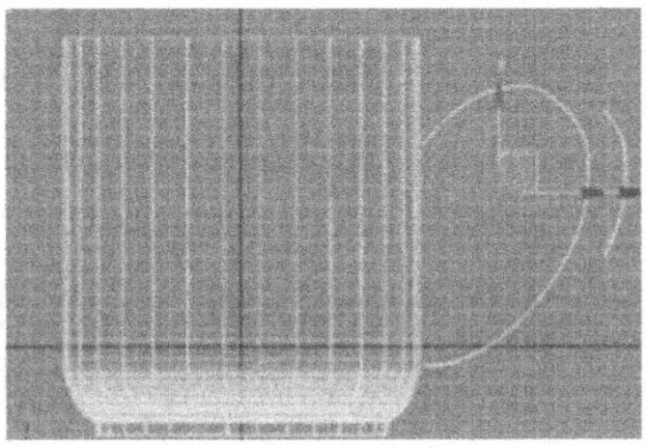

图 1-35　把手的路径

5. 单击【创建】/【图形】/【椭圆】命令，在左视图中绘制 3 个椭圆形，选择【修改】/【修改器列表】/【编辑样条线】修改器，打开【顶点】子对象级，分别将其修改至如图 1-36 所示的形状，作为茶杯把手的截面图形。

6. 选择把手路径图形，选择【创建】/【几何体】/【复合对象】/【放样】命令，在【创建方法】卷展栏中单击【获取图形】按钮，然后在左视图中选择位于上方的椭圆形图形，结果如图 1-37 所示。

7. 在【路径参数】卷展栏中的【路径】输入框中键入 10，然后单击【获取图形】按钮并在视图中选择中间的图形，即在路径的 10% 位置处加入一个截面图形，如图 1-38 所示。

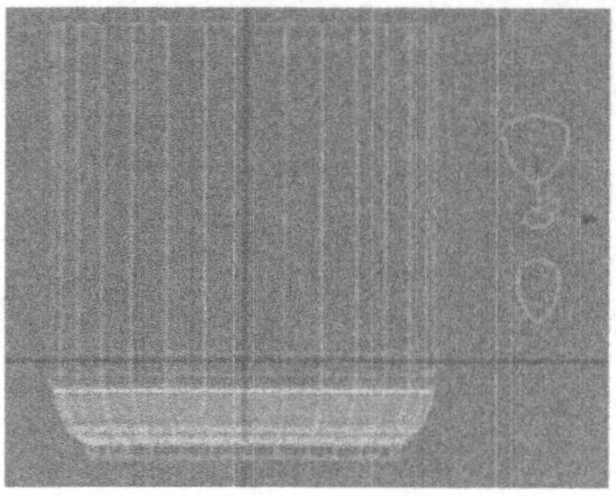

图 1-36　把手的截面图形

图 1-37　获取图形

图 1-38　在路径的 10% 位置处再次拾取图形

8. 在【路径】输入框中键入 90，单击【获取图形】按钮并在视图中再次选择中间的图形，如图 1-39 所示。

9. 在【路径】输入框中键入 100，单击【获取图形】按钮，在视图中选择底部的图形，完成茶杯把手的放样，如图 1-40 所示。

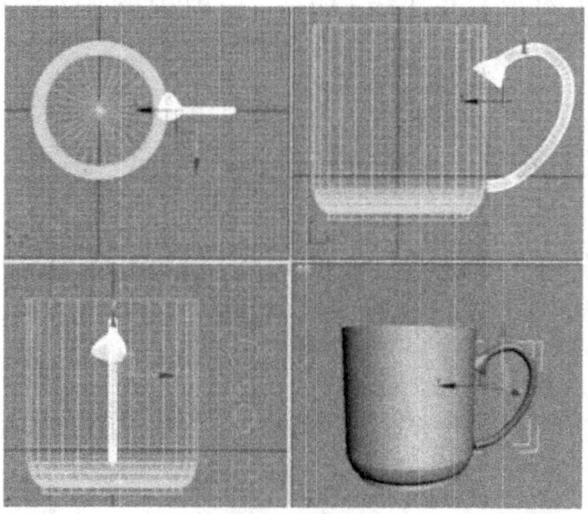

图 1-39　在路径的 90% 位置处再次拾取图形

图 1-40　在路径的 100% 位置处再次拾取图形

10. 在【修改】命令面板中，单击【Loft】(放样)前面的" + "号，从中选择【图形】项，在视图中选择把手，即选择了 3 个截面，在【旋转】工具上单击鼠标右键，在左视图中沿 X 轴将 4 个图形旋转 -90°，设置如图 1-41 所示。

11. 在视图中选择放样对象两端的截面图形，在前视图中沿 Y 轴将其旋转 -40°。

12. 确认把手两端的图形仍然处于选择状态，选择工具栏中的【缩放】命令，按下鼠标右键，在弹出的对话框中进行参数设置，如图 1-42 所示。

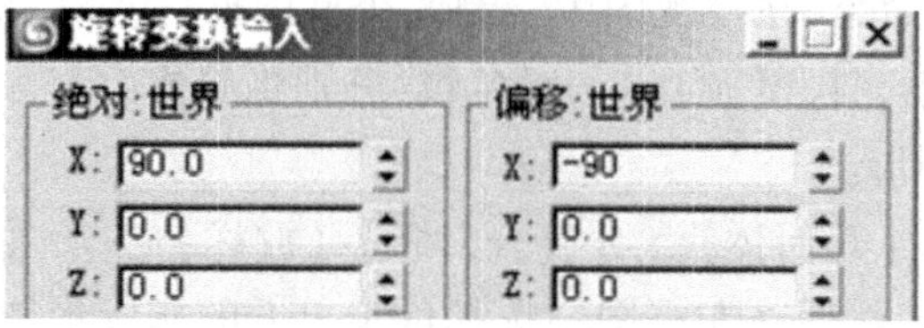

图 1-41　参数设置(1)

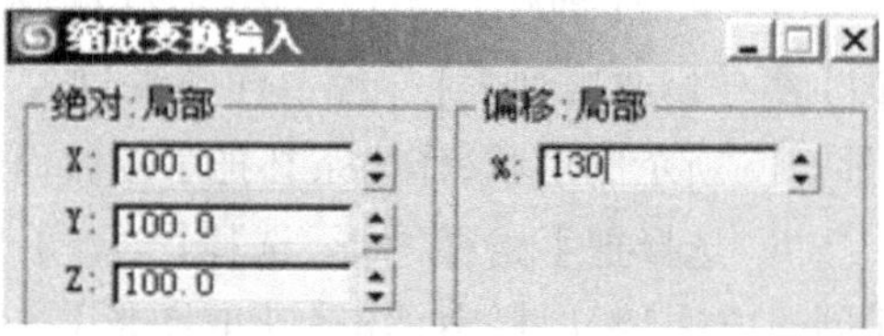

图 1-42　参数设置(2)

13. 关闭【图形】次物体级，然后使用工具栏中的【移动】工具在视图中调整把手的位置，完成茶杯模型的制作，最终渲染效果如图 1-31 所示。

说明

一个放样对象至少由两个 2D 图形组成。其中一个图形被称为“路径”，主要用于定义对象的深度；另一个图形则通常被称为“截面图形”，用于放置在路径的不同位置来影响放样对象的外形。在放样过程中，截面和路径是两个最基本的概念，可以看成是截面沿着路径运动所留下来的轨迹所形成的三维图形。

【放样】命令是一种传统的三维建模技法，使截面图形沿着路径放样形成三维物体，在路径的不同位置可以有多个截面图形。放样物体的修改更加方便灵活，可以设置其表面参数、路径参数和外表参数，特别是通过“放样变形”可以将放样物体编辑修改得更加复杂和逼真。该命令常用于创建各种三维模型，在效果图的形成中是不可缺少的工具。

路径可以是开放的线段，也可以是封闭的图形，但必须是唯一的一条。而作为截面的图形，它受的限制相对要少多了，它不限于单一的曲线，可以在路径的任意位置插入若干的截面图形，数目、形态没有限制。

巩固训练

绘制如图 1-43 所示的奖杯造型。

图 1-43　奖杯造型

子任务 6　制作桌布造型

制作目的

制作桌布造型主要使用的仍然是【放样】命令，但是通过此造型的绘制，主要是用来了解并掌握【比较】面板的作用和使用方法。

实例效果

桌布造型见图 1-44。

操作步骤

1. 重置 3ds Max 系统，设置单位为“mm”。单击【创建】/【图形】/【圆】命令，在

图 1-44 桌布造型

顶视图中绘制一个半径为 80 的圆形。然后单击【矩形】命令，在顶视图中创建一个 180 × 200 的矩形，二者均作为放样的截面图形，如图 1-45 所示。

2. 单击【修改】/【修改器列表】/【编辑样条线】修改器，打开【分段】子对象级，选择矩形图形（变为红色），在【几何体】卷展栏中将【拆分】后的参数设置为 9，然后单击【拆分】按钮，为矩形对象的 4 个边均等地添加点，如图 1-46 所示。

3. 打开【顶点】次物体级，使用工具栏中的【移动】工具调整相应点以及其控制手柄，使其成为如图 1-47 所示的形状。

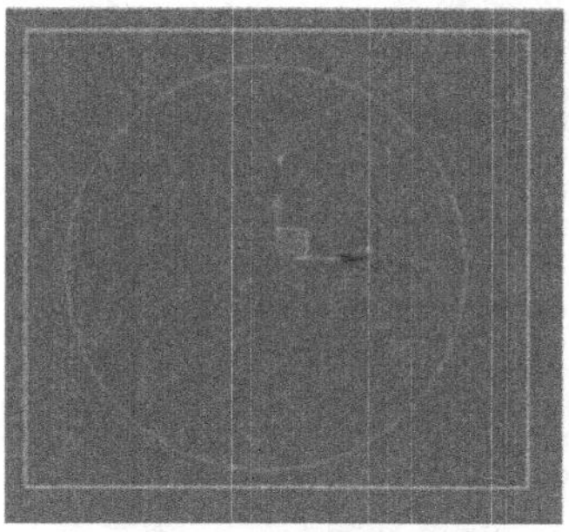

图 1-45 创建放样截面图形

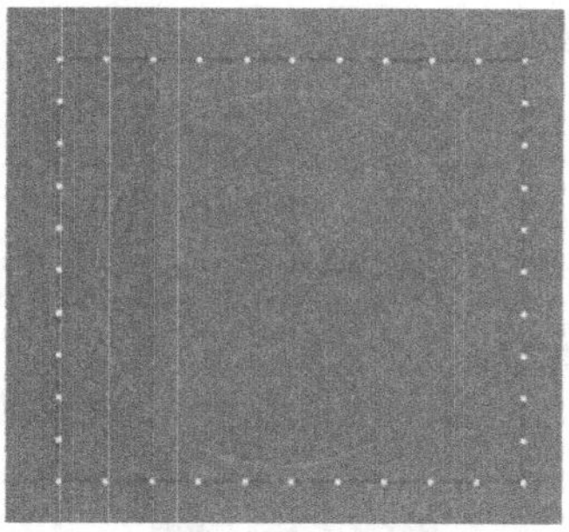

图 1-46 为矩形的 4 个边添加点

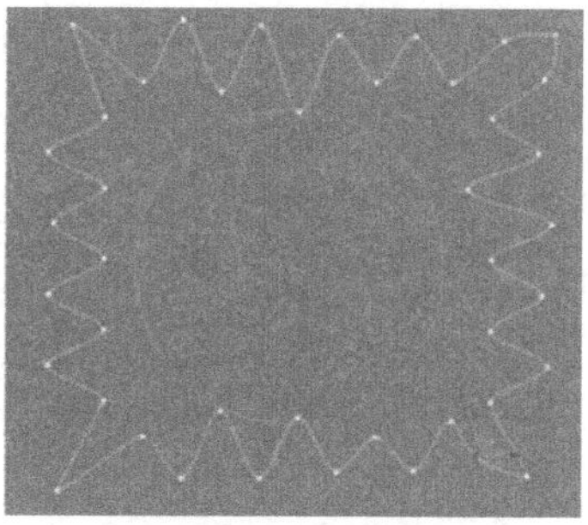

图 1-47 创建并修改矩形截面上的顶点

4. 单击【创建】/【图形】/【线】命令，在前视图中绘制一条垂线，如图 1-48 所示。

图 1-48 绘制放样路径

5. 确认刚刚绘制的垂线处于选择状态，单击【创建】/【几何体】/【复合对象】/【放样】工具，在【创建方法】卷展栏中单击【获取图形】按钮，然后在视图中选择圆形截面，结果如图 1-49 所示。

6. 在【路径参数】卷展栏中的【路径】输入框中输入 100，然后在【创建方法】卷展栏中单击【获取图形】按钮，并在视图中选择矩形截面图形，结果如图 1-50 所示。

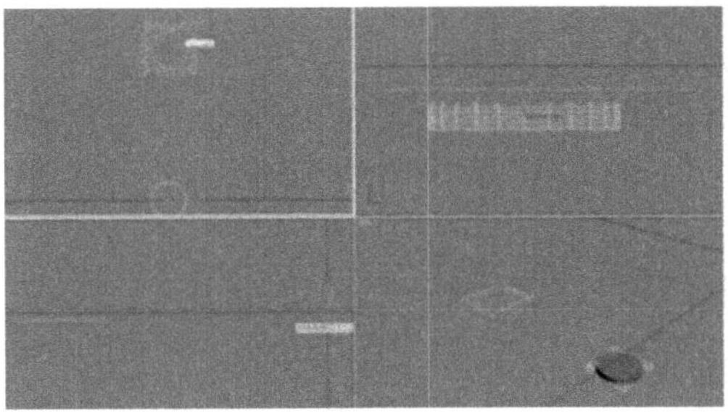

图 1-49　获取图形进行放样

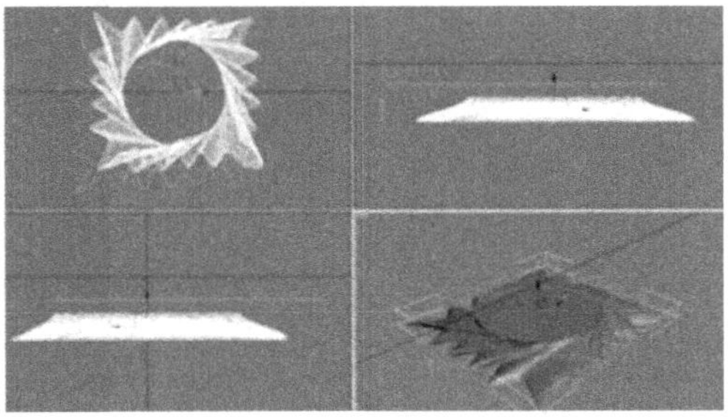

图 1-50　在路径的 100% 位置插入矩形截面图形

此时在场景中我们可以看到由放样产生的桌布产生的扭曲，这是由于两个截面图形的第 1 个节点没有对齐所致，这时，便可以用到【比较】面板。

7. 在【修改】命令面板中单击【loft】前面的“＋”号，从中选择【图形】项，在【图形命令】卷展栏中单击【比较】按钮，打开【比较】面板，按下该面板左上角的【拾取图形】按钮，然后在视图中分别拾取放样对象的两个截面图形，可以看到圆形截面的第 1 个节点与矩形截面的第 1 个节点没有对齐，如图 1-51 所示。

8. 关闭【比较】面板，选择放样对象的圆形截面图形，在顶视图中用【旋转】命令使其沿 Z 轴方向旋转 45°，参数设置如图 1-52 所示。扭曲问题得到解决。

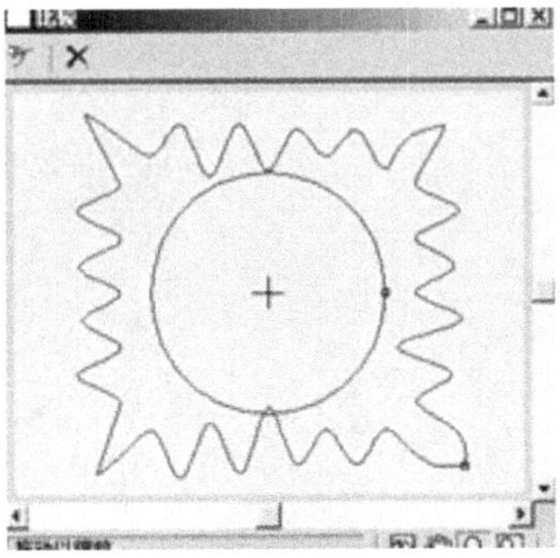

图 1-51　【比较】面板

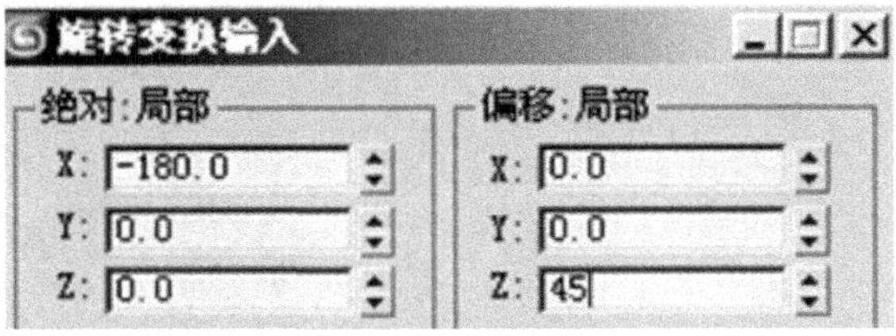

图 1-52　参数设置

9. 关闭【图形】项，最终渲染结果如图 1-44 所示。

说明

1. 在精确建模中，应当首先设置系统单位，一般选用“毫米”单位。

2. 要养成给对象起名字的好习惯，因为随着学习的深入，场景中的对象可能会越来越多，如果对象没有自己的专属名字，在进行选择的时候会比较麻烦。

3. 如果场景中有多个对象可以归为一类来管理，那么可以考虑把它们组成组。

巩固训练

绘制如图 1-53 所示的桌布造型。

图 1-53　桌布造型

子任务 7　制作玻璃杯造型

制作目的

本子任务通过制作一个玻璃杯造型，运用了【倒角剖面】、【镜像】、【附加】、【焊接】、【剖面 Gizmo】及二维子对象编辑等命令，应熟练掌握这些命令的使用方法。

实例效果

玻璃杯造型见图 1-54。

图 1-54　玻璃杯造型

操作步骤

1. 重置 3ds Max 系统。单击【线】命令在前视图中绘制一个如图 1-55 所示的二维线形。

2. 单击鼠标右键选择【转换为】/【转换为可编辑样条线】，进入次物体下的【样条线】级，将其【轮廓】数值设置为 0.7，结果如图 1-56 所示。

3. 在前视图中，对图形的最上面的顶点进行调整，调整后的形状如图 1-57 所示。

4. 退出次物体编辑，在前视图单击【镜像】按钮，以复制的方式对其沿 X 轴进行镜像，然后移动位置，如图 1-58 所示。

5. 将两个图形【附加】到一起。选择次物体下的【顶点】，在下端将对称点对齐，如

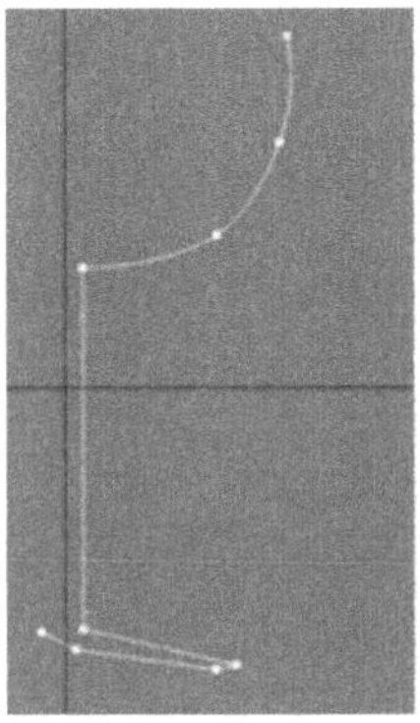

图 1-55　二维线形

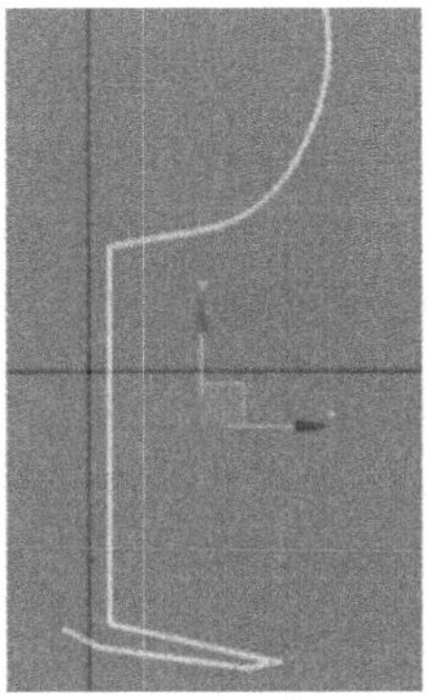

图 1-56　轮廓

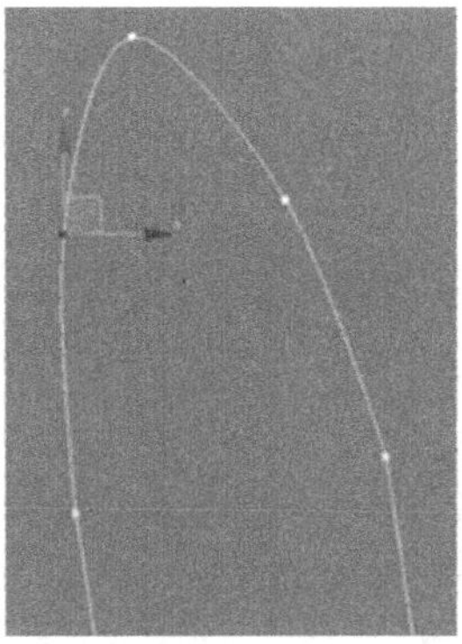

图 1-57　调整顶点

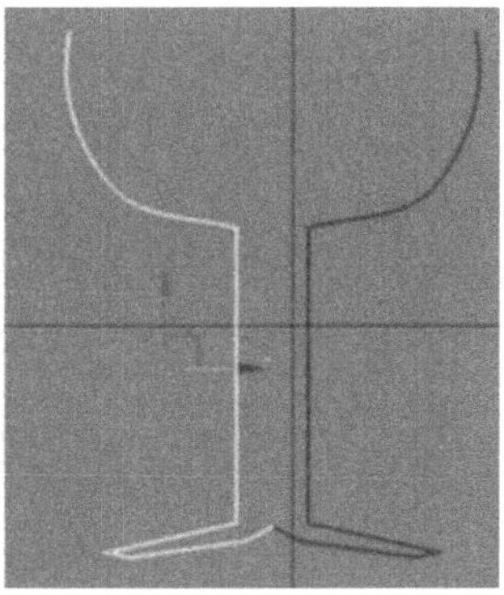

图 1-58　镜像并移动

图 1-59所示。

6. 选择次物体下的【线段】,将重叠的两条线段删除,如图 1-60 所示。

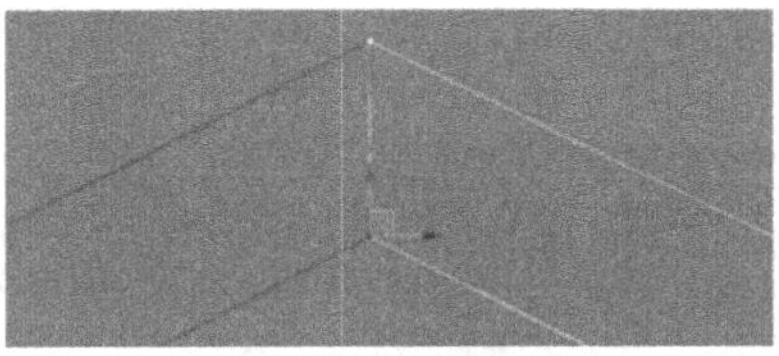

图 1-59　对齐相应顶点

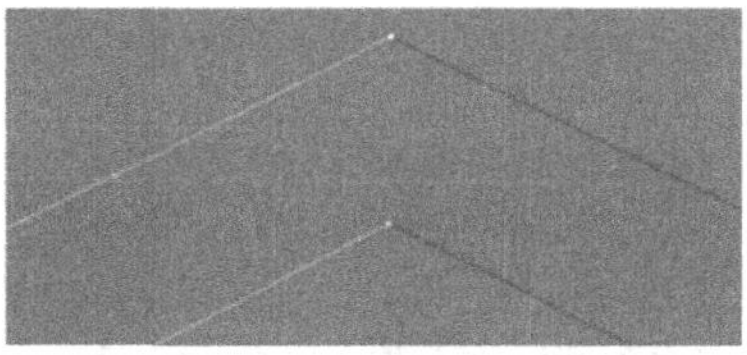

图 1-60　删除线段

7. 框选如图 1-61 所示的顶点,使之变为红色。在命令面板中单击【焊接】命令,使之焊接到一起,4 个点变成 2 个点。

8. 在顶视图单击【圆】命令绘制一个半径为 20 的圆,作为全角剖面的路径。

9. 确认圆处于选择状态,单击【修改】/【倒角剖面】/【拾取剖面】命令,在视窗中拾取二维线形,结果如图 1-62 所示。

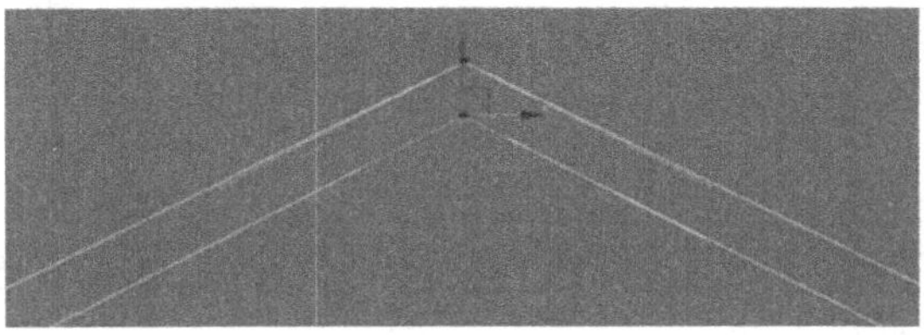

图 1-61　框选顶点

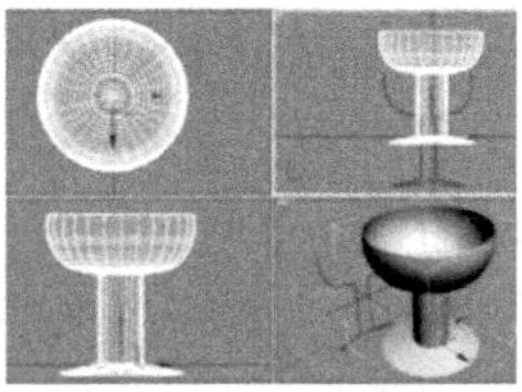

图 1-62　倒角剖面

10. 在【修改】命令面板中,单击【倒角剖面】前面的“ + ”号,在其卷展栏中单击【剖面 Gizmo】,然后在前视图中移动 X 轴,最终渲染效果如图 1-54 所示。

说明

【倒角剖面】:是以封闭的曲线为截面,以任意曲线为物体的边缘轮廓线,来生成三维物体。它类似于【放样】,但是它只能拾取一个截面,使用不同的轮廓值而不是缩放值作为线段之间的距离,产生的三维物体自身参数较少,调整图形大小的方法更复杂,导致一些层级比其他的层级包含或多或少的顶点。它更适合于处理文本和室内设计,如具有一定倒角的台灯、围棋盘、室内天花板的边框,等等。

巩固训练

用【倒角剖面】命令绘制如图 1-63 所示的建筑外形模型。提示：制作流程图例如图 1-64所示。

图 1-63　建筑外形模型

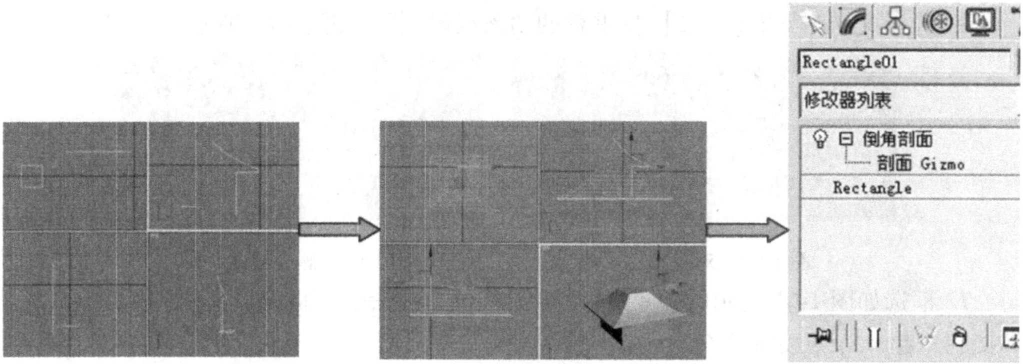

图 1-64　制作流程图例

子任务 8　制作倒角文字

制作目的

本子任务通过制作倒角文字造型，运用了【倒角】、【文字】等命令，用以了解【倒角】命令的含义，熟练掌握这些命令的使用方法。

实例效果

倒角文字效果见图 1-65。

操作步骤

1. 重置 3ds Max 系统。单击按钮下的【文本】按钮，此时弹出参数面板，从中选择"黑体"字体，并在文本框中输入"中国"二字，如图 1-66 所示。

2. 在前视图中单击鼠标左键，即可创建文字，如图 1-67 所示。

3. 选择文字，进入【修改】命令面板，从【修改器列表】下拉选框中选择【倒角】命令，按照如图 1-68 所示设置修改倒角参数。倒角文字最终效果如图 1-65 所示。

图 1-65　倒角文字效果

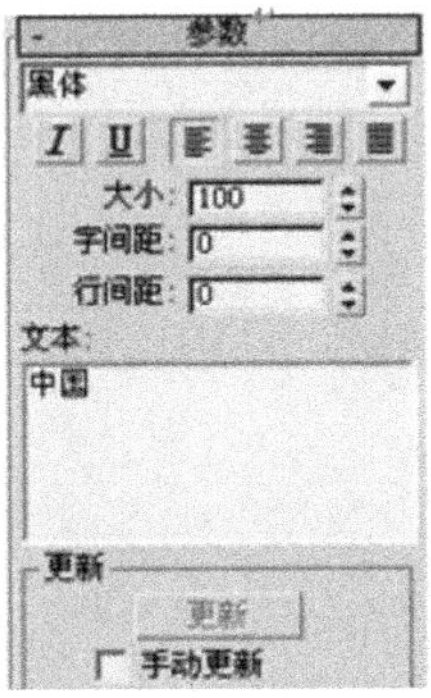

图 1-66　输入文字

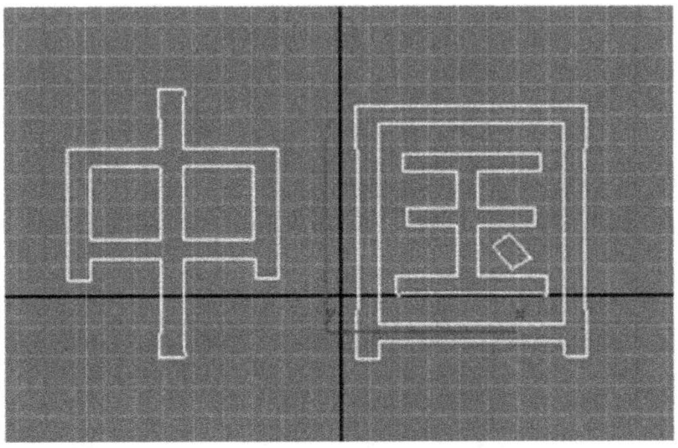

图 1-67　创建文字

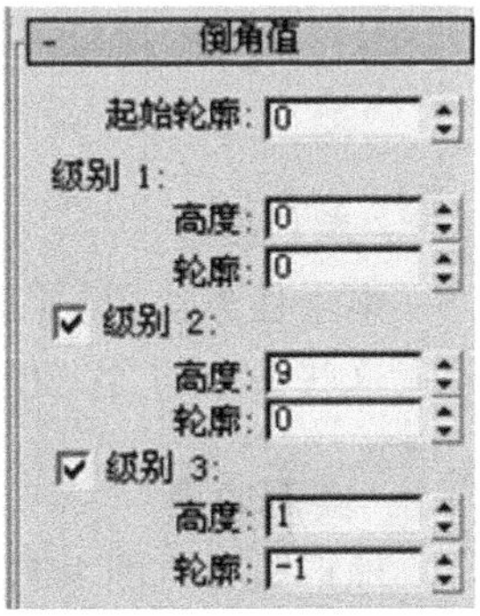

图 1-68　设置倒角参数

说明

理解倒角概念:由两个相连的面形成的一个尖锐的角,这个角是唯一的一根线。现在要把这根线分成一根或一根以上的若干根与之平行的线段,以使这个本来尖锐的角平滑。这就是所谓的倒角的概念。

【倒角】编辑器使用 3 个平的或圆的倒角拉伸样条曲线,可对二维形体产生拉伸和倒角的效果。

巩固训练

用【倒角】命令绘制如图 1-69 所示的建筑基础。提示:制作流程图例如图 1-70 所示。

图 1-69　建筑基础

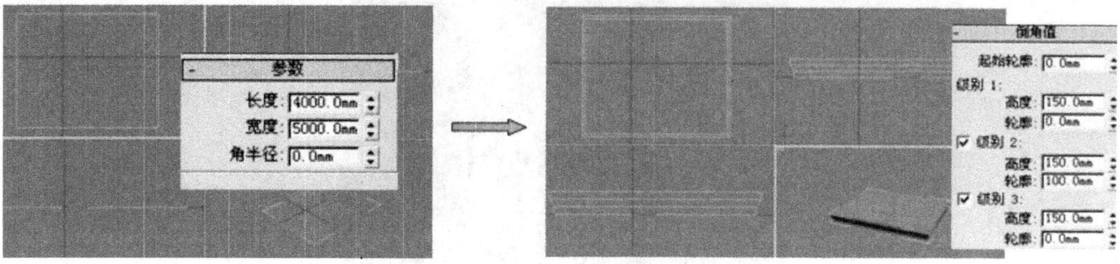

图 1-70　制作流程图例

子任务 9　地形建模

制作要点

本子任务运用了【地形】、【文字】、【网格平滑】等命令，通过创建地形效果，用以熟练掌握这些命令的含义和使用方法。

实例效果

地形效果见图 1-71。

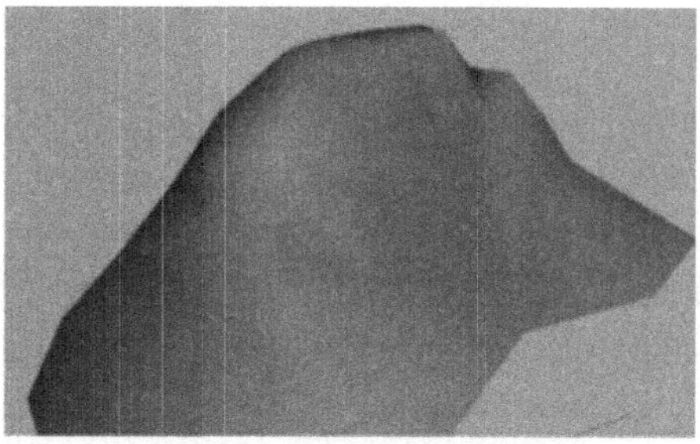

图 1-71　地形效果

操作步骤

1. 重置 3ds Max 系统。单击【线】命令，在顶视图创建一组等高线，如图 1-72 所示。等高线间距离越近表示地形越陡峭，反之则越平缓。

2. 在前视图中分别向上移动等高线，确定地形将要生成的高度，如图 1-73 所示。

3. 选择最外圈的等高线，然后点击【创建】/【复合物体】/【地形】按钮，再单击【拾取操作对象】，在视图中从下往上依次拾取等高线，结果如图 1-71 所示。

可以看出，生成的地形是独立于等高线之外的物体，如果在【拾取操作对象】时，选择的是参考方式，则修改等高线形状将影响新生成的模型。

选择【修改器列表】中的【网格平滑】命令，调节【细分量】中的【平滑度】可以改变地形的平滑度；选择【编辑网格】命令还可以调节坡度和走向。

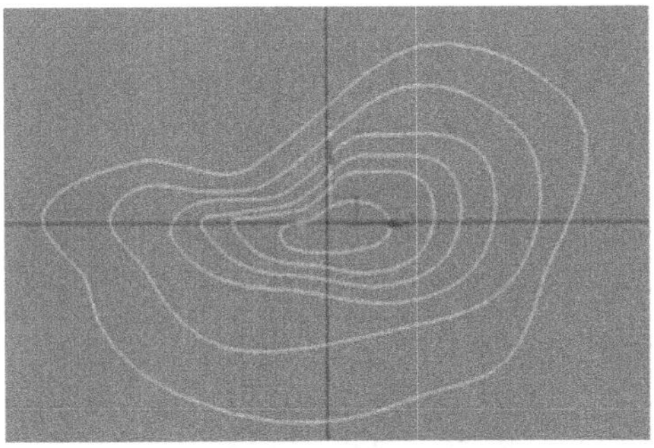

图 1-72　顶视图中的等高线

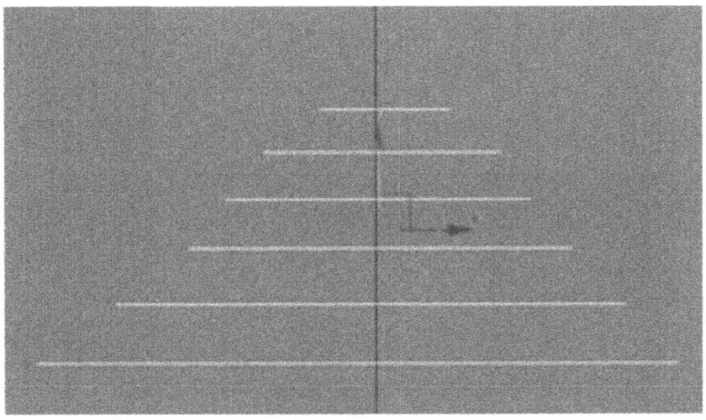

图 1-73　在前视图中移动后的线形

说明

【地形】命令是利用等高线来产生地形的变化，是非常快速而准确的三维建模的方式。它类似于【放样】命令效果，所不同的是此命令不需要建立路径，截面之间的高度就是地形的高度。

巩固训练

用【地形】命令制作各种不同的地形效果。

子任务 10　制作冰淇淋模型

制作目的

本子任务运用了【扭曲】、【锥化】、【车削】、【星形】、【线】、【对齐】等命令，通过制作一个冰淇淋模型，熟练掌握这些命令的作用和使用方法。

实例效果

冰淇淋渲染效果见图 1-74。

图 1-74　冰淇淋渲染效果

操作步骤

1. 重置 3ds Max 系统。单击【图形】/【星形】按钮，在顶视图中创建一个星形并设置参数如图 1-75 所示。

2. 单击【修改】按钮，在修改器下拉列表中选择【挤出】修改器，在【参数】卷展栏中设置【数量】为 150，【分段】数为 8，结果如图 1-76 所示。

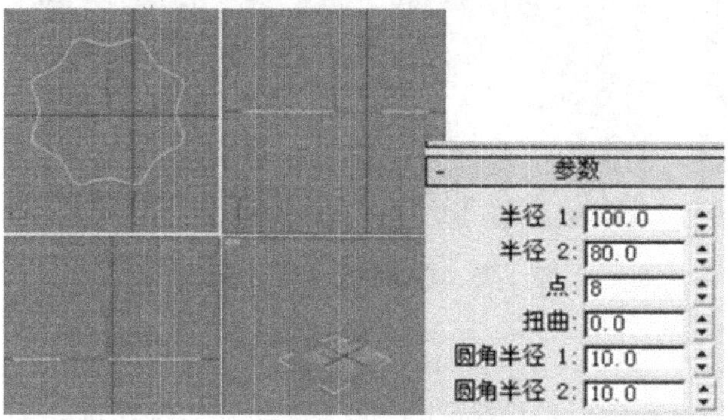

图 1-75 创建星形及设置参数

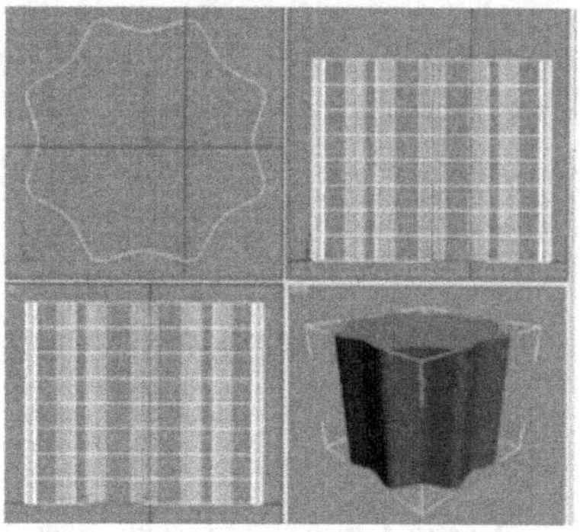

图 1-76 挤出

说明

执行【挤出】操作时必须设置足够的段数，否则后面执行【扭曲】操作时将会出现不正确的结果。段数越高，扭曲越平滑。

3. 单击【修改】按钮，在修改器下拉列表中选择【扭曲】修改器，进入【扭曲】参数面板。参数设置及图形结果如图 1-77 所示。

4. 单击【修改】按钮，在修改器下拉列表中选择【锥化】修改器，进入【锥化】参数面板。参数设置及图形结果如图 1-78 所示。

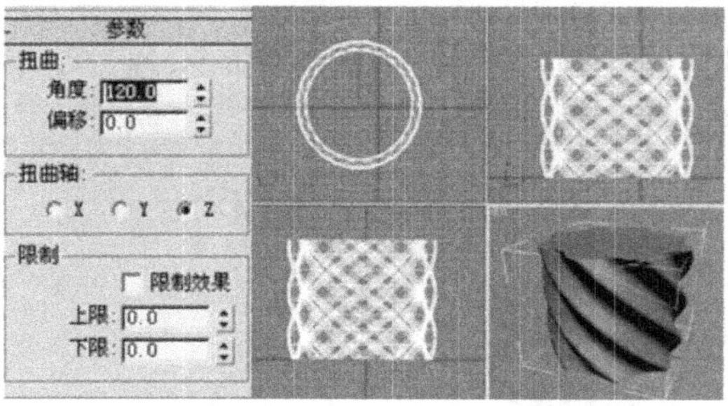

图 1-77 【扭曲】参数设置及图形结果

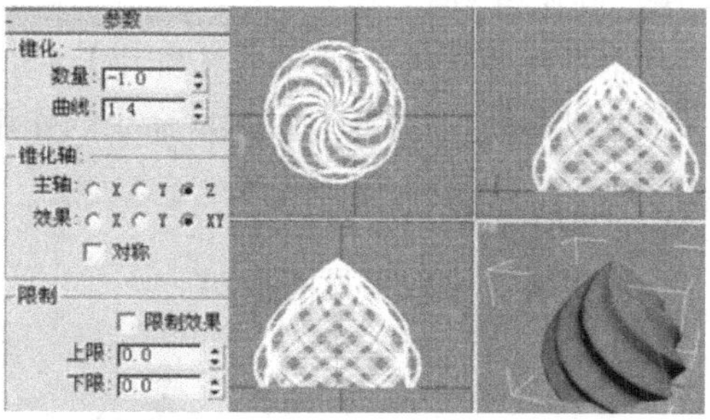

图 1-78 【锥化】参数设置及图形结果

5. 单击【图形】/【线】按钮，在前视图中绘制一条曲线，如图 1-79 所示。

6. 单击鼠标右键选择【转换为】/【转换为可编辑样条线】，进入次物体下的【样条线】级，单击【轮廓】按钮，然后将鼠标移动到前视图中的曲线上单击并拖动，结果如图 1-80 所示。

7. 单击【修改】按钮，在修改器下拉列表中选择【车削】修改器，单击【参数】卷展栏下【对齐】选项组中的【最小】按钮，并将【分段】后面的数值调为 30。至此，冰淇淋模型创建完成，结果如图 1-74 所示。

图 1-79　创建线条

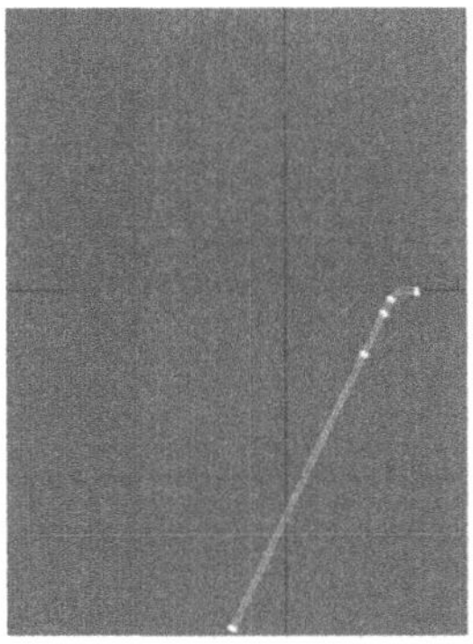

图 1-80　为线条添加轮廓

说明

【扭曲】命令能使物体沿着 X、Y 和 Z 轴的某一个轴向进行扭转变形。一般可以制作栏杆、绳子等。

【锥化】命令的功能是使物体沿着 X、Y 和 Z 轴的某一个轴向进行放大、缩小，以产生各种锥形效果。一般可以制作锥形物体或柱墩。

巩固训练

绘制如图 1-81 所示的蛋糕模型。

图 1-81　蛋糕模型

知识链接

3ds Max 图形面板的【对象类型】下有 11 个按钮，如图 1-82 所示。可以直接点击 11 种二维形体创建命令。

创建方法：

1. 在视图中拖拽光标进行初步建模后，再在修改命令面板中的【参数】卷展栏下修改图形的参数完成绘制。

2. 在 + 键盘输入 卷展栏中，用键盘输入二维形体的坐标点和创建参数。默认状态下顶端的【开始新图形】是勾选的，表示每建立一个二维图形，都是一个新的独立的物体；如果将它关闭，建立的多条曲线就都作为同一个物体对待。

下面以创建“线”为例来说明具体的创建方法和各选项的含义。

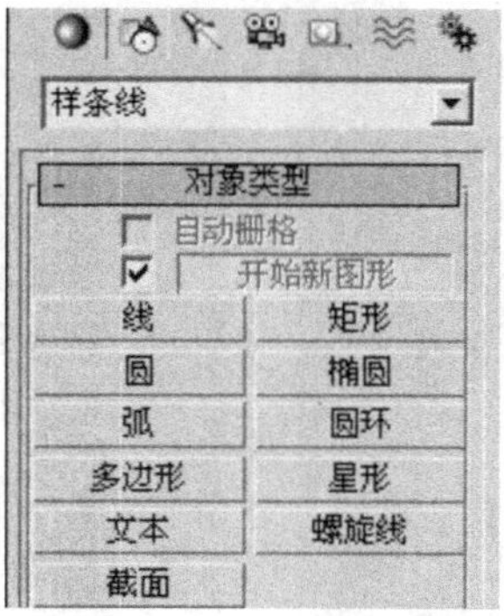

图 1-82　图形面板

具体的创建方法：

单击图形面板上的【线】命令按钮，创建时可以在视图中单击开始创建过程；也可以在 + 键盘输入 卷展栏下，用键盘输入坐标点，然后单击【增加点】。

在图形面板上出现的各选项的含义：

+ 名称和颜色 ：设置线段的名称和颜色。

+ 渲染 ：勾选【可渲染】选项，绘制的二维线形即能够被渲染。

\- 创建方法 ：此项用来设置以怎样的方式绘制线。

+ 键盘输入 ：利用键盘输入坐标点的方法绘制线段。

\- 插值 ：此项主要用于对样条曲线步数的设置和优化控制，其中包括【步数】、【优化】和【自适应】三个选项。

【步数】：设置的数值大小决定曲线的圆滑程度。

【优化】：激活该项，计算机会自动对图形进行检测。

【自适应】：当勾选此项时，系统会将曲线自动设置为最佳圆滑状态。

任务 2　三维建模

子任务 1　制作方凳模型

制作目的

本子任务为三维基本体拼建模形，主要使用了【长方体】、【移动】、【复制】、【旋转】等命令。通过一个方凳模型的制作，熟练掌握这些命令的含义和操作方法。

实例效果

方凳效果见图 2-1。

操作步骤

1. 重置 3ds Max 系统。创建方凳面：单击【创建】/【标准基本体】/【长方体】按钮，

图 2-1　方凳效果

在顶视图中创建一个长方体，创建的图形和参数设置如图 2-2 所示。

2. 创建方凳腿：点击【长方体】按钮，在顶视图中创建一个长方体，创建的图形和参数设置见图 2-3。用移动工具将其移动到合适的位置。

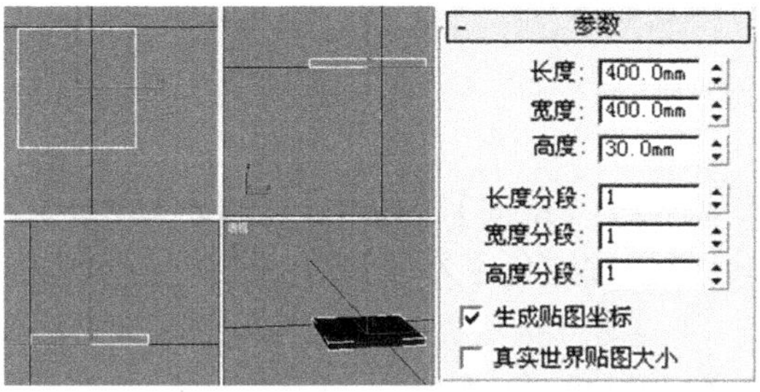

图 2-2　创建的方凳面和参数设置

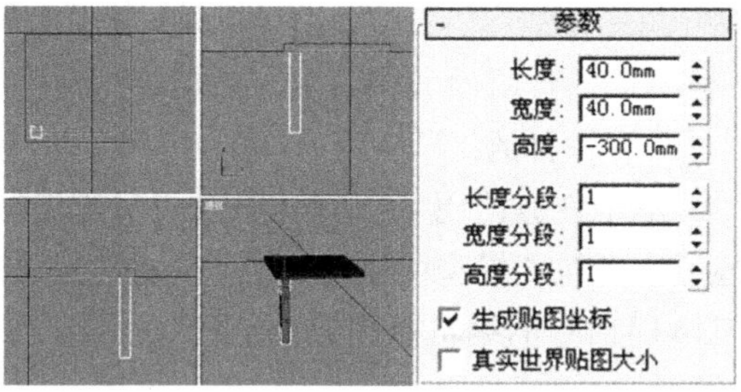

图 2-3　创建的方凳腿和参数设置

3. 克隆另外三条腿：在顶视图中选中刚创建的方凳腿，激活【移动】工具，按住【Shift】键，拖动复制出方凳的第二条腿；按住【Ctrl】键，加选其中一条非选择状态的方凳腿，再按住【Shift】键，拖动复制出方凳的第三、第四条腿，如图 2-4 所示。

4. 创建方凳的横撑：点击【长方体】按钮，在顶视图中创建一个长方体，创建的图形和参数设置见图 2-5。用移动工具将其移动到合适的位置。

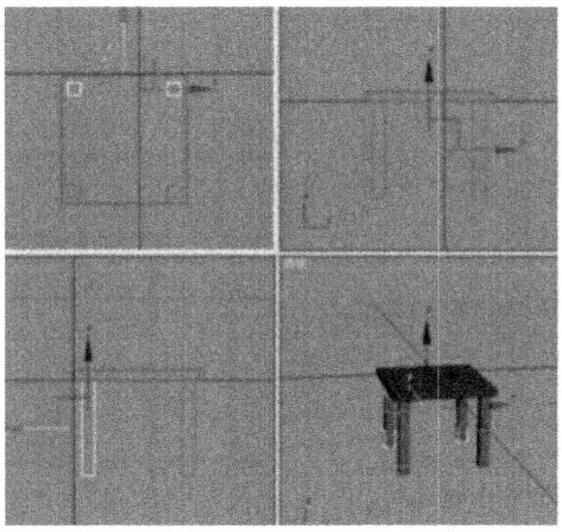

图 2-4　方凳的四条腿

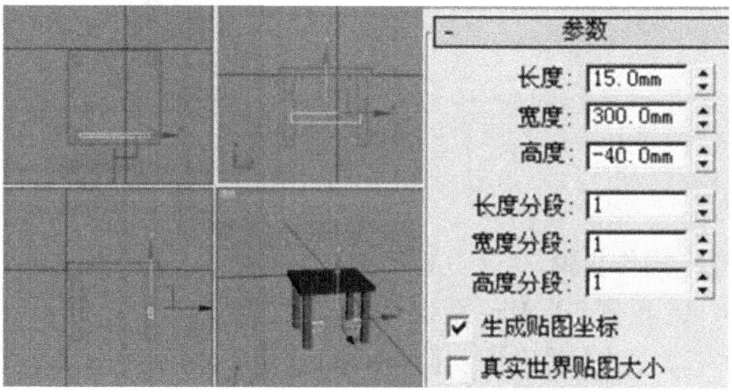

图 2-5　方凳的横撑和参数设置

5. 克隆另外三条横撑：在顶视图中选中刚创建的横撑，激活【移动】工具，按住【Shift】键，向对侧拖动复制出方凳的第二条横撑，并调整好位置；按住【Ctrl】键，加选其中一条非选择状态的横撑，激活【旋转】工具，再按住【Shift】键，旋转复制出方凳的第三、第四条横撑。全部选中场景中对象，统一对颜色进行设置，最终结果如图 2-1 所示。

巩固训练

绘制如图 2-6 所示的桌凳模型。

图 2-6　桌凳模型

子任务 2　制作花瓶模型

制作目的

本子任务使用了【切角圆柱体】、【FFD(长方体)】、【扭曲】、【锥化】、【布尔】等命令。通过一个花瓶模型的制作,除进一步熟练掌握已经学过的命令外,还要着重掌握【FFD(长方体)】命令的编辑使用方法。

实例效果

花瓶模型见图 2-7。

图 2-7　花瓶模型

操作步骤

1. 重置 3ds Max 系统,设置单位为"mm"。

2. 单击【创建】/【几何体】/【扩展基本体】/【切角圆柱体】按钮,在顶视图中创建一个切角圆柱体,命名为"花瓶内",图形和参数设置如图 2-8 所示。

3. 单击【修改】按钮,在其下拉列表中选择【FFD(长方体)】修改器,单击【FFD 参数】卷展栏下的【设置点数】按钮,设置长、宽、高分别为 2、2、4。

4. 按数字键 1 进入【控制点】层级,分别在顶视图、前视图中用【缩放】或者【移动】命令调整控制点的位置,结果如图 2-9 所示。

5. 单击【修改】按钮,在其下拉列表中选择【扭曲】修改器,在【参数】卷展栏下设置

【角度】为120、【偏移】为0(扭曲轴为默认的Z轴),结果如图2-10所示。

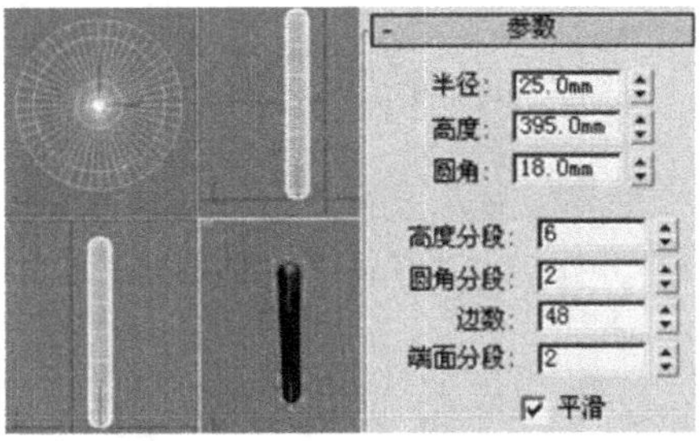

图2-8　切角圆柱和参数设置

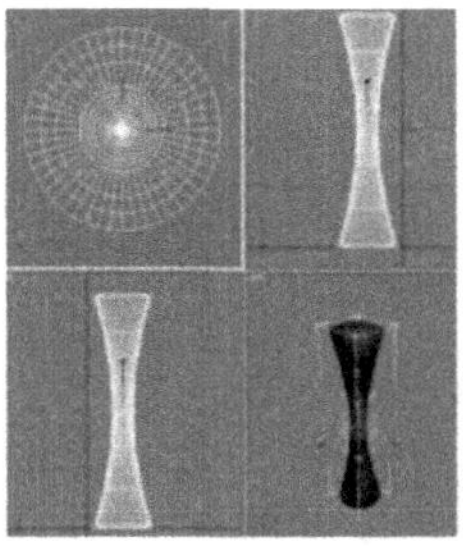

图2-9　调整控制点的位置

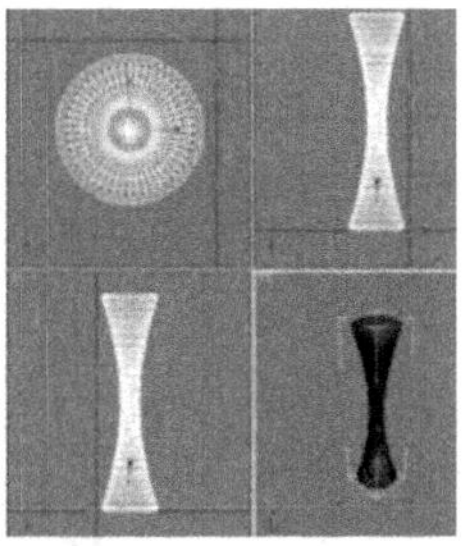

图2-10　添加【扭曲】修改

说明

添加【扭曲】修改的原因是为避免在布尔运算时出错。也可以试着省去这一步,直接与下面制作的扭曲星形执行布尔运算。

6. 单击【图形】/【星形】按钮,在顶视图中创建一个星形,命名为"花瓶外",参数设置如图2-11所示。

7. 为星形添加【挤出】修改,设置【数量】为390,如图2-12所示。

8. 为"花瓶外"造型再添加【扭曲】修改,在【参数】卷展栏下设置【角度】为120、【偏移】为0(扭曲轴为默认的Z轴),结果如图2-13所示。

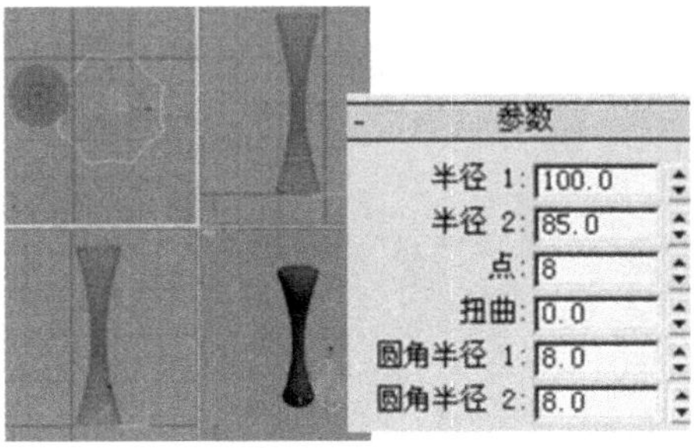

图2-11　创建的星形及其参数设置

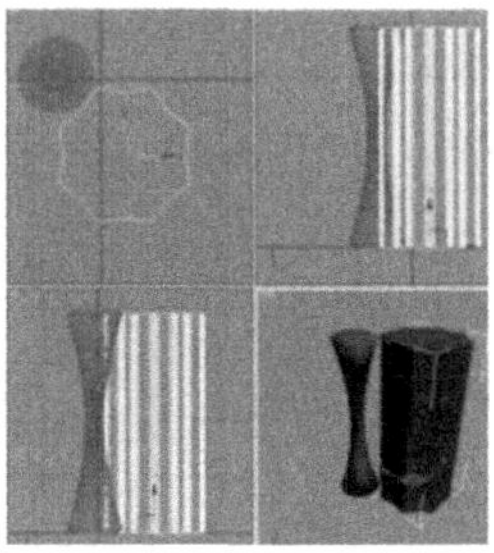

图2-12　挤出

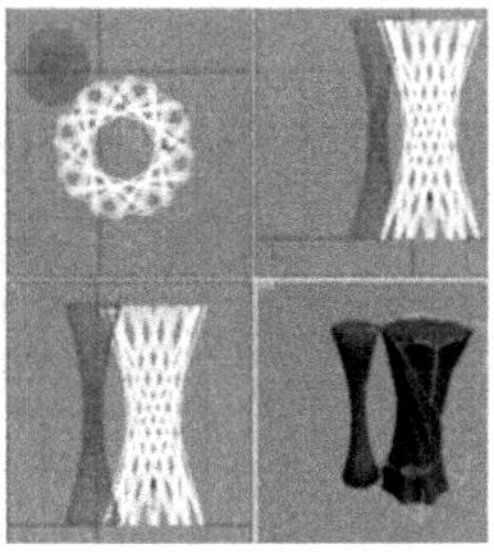

图2-13　扭曲

9. 为"花瓶外"造型再添加【锥化】修改,在【参数】卷展栏下设置【数量】为-0.25、【曲线】为0(锥化轴为默认【主轴】X、【效果】XY),结果如图2-14所示。

10. 在顶视图中,选择两个造型中的任意一个,单击【对齐】命令,在【对齐当前选择】对话框中进行设置,如图2-15所示。

11. 在前视图中,将"花瓶内"造型向上移动一定的距离,如图2-16所示。

12. 选择"花瓶外"造型,单击【创建】/【几何体】/【复合对象】/【布尔】按钮,在【参数】卷展栏的【操作】下,选择【差集(A-B)】单选按钮,然后单击【拾取操作对象B】按钮,在视图中拾取"花瓶内"图形,生成花瓶造型,渲染效果如图2-7所示。

说明

布尔运算就是将两个物体进行差集、交集和并集运算,生成独立物体的运算方法。

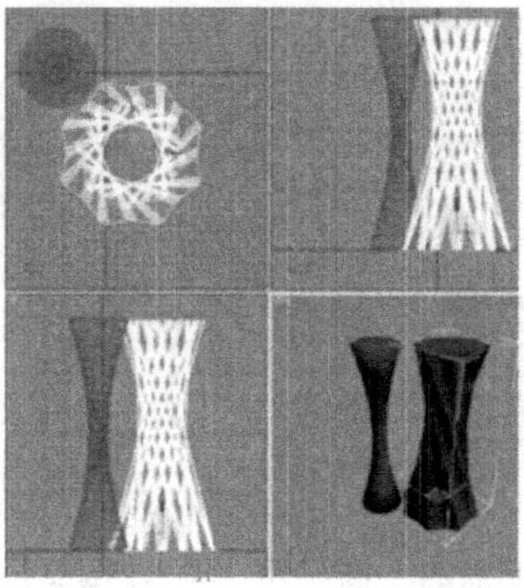

图 2-14　锥化

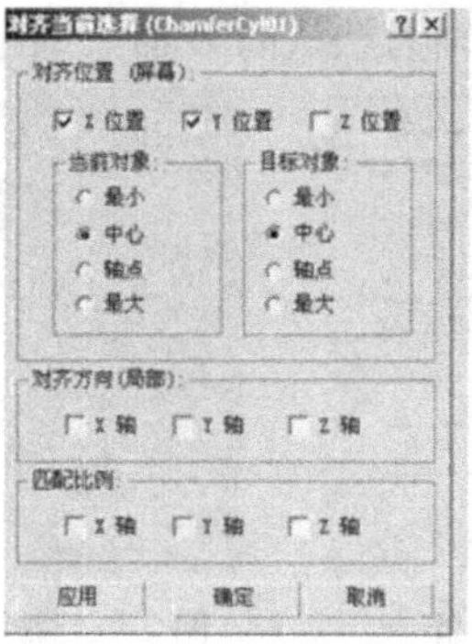

图 2-15　【对齐】设置

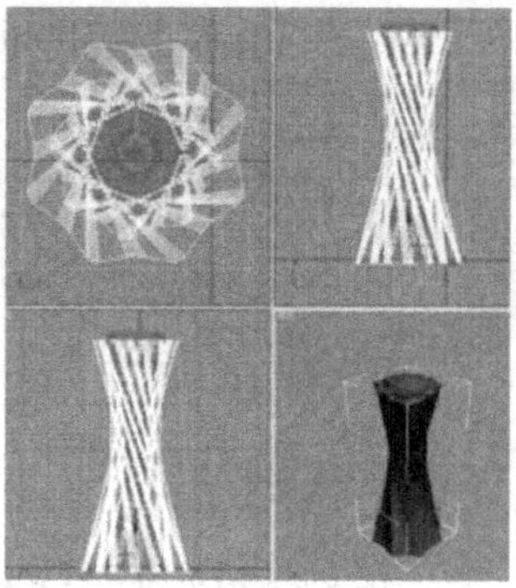

图 2-16　造型的位置

巩固训练

绘制如图 2-17 所示的石凳造型。提示：

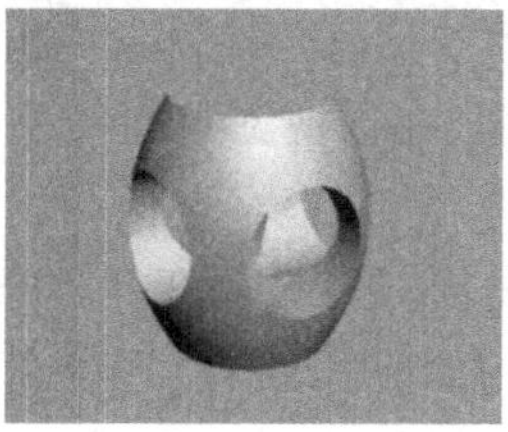

图 2-17　石凳造型

绘图步骤：①在顶视图中创建圆柱。②锥化。③在前视图中绘制小圆柱体并复制放于合适的位置。④布尔运算。

制作流程图例如图 2-18 所示。

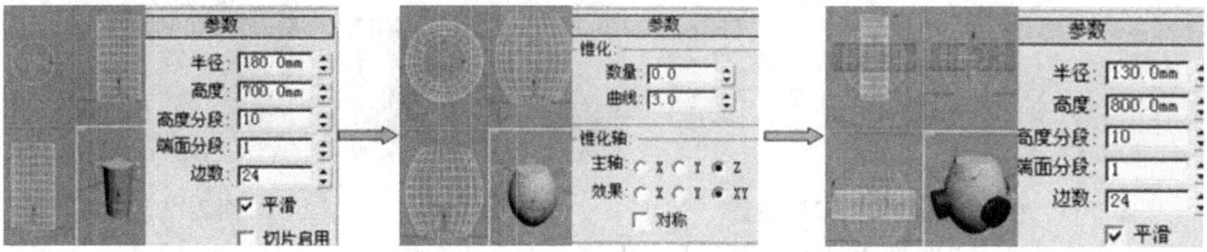

创建圆柱及参数设置　　【锥化】参数设置　　创建小圆柱及参数设置

图 2-18　制作流程图例

子任务 3　制作沙发模型

制作目的

本子任务通过沙发模型的制作，用到了【弯曲】修改器，应掌握【弯曲】命令的设置方法和产生效果，同时掌握切角长方体的创建和用法。

实例效果

沙发模型见图 2-19。

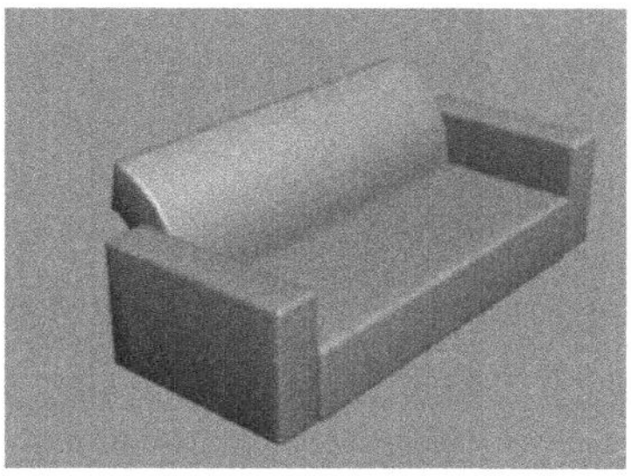

图 2-19　沙发模型

操作步骤

1. 重置 3ds Max 系统。单击【创建】/【几何体】/【扩展基本体】/【切角长方体】按钮，在前视图中创建一个切角长方体，注意要给长方体分段，参数设置如图 2-20 所示。

2. 选择当前图形，单击【修改】命令，在其下拉列表中选择【弯曲】命令，设置【弯曲】修改器下的参数【角度】值为 -90，【方向】值为 90，【弯曲轴】选择 Y，注意勾选【限制效果】项并调整【上限】后的数值为 40，弯曲后的效果及参数设置如图 2-21 所示。

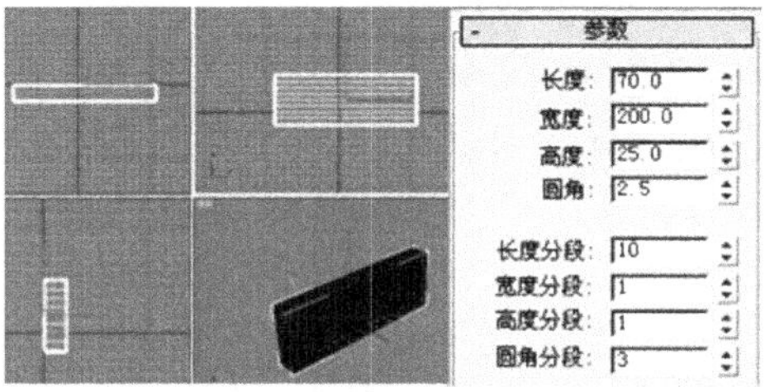

图 2-20　创建的切角长方体及参数设置

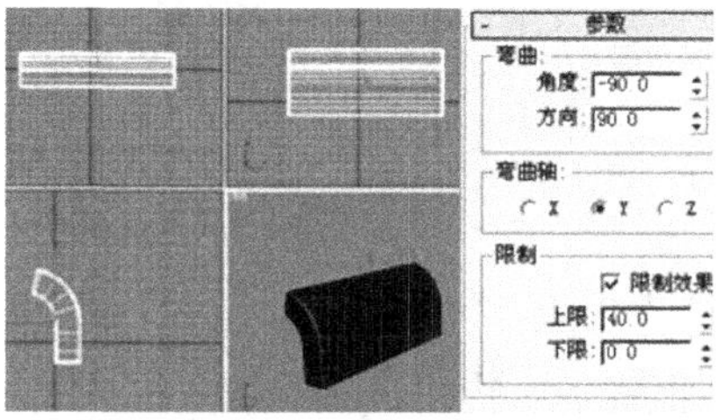

图 2-21　弯曲后的效果及参数设置

3. 在视口中再创建三个切角长方体，分别作为沙发的底座和两边的扶手，调整好它们的大小和位置，并给沙发一个颜色材质，最终效果如图 2-19 所示。

说明

【弯曲】修改器允许将当前选中的对象围绕轴弯曲 360°，为几何体产生均匀弯曲。可以在任意三个轴上控制弯曲的角度和方向，也可以对几何体的某一局部限制弯曲。

巩固训练

利用【圆柱】、【球】工具和【弯曲】修改器，绘制如图 2-22 所示的路灯简易模型。

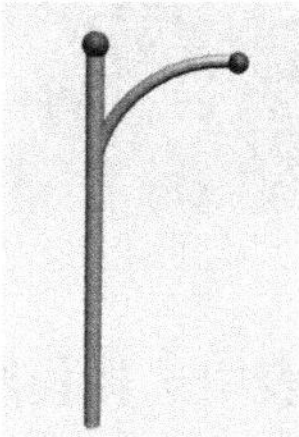

图 2-22　路灯简易模型

子任务 4　制作刺猬模型

制作目的

本子任务通过刺猬模型的制作，学习【散布】复合建模的应用、【编辑网格】修改器的使用，以及球体和四棱锥体的创建与参数设置方法，并进一步巩固掌握【锥化】修改器的应用。

实例效果

刺猬模型见图 2-23。

图 2-23　刺猬模型

操作步骤

1. 重置 3ds Max 系统。

2. 单击【创建】/【几何体】/【标准基本体】/【球体】按钮，在透视图中创建一个半球体，参数设置如图 2-24 所示。

3. 单击工具栏上的【选择并非均匀缩放】按钮，在顶视图中制作出刺猬的身体轮廓，结果如图 2-25 所示。

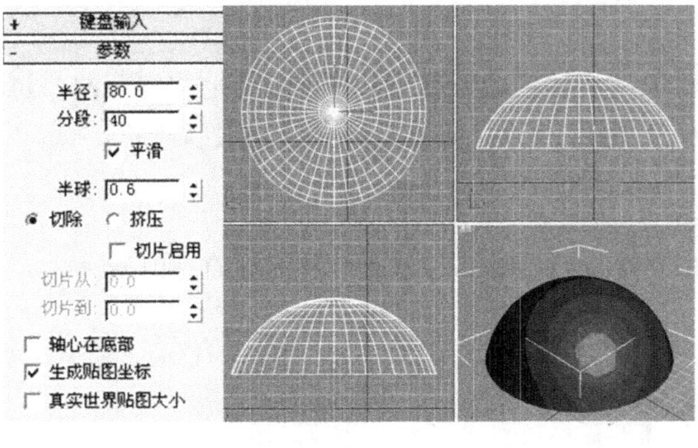

图 2-24　创建半球体及参数设置

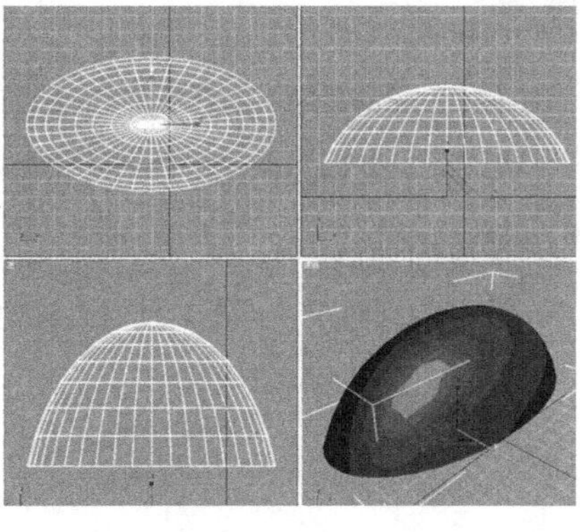

图 2-25　刺猬的身体轮廓

4. 单击【修改】命令，在其下拉列表中选择【锥化】命令，参数设置和结果如图 2-26 所示。

5. 在修改器下拉列表中选择【编辑网格】命令，在【选择】卷展栏中单击【点】按钮，进入点子物体层次编辑。

6. 在【软选择】卷展栏中勾选【使用软选择】复选框，并设置【衰减】和【收缩】的值如图 2-27 所示。在顶视图中选择最左端的一个点，如图 2-28 所示。

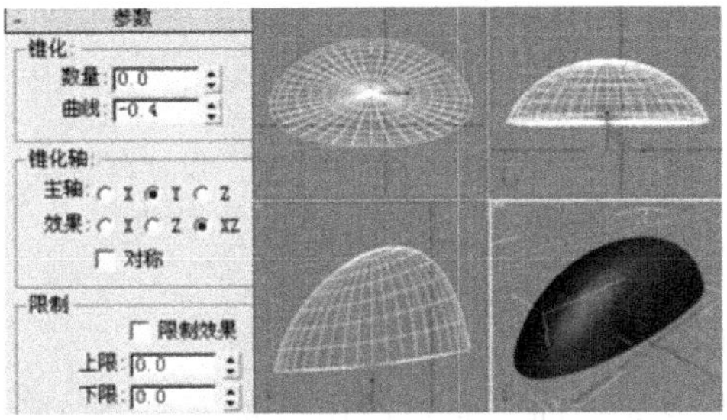

图 2-26　【锥化】参数设置和结果

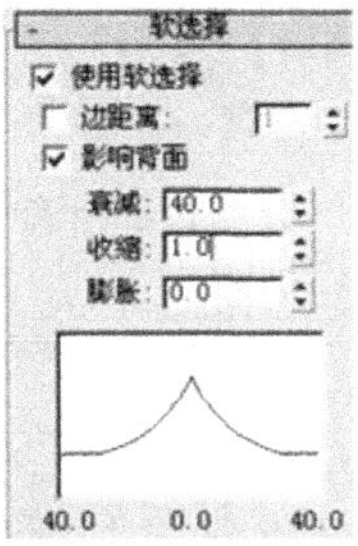

图 2-27　参数设置

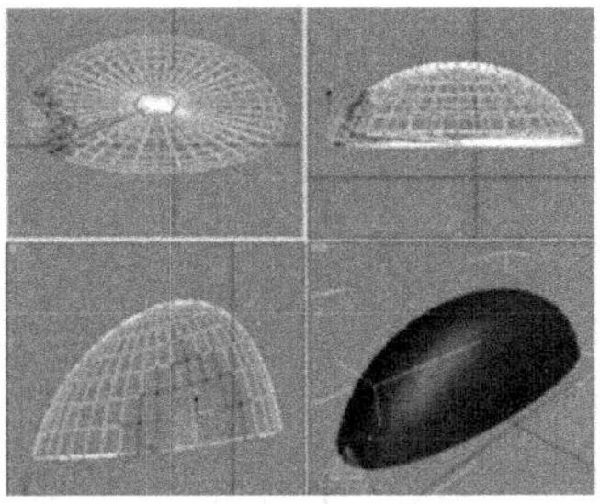

图 2-28　选择最左端的一个点

7. 单击【选择并移动】按钮，在前视图中移动最左端的点，结果如图 2-29 所示。

8. 在顶视图中分别创建两个半径为 5、1 个半径为 6 的球体，分别作为刺猬的眼睛和嘴。利用移动工具调整位置后结果如图 2-30 所示。

9. 单击【创建】/【几何体】/【标准基本体】/【四棱锥】按钮，在顶视图中创建一个四棱锥体，参数设置和结果如图 2-31 所示。

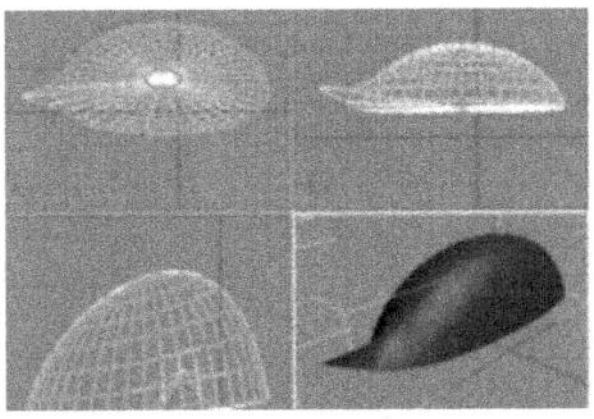

图 2-29　移动最左端的点

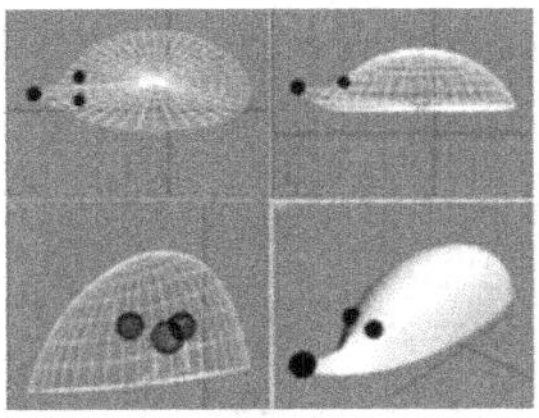

图 2-30　为刺猬添加眼睛和嘴

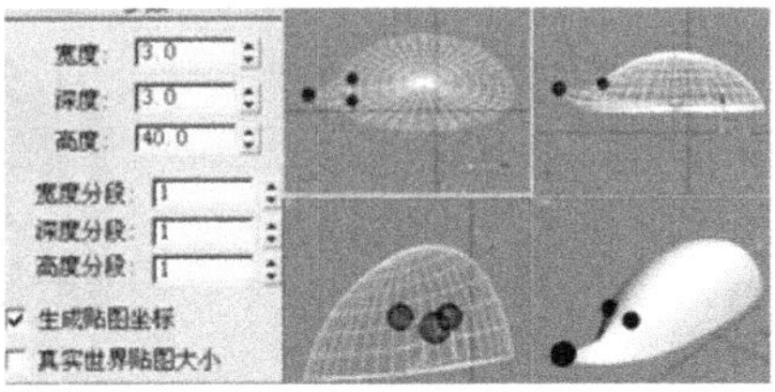

图 2-31　四棱锥的参数设置和结果

10. 选择刺猬的身体，进入修改面板，在【选择】卷展栏中单击【面】按钮，进入面子物体层次编辑。

11. 在【软选择】卷展栏中取消勾选【使用软选择】复选框，退出软化选择。然后在【选择】卷展栏中勾选【忽略背面】复选框。激活顶视图，利用框选方式选择刺猬背部所有的面，如图 2-32 所示。

12. 展开【编辑几何体】卷展栏，单击【分离】按钮，在弹出的【分离】对话框中设置为默认值，然后单击【确定】按钮，结果如图 2-33 所示。

13. 退出子物体编辑层次。选择创建好的四棱锥，进入【复合对象】创建面板，单击下面的【散布】按钮，进入散布物体相关卷展栏。

14. 选择【拾取分布对象】卷展栏中的【移动】单选按钮，再单击【拾取分布对象】按钮，然后在任意视图中单击分离出来的面，此时四棱锥即分布在分离出来的面上，如图 2-34 所示。

15. 展开【散布对象】卷展栏，设置【源物体参数】区域参数如图 2-35 所示，最终结果如图 2-23 所示。如果不够满意，可以调整【重复数】和【基础比例】的数值，直到满意为止。

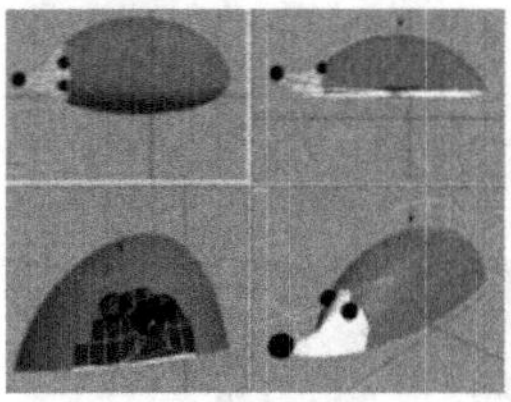

图 2-32 选择背部所有的面

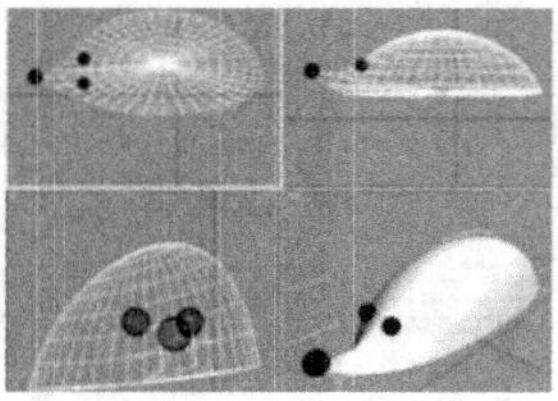

图 2-33 分离背部所有的面

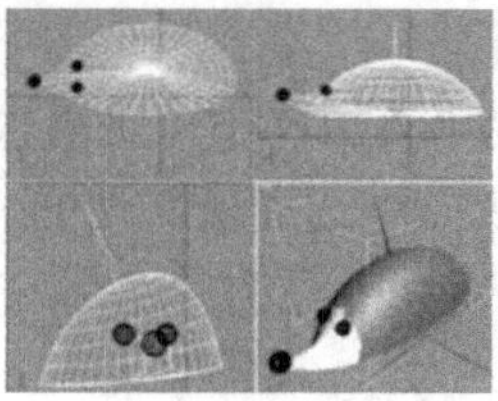

图 2-34 初步散布效果

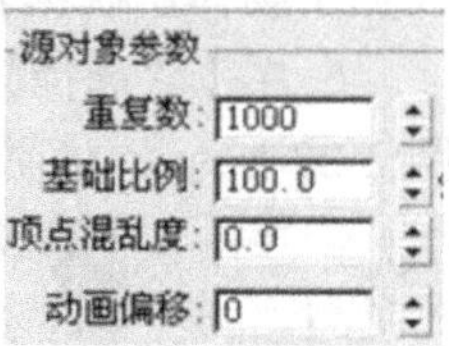

图 2-35 设置源物体参数

说明

【散布】工具的作用是将源对象分布在目标对象的表面。通常使用结构简单的对象作为散布分子,通过【散布】工具,将它以各种方式覆盖到目标对象的表面上,产生大量的复制品。这是一个非常有用的造型工具,通过它除可以制作全身是刺的刺猬外,还可以逼真地制作头发、胡须、草地、长满羽毛的鸟,等等,这些都是一般造型工具无法制作的。

巩固训练

绘制如图 2-36 所示的草地模型。

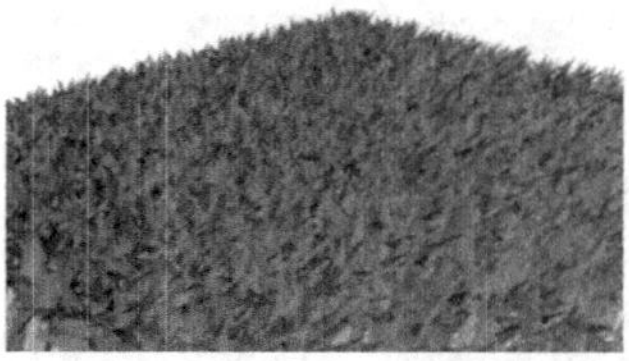

图 2-36 草地模型

子任务 5 制作草坪灯模型

制作目的

草坪灯模型的制作并不复杂,本子任务主要使用了【圆柱体】、【圆锥体】、【球体】等几何体命令,用【对齐】、【选择并移动】等命令将其各自放于合适的位置即可。但在园林效果图的制作中,草坪灯会经常被使用,如表现小区环境、办公休闲区,等等,可见其重要性,所以要掌握草坪灯模型的制作方法。

实例效果

草坪灯模型见图 2-37。

操作步骤

1. 重置 3ds Max 系统。单击【创建】/【几何体】/【标准基本体】/【圆柱体】按钮,在顶视图中创建一个圆柱体,命名为“灯柱”,参数设置及结果如图 2-38 所示。

2. 单击【创建】/【几何体】/【标准基本体】/【圆锥体】按钮,在顶视图中创建一

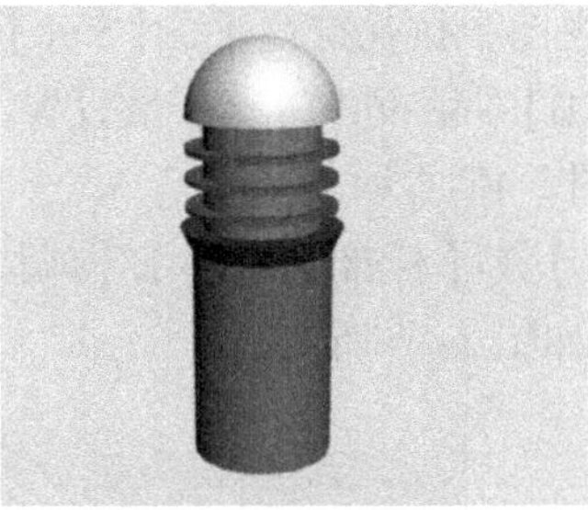

图 2-37　草坪灯模型

个圆锥体，命名为“灯托”，参数设置如图 2-39 所示。

3. 选择“灯托”，单击【对齐】命令，在任意视图中单击“灯柱”，弹出【对齐】对话框，勾选 X 轴、Y 轴、Z 轴，如图 2-40 所示，然后单击【确定】按钮。

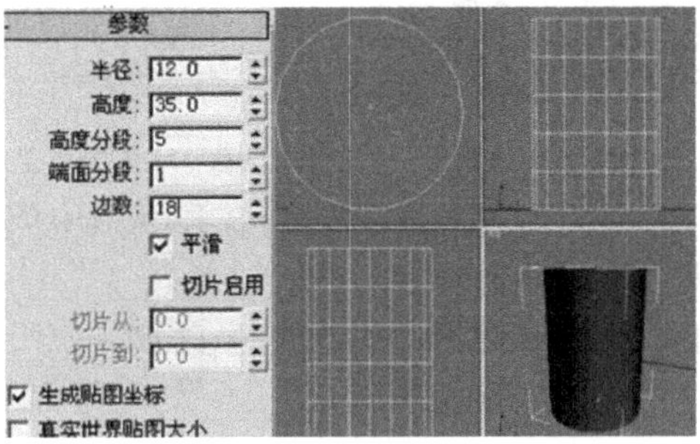

图 2-38　圆柱体的参数设置及结果

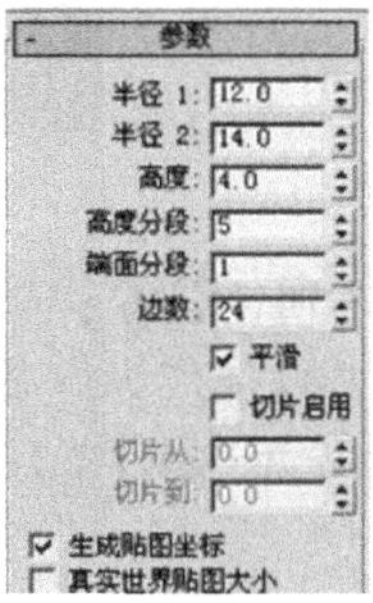

图 2-39　圆锥体的参数设置

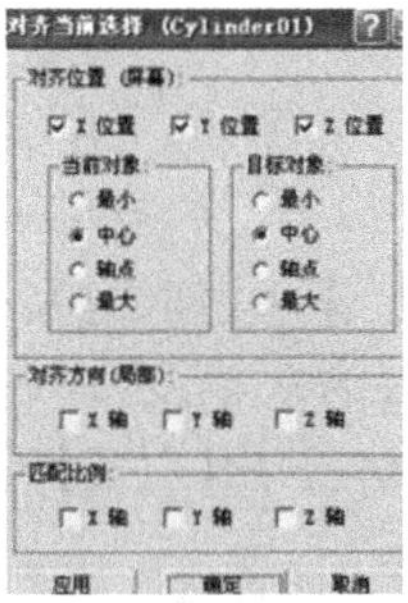

图 2-40　【对齐】设置

4. 单击【选择并移动】按钮，在前视图中沿 Y 轴向上移动“灯托”，使其与“灯柱”相接，如图 2-41 所示。

5. 单击【创建】/【几何体】/【标准基本体】/【圆柱体】按钮，在顶视图中再创建一个圆柱体，命名为“灯管”，利用【对齐】、【选择并移动】工具，调整其位置，参数设置及位置如图 2-42 所示。

6. 单击【创建】/【几何体】/【标准基本体】/【管状体】按钮，在顶视图中创建一个圆管，命名为“灯罩”，利用【对齐】、【选择并移动】工具，调整其位置，参数设置及位置如图 2-43 所示。

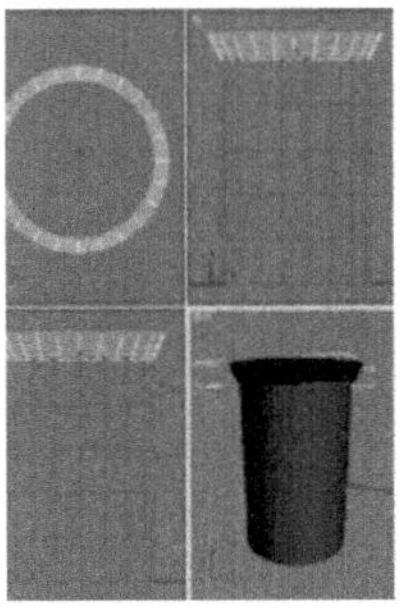

图 2-41　“灯托”的位置

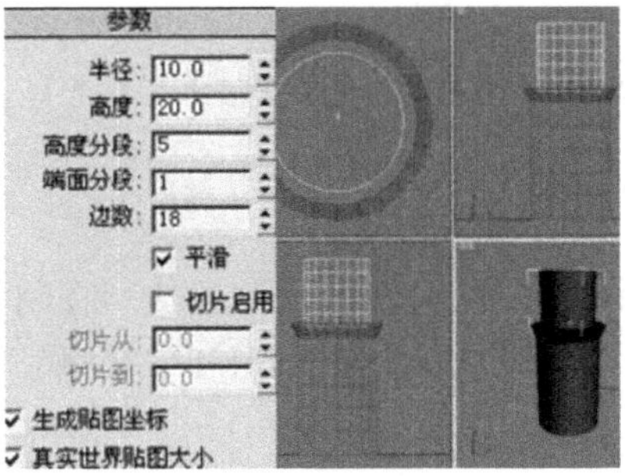

图 2-42　“灯管”的参数设置及位置

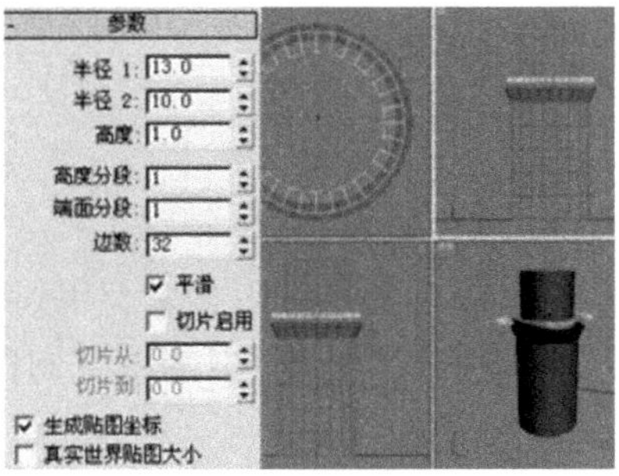

图 2-43　“灯罩”的参数设置及位置

7. 选择“灯罩”造型，在前视图中按住键盘上的【Shift】键，沿 Y 轴向上移动一定的距离释放鼠标，在弹出的【克隆选项】对话框中进行参数设置，如图 2-44 所示。

单击【确定】按钮，结果如图 2-45 所示。

8. 单击【创建】/【几何体】/【标准基本体】/【球体】按钮，在顶视图中创建一个球体，命名为“灯帽”，参数设置如图 2-46 所示。

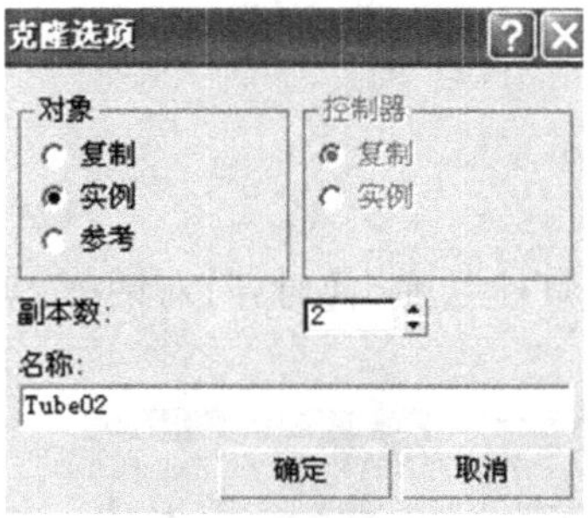

图 2-44 克隆参数设置

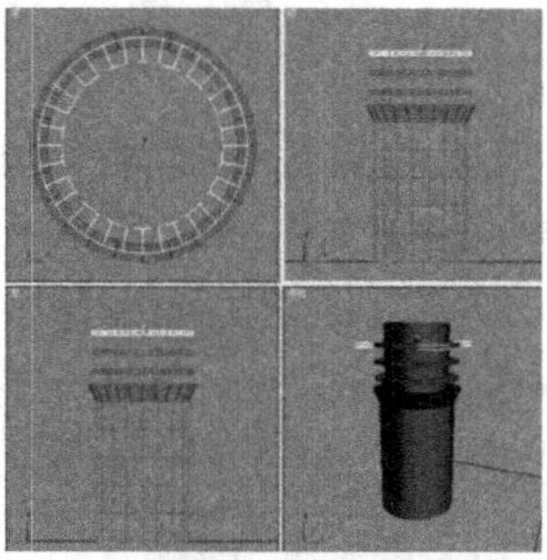

图 2-45 克隆结果

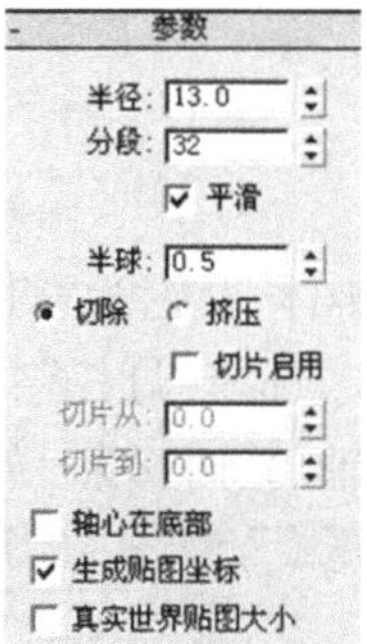

图 2-46 球体的参数设置

9. 单击【创建】/【几何体】/【标准基本体】/【圆柱体】按钮，在顶视图中创建一个半径为 6、高度为 20 的圆柱体作为灯芯，放于上部中心位置。

10. 利用【对齐】、【选择并移动】工具，调整其位置，最终结果如图 2-37 所示。

巩固训练

绘制如图 2-47 所示的五种草坪灯模型。

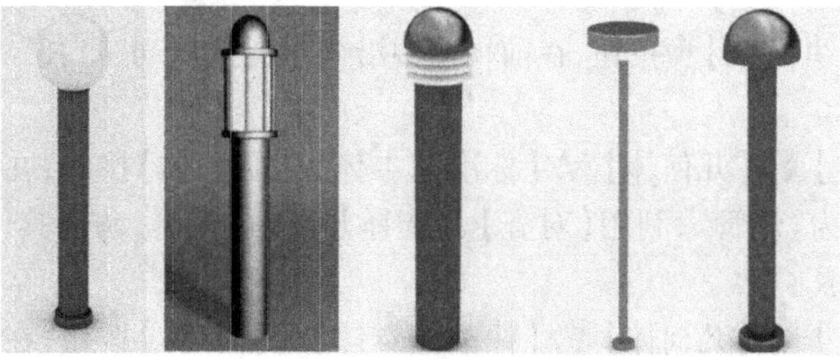

图 2-47 草坪灯模型

子任务 6 制作月牙泉模型

制作目的

园林效果的表现，经常会用到山体、水体等造型，而这些造型在制作过程中往往离不开【噪波】命令。本子任务通过制作一个月牙泉模型，学习和掌握【噪波】命令的参数设置及操作方法。

实例效果

月牙泉模型见图 2-48。

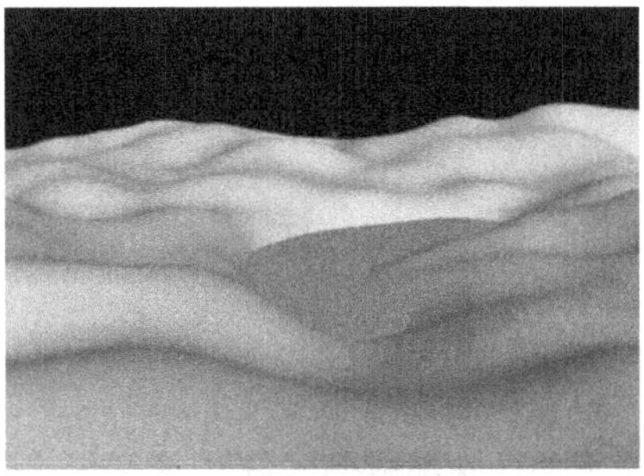

图 2-48　月牙泉模型

操作步骤

1. 重置 3ds Max 系统。单击【创建】/【几何体】/【标准基本体】/【平面】按钮，在顶视图中创建一个平面，其参数设置如图 2-49 所示。

2. 点击【修改】按钮，在其下拉列表中选择【噪波】命令，参数设置如图 2-50 所示，形成沙漠地形如图 2-51 所示。

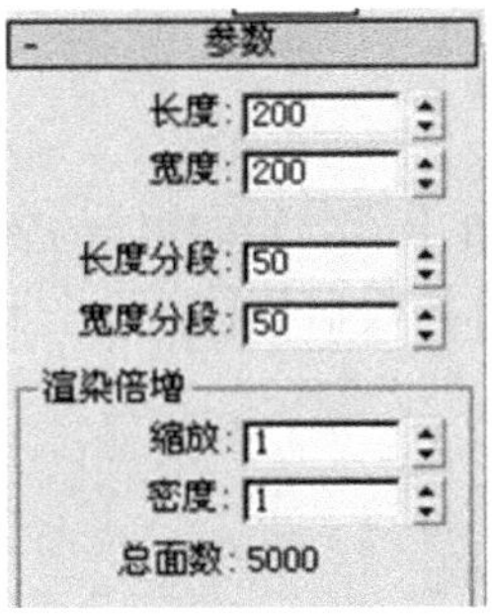

图 2-49　参数设置(1)

图 2-50　参数设置(2)

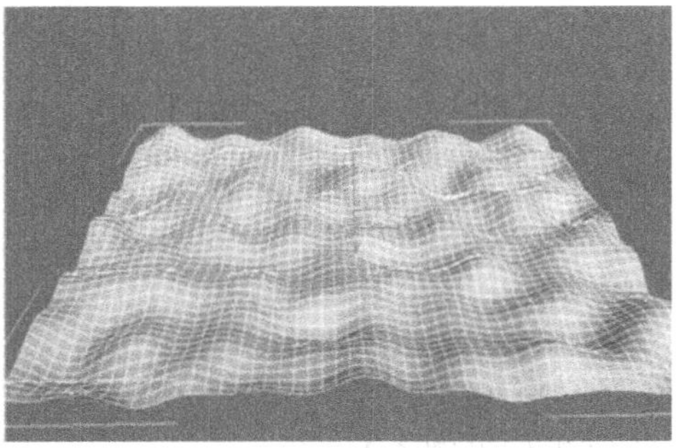

图 2-51　沙漠地形

3. 制作月牙的凹陷造型。选择沙漠地形，在修改器下拉列表中选择【编辑网格】命令，打开修改器堆栈中【编辑网格】前面的"＋"号，选择使用【顶点】子一级进行编辑，打开修改面板下的【软选择】卷展栏，参数设置如图 2-52 所示。

4. 在顶视图中选择要调整目标位置的顶点，在前视图中调整其高度，或者直接在透视图中进行选择和移动，调整点的位置如图 2-53 所示。调整过程中可根据需要，不断调整【软选择】卷展栏中【衰减】后的数值，值越大影响范围就越大。

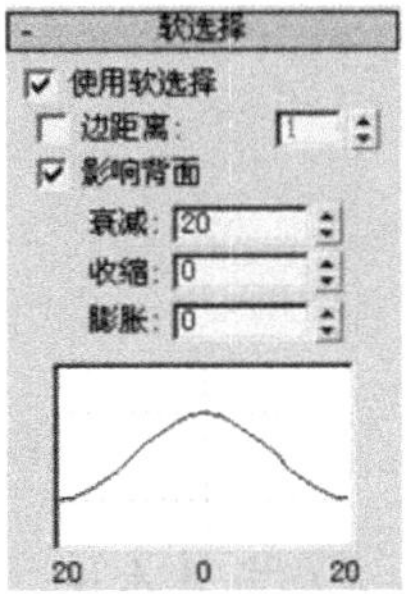

图 2-52　参数设置(3)

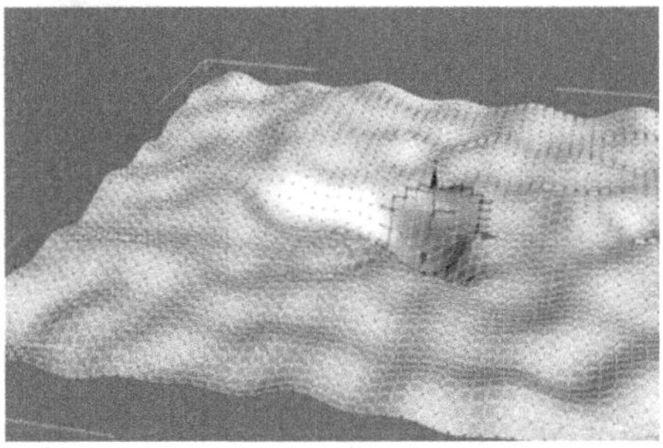

图 2-53　地形的局部调整

5. 再创建一个平面，并调整其位置作为水面，最终结果如图 2-48 所示。

说明

【噪波】命令可以用来制作一些不规则的物体，比如起伏不平的山地表面。

巩固训练

绘制如图 2-54 所示的三种形状的山体模型。

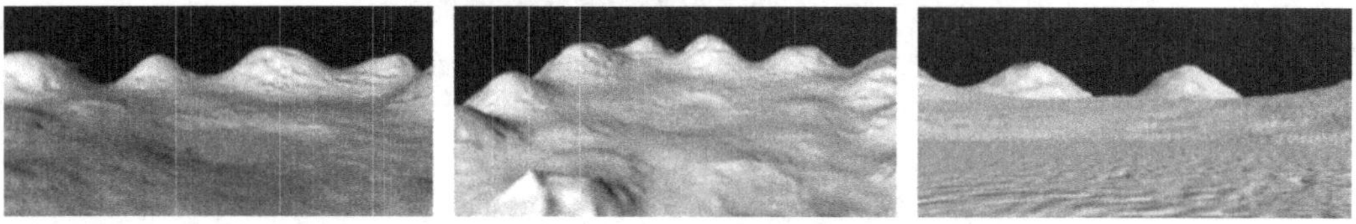

图 2-54　山体模型

子任务 7　制作蜡烛模型

制作目的

通过对本子任务的学习和操作，了解并掌握【可编辑网格】下的【顶点】次物体的软化处理方法及细节设置，同时复习【锥化】、【弯曲】、【噪波】、【锥化】修改器和【选择并非均匀缩放】等命令的使用方法。

实例效果

蜡烛模型见图 2-55。

图 2-55　蜡烛模型

操作步骤

1. 重置 3ds Max 系统。单击【创建】/【几何体】/【扩展基本体】/【切角圆柱体】按钮，在顶视图中创建一个切角圆柱体，参数设置及图形结果如图 2-56 所示。

2. 单击【修改】按钮，在其下拉列表中选择【编辑网格】修改器，单击【选择】卷展栏下的【顶点】按钮，在顶视图中框选网格物体顶面内部两层顶点，如图 2-57 所示。

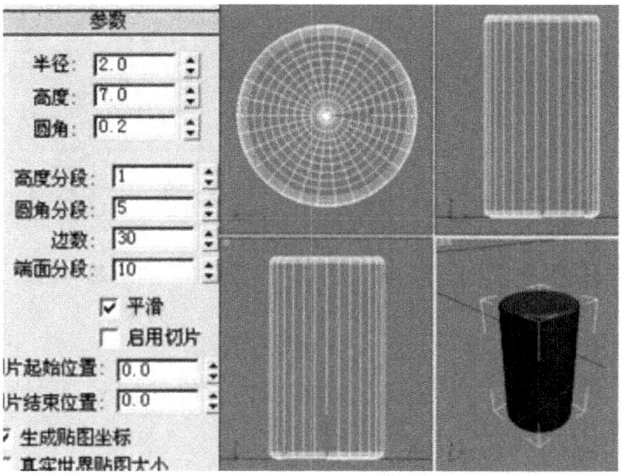

图 2-56　参数设置及图形结果

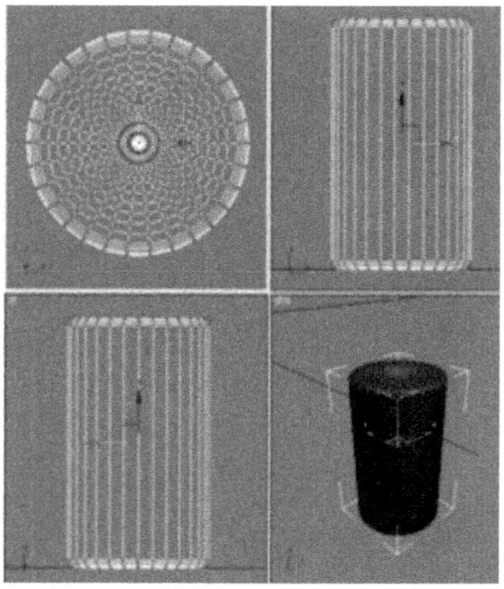

图 2-57　选择点

3. 展开【软选择】卷展栏，勾选【使用软选择】复选框，在【衰减】数值框中输入 2，并按【Enter】键，以选择扩大顶点的影响范围。

4. 激活前视图，在【选择并移动】按钮上单击鼠标右键，在弹出的【移动变换输入】对话框中【偏移：屏幕】Y 轴后输入 1，如图 2-58 所示，以使当前选择的顶点沿 Y 轴向下移动 1，结果如图 2-59 所示。

5. 按照步骤 2 至步骤 4 的操作方法，再分别选择网格物体顶部的顶点并进行适当移动，将“蜡烛”顶部编辑成如图 2-60 所示的样子。

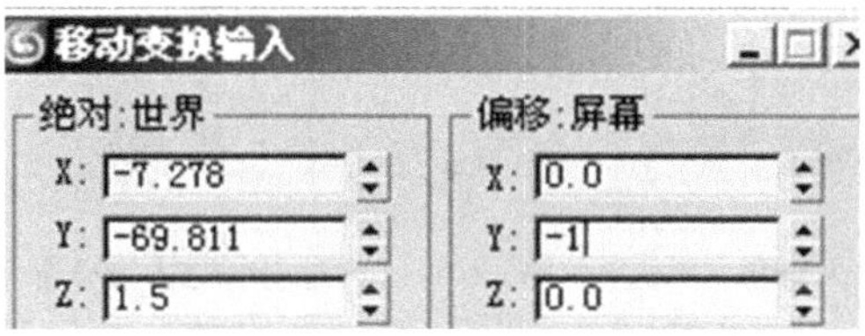

图 2-58　参数设置

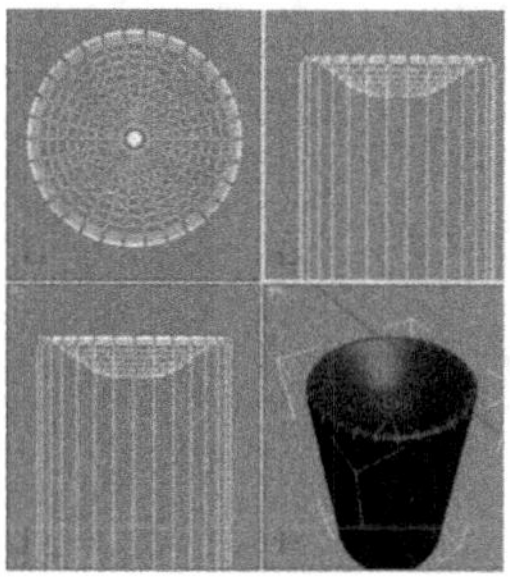

图 2-59　顶点移动结果

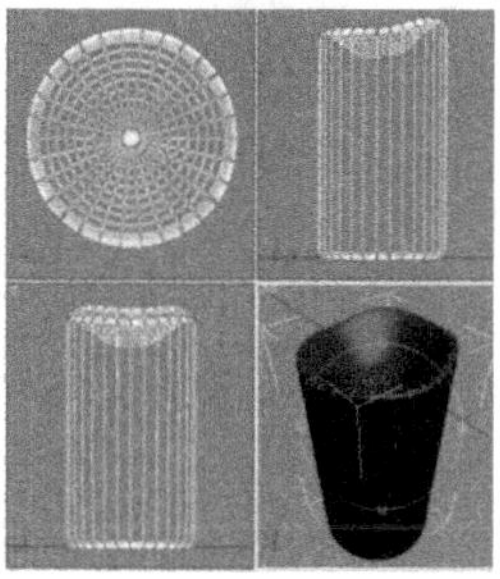

图 2-60　继续移动顶点的位置

6. 退出顶点次物体编辑，为“蜡烛”加载【UVW 贴图】修改器，在【参数】卷展栏下勾选【柱形】单选项，然后单击【适配】按钮，这样就为“蜡烛”指定了【UVW 贴图】坐标，如图 2-61所示。

7. 在顶视图中创建一个圆柱体，命名为“灯芯”，其参数设置和位置如图 2-62 所示。

8. 确认圆柱体处于选择状态，单击【修改】按钮，在其下拉列表中选择【弯曲】修改器，在【参数】卷展栏下的【角度】和【方向】数值框中分别输入 18 和 50，即将圆柱沿 Z 轴弯曲 18°，弯曲后的效果如图 2-63 所示。

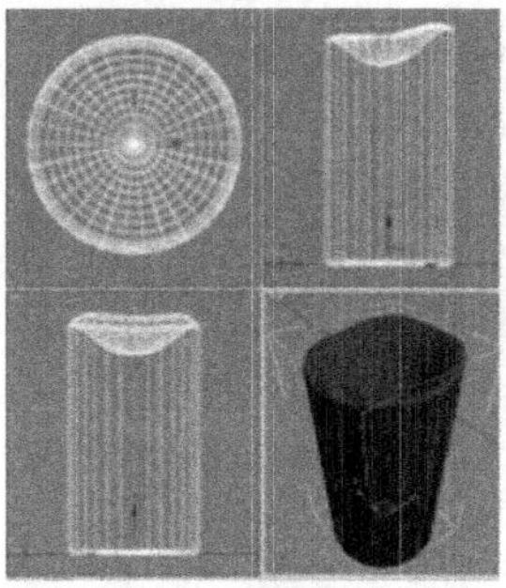

图 2-61　加载【UVW 贴图】坐标

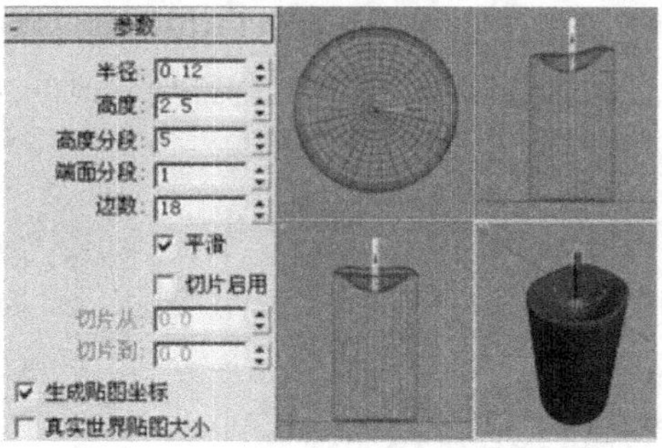

图 2-62　圆柱体参数设置和位置

图 2-63　“灯芯”弯曲效果

9. 在顶视图中创建一个半径为 0. 75 的球体，命名为“火焰”，然后将其调整到“蜡烛”顶部，如图 2-64 所示。

10. 激活前视图，单击工具栏中的【选择并非均匀缩放】，按【F12】键打开【缩放变换输入】对话框，在【偏移：屏幕】栏下的“Y”数值框中输入 400 并按【Enter】键，即将球体沿 Y 轴放大 400%，如图 2-65 所示。

11. 单击【修改】按钮，在其下拉列表中选择【锥化】修改器，在【参数】卷展栏下的【数量】数值框中输入 -1. 95，并按【Enter】键，如图 2-66 所示。

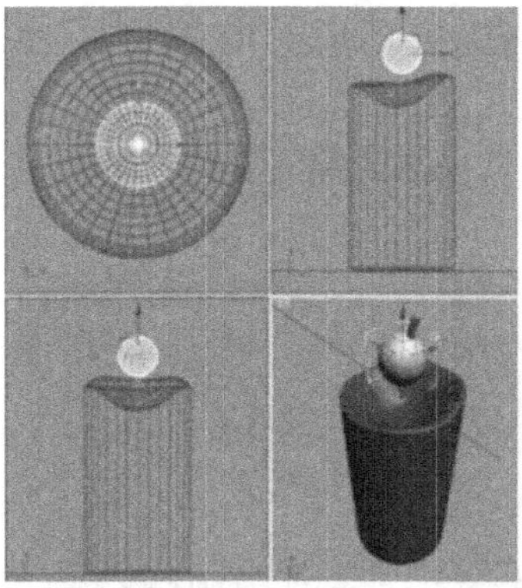

图 2-64　球体的位置

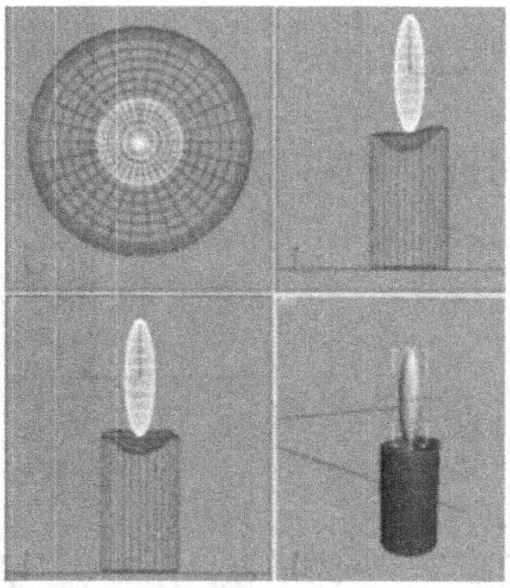

图 2-65　放大球体

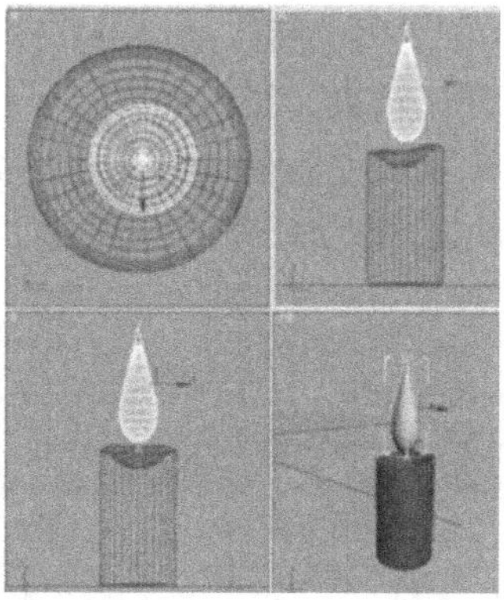

图 2-66　为球体施加【锥化】

12. 单击【修改】按钮，在其下拉列表中选择【噪波】修改器，在【参数】卷展栏下的【比例】数值框中输入 10，然后勾选【分形】复选框，再在“X”、“Y”、“Z”数值框中都输入 0. 5，得到火焰的最终形状，蜡烛最终结果如图 2-55 所示。

巩固训练

绘制如图 2-67 所示的哑铃模型。提示：

绘图步骤：①在透视图中创建圆柱。②编辑网格顶点。③使网格自动平滑。

制作流程图例如图 2-68 所示。

图 2-67　哑铃模型

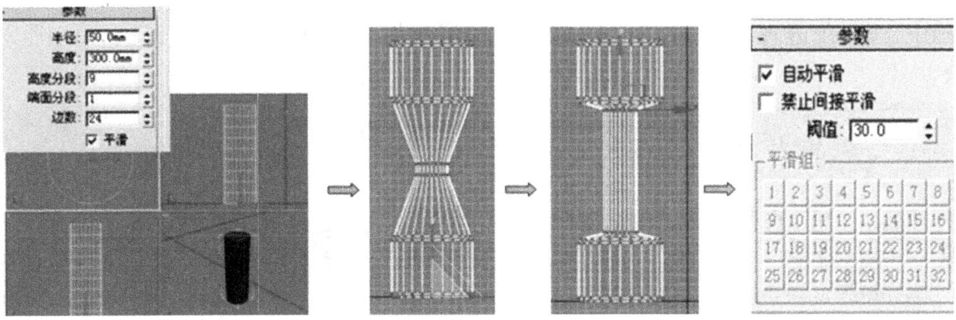

图 2-68　制作流程图例

子任务 8　制作迷彩飞机模型

制作目的

3ds Max 包含一组方便易用的【可编辑多边形】工具，使用这些工具可以改进模型以及为模型添加细节。本子任务通过制作一个迷彩飞机模型，详细地学习利用【可编辑多边形】修改建模，通过多次地运用【可编辑多边形】命令修改创建图形，从而学会其操作方法。

实例效果

迷彩飞机模型见图 2-69。

图 2-69　迷彩飞机模型

操作步骤

1. 重置 3ds Max 系统。单击【创建】/【几何体】/【标准基本体】/【长方体】按钮，在顶视图中创建一个长方体，注意要给长方体分段，参数设置如图 2-70 所示。

2. 单击鼠标右键，在弹出的菜单中选择【转换为】/【转换为可编辑多边形】。进入【修改】面板，在【修改器堆栈】中打开【可编辑多边形】前面的“+”号，选择【多边形】子一级。激活【选择】工具，在透视图中选中前端中间位置的多边形，单击鼠标右键，在弹出的菜单中选择【挤出】工具，在视图中拖动鼠标进行挤出操作，如图 2-71 所示。

3. 在视图中继续拖动鼠标进行二次挤出操作，单击鼠标右键，在弹出的菜单中选择【缩放】工具，在透视图中对二次挤出的多边形进行缩放操作，缩小出机头，如图 2-72 所示。

图 2-70　创建长方体及参数设置

图 2-71　挤出

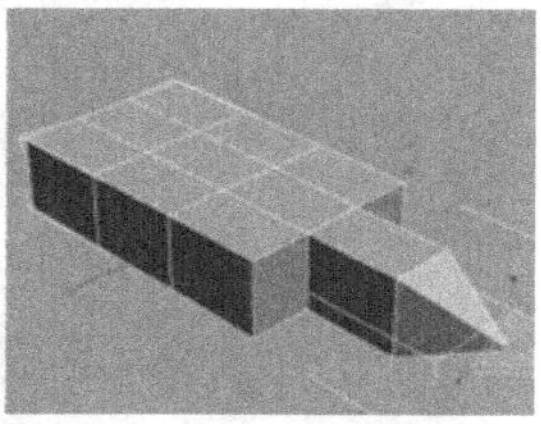

图 2-72　缩小出机头

4. 在【修改】面板中选择【顶点】子一级，激活【选择并移动】工具，左视图中调整机头部分点的位置，如图 2-73 所示。

5. 在【修改】面板中选择【多边形】子一级，在透视图中选择如图 2-74 所示的多边形。

6. 单击鼠标右键，调出【挤出】工具进行挤出操作，挤出机舱，如图 2-75 所示。

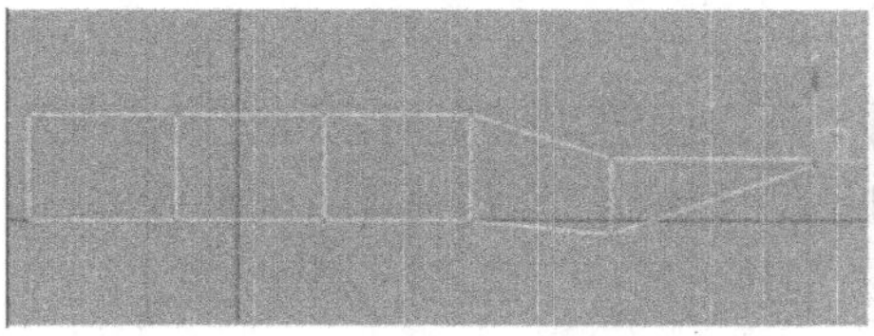

图 2-73　调整机头部分点的位置

图 2-74　选择多边形(1)

图 2-75　挤出机舱

7. 在【修改】面板中选择【顶点】子一级，激活【选择并移动】工具，在左视图中调整机舱部分点的位置，如图 2-76 所示。

8. 制作机翼部分。在透视图中以【多边形】子一级选中如图 2-77 所示的多边形，右键调出【挤出】工具，进行挤出操作，挤出机翼，如图 2-78 所示。

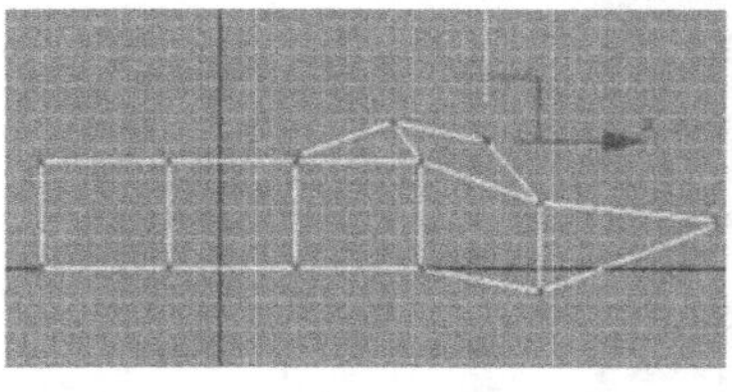

图 2-76　调整机舱部分点的位置

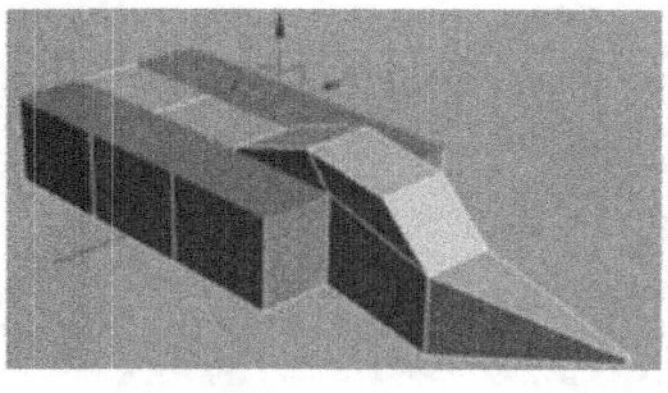

图 2-77　选择多边形(2)

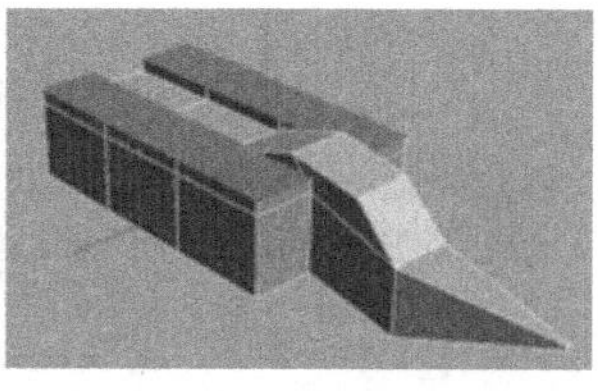

图 2-78　挤出机翼

9. 在透视图中选择机翼前端的四个顶点向后拖动,如图2-79所示。

10. 以【多边形】子一级对机翼两侧向外挤出一次,如图2-80所示,再挤出一次,如图2-81所示。

图2-79　拖动四个顶点

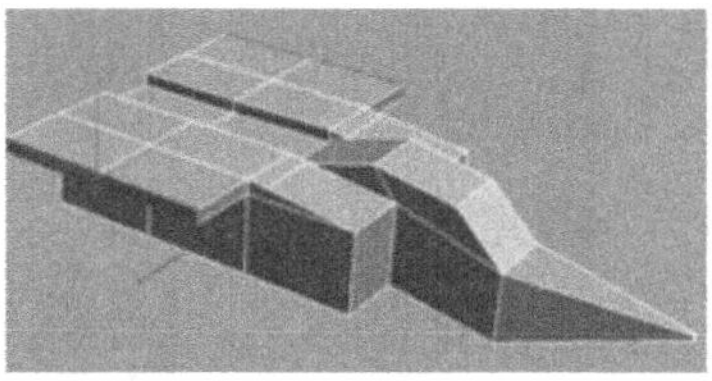

图2-80　挤出一次

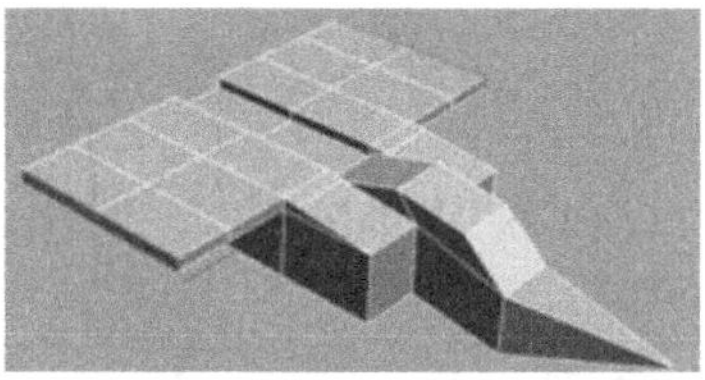

图2-81　再挤出一次

11. 在【修改】面板中选择【顶点】子一级,激活【缩放】工具,在顶视图中对机翼部分点进行压缩,结果如图2-82所示。

12. 在顶视图中向上移动机翼部分点的位置,如图2-83和图2-84所示。

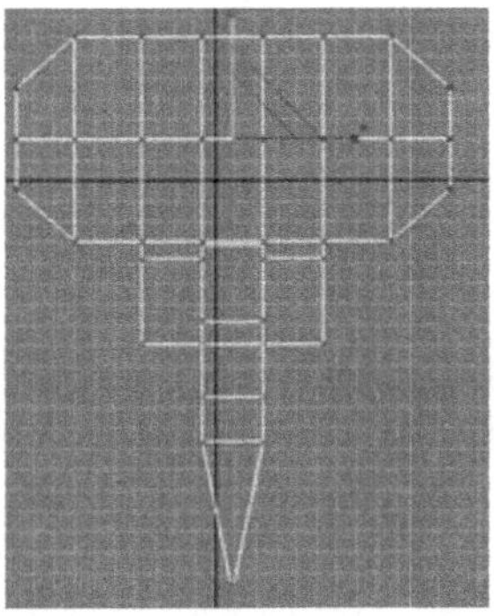

图2-82　压缩机翼部分点

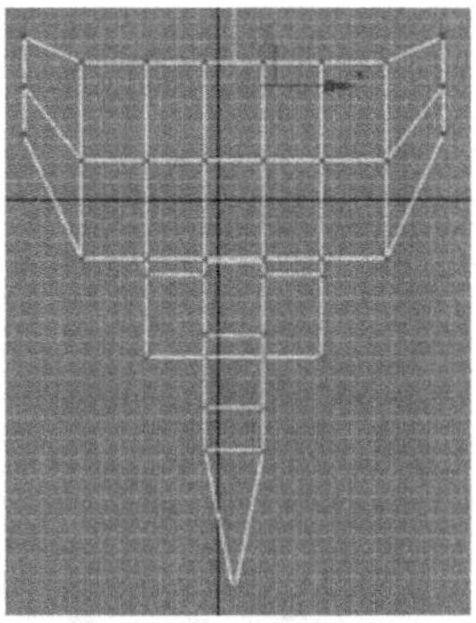

图2-83　向上移动机翼部分点(1)

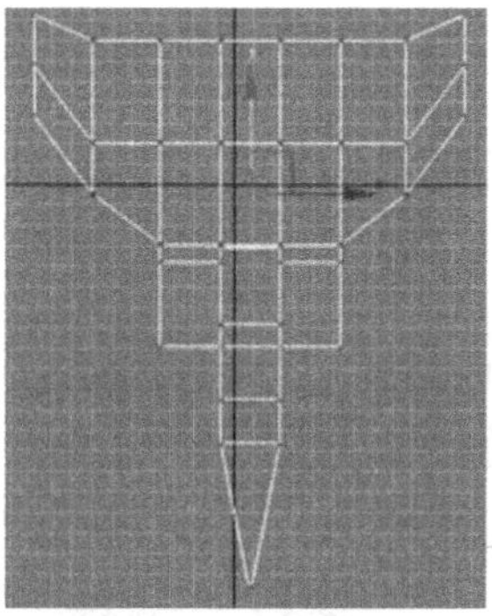

图2-84　向上移动机翼部分点(2)

13. 在左视图中向下移动机翼部分点的位置,如图2-85所示。

14. 在透视图中选中如图2-86所示的多边形,右键调出【挤出】工具进行挤出,并激活【缩放】工具,沿横向进行压缩,结果如图2-87所示。

图2-85　向下移动机翼部分点

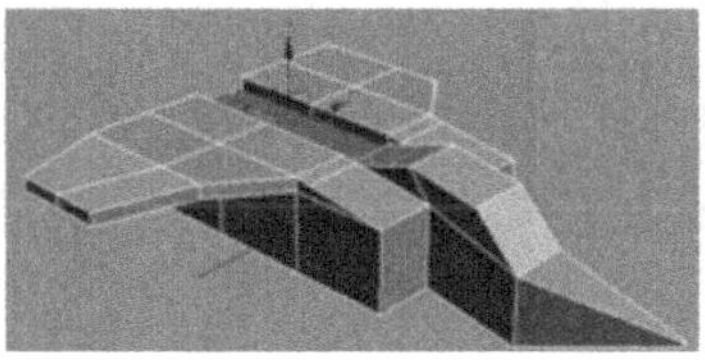

图2-86　选择多边形(3)

图2-87　挤出并压缩

15. 继续进行二次挤出操作,并继续进行横向压缩,得到竖向尾翼,如图2-88所示。

16. 在左视图中移动尾翼部分顶点的位置,结果如图2-89所示。

17. 选中如图2-90所示的多边形,右键调出【倒角】工具进行倒角,结果如图2-91所示。

18. 进行二次倒角,结果如图2-92所示;继续进行三次倒角,结果如图2-93所示,得到飞机前端的导风口。

19. 制作飞机尾端的喷气槽。在透视图中选中如图2-94所示的多边形,并进行【倒

图 2-88　竖向尾翼

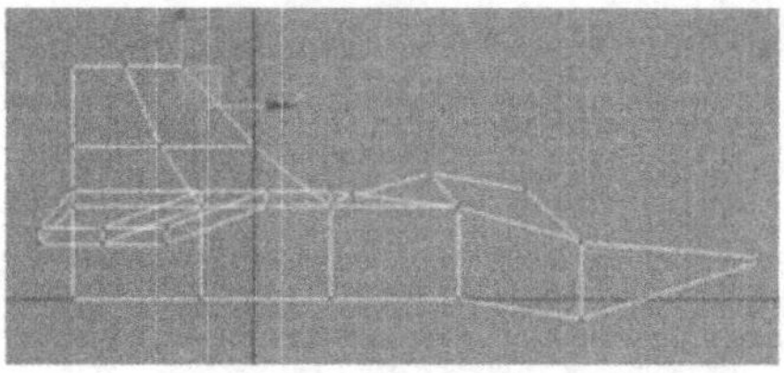

图 2-89　移动尾翼部分顶点的位置

图 2-90　选择多边形(4)

图 2-91　倒角结果(1)

图 2-92　二次倒角结果(1)

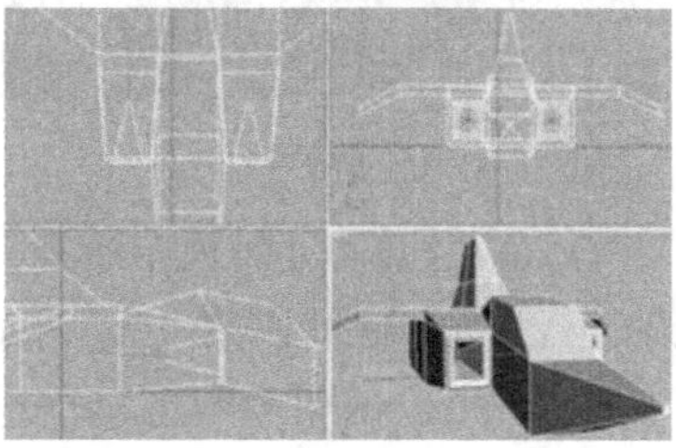

图 2-93　三次倒角结果(1)

角】操作,结果如图 2-95 所示。

20. 继续进行二次倒角和三次倒角,如图 2-96 和图 2-97 所示,得到飞机尾端的喷气槽。

图 2-94　选择多边形(5)

图 2-95　倒角结果(2)

图 2-96　二次倒角结果(2)

21. 制作下端造型。在透视图中选中如图 2-98 所示的多边形,右键调出【挤出】工具进行挤出,结果如图 2-99 所示。

图 2-97　三次倒角结果(2)

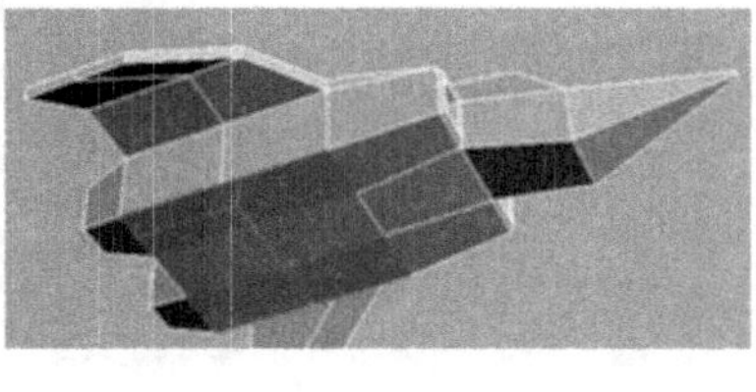

图 2-98　选择多边形(6)

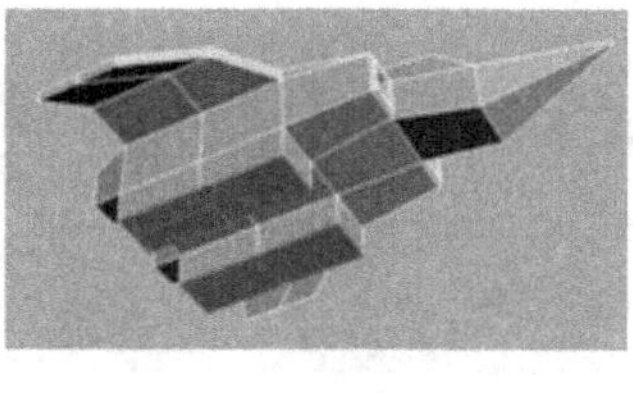

图 2-99　挤出结果

22. 在左视图中移动顶点的位置,如图 2-100 所示。

23. 打开修改器菜单下【细分曲面】项下的【网格平滑】命令,并调整【修改】面板下【细分量】栏里的【迭代次数】值为 2,结果如图 2-101 所示。最后给飞机创建一个迷彩外衣——大理石漫反射贴图(此内容将在下一个项目中学习),材质编辑器设置如图 2-102 所示。最终效果如图 2-69 所示。

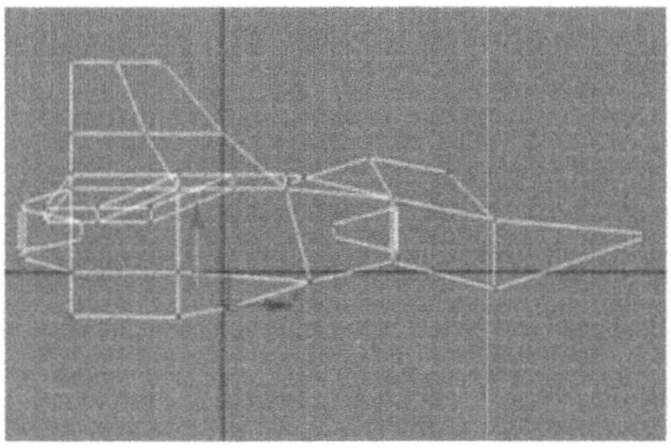

图 2-100　**移动顶点位置**

图 2-101　**【网格平滑】结果**

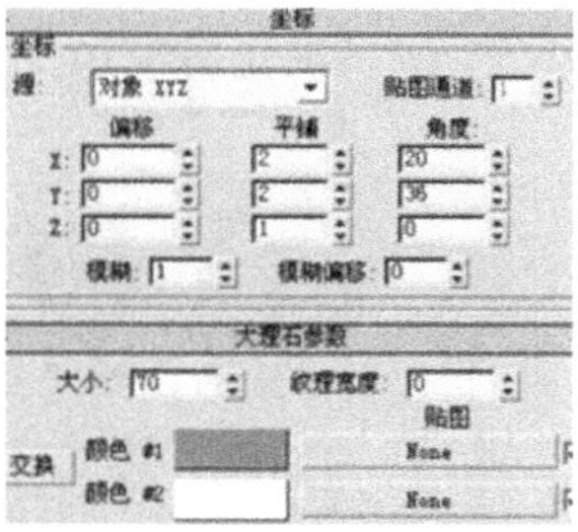

图 2-102　**材质编辑器**

说明

多边形对象也是一种网格对象。【可编辑多边形】在功能及使用上几乎与【可编辑网格】是一致的，不同的是，【可编辑网格】是由角构成的框架结构，而多边形对象既可以是网格模型，也可以是多边形。转换为可编辑多边形后，可进行如下操作：

1.【可编辑多边形】对象包括【顶点】、【边】、【边界】、【多边形】和【元素】5 个子对象级别，可以在任何一个子对象级别上深层地加工对象形态。

2. 可以执行【移动】、【旋转】、【缩放】等基本的修改变动，也可在按住【Shift】键的同时拖动复制。

3. 在修改堆栈中传递子对象选择，对传递的子对象可以应用多种标准修改命令。

巩固训练

重复练习绘制飞机模型。

知识链接

一、创建形体及其主要参数的含义

在【创建】命令面板中，可以快速地创建三维对象，这些三维对象包括标准基本体和扩展基本体。在实际三维建模过程中，通过布尔运算或修改命令，对这些三维对象进行编辑就可以创造复杂的三维模型。

单击【创建】/【几何体】按钮，进入创建三维对象操作。在命令面板【标准基本体】下拉框中选择【标准基本体】和【扩展基本体】选项栏后，在命令面板中“对象类型”下将展示出 10 种标准基本体和 13 种扩展基本体建模命令，如图 2-103 所示。

二、创建三维形体的方法

1. 按下命令按钮，将光标移至视口中，按住鼠标左键并拖动，进行初步建模后，再在【修改】命令面板中的【参数】栏下修改物体规格参数，完成建模。

2. 在【键盘输入】卷展栏中输入坐标和物体规格的参数，然后单击【创建】即可完成基本建模。

三、创建三维模型的过程

（一）一次创建完成的三维物体

在创建这类标准基本体时，只需在视图中按住鼠标左键并拖动光标至合适距离就可

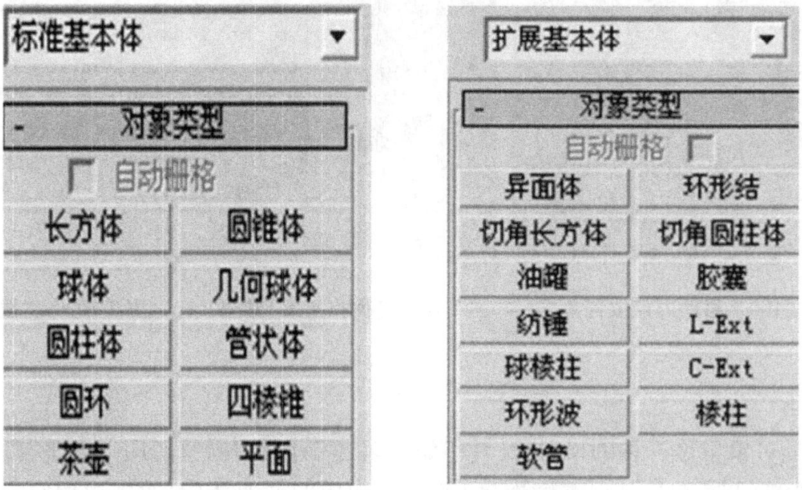

图 2-103 标准基本体和扩展基本体

以完成,这类标准基本体包括球体、茶壶、几何球体和平面。

(二)二次创建完成的三维物体

决定这类标准基本体创建的参数有两个,所以这类标准几何体在创建过程中需要两步完成。在创建命令面板中单击相应的按钮后,在视图中的合适位置按住鼠标左键拖动,拉出物体的底面,释放鼠标后,再按下鼠标左键并移动鼠标至合适的位置,拉出其高度,点击鼠标右键结束创建过程。这类标准基本体包括长方体、圆柱体、圆环和四棱锥。

(三)三次创建完成的三维物体

决定这类标准基本体大小的参数有 3 个,在【创建】命令面板中单击相应的按钮后,在视图中合适的位置按住鼠标左键拖动,释放鼠标,确定第一个参数;接着按下鼠标左键后向上或向下移动鼠标至合适位置,释放鼠标,确定第二个参数;再按下鼠标左键同时向上或向下移动鼠标,确定后,释放鼠标左键结束创建过程。这类标准基本体包括圆锥体和管状体。

四、基本体的创建参数

在创建标准基本体时,不同的基本体有不同的创建参数,主要包括尺寸、分段数和平滑等。

1. 尺寸:用于定义对象的几何外形。

2. 分段数:用于定义对象网格的疏密。当准备给对象进行变形时,必须增加对象的分段数。

3. 平滑:控制平滑组是否自动分配给物体。对于创建好的物体,可以使用鼠标右键单击该对象,在弹出的菜单中选择【移动】、【旋转】和【缩放】来调整对象的方位、大小,也可选择变换的约束轴,而不必通过工具栏来进行类似的操作,这样可以提高工作效率。

在右键快捷菜单中还有一个重要的选项【对象属性】项,使用这个选项,可以查看当前选择对象的参数及其属性,如图 2-104 所示。

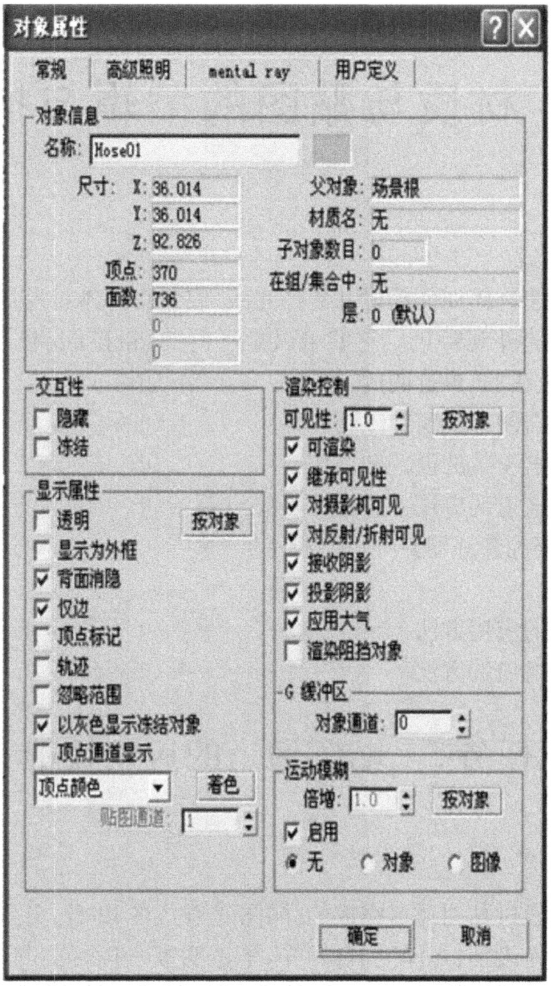

图 2-104 对象属性

项目小结

模型的创建在 3ds Max 的学习中几乎占二分之一的比例,本项目从两大方面进行了建模的训练。

任务一的内容是从二维图形生成三维模型。二维图形通常作为三维建模的基础。给二维图形应用一些修改器,比如【挤出】、【倒角】、【倒角剖面】、【车削】和【放样】等,就可以将它转换成三维图形;二维图形的另一个用法是作为路径用以约束控制器的路径。另外,还可以将二维图形直接设置成可以渲染的,用来创建诸如栏杆、霓虹灯等之类的效果。

任务二的内容是三维基本建模的方法,训练了针对简单的三维基本造型施加简单的三维修改命令,生成比较简单的三维造型的方法。这些修改命令包括【锥化】、【扭曲】、【弯曲】、【FFD】、【网格平滑】、【编辑网格】、【编辑多边形】,等等。在接触这些命令的同时,还会了解阵列复制、建模次序、模型修改等一系列实用技巧。学习这些命令的方法和使用技巧可为以后学习效果图的制作奠定基础。

项目二　材质与贴图的编辑与操作技能

教学目标

材质主要用于描述物体如何反射和传播光线，它包含基本材质属性和贴图，在现实中表现为对象自己独特的外观特色。它们可以是平滑的、粗糙的、有光泽的、暗淡的、发光的、反射的、折射的、透明的、半透明的，等等。

●熟悉材质编辑器的示例窗和工具栏
●掌握材质编辑器参数的设置和应用
●熟练掌握贴图通道的应用方法
●熟练掌握从【资源管理器】中获取材质的方法
●掌握贴图类型
●掌握复合材质的应用方法
●掌握编辑常用材质的方法

任务 3　贴图通道的应用技能

任务目的

所有的贴图都是通过贴图通道完成的，贴图通道共有 12 种，分别为环境光颜色、漫反射颜色、高光颜色、高光级别、光泽度、自发光、不透明度、过滤色、凹凸、反射、置换。本任务通过各种贴图通道实例操作，以掌握材质编辑器和贴图通道的应用技能，从而设计制作出真实、自然、生动的艺术作品。

本任务为标准材质及贴图的应用。

子任务 1　UVW 贴图坐标操作技能

▲UVW 贴图命令的使用

实例效果

移动、旋转、缩放 Gizmo 的结果见图 3-1。

操作步骤

1. 在顶视图中创建一个正方体。

2. 单击键盘上的【M】键，打开材质编辑器，单击【漫反射】后面的方形按钮，在打开的【材质/贴图浏览器】中双击【棋盘格】贴图材质。用鼠标将材质直接拖拽至场景对象上，单击【在视口中显示贴图】按钮，这便完成了对场景对象的材质赋予过程，如图 3-2 所示。

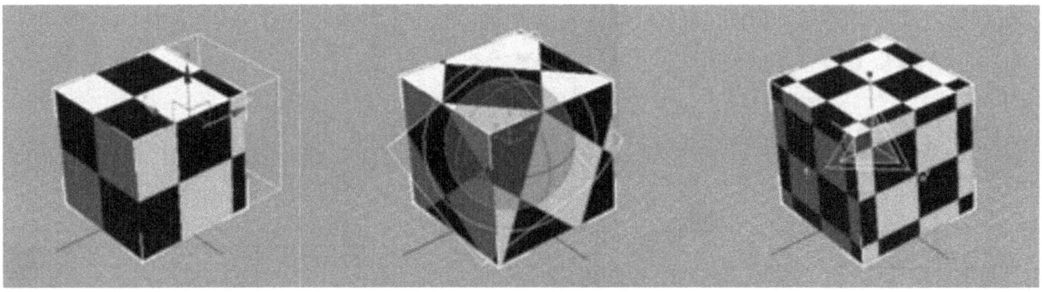

图 3-1　移动、旋转、缩放 Gizmo 的结果

3. 调整贴图投影至场景对象的表面。单击主菜单中的【修改器】/【UV 坐标】/【UVW 贴图】命令，如图 3-3 所示。在命令面板中【贴图】项下选择【长方体】复选项，再单击【对齐】项下的【适配】按钮，如图 3-4 所示。

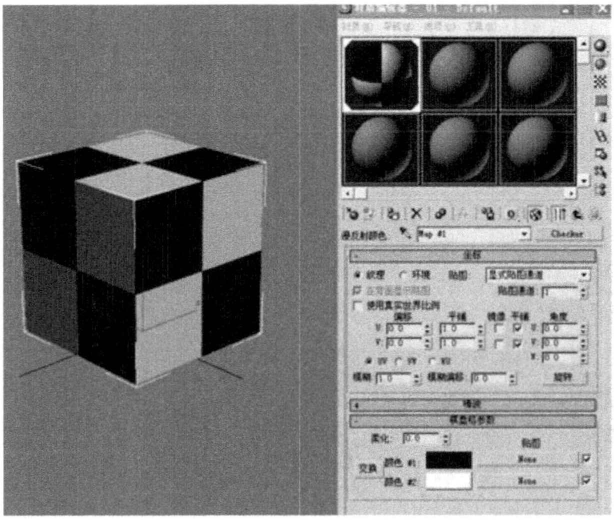

图 3-2　赋予物体【棋盘格】材质

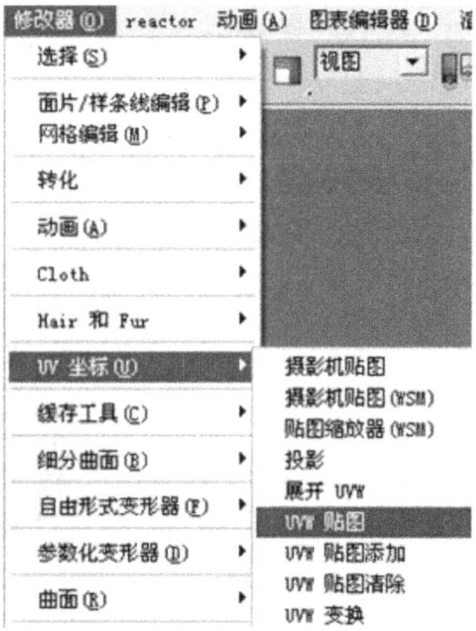

图 3-3　选择【UVW 贴图】命令

4. 打开修改器堆栈中【UVW 贴图】前面的“ + ”号，选择【Gizmo】项，如图 3-5 所示，Gizmo 是贴图投影方式的显示线。在视图中用工具栏中的变换工具如【移动】、【旋转】和【缩放】调整 Gizmo 的位置（显示贴图范围的黄色网框），立方体表面的贴图会跟随 Gizmo 的变化而变化。最终结果如图 3-1 所示。

说明

【UVW 贴图】命令面板中的其他选项和调控参数，需要大家自己多进行测试来了解每一个选项和调控参数的具体作用。

▲次对象贴图——坡面屋顶贴图

有些对象的贴图坐标相对麻烦一些，如两坡面屋顶，如果用单一贴图方式，难以准确贴图。为了能够准确地对坡面屋顶赋予材质贴图，就必须分别为两个坡面赋予不同的贴图坐标，为此，制作次对象贴图——坡面屋顶贴图。

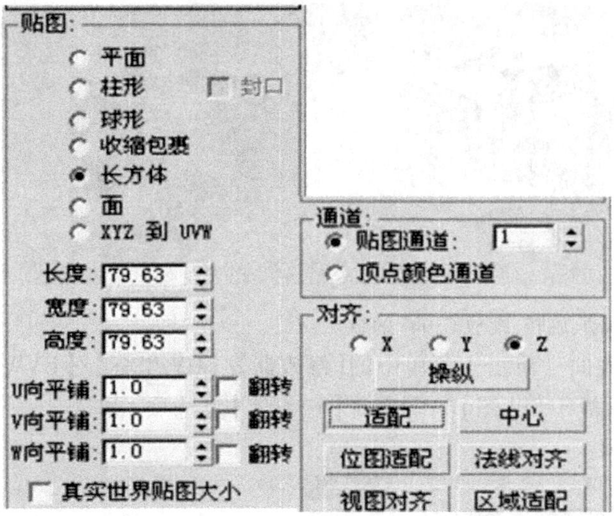

图 3-4　参数设置

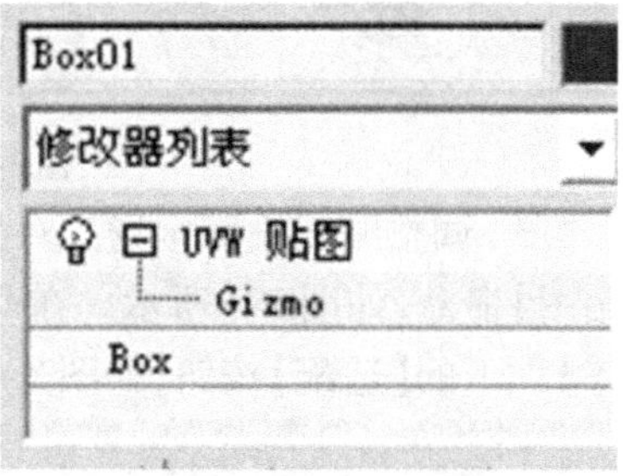

图 3-5　选择【Gizmo】项

实例效果

坡面屋顶贴图见图 3-6。

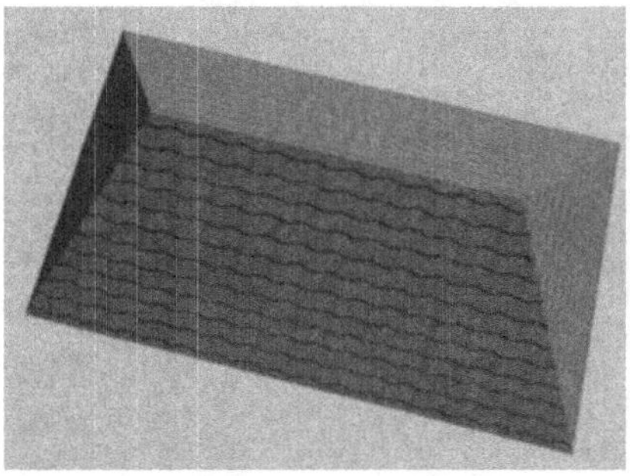

图 3-6　坡面屋顶贴图

操作步骤

1. 创建人字形屋顶。在顶视图中创建一个长方体,参数设置如图 3-7 所示。

2. 单击右键,选择【转为可编辑多边形】,以【顶点】子一级在前视图中沿 X 轴进行缩放,如图 3-8 所示。

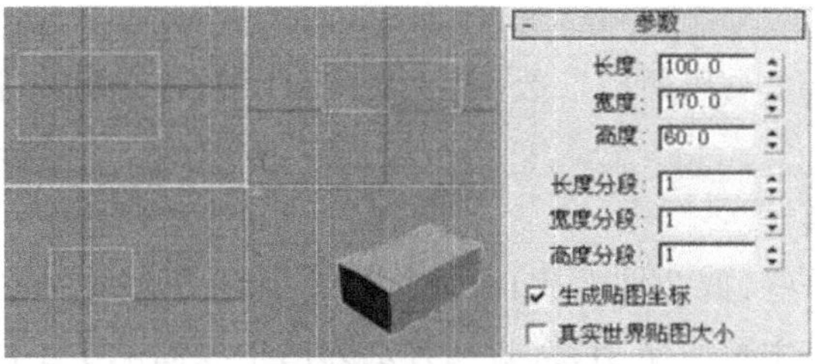

图 3-7　创建的长方体及其参数设置

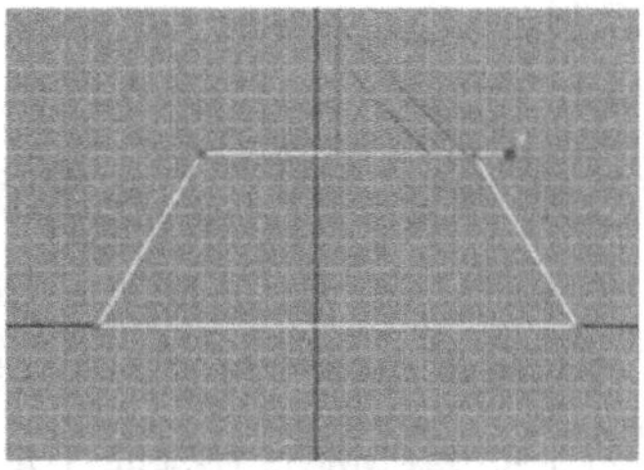

图 3-8　缩放顶点

3. 激活左视图，继续以【顶点】子一级沿 X 轴进行压缩，直至不能压缩为止，得到如图 3-9所示人字形屋顶，并取消【顶点】子一级选择。

4. 进入材质编辑器，编辑屋顶材质，并将编辑好的屋顶材质赋予屋顶，如图 3-10 所示。如果现在渲染，会发现屋顶贴图不能按我们预想的正确显示。

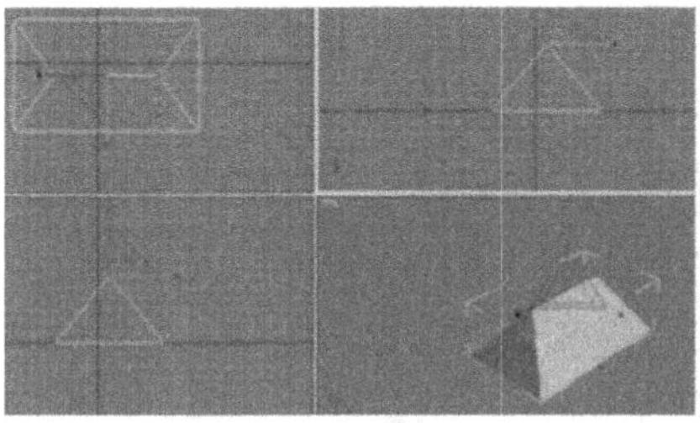

图 3-9　压缩顶点

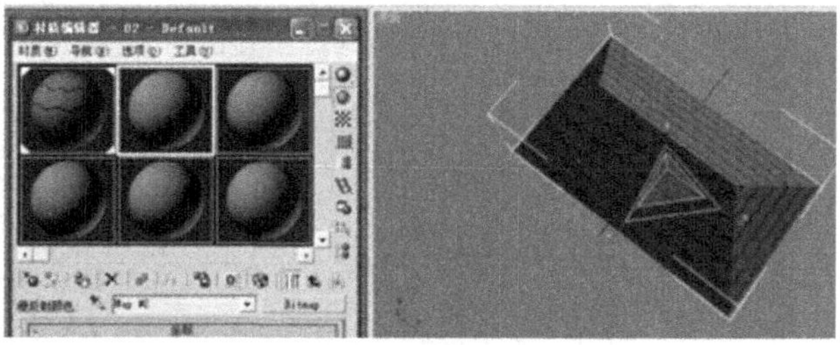

图 3-10　将屋顶材质赋予屋顶

5. 选择修改器列表中的【网格选择】命令，选中【多边形】子一级，在视图中选择屋顶的三角面，如图 3-11 所示。在这种次对象选择状态下单击【UVW 贴图】命令，此时修改器堆栈列表中【UVW 贴图】名字后面出现灰色方块，如图 3-12 所示，表示当前的【UVW 贴图】作用于【网格选择】所选择的面片。

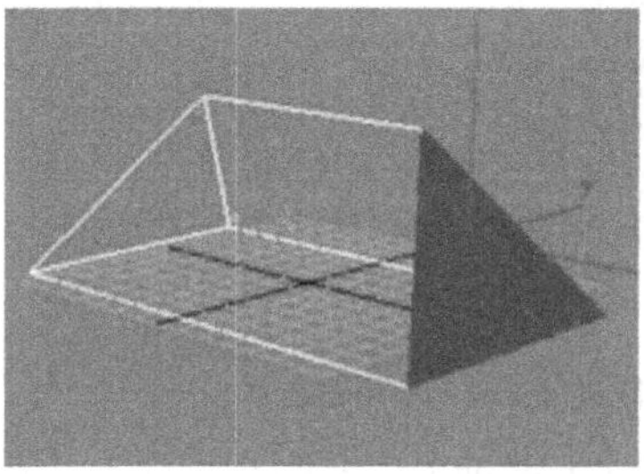

图 3-11　选择屋顶的三角面

图 3-12　灰色方块

6. 激活透视图，单击【UVW 贴图】修改面板下的【法线对齐】按钮，然后再单击所选择的坡面，面片法线清晰可见，此时坐标与所选择的面片对齐，释放鼠标左键，完成对齐，如图 3-13 所示。

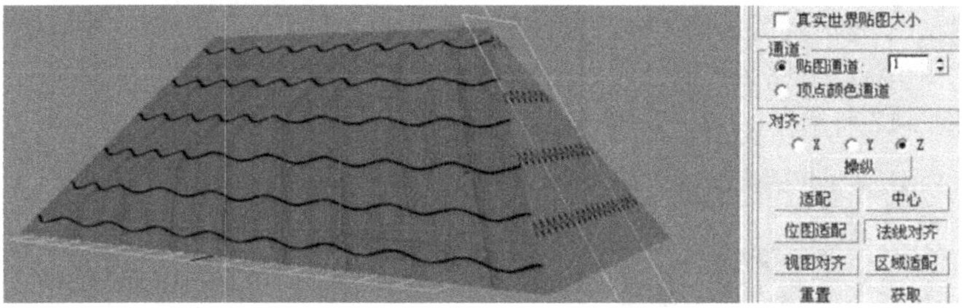

图 3-13　法线对齐

7. 单击【UVW 贴图】修改面板下的【适配】按钮，贴图坐标与坡面完全吻合，如图 3-14所示。

8. 重复步骤 3 至步骤 6，分别重新应用【网格选择】，选择目标【多边形】再次应用

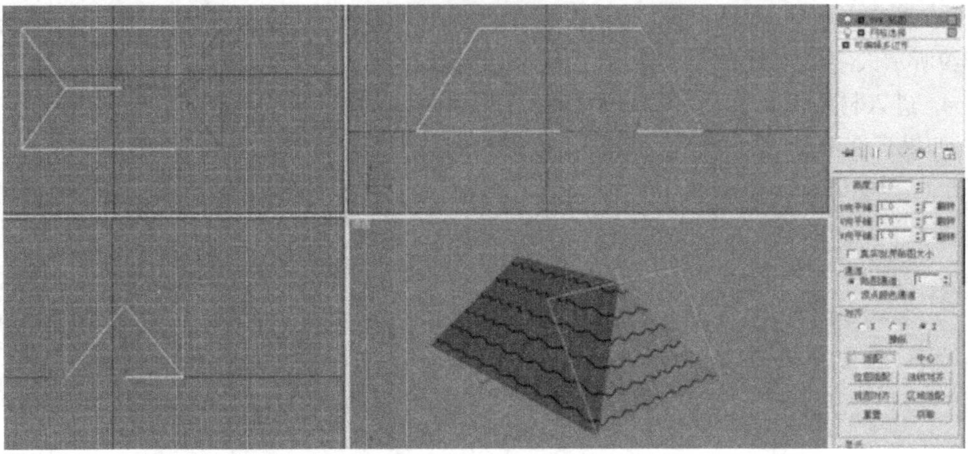

图 3-14　【适配】后

【UVW 贴图】命令，为另外三个坡面分别赋予贴图坐标，如图 3-15 所示。

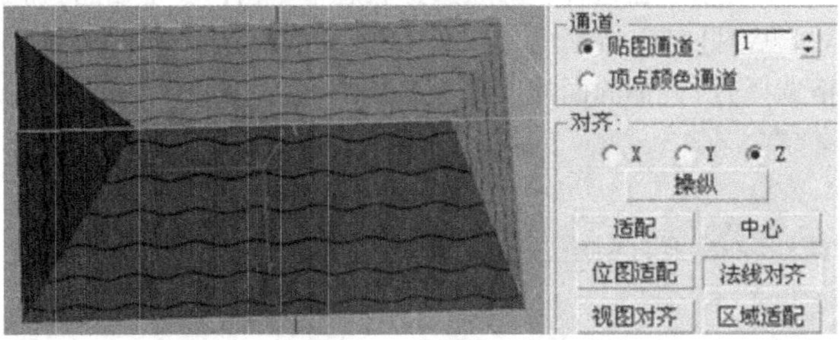

图 3-15　为另外三个坡面分别赋予贴图坐标

9. 打开材质编辑器，调整【坐标】卷展栏下【平铺】栏下的值都为 2，如图 3-16 所示。最终渲染效果如图 3-6 所示。

说明

放样物体的表面多呈曲折状，使用 UVW 贴图的六种贴图坐标类型往往无法为放样对象准确贴图，这时就需使用放样对象自身的贴图坐标类型，可以按照放样对象的结构变化设置贴图坐标。其贴图控制在【放样对象】修改面板下【曲面参数】卷展栏下的【贴图】项中，如图 3-17 所示。

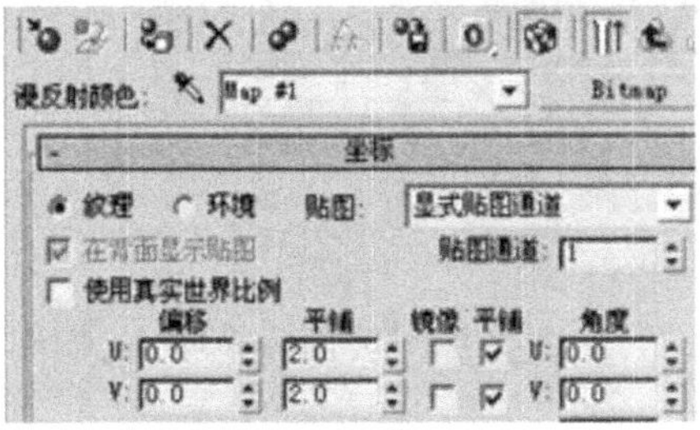

图 3-16　参数设置

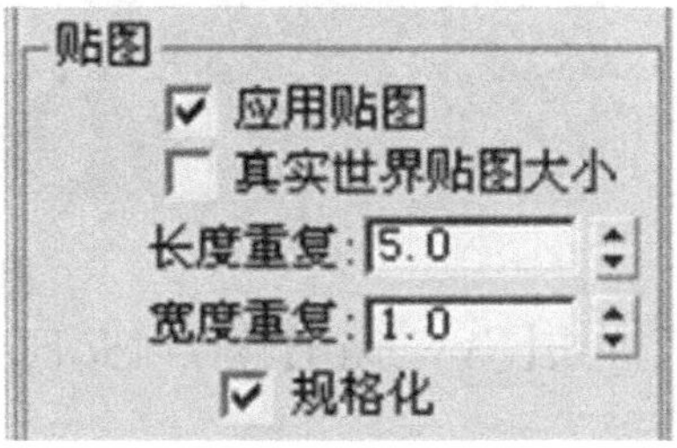

图 3-17　【贴图】项

知识链接

一、UVW 贴图坐标

UVW 贴图定义一张图片以何种方式贴到三维对象的表面上，被称为贴图方式。贴图方式实际上又是一种投影方式，所以说 UVW 贴图是用来定义如何将一张贴图投影到三维对象的表面上。【UVW 贴图】命令的控制面板如图 3-18 所示。

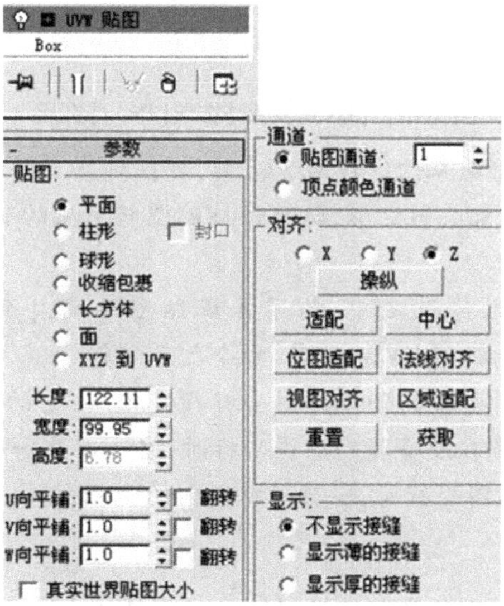

图 3-18　【UVW 贴图】命令的控制面板

主要参数的含义：

【贴图】：设定贴图方式。

【通道】：设定贴图通道。

【对齐】：设定贴图如何与对象表面准确对齐。

【显示】：设定贴图接缝显示方式。

二、UVW 贴图在修改器堆栈中的位置对贴图坐标的影响

图 3-19 和图 3-20 中两个长方体的修改方法完全一致，这一点从两者的修改器堆栈列表中可以看出来，区别在于【UVW 贴图】与【Bend】(【弯曲】)在堆栈中的顺序不同。由此得出，为变形对象赋予贴图坐标会出现两种结果，如图 3-19 和图 3-20 所示。

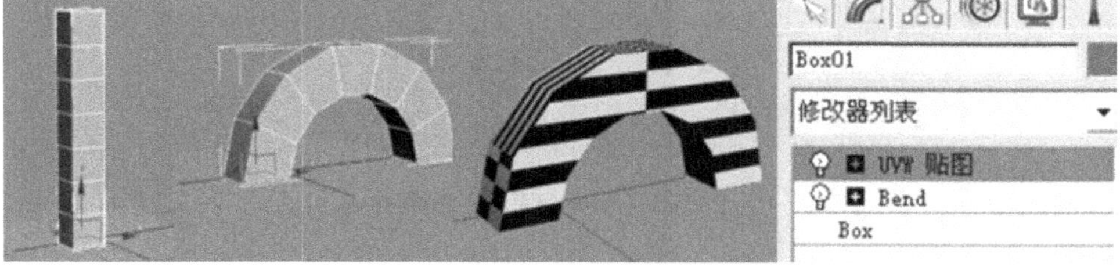

图 3-19　【UVW 贴图】在后【Bend】在前

图 3-20　【UVW 贴图】在前【Bend】在后

这说明，若想保持变形对象的纹理同步变形，应在对象变形前赋予贴图坐标。这样才能保证贴图坐标与场景对象共同变形，既可保持贴图与对象的统一，又能通过 UVW 贴图中的选项对贴图进行调节。

即：在 3ds Max 众多的修改之中，为了保证贴图正确，【弯曲】、【锥化】、【扭曲】、【FFD】等变形命令时都应该在【UVW 贴图】命令之后进行。

UVW 贴图坐标是一种外置的物体贴图坐标指定方式，它的作用有两点：一是可以更形象地控制贴图坐标；二是在没有指定贴图坐标时，它可以是一个外来的输入物体。但要注意，在指定一个 UVW 贴图坐标时，会自动把以前的坐标覆盖。

巩固训练

重复编辑次物体贴图，以熟练掌握该贴图的编辑使用方法。

子任务 2　位图贴图操作技能

▲镜框画面

实例效果

镜框画面贴图效果见图 3-21。

图 3-21　镜框画面贴图效果

操作步骤

1. 打开“随书光盘/项目一/模型/任务模型/镜框 . max”文件，如图 3-22 所示。

2. 在前视图中用【线】命令沿镜框的中心绘制一个闭合的二维线形，对其实施【挤出】命令，数量为10，作为镜框画面，如图3-23所示。

3. 按下键盘上的【M】键，在弹出的【材质编辑器】对话框中选择一个空白的样本示例球。单击【贴图】前面的“+”号，就可以看到各种贴图通道，如图3-24所示。

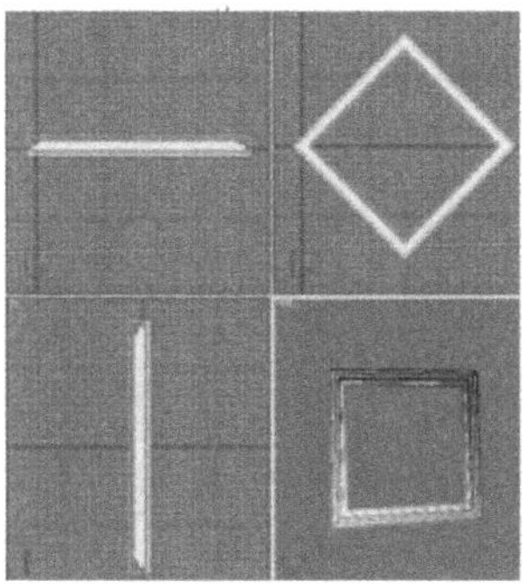

图3-22　打开的“镜框”文件

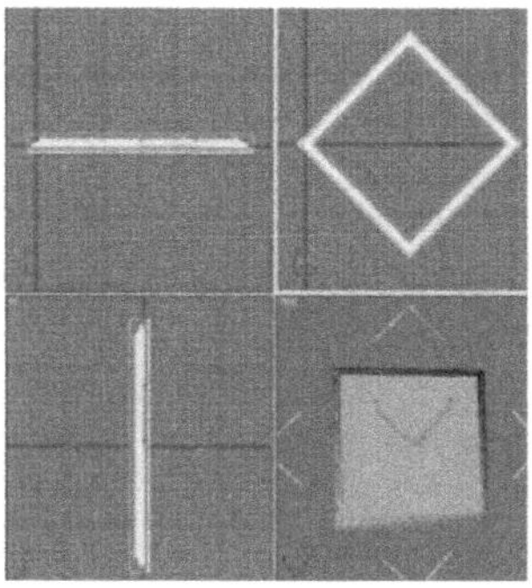

图3-23　制作画面

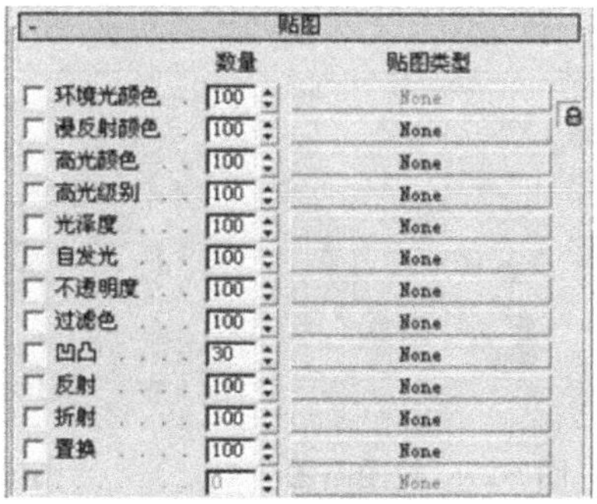

图3-24　贴图通道

4. 单击【漫反射颜色】后面的【None】按钮，弹出【材质/贴图浏览器】对话框，选择【位图】，如图3-25所示。

5. 选择【位图】后，单击【确定】按钮，弹出【选择位图图像文件】对话框，选择“随书光盘/项目二/贴图/图片/卡通01.jpg”文件，单击【打开】按钮，这样该位图就添加到【漫反射颜色】贴图通道上，如图3-26所示。

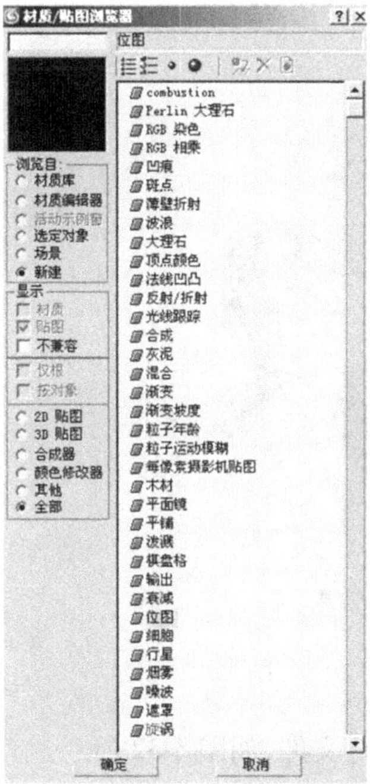

图3-25　【材质/贴图浏览器】对话框

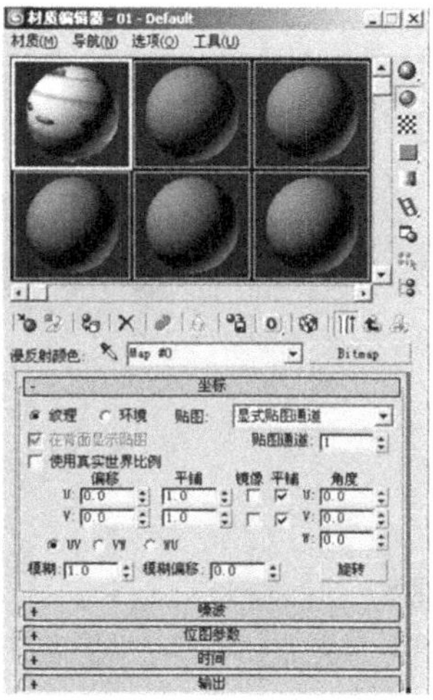

图3-26　位图参数面板

6. 单击【材质编辑器】工具栏中的按钮，就可以把材质赋予“画面”物体，再单击按钮，在视图中显示材质，如图3-27所示。

7. 设置坐标参数。在【角度】下的 W 后面输入 45，如图 3-28 所示，使图形顺时针旋转 45°，结果如图 3-29 所示。

8. 施加一个【UVW 贴图】。单击【修改】命令，在其下拉列表中选择【UVW 贴图】，参数设置如图 3-30 所示。最终结果如图 3-21 所示。

图 3-27　位图贴图效果

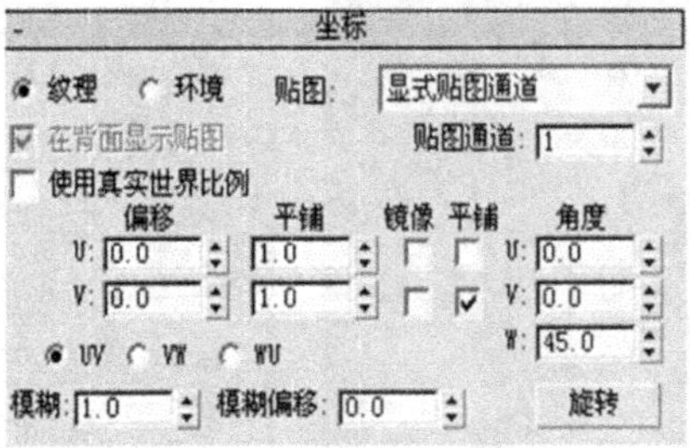

图 3-28　坐标参数

图 3-29　旋转后的位图位置

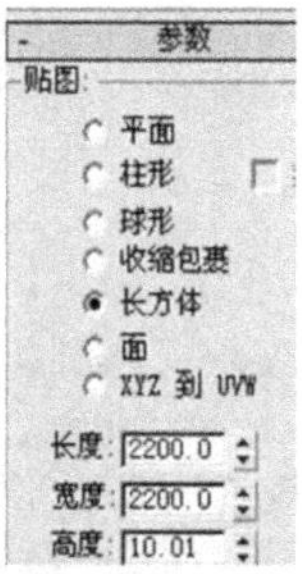

图 3-30　参数设置

巩固训练

自己绘制任何图形，如长方体、圆柱体等，对其进行位图贴图的编辑和给赋，调整坐标和贴图坐标值，直至合适为止。

子任务 3　渐变贴图操作技能

▲牵牛花

实例效果

渐变贴图效果见图 3-31。

图 3-31　渐变贴图效果

操作步骤

1. 打开“随书光盘/项目二/模型/牵牛花 . max”文件，如图 3-32 所示。

2. 单击【材质编辑器】按钮，打开材质编辑器，选择一个空白的样本示例球，在【明暗器基本参数】卷展栏下勾选【双面】。然后单击【漫反射】色块后面的方形按钮，在弹出的【材质/贴图浏览器】对话框中，双击【渐变】，即为【漫反射颜色】通道加入了一个【渐变】贴图，打开的【渐变参数】卷展栏如图 3-33 所示。

3. 在【渐变参数】卷展栏中,设置【颜色#1】的 R、G、B 分别为 203、29 和 229;【颜色#2】的 R、G、B 均为 255;【颜色#3】的 R、G、B 也均为 255,如图 3-34 所示。

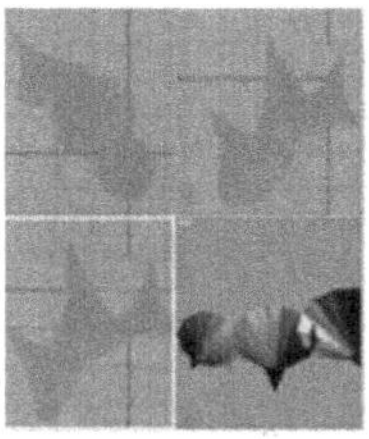

图 3-32　打开的“牵牛花”文件

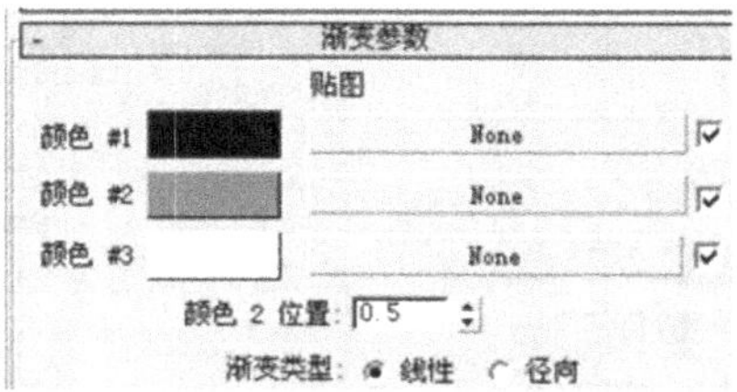

图 3-33　【渐变参数】卷展栏

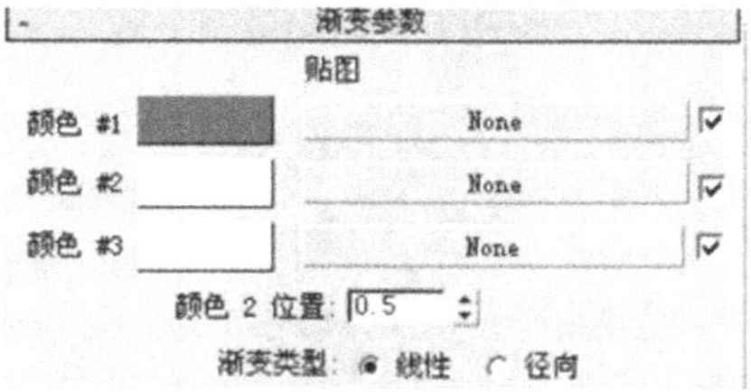

图 3-34　【渐变参数】卷展栏设置

4. 选择视口中的三朵牵牛花,单击【将材质指定给选定对象】按钮,将编辑好的材质赋予物体,最终渲染效果如图 3-31 所示。

巩固训练

在前视图中绘制一个长方体,为其编辑渐变贴图并给赋,设置不同的参数观察效果。

子任务 4　渐变坡度贴图操作技能

▲苹果

实例效果

渐变坡度贴图效果见图 3-35。

图 3-35　渐变坡度贴图效果

操作步骤

1. 打开“随书光盘/项目二/模型/苹果 . max”文件,如图 3-36 所示。

2. 单击【材质编辑器】按钮,打开材质编辑器,选择一个空白的样本示例球,在【Blinn 基本参数】卷展栏进行基本参数设置,如图 3-37 所示。

3. 单击【漫反射】色块后面的方形按钮,在弹出的【材质/贴图浏览器】对话框中,双击【坡度渐变】,即为【漫反射颜色】通道加入了一个【坡度渐变】贴图,编辑并设置【渐变坡度参数】卷展栏如图 3-38 所示。

4. 选择视口中的苹果,单击【将材质指定给选定对象】按钮,将编辑好的材质赋予

图 3-36　打开的“苹果”文件

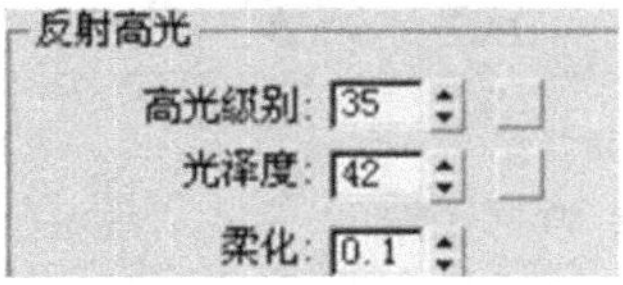

图 3-37　基本参数设置

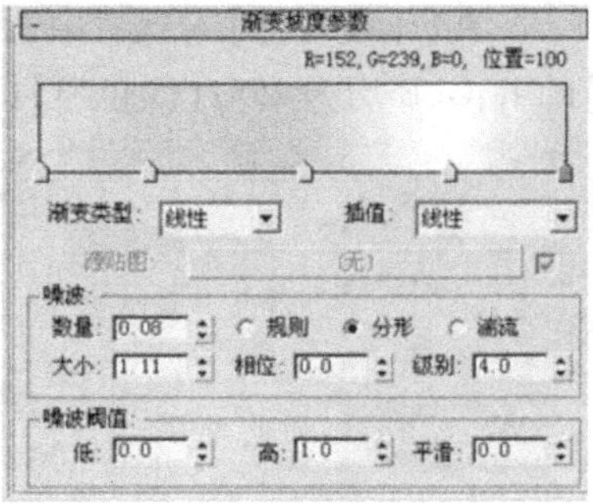

图 3-38　渐变坡度参数设置

物体。最终渲染效果如图 3-35 所示。

说明

【渐变坡度】贴图是可以使用许多颜色的高级渐变贴图，它常用在漫反射通道中，在它的卷展栏里可以设置渐变的颜色及每种颜色的位置。另外，还可以利用卷展栏下面的【噪波】选项组来设置噪波的类型和大小，使渐变的过渡看起来不那么规则，从而增加渐变的真实程度。

巩固训练

在前视图中绘制一个长方体，为其编辑渐变坡度贴图并给赋，设置不同的参数观察效果。

子任务 5　平铺贴图操作技能

▲砖墙

实例效果

平铺贴图效果见图 3-39。

图 3-39　平铺贴图效果

操作步骤

1. 打开“随书光盘/项目一/模型/任务模型/清风湖公园. max”文件，如图 3-40 所示。

2. 单击【材质编辑器】按钮，打开材质编辑器，选择一个空白的样本示例球，在【Blinn 基本参数】卷展栏进行基本参数设置，如图 3-41 所示。

3. 单击【漫反射】色块后面的方形按钮，在弹出的【材质/贴图浏览器】对话框中，双击【平铺】，即为【漫反射颜色】通道加入了一个【平铺】贴图。打开【标准控制】卷展栏，设置如图 3-42 所示。再打开【高级控制】卷展栏，设置如图 3-43 所示。

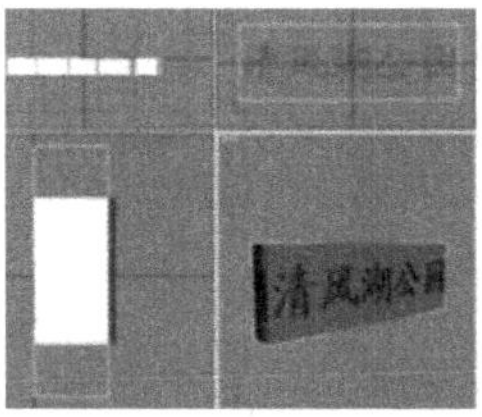
图 3-40　打开的文件

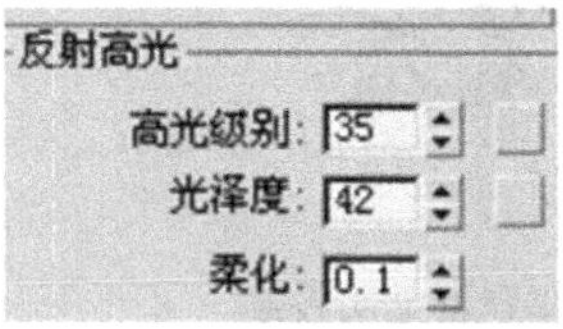

图 3-41　基本参数设置

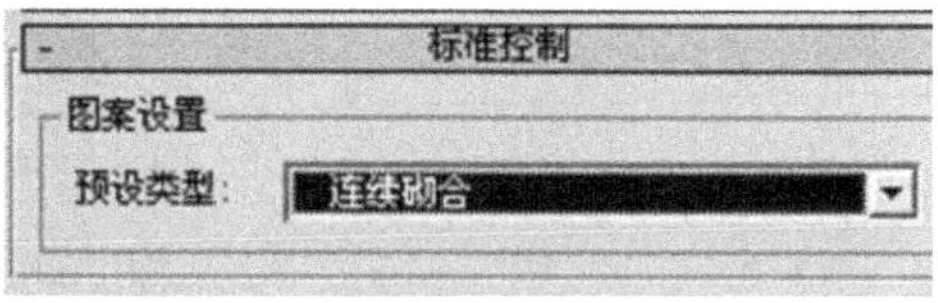

图 3-42　【标准控制】设置

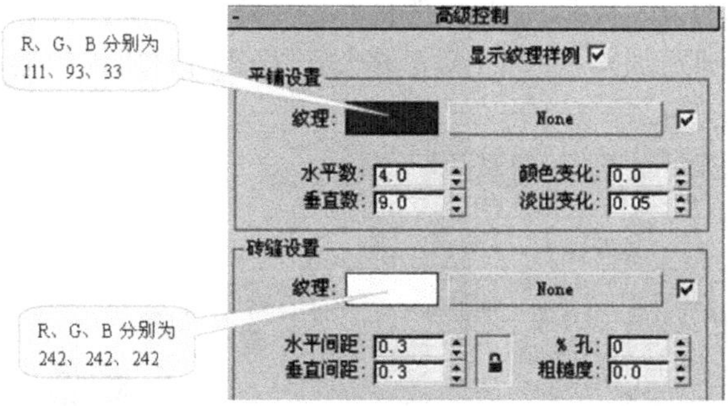

图 3-43　【高级控制】设置

4. 选择视口中的墙体，单击【将材质指定给选定对象】按钮，将编辑好的材质赋予物体。再给文字编辑一个红色，最终渲染效果如图 3-39 所示。

说明

【平铺】贴图是专门用来创建砖墙效果的，它常用在漫反射贴图通道中，有时也可在【凹凸】贴图通道中使用。

巩固训练

在前视图中绘制一个长方体，为其编辑平铺贴图并给赋，设置不同的参数观察效果。

子任务 6　棋盘格贴图操作技能

▲地面材质

实例效果

棋盘格贴图效果见图 3-44。

操作步骤

1. 重置 3ds Max 系统。单击【创建】/【几何体】/【标准基本体】/【长方体】按钮，在顶视图中创建一个立方体，参数设置如图 3-45 所示。

图 3-44　棋盘格贴图效果

2. 单击【材质编辑器】按钮，打开材质编辑器，选择一个空白的样本示例球。单击【漫反射】色块后面的方形按钮，在弹出的【材质/贴图浏览器】对话框中，双击【棋盘格】，即为【漫反射颜色】通道加入了一个【棋盘格】贴图，此时材质编辑器下方展开【棋盘格参数】面板，如图 3-46 所示。

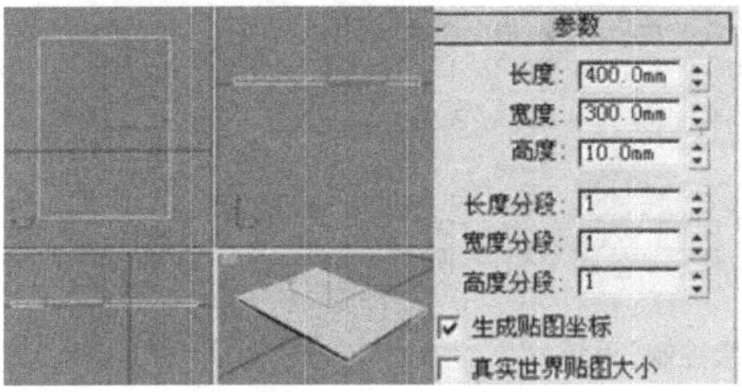

图 3-45　创建的长方体及参数设置

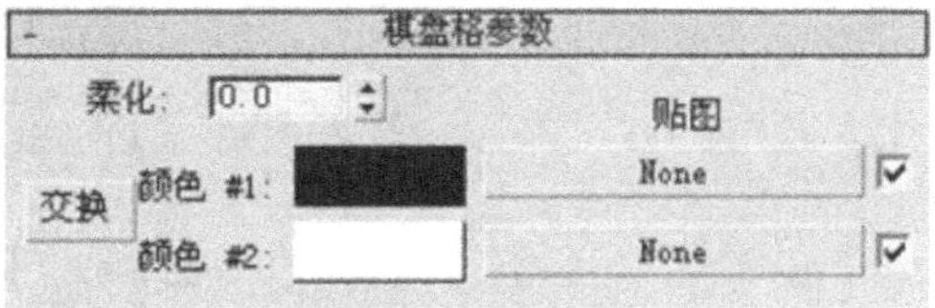

图 3-46　【棋盘格参数】面板

3. 下面用贴图来替换两种颜色。单击第一个 None 按钮，在弹出的对话框中双击【位图】，从【选择位图文件】对话框中，找到"随书光盘/贴图/石材/石材 2. jpg"贴图。

4. 单击样本球下方的按钮，返回【棋盘格参数】面板，再单击第二个 None 按钮，以同样的方法调出"随书光盘/贴图/石材/石材 15. jpg"贴图。再次单击样本球下方的按钮，返回【棋盘格参数】面板，在其上方设置平铺次数，如图 3-47 所示，从而将石材缩小，结果如图 3-48 所示。

5. 再次单击按钮，返回基本参数面板，将石材【反射高光】参数设置为如图 3-49 所示的状态，使石材有一定的光泽感，以表现石材的属性。

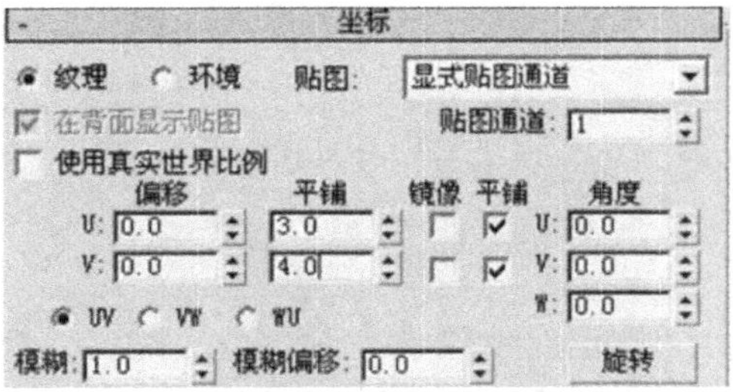

图 3-47　设置平铺次数

图 3-48　示例球效果

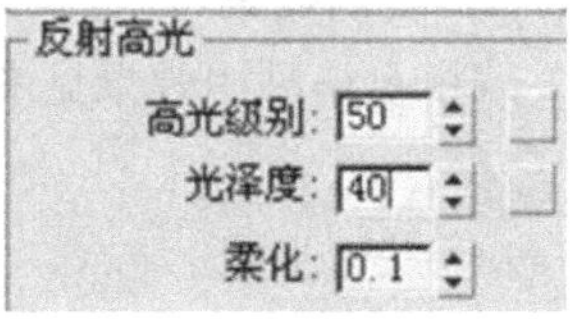

图 3-49　参数设置

6. 确认视图中代表地面的长方体已选择，然后单击按钮，将材质赋给地面，再单击按钮，按【Shift + Q】组合键渲染透视图，最终效果如图 3-44 所示。按键盘上的【Ctrl + S】组合键，保存图形为"地面材质 . max"文件。

说明

【棋盘格】贴图类型是由方格形的黑白颜色块相互交错而组成的图案。操作时，可以将黑白两色替换成其他颜色，也可以用两种贴图来替代，这种贴图常用于制作地面、砖墙等效果。

巩固训练

将编辑好的棋盘格贴图【棋盘格参数】面板中的其他参数做相应的改变，观察给赋后的渲染效果。

子任务 7　平面镜像贴图操作技能

从图 3-44 中可以发现，虽然应用【棋盘格】贴图类型制作了石材地面，但是它不具有现实生活中反射倒影的属性，本子任务就应用【平面镜像】贴图为其制作倒影效果。

▲倒影

实例效果

平面镜像贴图制作的反射倒影效果见图 3-50。

图 3-50　平面镜像贴图制作的反射倒影效果

操作步骤

1. 打开前面制作的"地面材质 . max"文件，在顶视图中绘制一个半径为 30 的茶壶，位置如图 3-51 所示。

2. 单击按钮，打开材质编辑器，确认已编辑的棋盘格地面材质的样本球处于被激活的状态，然后单击参数面板下方的【贴图】卷展栏将其展打，打开 12 个贴图通道，可以看到【棋盘格】贴图类型已经在【漫反射】贴图通道上。现在单击【反射】贴图通道后面的 None 按钮，从【材质/贴图浏览器】对话框中双击【平面镜】贴图类型。

3. 此时会弹出【平面镜参数】面板，在其中勾选【应用于带 ID 的面】选项，如图 3-52

所示。

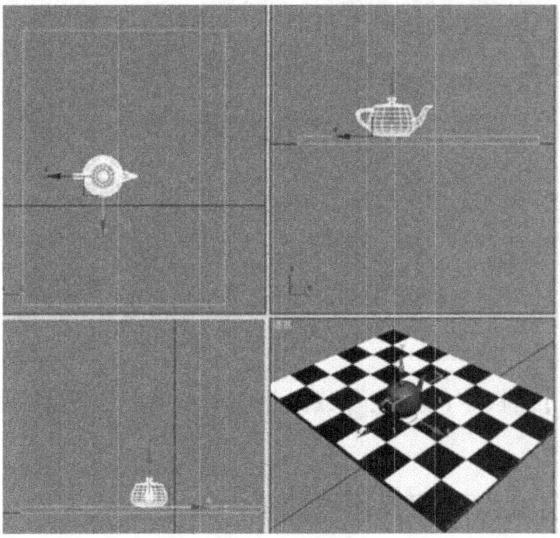

图 3-51　茶壶的位置

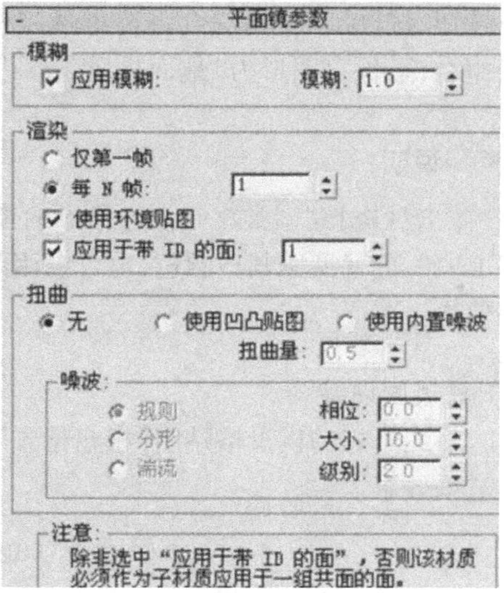

图 3-52　【平面镜像参数】面板

4. 单击按钮，返回【反射】贴图通道，将该通道【数量】文本框中的 100 调节为 30，按【Shift + Q】组合键渲染透视图，最终效果如图 3-50 所示。

知识链接

模拟反射倒影的贴图类型有【平面镜】、【光线跟踪】、【反射/折射】以及【薄壁折射】。它们都应用在 12 个贴图通道中的【反射】或【折射】通道中。

【平面镜】是应用最为广泛的一种贴图类型。但它只能计算出平面物体的反射倒影，而不能计算曲面物体的反射倒影。该贴图类型能准确地产生镜像效果，而且渲染速度快。在效果图制作的过程中，制作水面反射、地面反射、家具台面反射、玻璃幕墙反射时大多使用该贴图类型。

【光线跟踪】贴图类型能计算出真实的反射效果，但是渲染速度太慢。它既能计算平面物体的反射倒影，也能计算曲面物体的反射倒影。

【反射/折射】贴图类型只能计算出曲面物体的反射倒影，而不能计算平面物体的反射倒影。【反射/折射】贴图生成反射或折射表面。若创建反射，要指定此贴图类型作为材质的反射贴图；若创建折射，要指定将其作为折射贴图。

【薄壁折射】贴图模拟“缓进”，或偏移效果，如果查看通过一块玻璃的图像就会看到这种效果。对于为玻璃建模的对象（如窗口窗格形状的“框”），这种贴图的速度更快，所用内存更少，并且提供的视觉效果要优于【反射/折射】贴图。

巩固训练

打开前面制作过的任何一个模型，再创建一个平面置于其下，然后为其创建反射倒影效果。

子任务 8　细胞贴图操作技能

▲细胞程序纹理贴图模拟大理石

实例效果

细胞程序纹理贴图模拟大理石效果见图 3-53。

图 3-53　细胞程序纹理贴图模拟大理石效果

操作步骤

1. 重置 3ds Max 系统。单击【文件】/【打开】菜单，打开前面保存过的模型“石凳”。

2. 按键盘上的【M】键，进入材质编辑器。在材质编辑器材质球窗口选择一个样本球，【明暗器基本参数】卷展栏保持默认设置，在【Blinn 基本参数】卷展栏下单击【漫反射】色块后面的方形按钮，在弹出的【材质/贴图浏览器】对话框中双击【细胞】，参数保持默认。

3. 确认视口中的“石凳”处于选择状态，点击工具行中的按钮，将当前材质球赋给对象。最终效果如图 3-53 所示。

说明

由于程序纹理作用于整个物体，所以不用像位图那样需要制定贴图轴，使用起来方便灵活，特别适合复杂模型，不会使纹理在物体表面产生变形。

巩固训练

绘制任意三维图形，使用【旋涡】、【灰泥】、【凹痕】、【木材】、【大理石】、【噪波】、【烟雾】、【斑点】、【波浪】等程序贴图为其编辑材质并给赋，观察各自不同的效果。

子任务 9　凹凸贴图操作技能

凹凸贴图让我们可以用材质来模拟建筑材料的细微的凹凸起伏变化。如粗糙的墙面、地毯、布料、瓷砖的接缝等。

▲凹凸质感

实例效果

有无凹凸贴图效果对比见图 3-54。

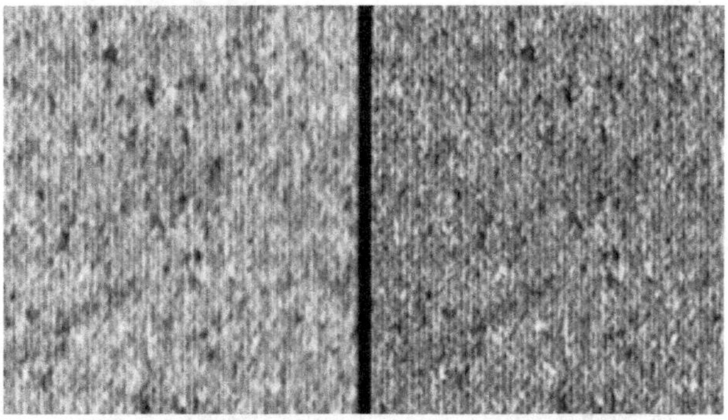

(a)无凹凸　　(b)有凹凸

图 3-54　有无凹凸贴图效果对比

操作步骤

1. 重置 3ds Max 系统。单击【创建】/【几何体】/【标准基本体】/【长方体】按钮,在前视图中创建一个长方体,并复制一个长方体。

2. 按键盘上的【M】键,在材质编辑器中选择一个空白的样本示例球,命名为“布料”。

3. 在【贴图】卷展栏中,单击【漫反射颜色】后面的贴图通道按钮,在弹出的【材质/贴图浏览器】对话框中双击【位图】位图按钮,弹出【选择位图图像文件】对话框,从材质库中打开一张布料位图。

4. 在视窗中选择左边的长方体,之后点击工具行中的按钮,将当前材质球赋给对象。结果如图 3-54(a)所示。

5. 选择当前材质球,按住鼠标左键拖动到邻近的空白材质球上释放鼠标,如图 3-55 所示,这样就复制了一个当前材质球,并将其命名为“凹凸布料”。打开【贴图】卷展栏,拖动【漫反射颜色】贴图通道上的贴图到【凹凸】贴图通道上,如图 3-56 所示,在弹出的对话框中单击【确定】完成复制。

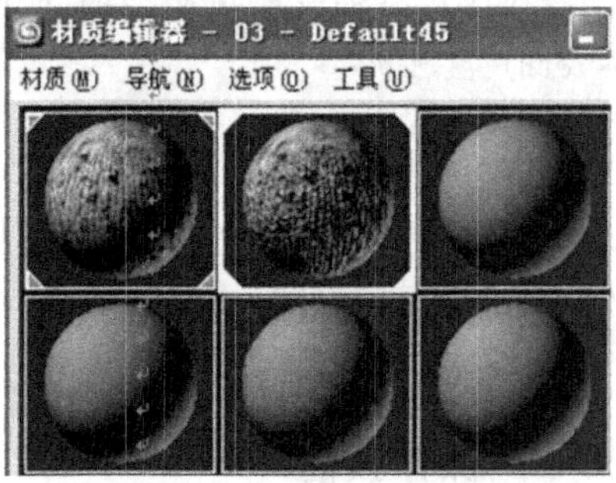

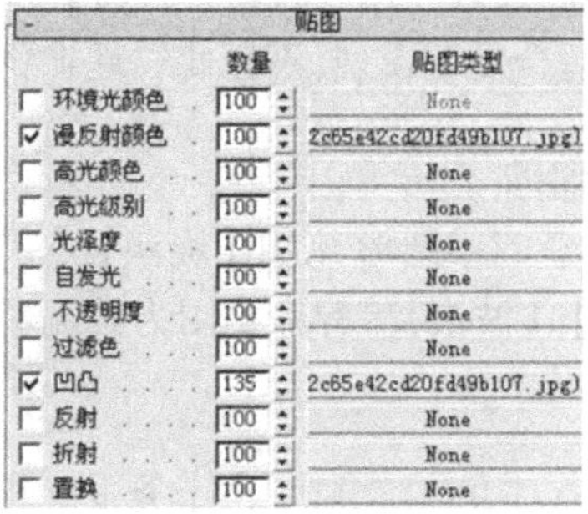

图 3-55　拖动复制材质球　　**图 3-56　拖动复制贴图**

6. 调大【凹凸】贴图通道中的【数量】值,即凹凸强度值,该值越大凹凸感越强。

7. 在视窗中选中右边的长方体，之后点击工具行中的按钮，将“凹凸布料”材质球赋给对象。结果如图 3-54(b)所示。

说明

【凹凸】贴图不对模型本身做改动，只是一种视觉上的“错觉”。由于不能真正改变模型结构，【凹凸】贴图只能模拟物体表面小的凹凸变化，不能用它来取代建模。凹凸值不能设置过大，否则效果会失真。

巩固训练

练习制作凹凸贴图。

子任务 10　环境贴图操作技能

▲场景背景

实例效果

环境贴图效果见图 3-57。

(a)改变背景的颜色　　(b)环境贴图结果

图 3-57　环境贴图效果

操作步骤

1. 单击【文件】/【打开】，打开“随书光盘/项目二/任务贴图文件/清风湖公园 . max”文件，默认状态下的透视图渲染效果如图 3-58 所示。

2. 单击【渲染】/【环境】命令，弹出【环境和效果】对话框，如图 3-59 所示。

图 3-58　渲染效果

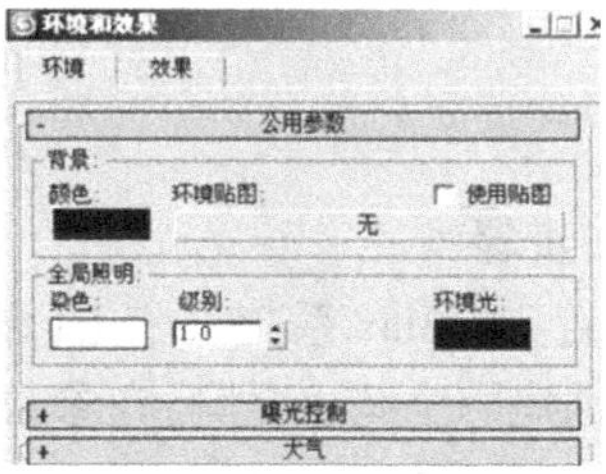

图 3-59　【环境和效果】对话框

3. 单击【背景】中的颜色块，弹出【颜色选择器】对话框，从中选择一个颜色(选择绿色)，关闭对话框，按【Shift + Q】组合键渲染透视图，结果如图 3-57(a)所示。

4. 在【环境和效果】对话框中，单击【环境贴图】下的 无 按钮，在弹出的【材质/贴图浏览器】对话框中双击【位图】，从中打开“随书光盘/贴图/图片/背景 08. jpg”文件，即为渲染图形背景添加了贴图，关闭对话框，按【Shift + Q】组合键渲染透视图，结果如图 3-57(b)所示。

说明

环境贴图是一种特殊类型的贴图，其作用是为渲染图形背景添加贴图。

任务 4　材质类型及应用的操作技能

任务目的

前面学习了标准材质及贴图的应用。本任务来学习 3ds Max 系统中材质贴图的相关高级应用，通过学习将掌握 3ds Max 系统中质感要求极高的光线跟踪类型材质、高级照明覆盖类型材质；材质层级较多的多维/子对象材质、混合类型材质、双面类型材质、顶/底材质、虫漆类材质；以及合成类型材质、Lightscape 类型材质、建筑类型材质、壳类型材质等。

子任务 1　双面类型材质操作技能

▲无盖茶壶

实例效果

双面材质效果见图 4-1。

图 4-1　双面材质效果

操作步骤

1. 重置 3ds Max 系统。单击【创建】/【几何体】/【标准基本体】/【茶壶】按钮，在透视图中创建一个茶壶，然后在参数面板中取消对壶盖的选择，如图 4-2 所示。此时茶壶的内侧是不可见的，因为内侧是法线的反面。

2. 单击【材质编辑器】按钮，打开材质编辑器，选择一个空白的样本示例球。单击【标准】 Standard 按钮，从弹出的【材质/贴图浏览器】对话框中双击【双面】选项，此时会弹出一个提示对话框，如图 4-3 所示，直接单击【确定】即可。

3. 此时返回材质编辑器，弹出【双面基本参数】面板，如图 4-4 所示。

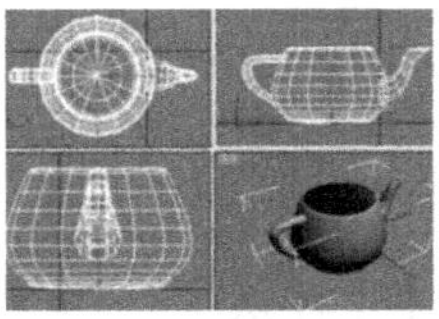

图 4-2　创建的茶壶

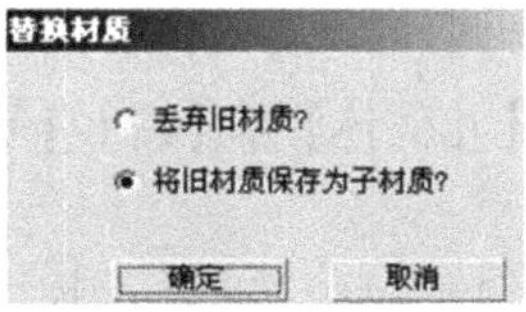

图 4-3　提示对话框

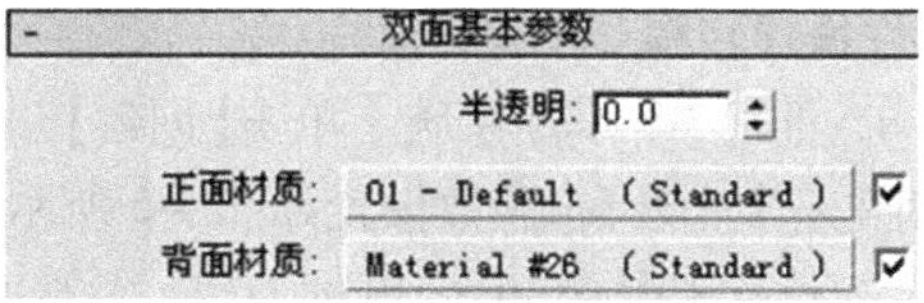

图 4-4　【双面基本参数】面板

4. 单击【正面材质】后面的按钮，此时返回标准材质的参数面板中，单击【漫反射】色块后面的方形钮，从弹出的对话框中双击【位图】选项。选择一张贴图（“随书光盘/贴图/图片/卡通 01. jpg”文件）将其打开。

5. 单击两次按钮，返回【双面基本参数】面板，再单击【背面材质】后面的按钮，以同样的方法从素材库中再选择一张贴图（“随书光盘/贴图/图片/背景 01. jpg”文件）将其打开。

6. 确认已选择了茶壶，单击按钮，将材质赋给茶壶，然后按【Shift + Q】组合键渲染透视图，效果如图 4-1 所示。

说明

【双面】材质类型可以为物体内外两个面指定两种不同的材质，还可以控制各个材质的透明程度。该材质类型只适用于没有厚度的对象，此时面片的两个面都可见。它不仅能应用两种不同的贴图，而且也可以直接用颜色来编辑材质。如果是应用贴图来编辑的，则必须通过渲染才能观察到最终效果。

巩固训练

用【平面】命令在视口中绘制一个平面，为其编辑一个双面材质并给赋，观察透视图渲染效果。

子任务 2　多维/子对象类型材质操作技能

▲平开窗

实例效果

多维/子对象材质效果见图 4-5。

图 4-5　多维/子对象材质效果

操作步骤

1. 重置 3ds Max 系统。单击【创建】/【几何体】/【窗】/【平开窗】按钮，在顶视图中创建一个平开窗，参数设置如图 4-6 所示。

2. 选择平开窗，单击鼠标右键，在弹出的菜单中选择【转换为】/【转换为可编辑网格】命令，然后单击【修改】面板中的【多边形】按钮，选择平开窗的两块玻璃，然后设置材质 ID 为 1，如图 4-7 所示。

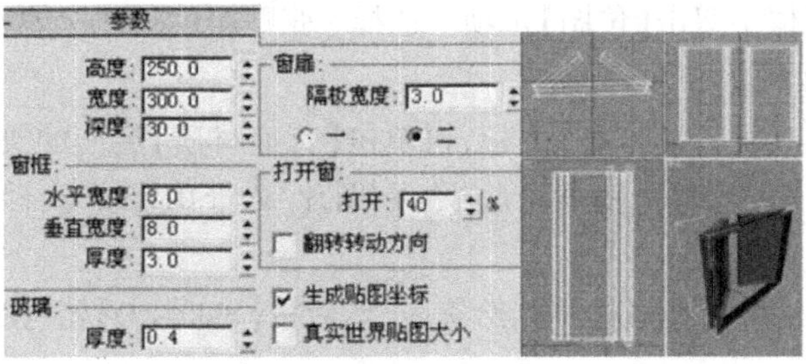

图 4-6　创建平开窗及参数设置

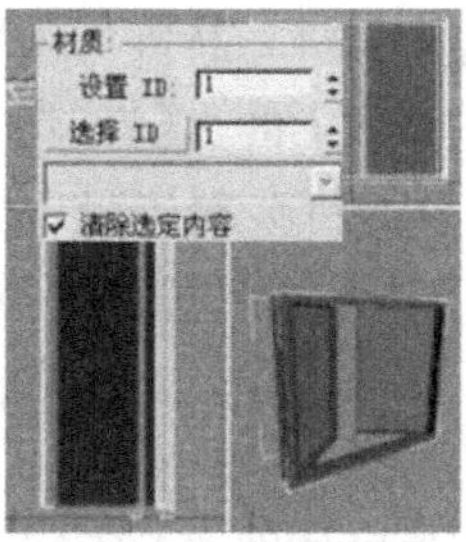

图 4-7　两块玻璃的 ID 设置

3. 选择玻璃以外的其他部分，设置材质 ID 为 2，如图 4-8 所示。

4. 下面来给赋材质。按下键盘上的【M】键，在弹出的【材质编辑器】对话框中选择一个空白的样本示例球。单击【标准】 Standard 按钮，从弹出的【材质/贴图浏览器】对话框中双击【多维/子对象】选项，此时会弹出一个提示对话框，如图 4-9 所示，直接单击【确定】即可。

5. 此时返回材质编辑器，弹出【多维/子对象基本参数】面板，如图 4-10 所示。

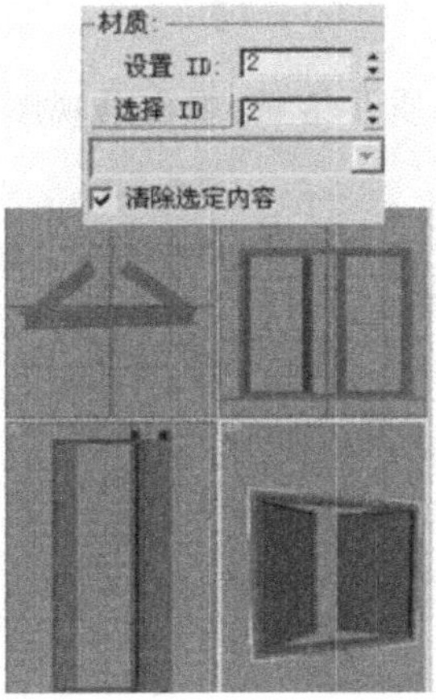

图 4-8　材质 ID 的设置

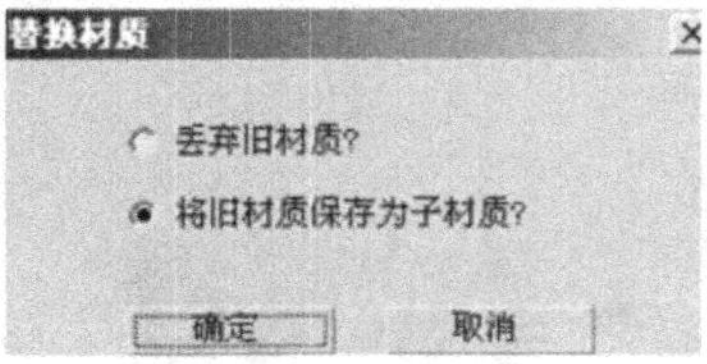

图 4-9　提示对话框

图 4-10　【多维/子对象基本参数】面板

6. 单击【设置数量】按钮，弹出【设置材质数量】对话框，在这里设置为 2，如图 4-11 所示。

7. 单击【确定】按钮，这时就只有两个材质，单击 2 号材质后面的 rial #3 (Standard) 按钮，进行 2 号材质的设置。

8. 单击【贴图】前面的“+”号，打开【贴图】卷展栏，单击【漫反射颜色】后面的 None 按钮，在弹出的【材质/贴图浏览器】对话框中双击【位图】选项，从中打开“随书光盘/贴图/木纹/12. jpg”文件。

9. 单击两次按钮，返回【多维/子对象基本参数】面板，再单击 1 号材质后面的 Default （Standard） 按钮，进行 1 号材质的设置。

10. 在【Blinn 基本参数】卷展栏下，设置参数如图 4-12 所示。在【扩展参数】卷展栏下，设置参数如图 4-13 所示。

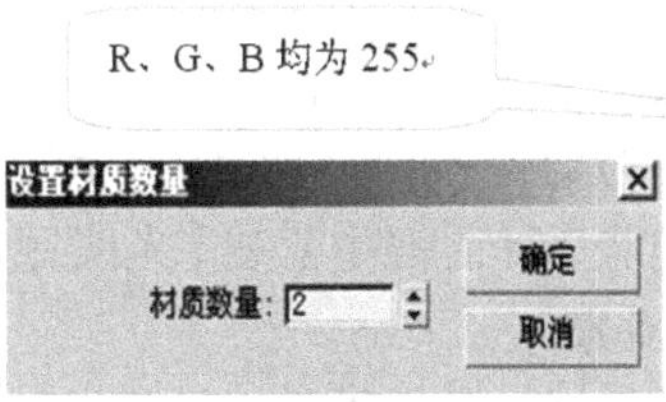

图 4-11　设置材质数量对话框

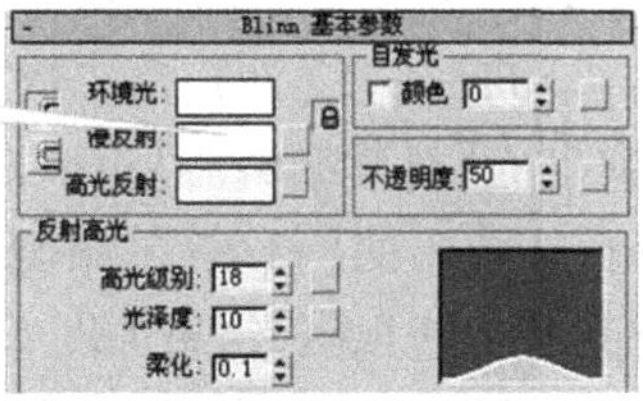

图 4-12　【Blinn 基本参数】设置

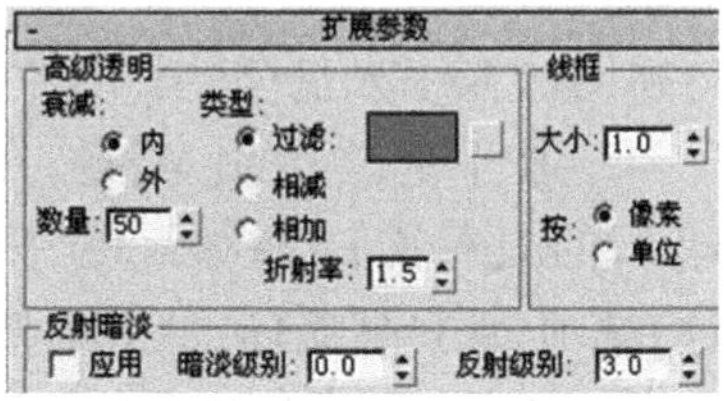

图 4-13　【扩展参数】设置

11. 下面设置玻璃的透明效果。打开【贴图】卷展栏，单击【反射】后面的 None 按钮，在弹出的【材质/贴图浏览器】对话框中双击【光线跟踪】选项，显示【光线跟踪器参数】面板，采用默认设置。

12. 单击按钮，返回上一级参数面板，设置【反射】数量为 30。

13. 选择平开窗，单击按钮，将材质赋给平开窗，指定一个环境贴图，然后按【Shift + Q】组合键渲染透视图，效果如图 4-5 所示。

说明

【多维/子对象】类型材质使用子对象层级，根据材质的 ID 值，将多种材质指定给单个对象。

巩固训练

在视图中用【创建】/【几何体】/【窗】/【枢轴门】命令创建一个枢轴门，为其编辑一个多维/子对象材质并给赋。

子任务 3　光线跟踪类型材质操作技能

▲玻璃杯

实例效果

光线跟踪材质效果见图 4-14。

操作步骤

1. 打开项目一中制作的“玻璃杯 . max”文件，单击【渲染】/【环境】，为其指定一个环

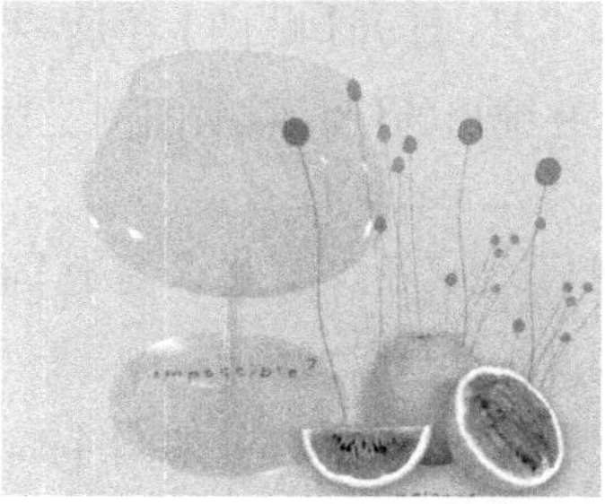

图 4-14　光线跟踪材质效果

境贴图（“随书光盘/贴图/图片/背景 11. jpg”文件），渲染透视图如图 4-15 所示。

2. 按下键盘上的【M】键，在弹出的【材质编辑器】对话框中选择一个空白的样本示例球。单击【标准】 Standard 按钮，从弹出的【材质/贴图浏览器】对话框中双击【光线跟踪】选项，选择玻璃环，单击按钮，渲染透视图，结果如图 4-16 所示。

3. 在【光线跟踪基本参数】卷展栏下，设置【漫反射】颜色的 R、G、B 值均为 45，渲染透视图，结果如图 4-17 所示。

4. 设置【透明度】颜色的 R、G、B 值均为 240，渲染透视图，结果如图 4-18 所示。

图 4-15　打开的文件

图 4-16　参数默认渲染结果

图 4-17　设置【漫反射】后

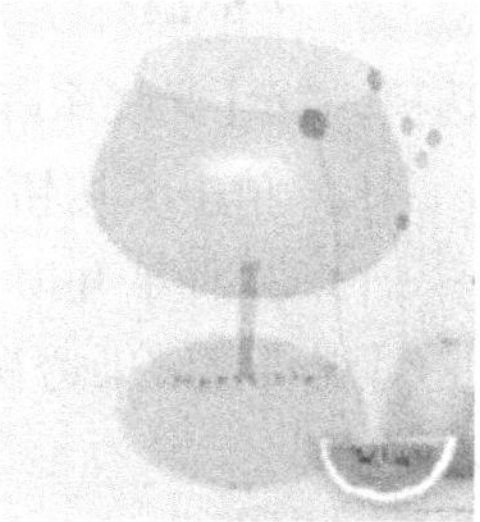

图 4-18　设置【透明度】后

5. 设置【折射率】为 5，【高光级别】为 255，渲染结果如图 4-19 所示。

6. 此时由于光泽度不够，所以玻璃杯表面形不成正确的高光效果。设置【光泽度】为 85，渲染效果如图 4-20 所示。

7. 打开【贴图】卷展栏，为【反射】添加【衰减】贴图，此时渲染透视图，结果如图 4-21 所示。

8. 观察发现，此时已接近真实的玻璃效果，但是还显得不够。若要得到如图 4-22 所示结果，则要在【衰减参数】卷展栏下进行参数设置，如图 4-23 所示。

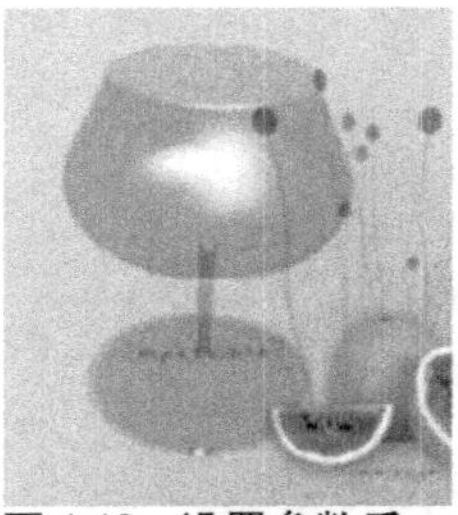

图 4-19　设置参数后

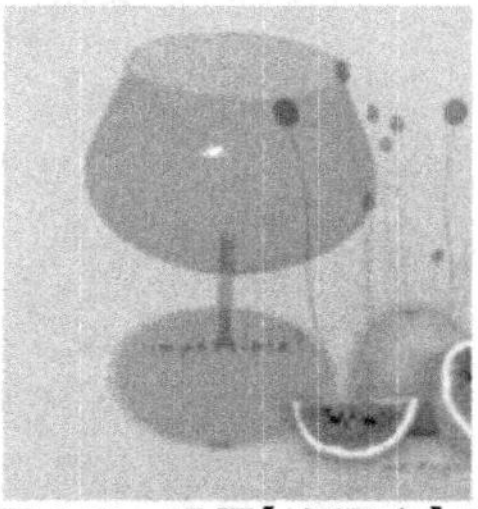

图 4-20　设置【光泽度】后

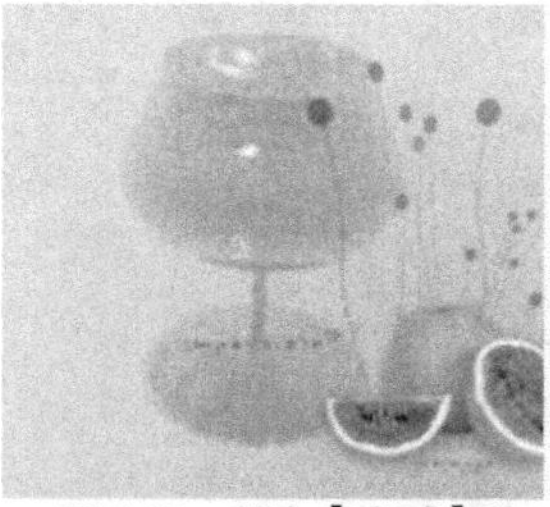

图 4-21　添加【衰减】后

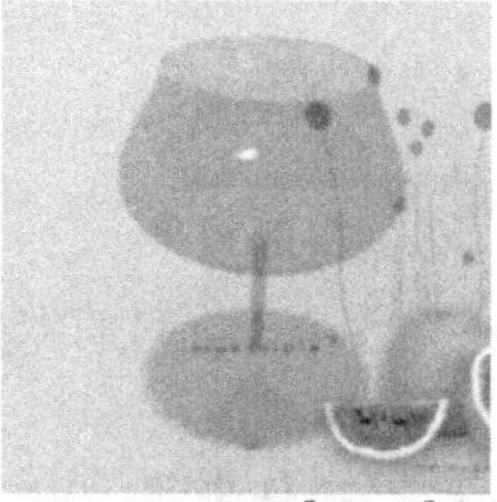

图 4-22　设置【衰减】后

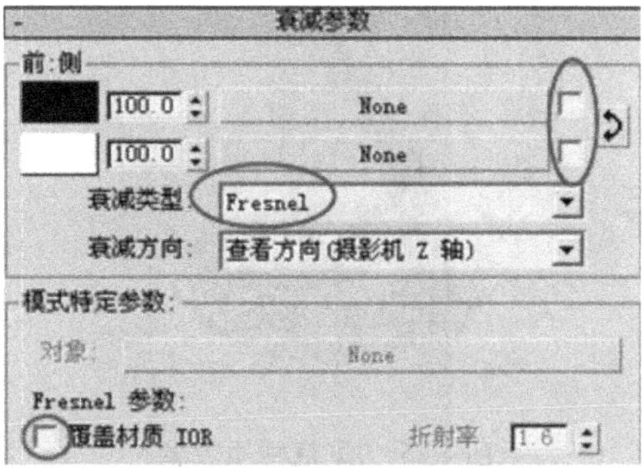

图 4-23　参数设置

9. 此时观察,发现衰减形成的透影效果更加明显,玻璃的形态更加逼真,但是反射度过大。在【贴图】卷展栏下设置【反射】的数量为 80,并设置两盏泛光灯位置如图 4-24 所示。最终渲染效果如图 4-14 所示。保存场景文件。

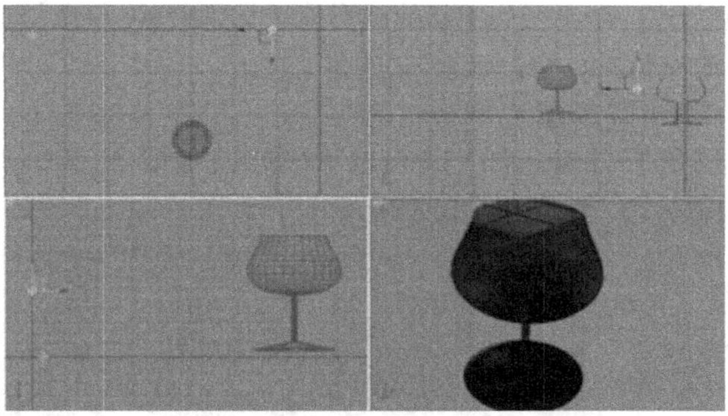

图 4-24　两盏泛光灯的位置

说明

【光线跟踪】类型材质是当光线在场景中移动时,通过跟踪对象来计算材质颜色的渲染方法。这些光线可以穿过透明对象,在光亮的材质上反射,因此可得到逼真的效果。利用光线跟踪材质制作出的效果要比利用光线跟踪贴图更为准确,但它最大的缺点是速度比较慢。

巩固训练

为前面绘制的"花瓶"用【光线跟踪】材质类型编辑玻璃材质。

子任务 4　顶/底类型材质操作技能

▲蛇

实例效果

顶/底材质效果见图 4-25。

图 4-25　顶/底材质效果

操作步骤

1. 首先创建一个蛇模型。单击【创建】/【图形】/【螺旋线】命令,在顶视图创建一个螺旋线,参数设置如图 4-26 所示。

2. 在顶视图中创建一个半径为 480 的圆形。选择螺旋线,单击【创建】/【几何体】/【复合对象】/【放样】命令,在【创建方法】卷展栏下,单击【获取图形】,然后在视图中拾取螺旋线,结果如图 4-27 所示。

单击【修改】命令,打开【变形】卷展栏,选择【缩放】选项,在调整蛇的尾部同时再施加一个【网格平滑】修改器,结果如图 4-28 所示。

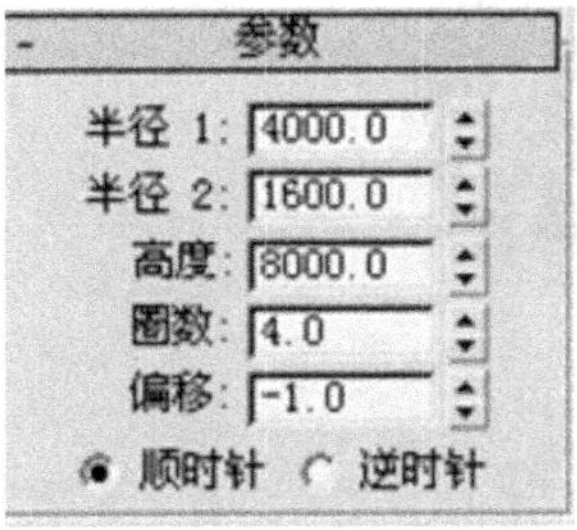

图 4-26　参数设置

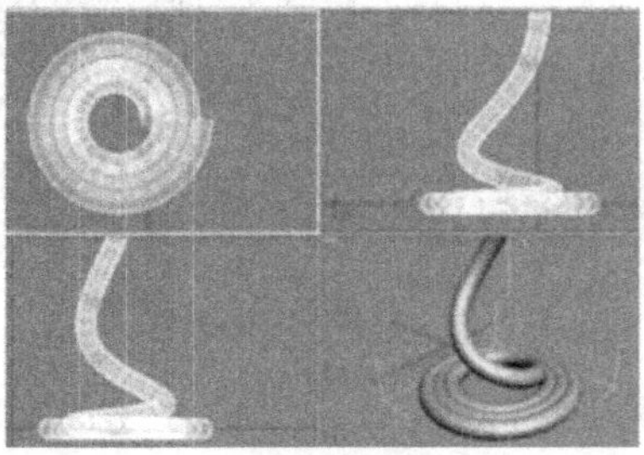

图 4-27　放样

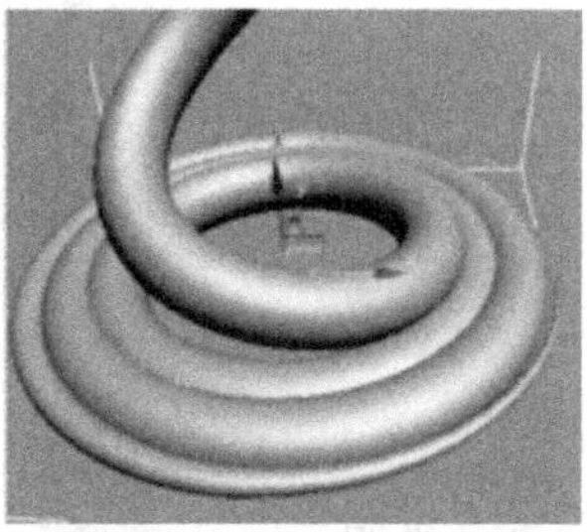

图 4-28　修改外形

3. 编辑材质。打开材质编辑器,选择一个空白的样本示例球。单击【Standard】按钮,在弹出的【材质/贴图浏览器】对话框中双击【顶/底】材质类型。在弹出的【替换材质】提示框中采取默认设置,单击【确定】按钮,则出现【顶/底基本参数】卷展栏。

4. 单击【顶材质】右侧的按钮,进入标准材质环境。在【Blinn 基本参数】卷展栏中单击【漫反射】右侧的按钮,在弹出的【材质/贴图浏览器】对话框中双击【细胞】贴图类型,在【细胞参数】卷展栏中设置【细胞颜色】和【分界颜色】的 R、G、B 值均分别为 22、55、12。

5. 单击按钮,返回上一层级,在【贴图】卷展栏中将【漫反射颜色】贴图通道中的贴图文件以【实例】方式复制到【凹凸】贴图通道中,并设置【凹凸】的【数量】为 100。

6. 在【材质编辑器】对话框中单击材质工具列中的【材质/贴图导航器】按钮,在打开的【材质/贴图导航器】窗口中返回到“顶/底”材质层级。

7. 在【顶/底基本参数】卷展栏中单击【底材质】右侧的按钮,进入标准材质环境。在【Blinn 基本参数】卷展栏中单击【漫反射】右侧的按钮,在弹出的【材质/贴图浏览器】对话框中双击【棋盘格】贴图类型。在【坐标】卷展栏中设置 U 方向【偏移】为 -0.16，V 方向【平铺】为 600。在【棋盘格】参数卷展栏中设置参数颜色 1 的 R、G、B 分别为 151、153、159，颜色 2 的 R、G、B 分别为 200、201、194。

8. 单击按钮，返回上一层级，将【漫反射颜色】贴图通道中的贴图文件以【实例】方式复制到【凹凸】贴图通道中。

9. 选择蛇模型，单击按钮，将材质赋给蛇模型，按【Shift + Q】组合键渲染透视图，效果如图 4-25 所示。

说明

【顶/底】类型材质实际上由两个标准材质组成，一个顶部标准材质，一个底部标准材质。利用顶/底类型材质可以对一个物体的顶部与底部赋给不同类型的材质，还可以混合这两个材质，并且可以调整两个材质的位置混合比。

巩固训练

绘制一个球体，为其编辑【顶/底】材质并给赋。

子任务 5　混合类型材质操作技能

▲磨砂金属花瓶

实例效果

混合材质效果见图 4-29。

图 4-29　混合材质效果

操作步骤

1. 打开前面制作的"花瓶 . max"文件。

2. 打开材质编辑器，选择一个空白的样本示例球。单击【Standard】按钮，在弹出的【材质/贴图浏览器】对话框中双击【混合】材质类型。在弹出的【替换材质】对话框中选中【将旧材质作为子材质】单选按钮后确定。

3. 在【混合基本参数】卷展栏下单击【材质 1】右侧的按钮，进入混合材质下材质 1 的编辑。

在【明暗器基本参数】卷展栏下指定【金属】明暗器，在【金属基本参数】卷展栏下取消【环境光】和【漫反射】的颜色锁定状态，设置【环境光】的 R、G、B 值分别为 255、186、0，设置【漫反射】的 R、G、B 值分别为 255、217 和 144，设置【自发光】下的颜色值为 2，设置【反射高光】下的【高光级别】为 120、【光泽度】为 60。

选择花瓶，单击按钮，将材质赋给花瓶模型，渲染透视图，结果如图 4-30 所示。

4. 在【贴图】卷展栏下，为【凹凸】添加【混合】贴图；在打开的【混合参数】卷展栏下单击【颜色#1】右侧的【None】按钮，为其添加【噪波】贴图；在打开的【坐标】卷展栏和【噪波参数】卷展栏下进行参数设置，如图 4-31 所示，产生横纹效果。渲染透视图，结果如图 4-32 所示。

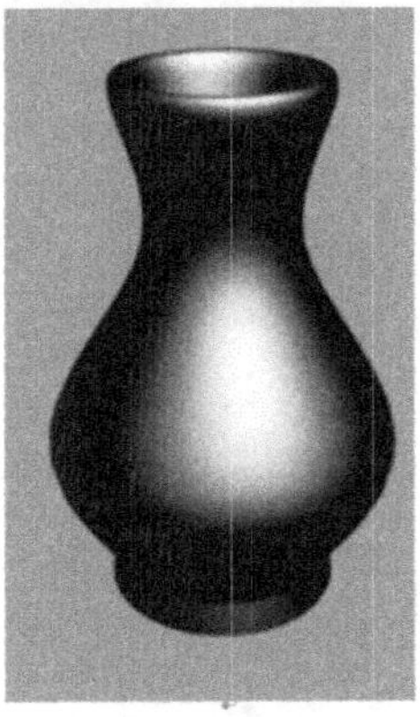

图 4-30　渲染效果(1)

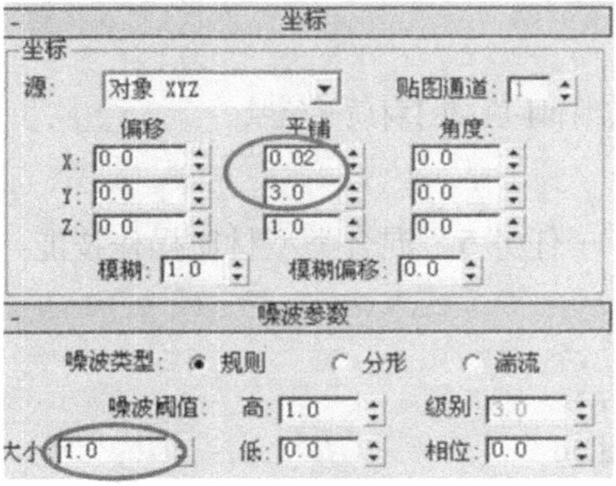

图 4-31　参数设置

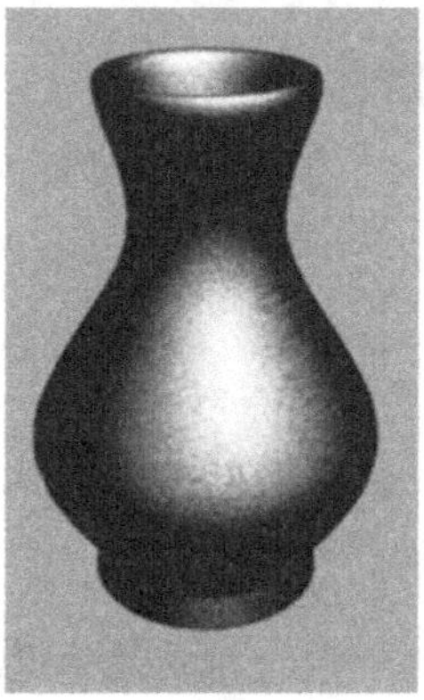

图 4-32　渲染效果(2)

5. 返回【凹凸】的【混合参数】层级，单击【颜色#2】右侧的【None】按钮，为其添加【噪波】贴图；在打开的【坐标】卷展栏和【噪波参数】卷展栏下设置【X 平铺】、【Y 平铺】均为 3，设置【大小】为 1，产生颗粒效果。

6. 再返回【凹凸】的【混合参数】层级，设置【混合量】为 25；返回上一级，设置【凹凸】的【数量】为 30，渲染透视图，效果如图 4-33 所示。

7. 在【贴图】卷展栏下，为【反射】添加【光线跟踪】贴图，在【光线跟踪器参数】卷展栏下选择【跟踪模式】下的【反射】单选按钮；返回上一级，设置【反射】的【数量】为 40，渲染透视图，效果如图 4-34 所示。

8. 材质 1 编辑完毕，下面制作材质 2。返回材质顶级，在【混合基本参数】卷展栏下单击【材质 2】右侧的按钮，进入混合材质下材质 2 的编辑。

9. 在【明暗器基本参数】卷展栏下指定【各向异性】明暗器，在【各向异性基本参数】卷展栏下取消【环境光】和【漫反射】的颜色锁定状态，设置【环境光】的 R、G、B 值分别为 255、144 和 0，设置【漫反射】的 R、G、B 值分别为 255、217 和 144，设置【高光反射】的 R、G、B 值分别为 247、232 和 255，设置【反射高光】下的【高光级别】为 67、【光泽度】为 50、

【各向异性】为 77。

10. 在【贴图】卷展栏下为【凹凸】添加【混合】贴图；在打开的【混合参数】卷展栏下单击【颜色#1】右侧的【None】按钮，为其添加【噪波】贴图，在打开的【坐标】卷展栏和【噪波参数】卷展栏下设置【X 平铺】为 0.02、【Y 平铺】为 3，设置【大小】为 1；返回上一级，为【颜色#2】添加【噪波】贴图，在打开的【坐标】卷展栏和【噪波参数】卷展栏下设置【X 平铺】、【Y 平铺】和【Z 平铺】均为 0，设置【大小】为 1。

返回【凹凸】的【混合参数】层级，设置【混合量】为 25，渲染透视图，效果如图 4-35 所示。

11. 材质 2 编辑完毕，下面为遮罩制作贴图。返回材质顶级，在【混合基本参数】卷展栏下单击【遮罩】右侧的按钮，为其添加【混合】贴图。

12. 在打开的【混合参数】卷展栏下单击【颜色#1】右侧的【None】按钮，为其添加【噪波】贴图，在打开的【坐标】卷展栏和【噪波参数】卷展栏下设置【X 平铺】为 0.02、【Y 平铺】为 3，设置【大小】为 1；返回上一级，为【颜色#2】添加【噪波】贴图，在打开的【坐标】卷展栏和【噪波参数】卷展栏下设置【X 平铺】为 3、【Y 平铺】为 0.02，设置【大小】为 1，产生竖纹效果。

13. 返回材质顶级，单击工具列上的按钮，观察一下此时的【材质/贴图导航器】对话框，如图 4-36 所示。渲染透视图，最终渲染效果如图 4-29 所示。

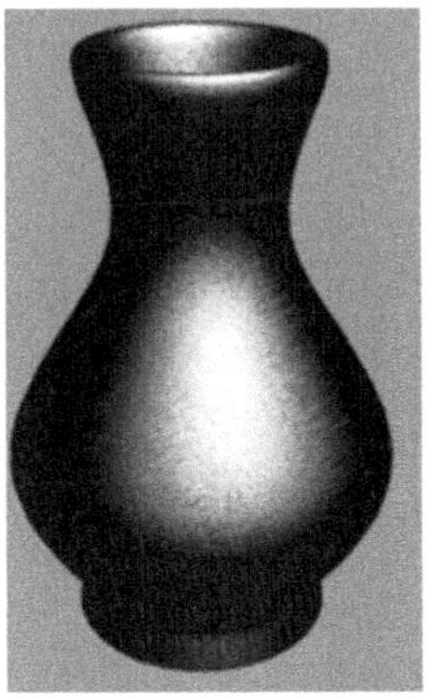
图 4-33　渲染效果(3)

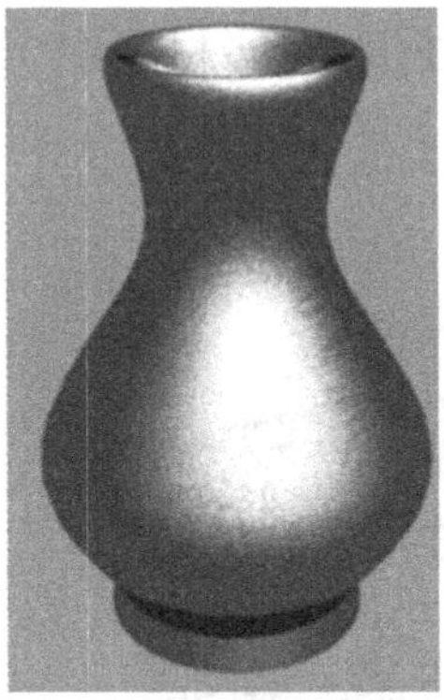
图 4-34　渲染效果(4)

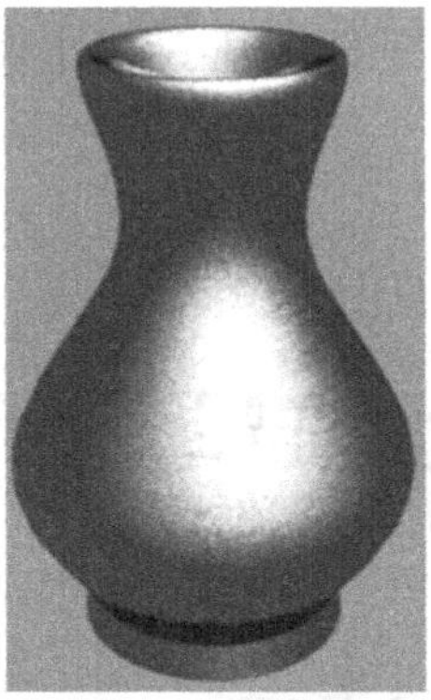
图 4-35　渲染效果(5)

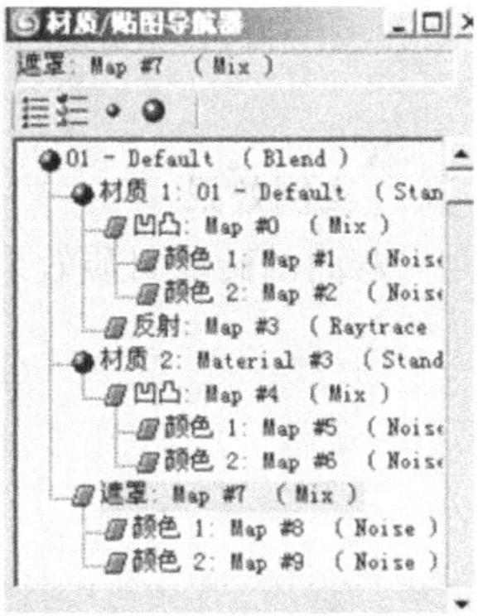

图 4-36　【材质/贴图导航器】对话框

巩固训练

绘制一个盘子，用【混合】材质制作如图 4-37 所示的效果。提示：遮罩图案可以自己找图片文件。

说明

【混合】磨砂金属的用法：材质 1 是主体材质，材质 2 是通过遮罩显示出来的质感效果；黑色部分显示材质 2 的效果，白色部分显示主体材质的效果。通过各种组合方式，可以得到质感效果非常真实的双混合效果。

图 4-37　【混合】材质效果

任务 5　常用材质的编辑技能

任务目的

作为设计师来说，要想让制作的效果图更具真实感，最重要的一个环节就是创建出各种真实质感的材质。本任务将完成各种真实材质的制作。

子任务 1　制作弯曲的砖墙材质

实例效果

弯曲的砖墙材质效果见图 5-1。

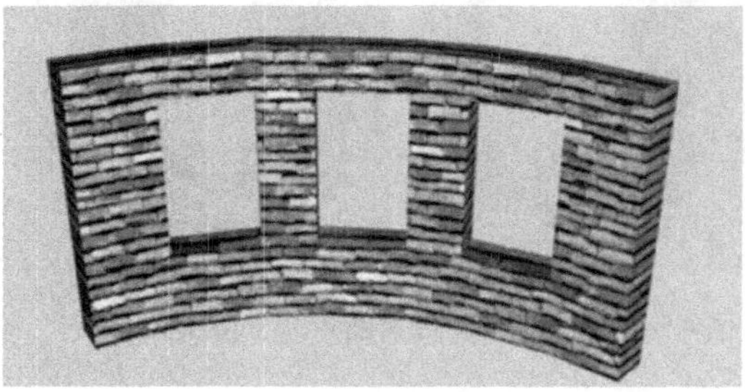

图 5-1　弯曲的砖墙材质效果

操作步骤

1. 在前视图中创建一个 140 × 280 的长方形。

2. 取消【开始新图形】项的勾选，在前视图中继续创建一个 75 × 45 的长方形，如图 5-2 所示。

3. 单击鼠标右键，在弹出的右键菜单中选择“转为可编辑样条线”。在修改器堆栈中选择“样条线”子一级，在前视图中选择如图 5-3 所示小长方形。

4. 激活【移动】工具，按住【Shift】键，对选中的小长方形复制两个，效果如图 5-4 所示。

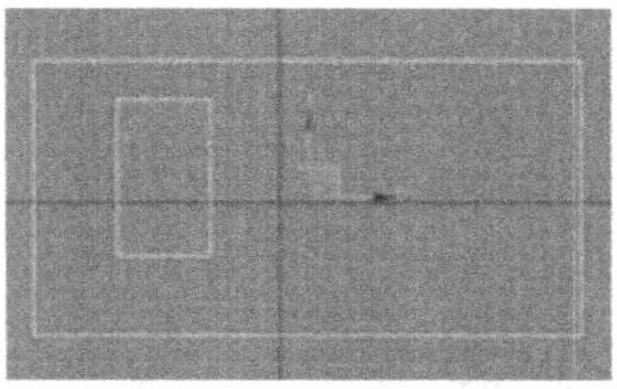

图 5-2　创建长方形的位置

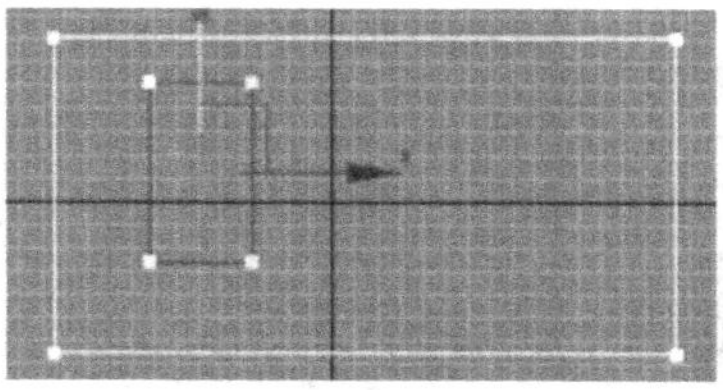

图 5-3　选择小长方形

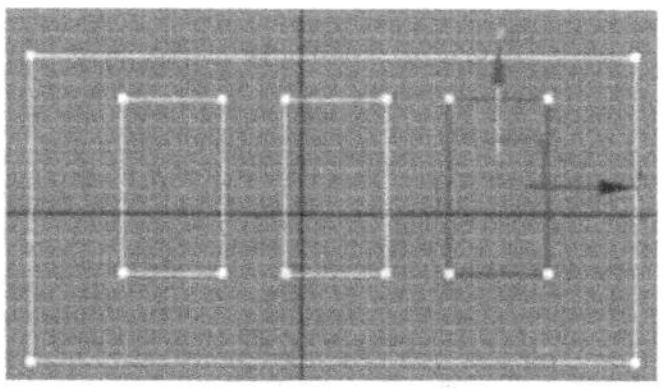

图 5-4　复制小长方形

5. 进入【顶点】子一级，在前视图中单击鼠标右键，在弹出的右键菜单中选择【细化】，在前视图中，对应三个小长方形顶点处在大长方形上添加点，如图 5-5 所示。

6. 取消【顶点】子一级选择，在修改器列表中选择【挤出】修改命令，设置挤出【数量】为 20，将当前图形挤出厚度，结果如图 5-6 所示。

7. 根据经验，在做弯曲墙体之前应先给墙体一个材质，并施加一个【UVW 贴图】修改命令，这样在进行弯曲时，墙面贴图会跟着一起弯曲。接下来给墙面创建一个砖墙材质。按键盘上的【M】键，进入材质编辑器。在材质编辑器中选择一个样本球，【明暗器基本参数】卷展栏保持默认设置，在【Blinn 基本参数】卷展栏下单击【漫反射】后面的灰色按钮，在弹出的【材质/贴图浏览器】对话框中，双击【位图】，打开随书光盘中项目二中的一幅砖墙贴图，并将该贴图拖动复制到【凹凸】贴图通道上，设置如图 5-7 所示。

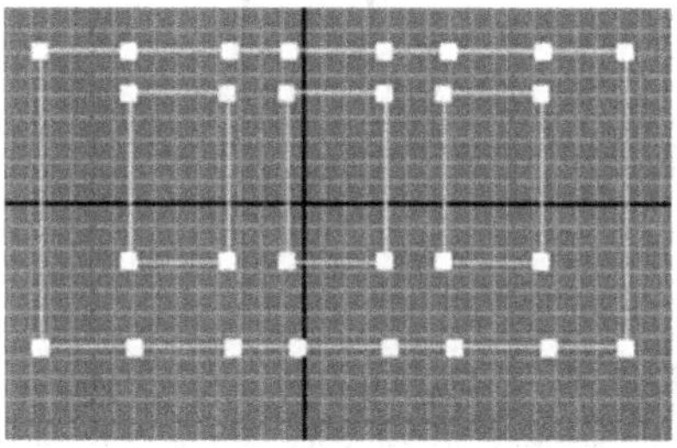

图 5-5　添加点

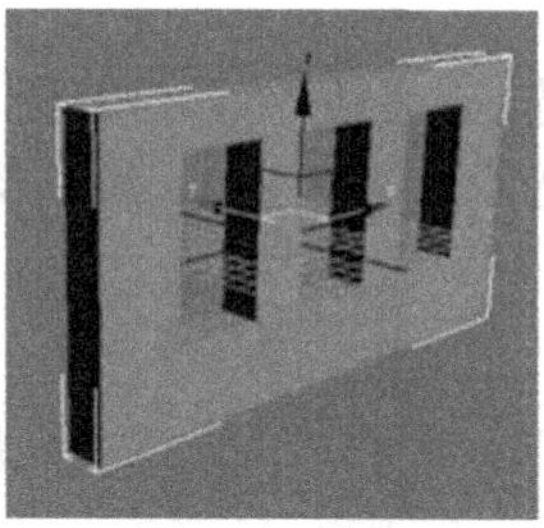

图 5-6　挤出

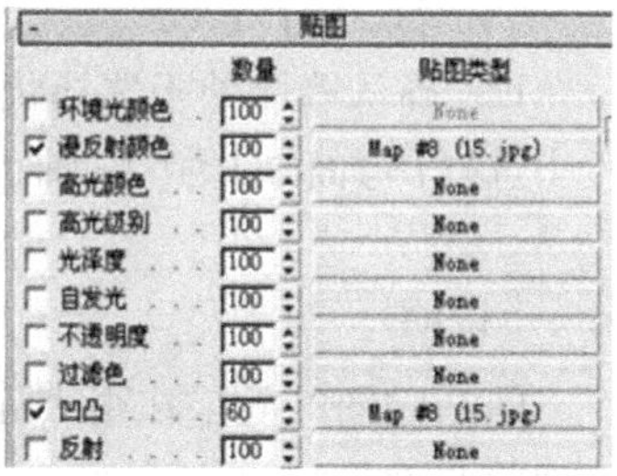

图 5-7　贴图通道设置

8. 选择墙体，单击【将材质指定给选定对象】按钮，将当前材质赋给对象。渲染透视图，效果如图 5-8 所示。经观察发现，贴图在模型的边缘出现不正常的情况，靠近窗户的一排砖被切，这不符合建筑常理，接下来就要运用贴图技术对其进行修正。

9. 单击【修改】命令，在修改器下拉列表中，选择【UVW 贴图】命令。打开堆栈中【UVW 贴图】前面的“＋”号，选择【Gizmo】，在视窗中激活【移动】、【缩放】工具对【Gizmo】进行移动、缩放，调整砖贴图与墙体模型边缘相吻合，如图 5-9 所示。

10. 调整墙体其他不能正确显示贴图的地方，先调整墙体竖向的厚度面。选择修改器列表中的【网格选择】命令，选中【多边形】子一级，在视图中选中墙体竖向的厚度面，如图 5-10所示，在这种次对象选择状态下单击【UVW 贴图】命令，在视窗中激活【旋转】、【移动】和【缩放】工具对【Gizmo】进行旋转、移动、缩放，调整砖贴图与墙体前面贴图相吻合，如图 5-11 所示。

11. 调整墙体横向的厚度面。选择修改器列表中的【网格选择】命令，选中【多边形】子一级，在视图中选中墙体横向的厚度面，如图 5-12 所示。在这种次对象选择状态下单击【UVW 贴图】命令，在视窗中激活【旋转】、【移动】和【缩放】工具对【Gizmo】进行旋转、

图 5-8　**渲染效果**

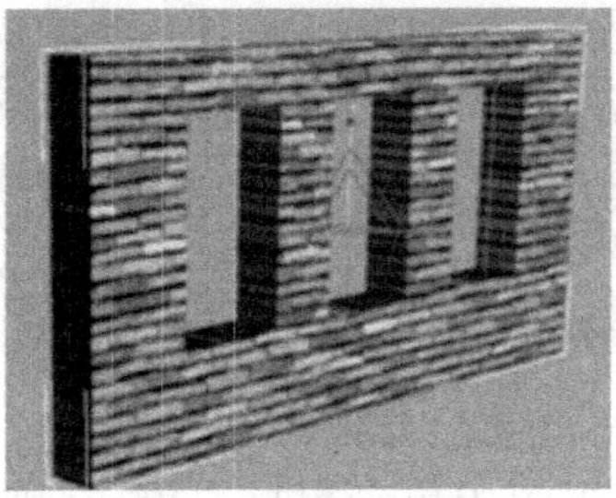

图 5-9　**移动、缩放【Gizmo】**

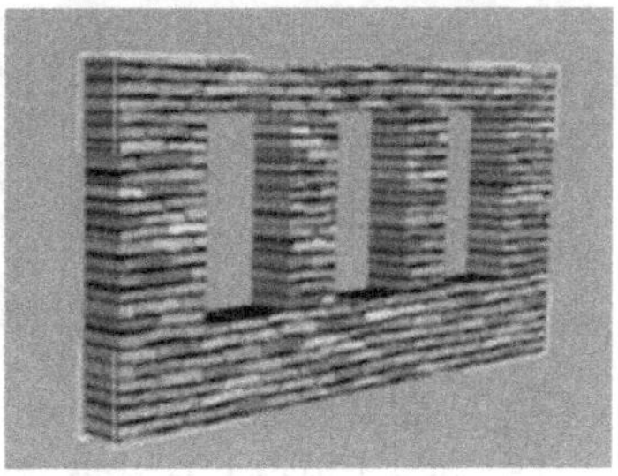

图 5-10　**选中竖向的厚度面**

移动、缩放，调整砖贴图符合常规砖面的宽度并与墙体模型边缘相吻合，如图 5-13 所示。

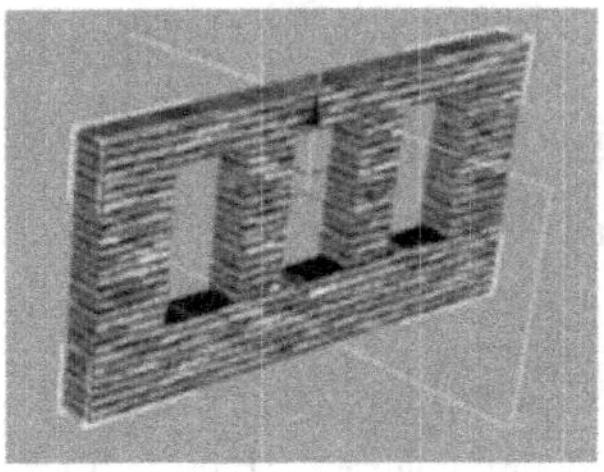

图 5-11　**旋转、移动、缩放【Gizmo】**

图 5-12　**选中横向的厚度面**

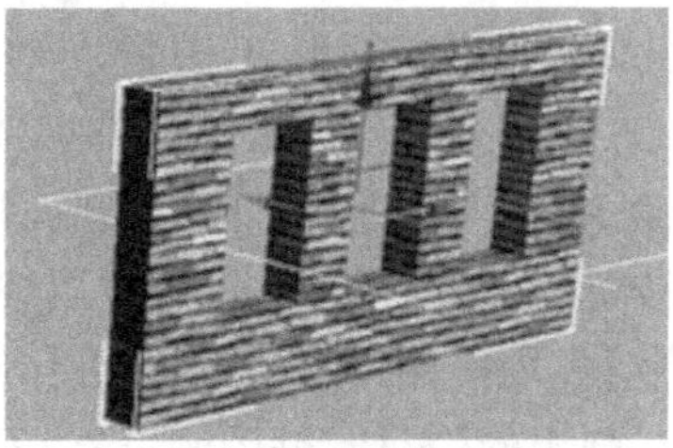

图 5-13　**再次旋转、移动、缩放【Gizmo】**

12. 确认墙体处于选择状态，在修改器列表中选择【弯曲】修改命令，在【参数】卷展栏中选择【弯曲轴】为【X】轴，弯曲角度为 -65。墙体及贴图最终效果如图 5-1 所示。

说明

凹凸贴图的效果在很大程度上受灯光的强度和角度影响，如果灯光不投射阴影，将看不到凹凸效果。

巩固训练

1. 绘制如图 5-14 所示的欧式建筑墙体，为其编辑砖墙材质并给赋。

图 5-14　**欧式建筑墙体**

2. 练习 UVW 贴图【Gizmo】子一级的使用。

3. 创建一个长方体，高度多分几段，贴上贴图，做扭曲变化，观察长方体上的贴图有什么变化。

4. 试着用放样方法做一个天花花线，贴上花线贴图，并给出正确的贴图坐标。

子任务 2　制作玻璃材质

实例效果

玻璃材质效果见图 5-15。

图 5-15　玻璃材质效果

操作步骤

1. 单击【创建】/【几何体】按钮，在前视图中创建一个 1000×1000×50 的长方体。

2. 按键盘上的【M】键，在材质编辑器中选择一个空白样本球，命名为“玻璃材质”。在【明暗器基本参数】中选择【各向异性】阴影模式，然后，在不解锁的情况下，点击各向异性基本参数【漫反射】后面的颜色按钮，设置 R、G、B 分别为 0、35 和 68。在【反射高光】区【高光级别】输入 110，【光泽度】输入 51，【各向异性】输入 50。

3. 按下材质编辑器中的【背景】按钮，以便于观察玻璃材质效果。在【贴图】卷展栏中，单击【反射】贴通道按钮，在弹出的【材质/贴图浏览器】中双击【光线跟踪】按钮，光线跟踪贴图参数保持默认设置。单击按钮，返回上一层次，在【贴图】卷展栏中输入反射数值为 45，将反射贴图通道上的光线跟踪材质拖拽到折射贴图通道按钮上，并输入折射数值 60，如图 5-16 所示。

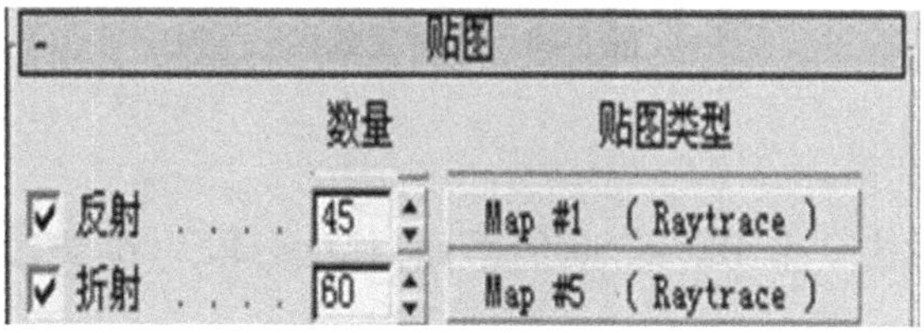

图 5-16　反射、折射贴图类型设置

4. 在视窗中选择长方体，单击按钮，将玻璃材质赋给长方体。再在顶视图中创建一个长方体和一个茶壶，调整它们的大小和位置，给茶壶一个棋盘格贴图，给地面一个木纹贴图。最终渲染效果如图 5-15 所示。

巩固训练

1. 打开“随书光盘/项目二/模型/桌子 . max”模型，如图 5-17 所示，为桌面编辑玻璃材质并给赋。

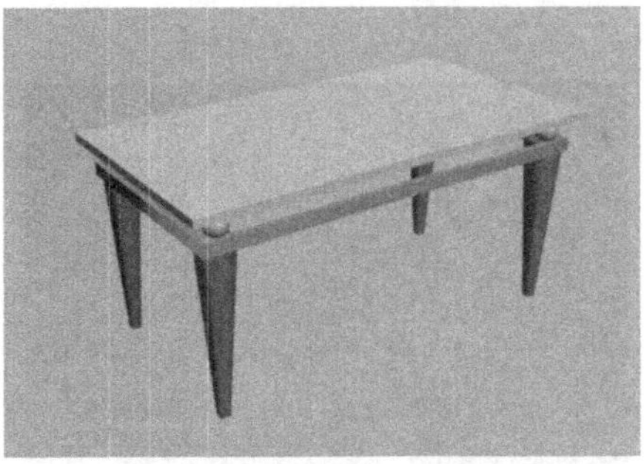

图 5-17　桌子模型

2. 尝试着做一块毛玻璃的材质效果。

子任务 3　制作水材质

实例效果

水材质效果见图 5-18。

图 5-18　水材质效果

操作步骤

1. 在顶视图中创建一个 180 × 280 的平面，长度分段为 6，宽度分段为 8，如图 5-19 所示。

2. 单击鼠标右键，选择【转换为可编辑多边形】，选中如图 5-20 所示的多边形。

3. 单击鼠标右键，选择【挤出】修改命令，将选中的多边形向上挤出，建成一个水池模型，如图 5-21 所示。

4. 在水池中间再创建一个 120 × 210 的平面，调整好位置，作为水，如图 5-22 所示。

5. 给水池一个瓷砖贴图，并用【UVW 贴图】修改，在参数卷展栏中选择【面】贴图类型，调整 U 向平铺值为 0. 33、V 向平铺值为 0. 63、W 向平铺值为 0. 2，如图 5-23 所示。

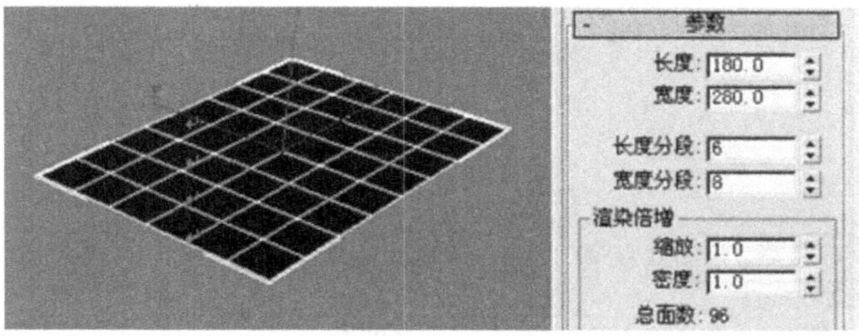

图 5-19　创建的平面及参数设置

图 5-20　选择多边形

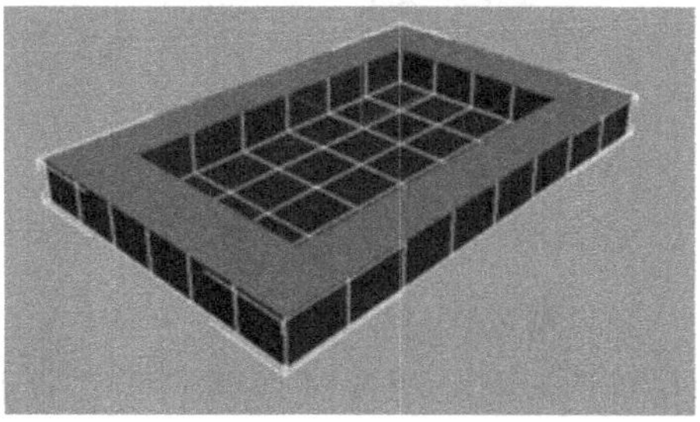

图 5-21　挤出

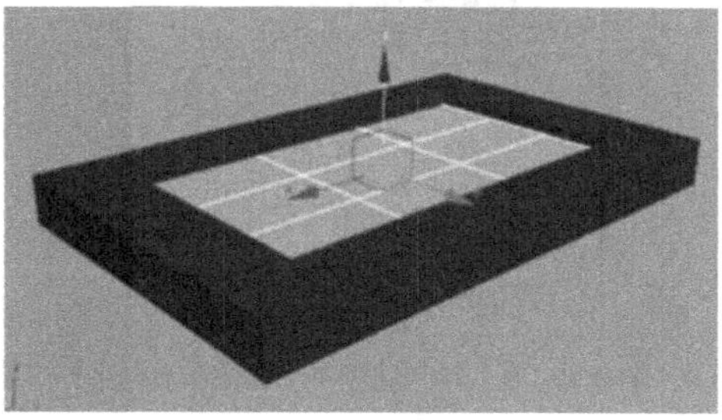

图 5-22　创建平面

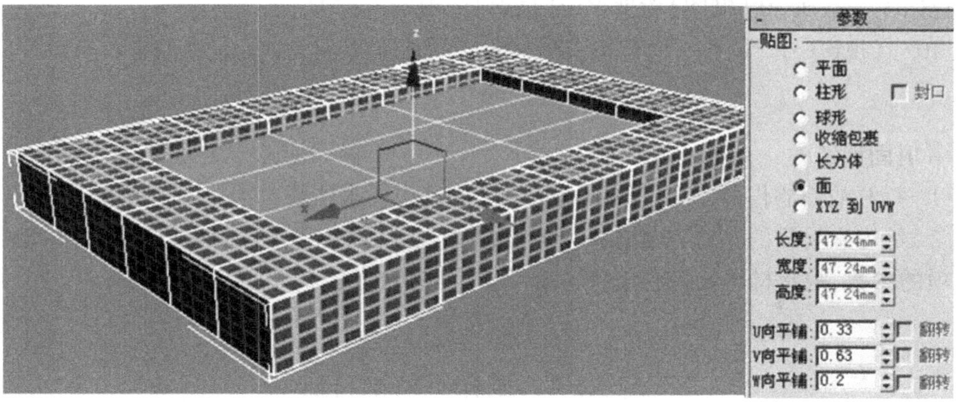

图 5-23　水池的材质

6. 下面编辑水材质。选择一个空白的样本示例球，命名为“水材质”。在【明暗器基本参数】卷展栏下指定【Phong】明暗器，在【Phong 基本参数】卷展栏下设置【环境光】后面的颜色为墨绿色，【漫反射】后面的颜色为绿色，在【反射高光】区【高光级别】输入 19，【光泽度】输入 3。

单击【不透明度】后面的贴图按钮（小灰色按钮），在弹出的【材质/贴图浏览器】对话框中双击 渐变 按钮，进入【渐变参数】卷展栏，修改【颜色 2 位置】的数值为 0.7，如图 5-24所示。

7. 在【贴图】卷展栏中，单击【凹凸】贴图通道按钮，在弹出的【材质/贴图浏览器】对话框中双击【噪波】按钮，进入【噪波参数】卷展栏，噪波【坐标】卷展栏中【偏移】Z 输入 0.7、【模糊】输入 0.6、【模糊偏移】为 0.5。在【噪波参数】卷展栏中，【噪波类型】选择【分形】，【大小】输入 15，【级别】输入 4，其他数值不变，如图 5-25 所示。

8. 单击按钮，返回上一层次，在【贴图】卷展栏中【凹凸】数值输入 25。

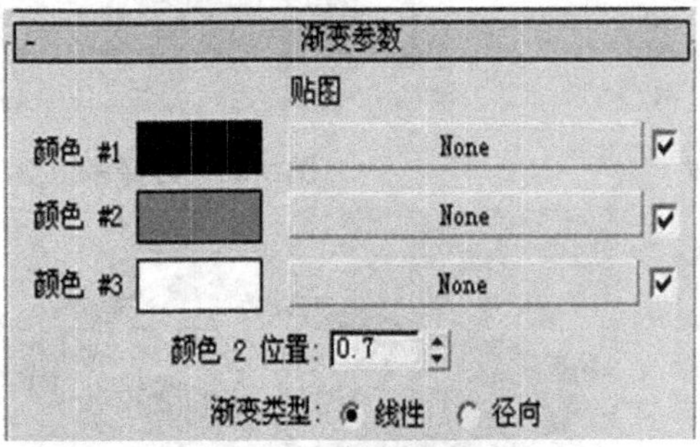

图 5-24　参数设置

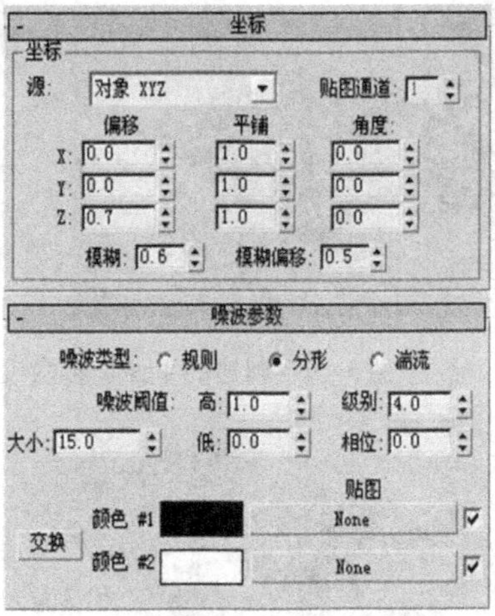

图 5-25　噪波参数设置

9. 在【贴图】卷展栏中，单击【反射】贴图通道按钮，在弹出的【材质/贴图浏览器】对话框中双击【光线跟踪】按钮，进入【光线跟踪器参数】卷展栏，采用默认数值。单击按钮，返回上一层次，在【贴图】卷展栏中【反射】数值输入 45。

10. 在视窗中选择“水平面”，单击按钮，将水材质赋给物体。最终渲染效果如图 5-18 所示。

巩固训练

1. 打开前面制作的“月牙泉 . max”文件，为其中的水体编辑水材质并给赋。

2. 练习水材质的制作，变化【环境光】和【漫反射】颜色以及【不透明度】项和【光线跟踪】项的参数，观察材质效果变化。

子任务 4　制作不锈钢材质

实例效果

不锈钢材质效果见图 5-26。

图 5-26　不锈钢材质效果

操作步骤

1. 创建两个球体。

2. 单击按钮，打开材质编辑器，选择一个材质样本示例球，选择【多层】明暗方式，在【多层基本参数】卷展栏中将第一层高光设置得高一些，第二层高光设置成蓝色，如图5-27所示，从而得到一个反光强烈的材质。

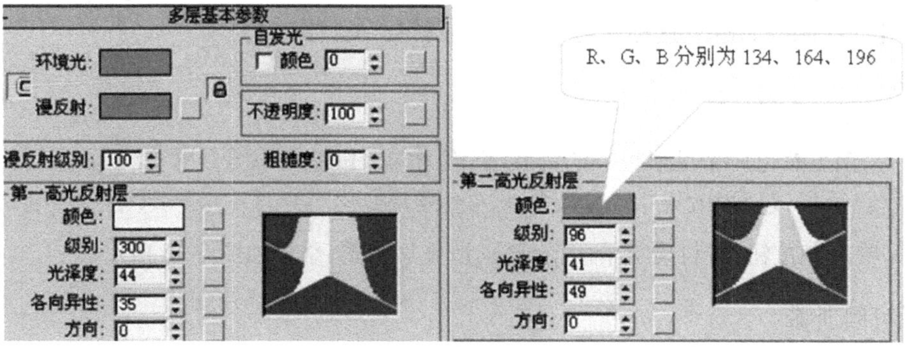

图5-27　参数设置(1)

3. 单击【漫反射】后面的小灰色按钮，在【漫反射】通道添加一个【衰减】贴图，设置【衰减参数】卷展栏中的颜色如图5-28所示，以突出金属的高光效果。

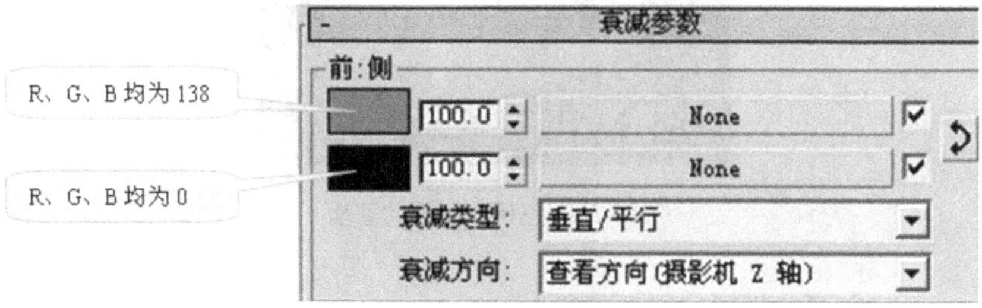

图5-28　参数设置(2)

4. 单击按钮，返回上一层次，打开【贴图】卷展栏，在【凹凸】通道添加一个【噪波】贴图，【凹凸】下的参数设置如图5-29所示。

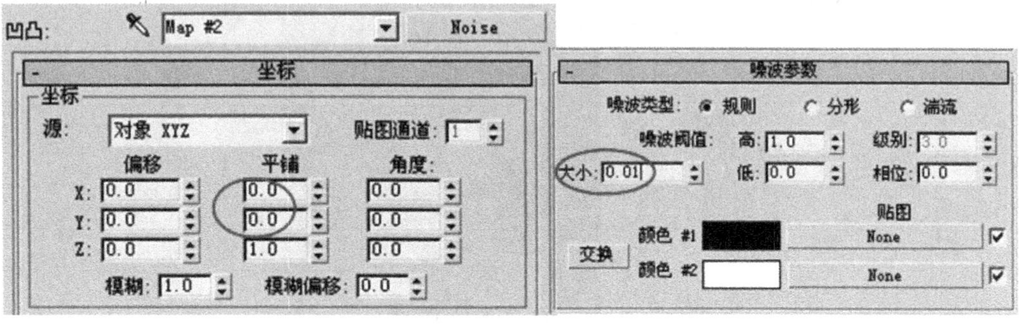

图5-29　参数设置(3)

5. 单击按钮，返回上一层次，将【凹凸】通道的【数量】设置为 90 左右。

说明

在【坐标】面板下的 X 和 Y 方向的【平铺】值都设置为 0，这样噪波效果就只会在 Z 轴方向上重复，在物体上就形成了一圈一圈的纹理。

6. 在【反射】通道添加一个【衰减】贴图，然后在【衰减】贴图的【颜色 2】通道中再添加一个【光线跟踪】贴图，这样反射最强的区域就移到物体边缘了。

说明

不锈钢虽然也属于反射很强的物质，但因为它是粗糙的一类金属，反射太强会失去质感和真实感，所以反射效果中还是要加入一些衰减变化。

7. 单击按钮，将材质赋给两个球体，渲染透视图，结果如图 5-26 所示。

巩固训练

创建一个茶壶，为其编辑一个不锈钢材质并给赋，如图 5-30 所示。

图 5-30　不锈钢材质的茶壶

子任务 5　制作木地板材质

实例效果

木地板材质效果见图 5-31。

图 5-31　木地板材质效果

操作步骤

1. 打开“随书光盘/项目二/模型/蜡烛场景 . max”文件,如图 5-32 所示。

2. 打开材质编辑器,选择一个空白的样本示例球,命名为“木地板”。在【明暗器基本参数】卷展栏中选择【Blinn】明暗方式,基本参数设置如图 5-33 所示。

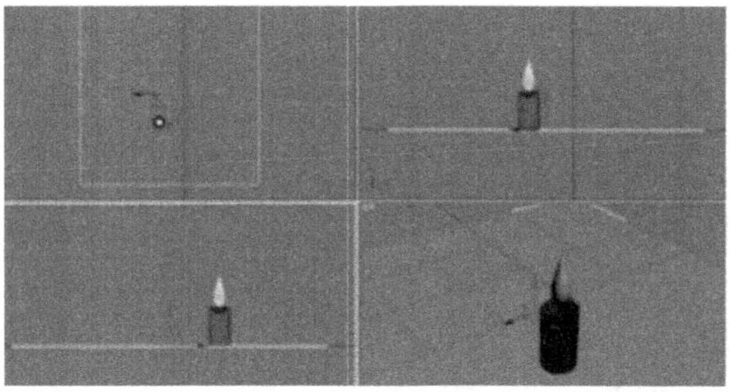

图 5-32　蜡烛场景

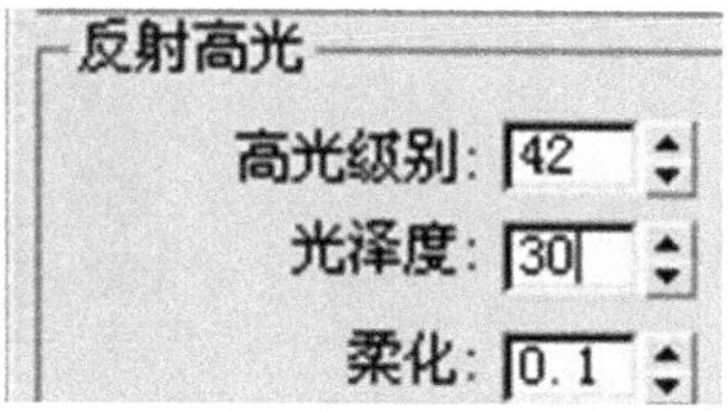

图 5-33　基本参数设置

3. 单击【漫反射】后面的方形按钮,在打开的【材质/贴图浏览器】对话框中双击【平铺】选项,参数设置如图 5-34 所示。

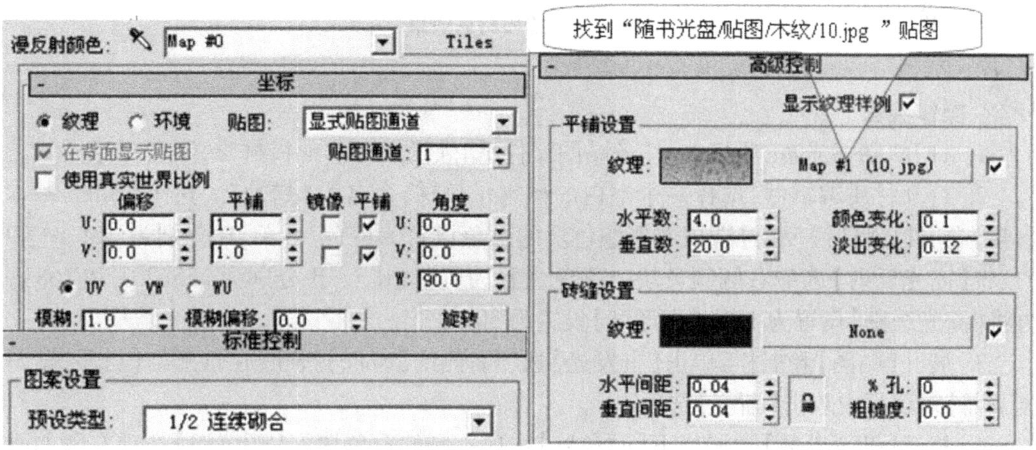

图 5-34　【平铺】参数设置

4. 单击按钮返回上一层级,进入【贴图】卷展栏,按住【漫反射颜色】通道上有贴图文件名的按钮向下拖动到【凹凸】通道上,释放鼠标,并将【凹凸】通道中的【数量】值改为 40。然后单击【反射】通道后面的【None】按钮,从弹出的对话框中双击【平面镜】选项,在【平面镜参数】卷展栏中勾选【应用于带 ID 的面】项。单击按钮返回上一层级,进入【贴图】卷展栏,将【反射】选项右侧数值框中的值更改为 15。

5. 在视窗中选择“地板”,单击按钮,将编辑好的材质指定给“地板”,效果如图 5-31 所示。以“蜡烛场景—木地板材质 . max”为名存盘。

巩固训练

创建一个平面,用三种不同的木纹贴图为其制作木地板材质并给赋。

子任务 6　制作蜡质材质

实例效果

蜡质材质效果见图 5-35。

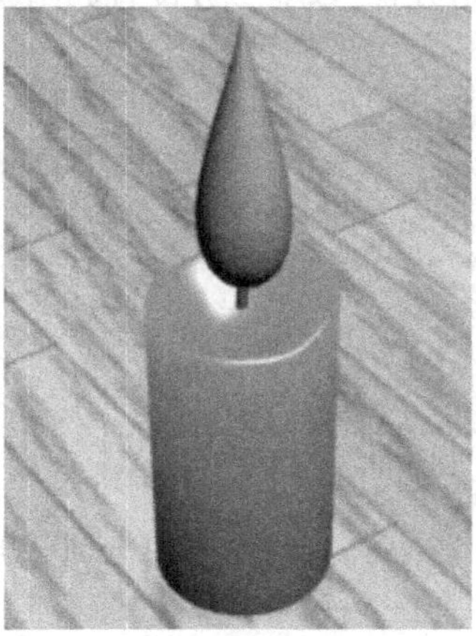

图 5-35　蜡质材质效果

操作步骤

1. 打开“随书光盘/项目二/任务贴图文件/蜡烛场景—木地板材质 . max”文件。

2. 打开材质编辑器,选择一个空白的样本示例球,命名为“蜡烛”。进入【Blinn 基本参数】卷展栏,将【漫反射】选项右侧颜色块的颜色设置为橙色(R、G、B 分别为 254、84 和 0),将【高光反射】选项右侧颜色块的颜色设置为黄色(R、G、B 分别为 255、231 和 168),再将【高光级别】设置为 131、【光泽度】设置为 30。

3. 展开【贴图】卷展栏,单击【自发光】选项右侧的【None】按钮,在打开的【材质/贴图浏览器】对话框中双击【渐变】选项。

4. 拖动【渐变参数】卷展栏下【颜色#1】选项右侧的颜色块到【颜色#3】选项右侧的颜色块上,释放鼠标,在打开的【复制或交换颜色】对话框中单击【交换】按钮,此时的【渐变参数】卷展栏如图 5-36 所示。

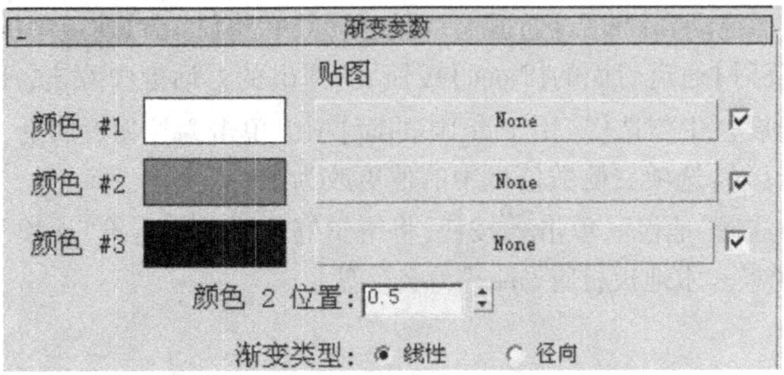

图 5-36　【渐变参数】卷展栏

5. 单击按钮返回顶层级，将当前样本球上的材质指定给“蜡烛”，渲染效果如图5-35所示。以“蜡烛场景—蜡质材质.max”为名存盘。

巩固训练

制作各种不同颜色的蜡质材质。

子任务7　制作火焰材质

实例效果

火焰材质效果见图5-37。

图5-37　火焰材质效果

操作步骤

1. 打开“随书光盘/项目二/任务贴图文件/蜡烛场景—蜡质材质.max”文件。

2. 首先制作“灯芯”材质。打开材质编辑器，选择一个空白的样本示例球，命名为“灯芯”。在【明暗器基本参数】卷展栏下将明暗器类型设置为【各向异性】。

3. 进入【各向异性基本参数】卷展栏，其参数设置如图5-38所示。

4. 展开【贴图】卷展栏，单击【漫反射颜色】右侧的【None】按钮，在打开的【材质/贴图浏览器】对话框中双击【混合】选项。

5. 进入【混合参数】卷展栏，将【颜色#1】和【颜色#2】选项右侧对应的颜色块的颜色分别设置为黑色（R、G、B分别为30、0和20）和红色（R、G、B分别为255、0和0）。

6. 单击【混合量】选项右侧的【None】按钮，在打开的【材质/贴图浏览器】对话框中双击【渐变】选项。

7. 进入【渐变参数】卷展栏，分别将【颜色#1】、【颜色#2】和【颜色#3】选项对应的颜色块的颜色设置为白色（R、G、B均为255）、黑色（R、G、B均为10）、黑色（R、G、B均为0），然后将【颜色2位置】数值框中的值更改为0.8，最后勾选【径向】单选项。

8. 单击按钮返回上一层级，勾选【混合参数】卷展栏下的【使用曲线】复选框。

9. 单击按钮返回顶层级，将当前样本球上的材质指定给视窗中的“灯芯”，灯芯材质制作并给赋完毕。渲染透视图，效果如图5-39所示。

10. 制作火焰材质。再选择一个空白的样本示例球，命名为“火焰”。进入【Blinn基

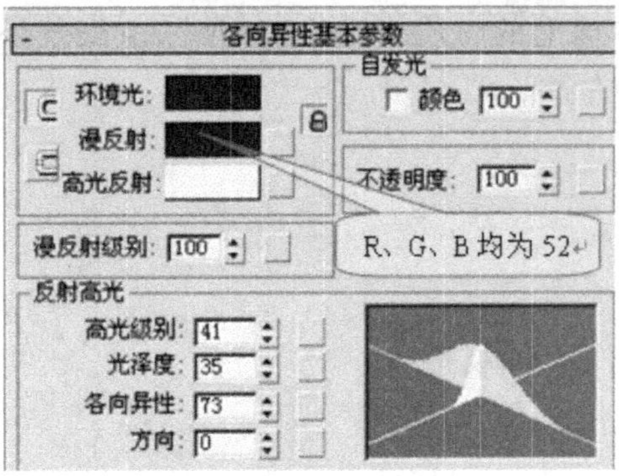

图 5-38　参数设置(1)

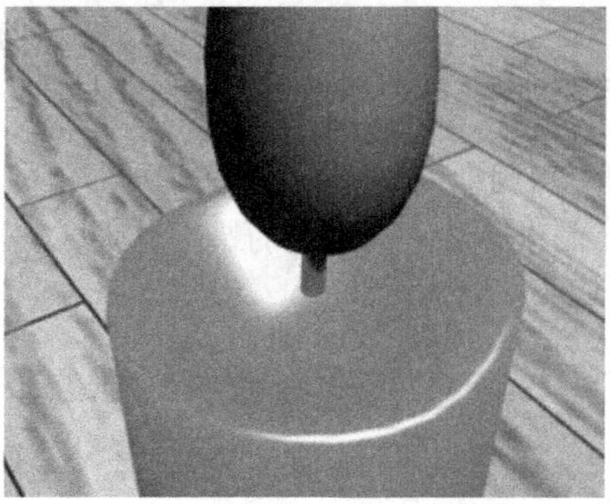

图 5-39　灯芯渲染效果

本参数】卷展栏,单击【环境光】和【漫反射】选项之间的按钮,以断开它们之间的关联。

11. 将【环境光】和【漫反射】选项对应的颜色块的颜色分别设置为黑色(R、G、B 均为 0)和黄色(R、G、B 分别为 255、156 和 49)。

12. 勾选【自发光】栏下的【颜色】复选框,然后将其右侧出现的颜色块的颜色设置为黄色(R、G、B 分别为 255、156 和 49)。

13. 在【不透明度】数值框中输入 20,再设置其他参数,如图 5-40 所示。

14. 展开【扩展参数】卷展栏,参数设置如图 5-41 所示。

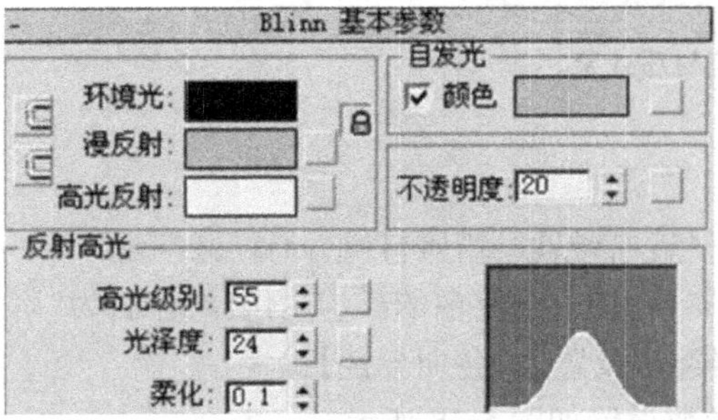

图 5-40　参数设置(2)

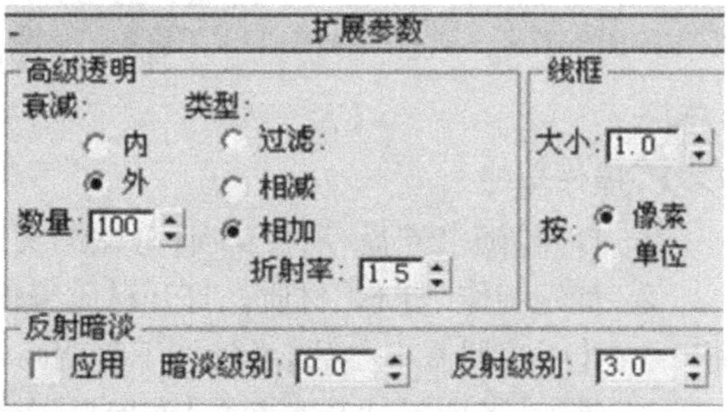

图 5-41　参数设置(3)

15. 展开【贴图】卷展栏,单击【自发光】右侧的【None】按钮,在打开的对话框中双击【渐变坡度】选项。

16. 进入【渐变坡度参数】卷展栏,在颜色条的底部单击添加一个颜色控制滑块,编辑颜色滑块如图 5-42 所示。

17. 单击按钮返回顶层级并进入【贴图】卷展栏,单击【不透明度】选项右侧的【None】按钮,在打开的对话框中双击【渐变】选项。

18. 进入【渐变参数】卷展栏,将【颜色#1】和【颜色#3】选项右侧颜色块的颜色都设置为黑色(R、G、B 均为 0),将【颜色#2】选项右侧颜色块的颜色都设置为白色(R、G、B 均为 255),其他参数保持系统默认。

19. 单击按钮返回顶层级并进入【贴图】卷展栏,将【不透明度】选项右侧数值框中的值改为 80。

20. 单击并按住【材质编辑器】对话框中工具行中的【材质 ID 通道】按钮不放,然

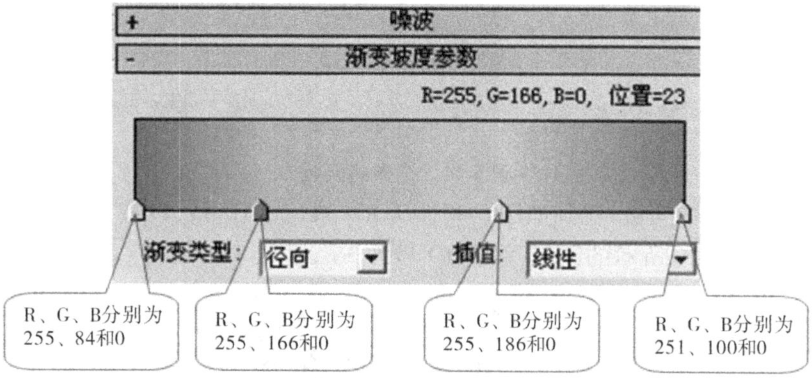

图 5-42　颜色滑块编辑结果

后在弹出的工具组中将鼠标移动到按钮上，释放鼠标，这样就为当前编辑的材质指定了材质通道，再勾选【明暗器基本参数】卷展栏中的【双面】复选框。至此，火焰材质编辑完毕，将其指定给视图中的“火焰”，渲染透视图，效果如图 5-37 所示。以“蜡烛场景—火焰材质 . max”为名存盘。

巩固训练

练习火焰材质的制作过程。

子任务 8　制作布艺材质

实例效果

布艺材质效果见图 5-43。

图 5-43　布艺材质效果

操作步骤

1. 打开“随书光盘/项目一/模型/任务模型/桌布 . max”文件。

2. 选择“桌布”，单击【修改】命令，在其下拉列表中选择【编辑网格】命令，选择【多边形】次物体级。然后回到前视图中框选桌布底边的位置，选择的区域呈红色，如图 5-44 所示。

图 5-44　选择的区域

3. 向上拖动参数面板,找到如图 5-45 所示的参数选项区域,设置 ID 号为 1。

4. 选择如图 5-46 所示的区域,设置 ID 号为 2。

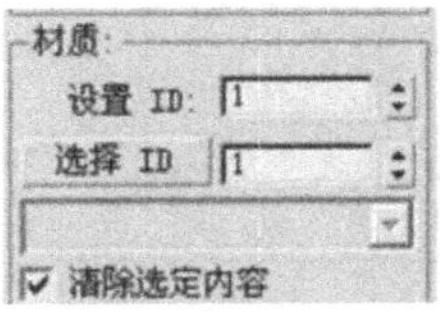

图 5-45　设置 ID 号

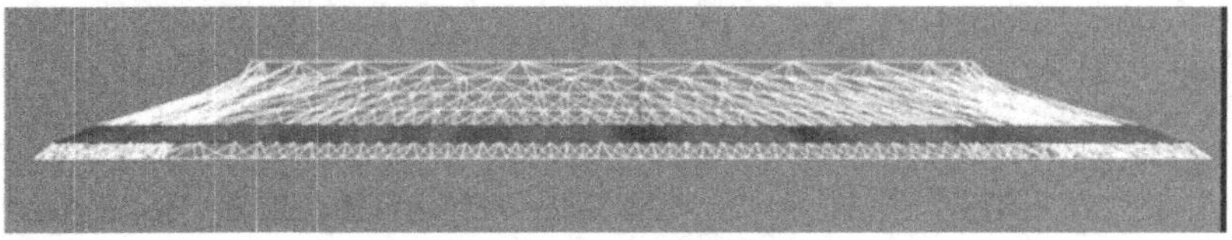

图 5-46　选择区域(1)

5. 选择如图 5-47 所示的区域,设置 ID 号为 3。

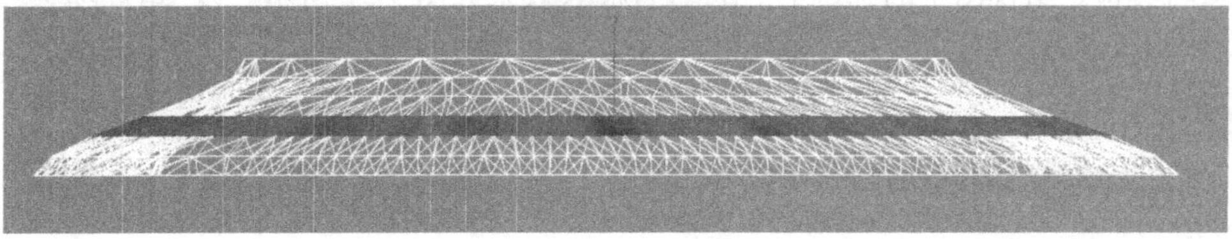

图 5-47　选择区域(2)

6. 选择如图 5-48 所示的区域,设置 ID 号为 4。

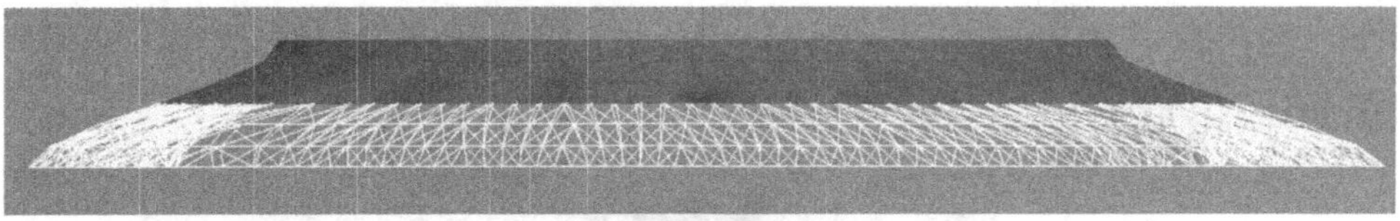

图 5-48　选择区域(3)

7. 打开材质编辑器,选择一个样本球。单击【标准材质】 Standard 按钮,从打开的对话框中双击【多维/子对象】材质类型,弹出【替换材质】对话框,单击【确定】按钮。

8. 在弹出的【多维/子对象】面板中,单击【设置数量】按钮,设置材质数量为 4,单击【确定】按钮。

9. 此时,【多维/子对象】面板中就只显示四个材质通道。单击第一个通道的按钮,返回基本参数面板,明暗方式设置为【Oren - Nayar - Blinn】(明暗处理),参数设置如图 5-49 所示。

10. 单击【漫反射】后面的灰色按钮,从弹出的对话框中双击【位图】,打开"随书光盘/贴图/布纹/054. jpg"贴图。

11. 单击按钮,返回 12 个贴图通道面板,用鼠标按住"054. jpg"贴图向下拖动至【凹凸】通道上,在弹出的对话框中选择【复制】,单击【确定】按钮,然后把【凹凸】后面的数值改为 100。

12. 用相同的方法和参数设置,将 ID2 号、ID3 号、ID4 号分别设置为贴图"35. jpg"、

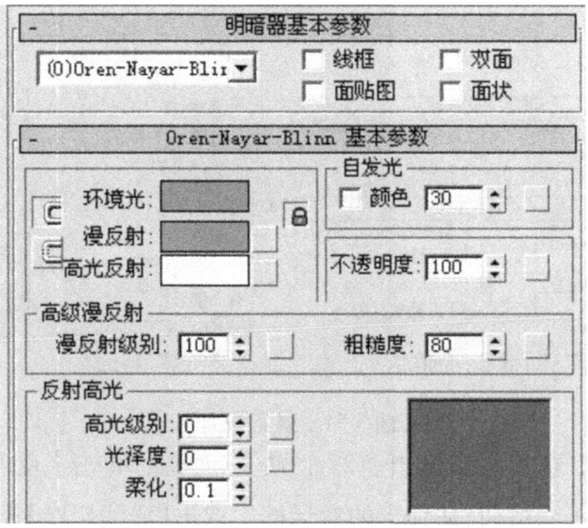

图 5-49　参数设置

"A－E－040. jpg"和"35. jpg"。

13. 将编辑好的材质指定给视图中的"桌布",渲染透视图,效果如图 5-43 所示。

巩固训练

练习布艺材质的制作过程。

子任务 9　制作陶瓷材质

实例效果

陶瓷材质效果见图 5-50。

图 5-50　陶瓷材质效果

操作步骤

1. 打开"随书光盘/项目一/模型/任务模型/茶杯 . max"场景文件。

2. 单击按钮打开材质编辑器,选择一个材质样本示例球,将明暗方式设置为【多层】,此时下方弹出参数面板,具体参数设置如图 5-51 所示。将所有的色块都设置为纯白色(R、G、B 均为 255),制作白色陶瓷材质。

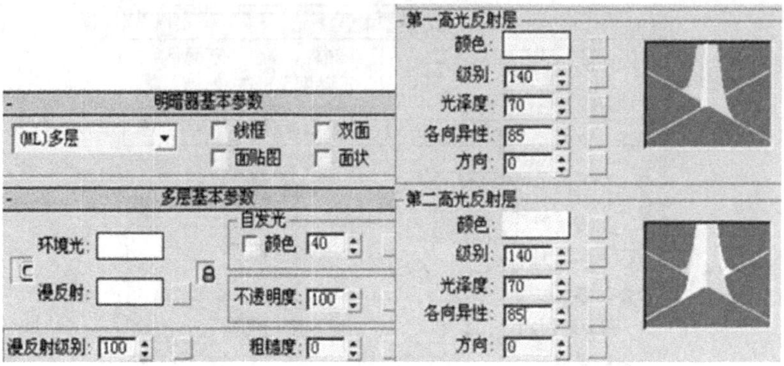

图 5-51　参数设置

3. 单击【贴图】卷展栏，打开 12 个贴图通道，单击【反射】贴图通道中的 None 按钮，从弹出的对话框中双击【光线跟踪】贴图类型，返回材质编辑器中，此时展开了光线跟踪参数面板，应用默认值。

4. 单击按钮，返回 12 个贴图通道面板，将【反射】贴图通道中的数值从 100 改为 10，此时陶瓷材质创建完毕。将材质赋给“茶杯”，渲染效果如图 5-50 所示。

巩固训练

练习陶瓷材质的制作过程。

子任务 10　制作塑料材质

实例效果

塑料材质效果见图 5-52。

图 5-52　塑料材质效果

操作步骤

1. 打开“随书光盘/项目一/模型/任务模型/花瓶 . max”场景文件。

2. 单击按钮打开材质编辑器，选择一个示例球，将明暗方式设置为【Phong】，打开【漫反射】和【环境光】的锁定。设置【环境光】后面的色块，R、G、B 均为 190（如果亮度调低了不容易体现塑料的质感)，设置【漫反射】后面的色块，R、G、B 分别为 197、2 和 39，制作红色塑料材质。设置【高光级别】为 95，设置【光泽度】为 80。

3. 打开【贴图】卷展栏，单击【反射】后面的【None】钮，在弹出的对话框中双击【光线跟踪】按钮，【光线跟踪器参数】采用默认值。单击按钮，返回贴图通道面板，将【反射】贴图通道中的数值从 100 改为 10，此时塑料材质创建完毕。将材质赋给“花瓶”，渲染效果如图 5-52 所示。

巩固训练

练习塑料材质的制作过程。

知识链接

一、材质编辑器基础

材质与贴图的建立和编辑都是通过材质编辑器来完成的。材质编辑器拥有强大的编辑功能，它能真实地模拟物体表面的质地、色彩和纹理，并且通过最后的渲染把它们表现出来，来展现真实的场景。

(一)打开材质编辑器的方法

方法 1：选择菜单项【渲染】/【材质编辑器】；

方法 2：单击工具栏中的按钮；

方法 3：按键盘上的【M】键。

(二)材质编辑器的工作界面

1. 材质编辑器窗口(以 3ds Max 9 为例)。

材质编辑器在 3ds Max 9 中以一个窗口的形式存在。材质编辑器是一个设置材质与贴图纹理的区域，所有材质属性都可以在材质编辑器中找到相应的参数设置。材质编辑器本身可以划分为功能不同的区域。材质编辑器功能分区如图 5-53 所示。

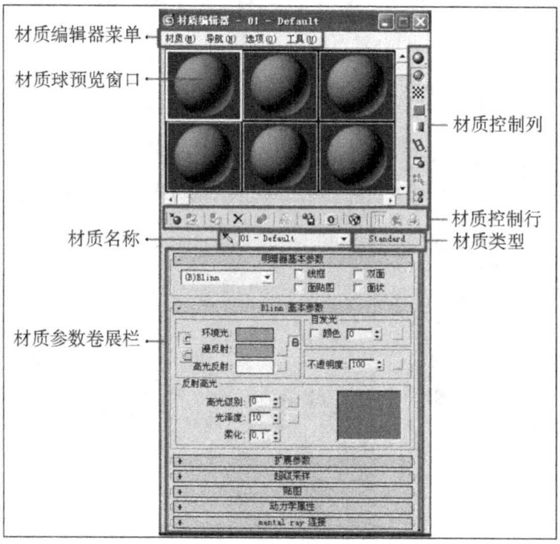

图 5-53　材质编辑器功能分区

2. 材质球预览窗口。

默认打开材质编辑器时，在菜单下方会显示 6 个灰色球体，这些灰色球体被称为“材质球”。这些材质球每个都可以含有不同的材质或贴图，并且一次只能激活一个材质球。四周带有白色线框的材质球表示的是当前编辑的材质；4 个边角上有白色三角显示的材质球表示该材质已经给指定对象了，称为“同步材质”，这时修改材质球参数时，场景中指定了该材质的对象也同时会发生变化。系统默认有 24 个材质球，但只能看到其中 6 个，可以通过上下左右拖动滑块或右键菜单显示其他材质球。材质球窗口如图 5-54 所示。

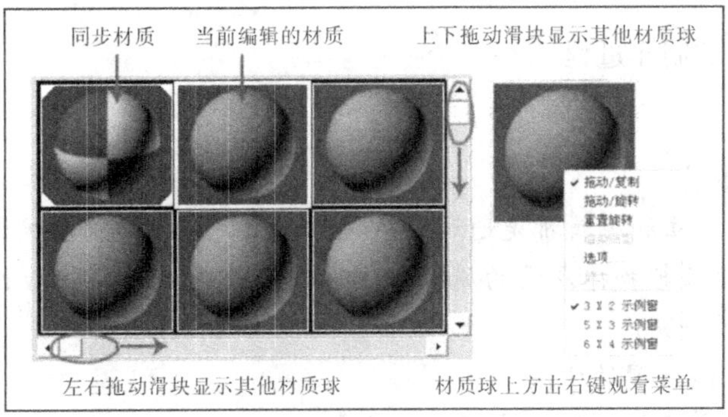

图 5-54 材质球窗口

3. 材质编辑器工具行和工具列。

材质编辑器窗口右侧的一列工具称为工具列，下方的一排工具称为工具行。工具行和工具列上的按钮都是与菜单组命令一一对应的，这样编辑材质时可以直接单击工具按钮以方便操作。材质编辑器工具行如图 5-55 所示，工具列如图 5-56 所示。

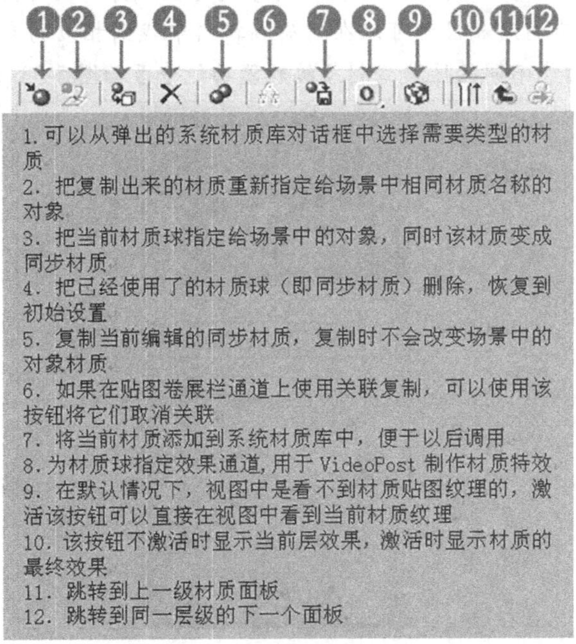

图 5-55 材质编辑器工具行示意图

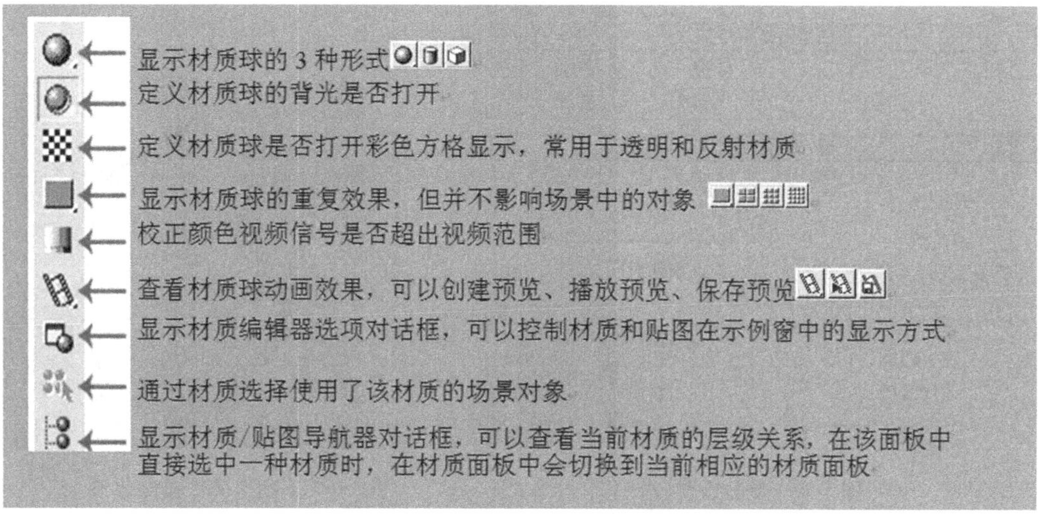

图 5-56　材质编辑器工具列示意图

(三)材质编辑器基础操作

1. 编辑一个简单的材质并给一个对象应用。

材质编辑器除创建材质外，它的一个最基本的功能是将材质应用于各种各样的场景对象上。3ds Max 9 提供了将材质应用于场景中对象的两种方法。可以使用工具栏底部的【将材质指定给选定对象】按钮，也可以简单地将材质拖放到当前场景中的单个或多个对象上。

操作方法步骤：

第一步，单击【创建】/【几何体】按钮，在透视图中创建一个茶壶，参数设置如图 5-57所示。激活前视图，运用缩放工具沿“Y”轴进行缩放，调整茶壶的形态。

第二步，按键盘上的【M】键，进入材质编辑器。选择一个样本球，参数卷展栏中明暗器基本参数选择【Blinn】，并勾选【双面】项的复选框，然后，点击【Blinn 基本参数】卷展栏下【环境光】后面的颜色按钮，在弹出的【颜色选择器】对话框中，设置颜色如图 5-58 所示。然后在【反射高光】区域【高光级别】输入 130，【光泽度】输入 50，如图 5-59 所示。

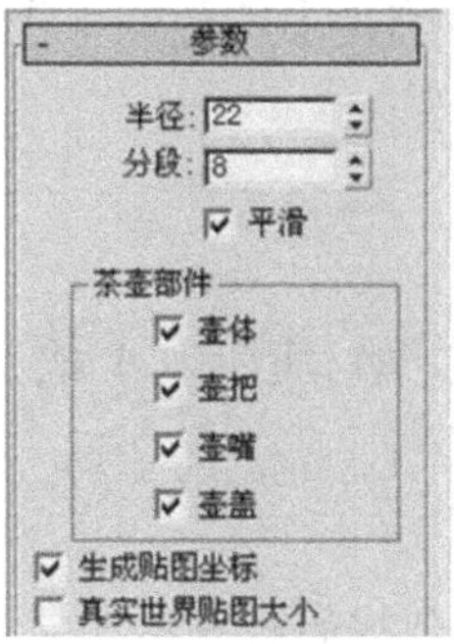

图 5-57　参数设置(1)

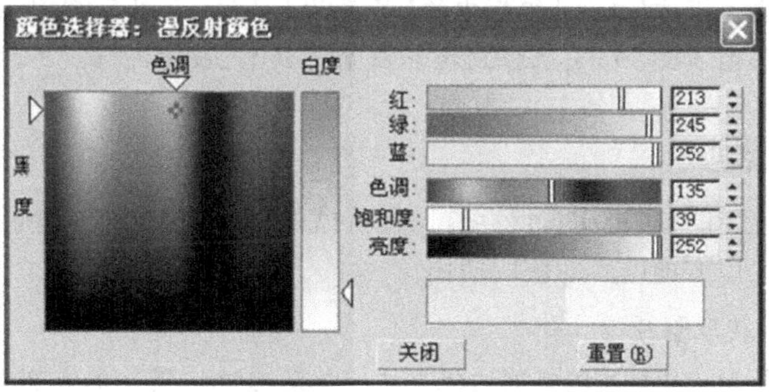

图 5-58　设置颜色

第三步，确认视窗中茶壶处于选择状态，点击工具行中的【将材质指定给选定对象】按钮，将当前材质球赋给对象，最终效果如图 5-60 所示。

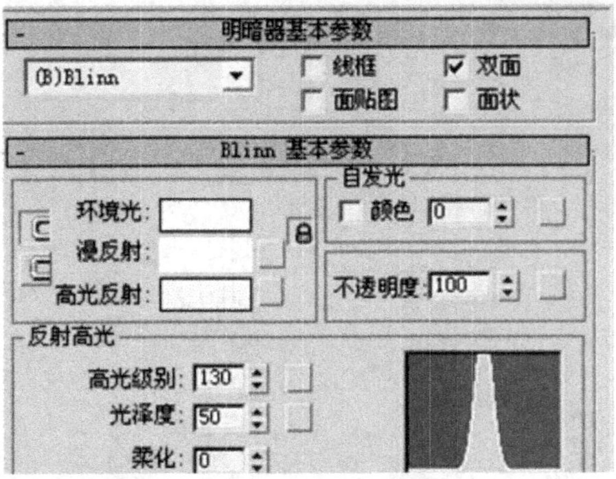

图 5-59 参数设置(2)

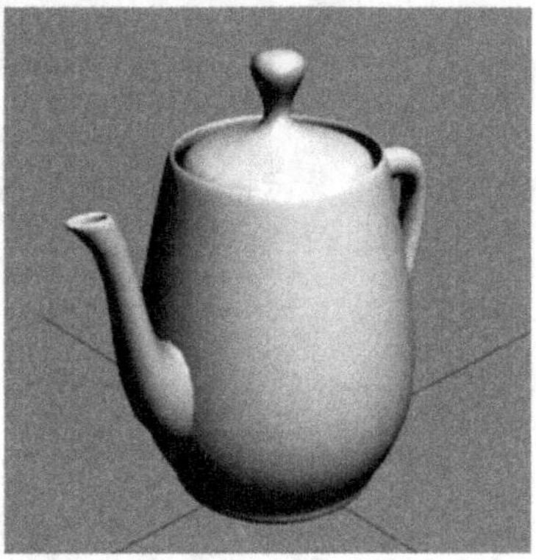

图 5-60 实例效果

2. 保存材质。

方法 1:按键盘上的【M】键,在材质编辑器材质球窗口选择已编辑完成的材质球,在材质编辑器工具行上,单击【放入库】按钮,弹出【入库】对话框,如图 5-61 所示。在保存之前,可以使用该对话框更改材质名称。

图 5-61 【入库】对话框

方法 2:按键盘上的【M】键,在材质编辑器材质球窗口选择已编辑完成的材质球,单击【标准材质】 Standard 按钮,弹出【材质/贴图浏览器】对话框。在左上方的【浏览自】组框中,确保选定了【选定对象】或【场景】复选项,在材质列表中,双击要保存的材质名称,点击左下方【文件】组框中的【另存为】按钮,如图 5-62 所示,弹出【保存材质库】的对话框,如图 5-63 所示,选择路径和命名文件名,确定即可。

说明

自己在平时可注意保存有保存价值的材质,分门别类地储存到材质库中,以合适的名字命名,以方便以后的获取使用。

3. 获取材质。

3ds Max 9 材质编辑器的优点之一就是它能使用我们或别人创建的材质以及储存在材质库中的材质。它基本可分为从当前场景已有材质中获取和从材质库中获取两种方法。

操作方法步骤:

第一步,确认在场景中已经有赋完材质的对象,按键盘上的【M】键,在材质编辑器材

图 5-62　选择项　　　　　　图 5-63　【保存材质库】对话框

质球窗口选择一个未被编辑的样本球，如图 5-64 所示。

第二步，在材质编辑器工具行上，单击【获取材质】按钮，弹出【材质/贴图浏览器】对话框。在对话框左上方的【浏览自】组框中确保选定了【选定对象】或【场景】复选项，在材质列表中，双击要获取材质的名称或将材质名称拖到材质球窗口，如图 5-65 所示。

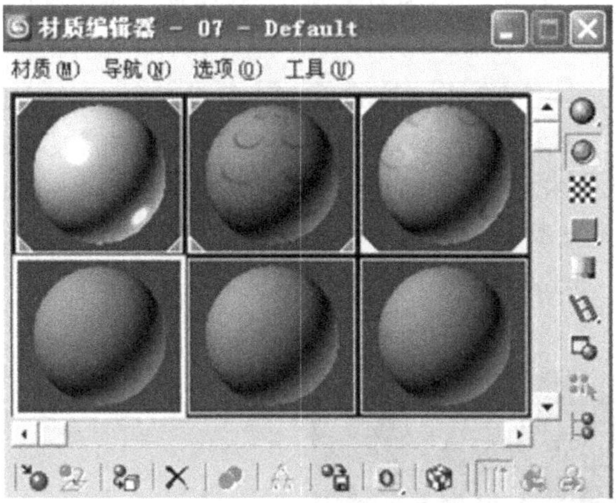

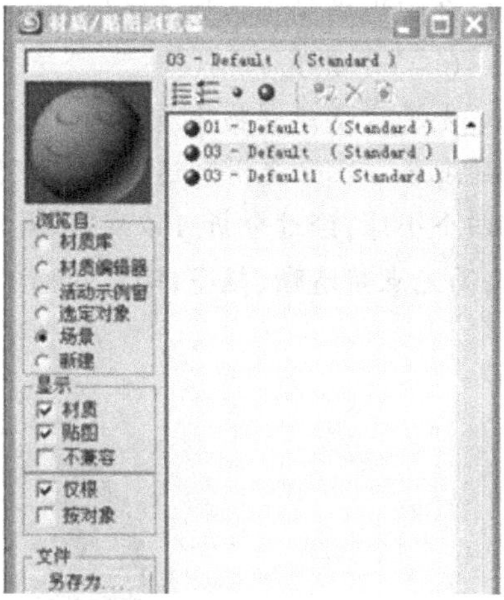

图 5-64　选择一个未被编辑的样本球　　　　图 5-65　双击要获取材质的名称

第三步，如果要在材质库中获取，就需要在【材质/贴图浏览器】对话框中的【浏览自】组框中，确保选定了【材质库】复选项，双击要获取的材质名称或将材质名称拖到材质球窗口即可。

二、材质的属性

材质的属性包括色彩、光滑度、反射度、发光度、纹理等。无论使用什么渲染软件，材质属性都离不开这几个范畴，因为真实世界中物体材质的物理特性就是由这几个因素构成的。下面详细介绍如何理解材质的各种属性。

（一）色彩

在材质制作时，一些没有纹理的“素”材质都是直接用颜色来模拟的，例如乳胶漆、铝板、塑料、陶瓷、刷过漆看不见纹理的木材（俗称混油）等。

图 5-66 所示是 3ds Max 9 的颜色选择器对话框。我们可以有三种模式来选择颜色，分别是 RGB 模式（即红绿蓝模式）、HSV 模式（即色调、饱和度和亮度模式）和 HWB 模式（即色调、白度和黑度模式）。可根据自己的习惯自由使用颜色选择模式。

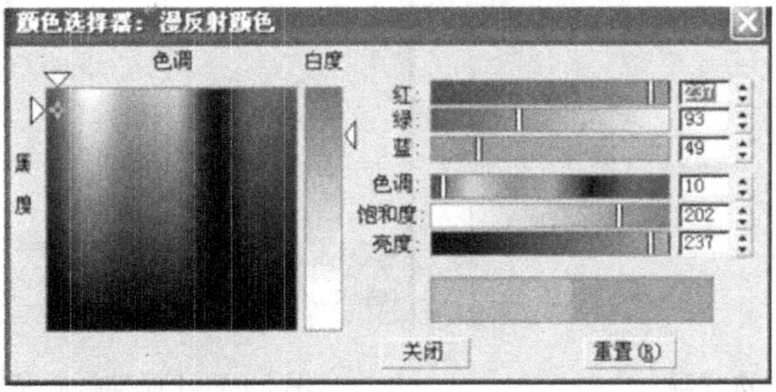

图 5-66　颜色选择器对话框

说明

无论【色调】值是多少，都要控制【饱和度】和【亮度】的值不要达到最高值，因为在真实世界中很难有明度和纯度最高的颜色，即使有，也会因为光线、空气、尘埃等使它降低。

（二）光滑度

光滑度是识别物体质感的重要属性之一，需要几个参数的配合，甚至还要加上灯光设置的配合。比如光滑度达到一定数值时，就会产生清晰的反射。图 5-67 中有光滑度不同的四个小球，经过分析可以发现，是小球上不同类型的高光点使人产生了不同光滑度的感觉，高光点越清晰、越亮，给人的感觉就越光滑。

图 5-67　不同光滑度的材质

在图 5-68 中，从左到右显示了图 5-67 中四个小球的高光参数。其中【高光级别】项控制着高光点的颜色，它的数值的高低实际上决定着【漫反射】颜色和【高光反射】颜色的混合程度，数值越高，越接近高光反射的颜色。【光泽度】项控制着高光出现的范围，或者说是高光的清晰程度，从软件角度来说，它控制着【漫反射】颜色和【高光反射】颜色的过渡宽度。

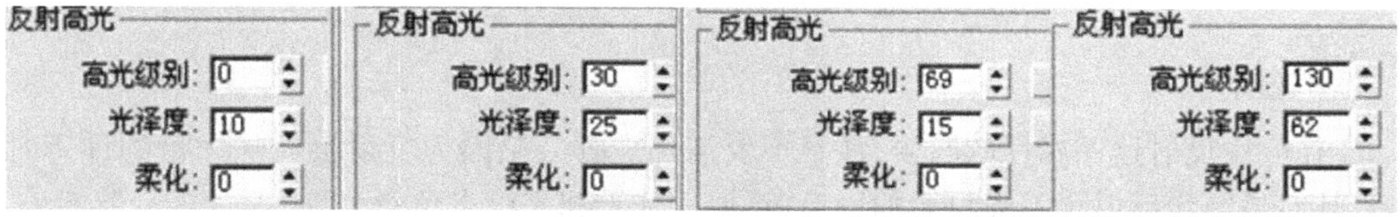

图 5-68　材质的设置

说明

一般情况下，粗糙物体的【高光级别】和【光泽度】数值都偏低，而光滑物体正好相反。平时多做练习，多观察身边的物体，才能利用好电脑工具，真实地模拟自然界中存在的物体。

（三）反射度

反射度是光滑度达到一定程度时的必然产物，很多人在应用反射的时候，根本就没考虑光滑度的影响，以为反射度是一个独立属性。其实有一些属性是相互作用的，比如光滑度和反射度、透明度和折射率，等等，要综合考虑，养成严谨的工作习惯。

反射效果是在材质编辑器中【反射】贴图通道中完成的。

操作步骤方法：

第一步，保留图 5-67 中四个小球的光滑度设置不变。打开材质编辑器中【贴图】卷展栏，单击【反射】复选项后的【None】按钮，如图 5-69 所示，在弹出的【材质/贴图浏览器】对话框中双击【光线跟踪】，如图 5-70 所示，给【反射】贴图通道加上光线跟踪材质。

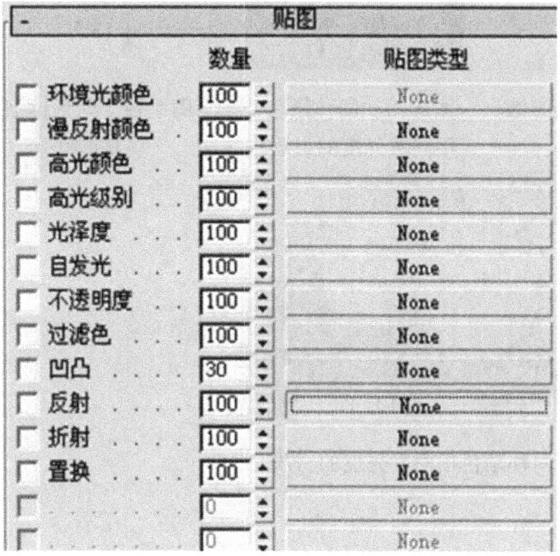

图 5-69　【反射】贴图通道

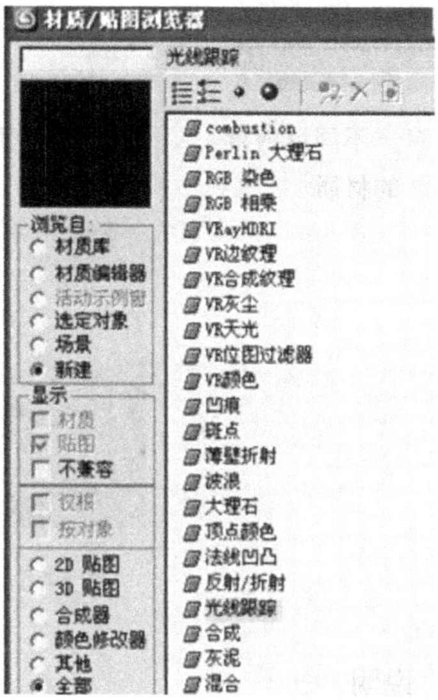

图 5-70　【材质/贴图浏览器】对话框

第二步，单击材质编辑器工具行中的【转到父对象】按钮，调整【贴图】通道下【反射】复选项后的百分比值即可控制反射的强度，自左至右四个小球的反射数量分别是 0、20、50、80，结果如图 5-71 所示。

说明

在应用反射这一属性的时候，注意不要滥用。其一是因为反射会增加大量的计算时间，其二是因为反射会丢失材质的固有色，使物体看起来没有色彩个性。

(四)发光度

材质的发光度这一属性最常用的是发光的灯泡、灯管。另外，用不是很高的发光度可以模拟透光的材质，如阳光下的窗帘、磨砂玻璃窗或磨砂灯罩等。和真实世界不一样的是，发光材质不会真的照亮物体。

发光效果是在材质编辑器中【自发光】项下完成的。可以创建一种颜色的发光效果，也可以创建不同颜色的发光效果。

操作步骤方法：

第一步，创建一种颜色的发光效果。

场景中四个小球沿用光滑度项下的光滑度设置，调整材质编辑器中的【自发光】项，如图 5-72 后的数值，图 5-73 所示自左至右四个小球的【自发光】值分别是 0、40、70、100。

第二步，创建不同颜色的发光效果。

需勾选【自发光】项下【颜色】复选框，如图 5-74 所示，单击颜色选择区调出【颜色选择器：自发光颜色】对话框，选择需要的自发光颜色即可，效果如图 5-75 所示。

图 5-71　不同反射度的材质

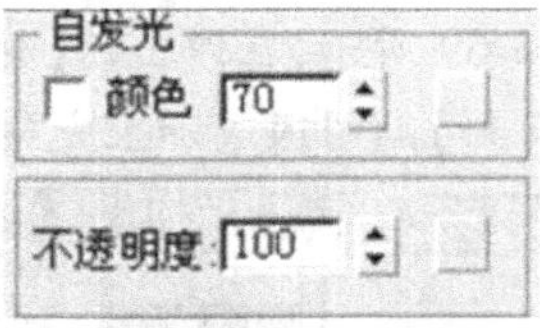

图 5-72　调整参数

图 5-73　同种颜色不同发光度的材质

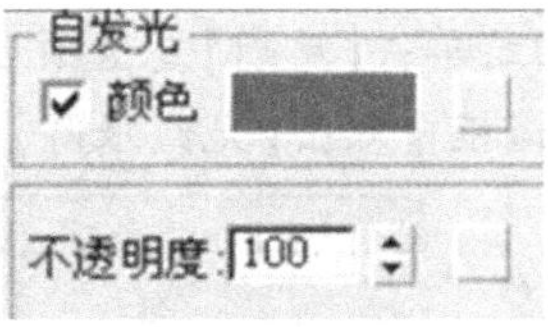

图 5-74　勾选【颜色】复选框

图 5-75　不同种颜色相同发光度的材质

说明

另外，材质的发光度还有一个用处，有时我们会在场景中增加一些配景贴图，由于它总是垂直于地面，通常受光不足而显得太暗，这时给材质增加一点发光度会有很好的效果。

(五)纹理

在材质中，纹理通常用来代替物体表面的颜色，相当于替换环境光和漫反射颜色。如

图 5-76 所示,世界正是有了纹理才显得丰富多彩。正确使用纹理可以使画面达到真实、丰富的效果。

图 5-76　不同纹理的材质

在 3ds Max 9 中可以将纹理分为贴图纹理和程序纹理两大类。贴图纹理是用真实物体的图片模拟材质的颜色和图案的,如布料、瓷砖、木地板,等等。一般这些纹理要经过拍照和扫描把图像输入到计算机中。程序纹理是计算机按照一定的计算公式计算生成的颜色和图案。

总之,不同的物体由于其表面的物理属性不同,所表现出来的色彩、反射度、透明度等也各不相同。我们不能轻易改变真实物体的表面属性,但在 3ds Max 9 中却可以根据需要很容易地为物体指定适当的材质与贴图。材质与贴图并不是同一个概念,材质反映的是物体表面的色彩、反射度、透明度等基本属性;而使用贴图是为了反映物体表面千变万化的纹理效果。材质和贴图可以单独使用,也可以共同起作用,但不能将材质和贴图看做是彼此独立的两个系统。从广义上讲,贴图是包含在材质的概念之中的。贴图不能单独存在,它只能依附在某个材质上。

项目小结

本项目由贴图通道的应用技能、材质类型及应用的操作技能和常用材质的编辑技能三个任务组成,以不同的实例为主线,将知识贯穿其中。从最简单、最基本的知识开始,通过实际操作制作材质的基本步骤,逐渐深入地学习了贴图通道、贴图类型和常用材质的制作,如砖墙、玻璃、水、不锈钢、木地板、蜡质、火焰、布艺、陶瓷、塑料等材质的具体制作方法。

通过学习,我们要清楚:要想制作出好的材质,真实地再现现实世界中的物体,除要掌握好材质编辑器的使用外,还要善于观察和分析现实生活中的物体,如它们具有怎样的属性及表现特征,我们能通过什么方式、方法将其制作出来,从而达到举一反三的效果。

项目三　相机灯光渲染操作技能

教学目标

●掌握摄影机(相机)的类型及各项参数的设置
●掌握镜头库的使用
●掌握渲染方法
●掌握两种最为常用的灯光类型,即泛光灯和聚光灯,各项参数的设置
●掌握创建体积光的大气效果的方法
●掌握添加灯光的投影贴图的方法
●掌握灯光的衰减参数设置

任务 6　相机灯光渲染应用

制作目的

灯光和相机的创建可以使场景有正确的视角和透视关系,产生理想的立体感和空间层次感。通过相机灯光渲染基本制作流程、应用体积光模拟阳光光束的操作技能和三点照明布光法操作技能三个子任务的实际操作,掌握相机、灯光、渲染的基本操作技能。

子任务 1　相机灯光渲染基本制作流程

实例效果

相机灯光渲染基本制作流程效果见图 6-1。

操作步骤

1. 打开"随书光盘/项目三/模型/相机灯光基本制作流程. max"文件。场景中既没有相机,也没有灯光,视图效果如图 6-2 所示。此时渲染透视图,效果如图 6-3 所示。可见,在该效果中无法观察到场景中房间内部的状况,这就需要创建独立的摄影机,为观察者建立良好的视角。

2. 单击【摄影机】按钮,进入相机创建命令面板,单击【对象类型】卷展栏下的【目标】按钮,在顶视图中创建一个目标点摄影机,分别选择摄影机及其目标点,分别调整它们的位置,如图 6-4 所示,并在【参数】卷展栏下,设置【镜头】为 26. 001、【视野】为 69. 388。

3. 激活透视图,按【C】键即可将透视图(当前视图)切换到相机视图,此时渲染相机视图,效果如图 6-5 所示。

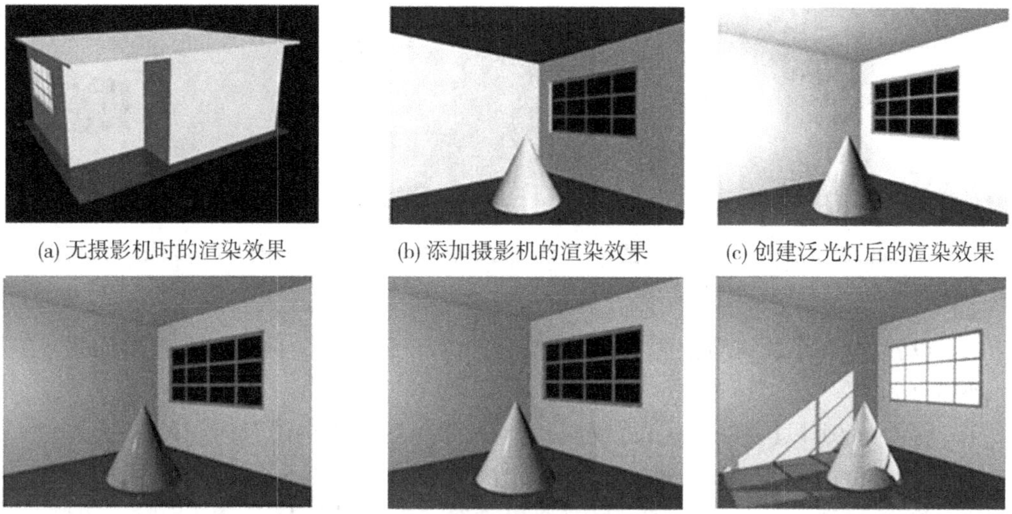

(a) 无摄影机时的渲染效果　(b) 添加摄影机的渲染效果　(c) 创建泛光灯后的渲染效果

(d) 红色泛光灯渲染效果　(e) 所有泛光灯设置完毕的效果　(f) 投影灯光渲染效果

图 6-1　相机灯光渲染基本制作流程效果

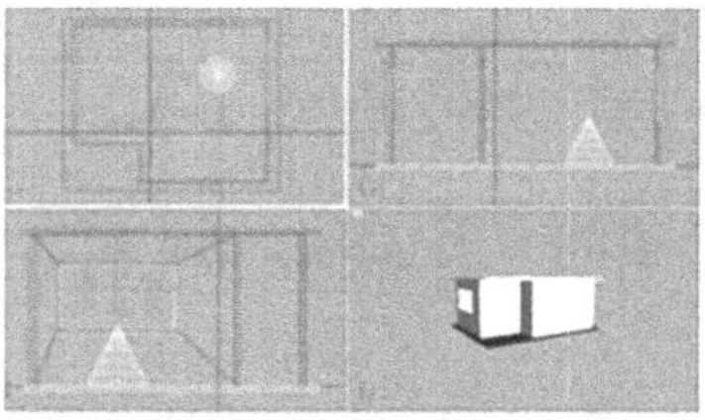

图 6-2　视图效果

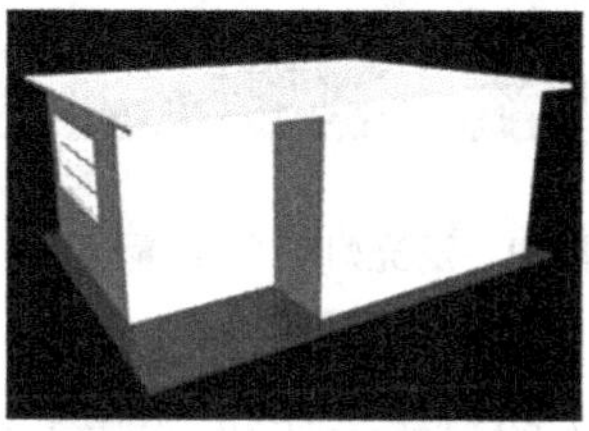

图 6-3　渲染效果(1)

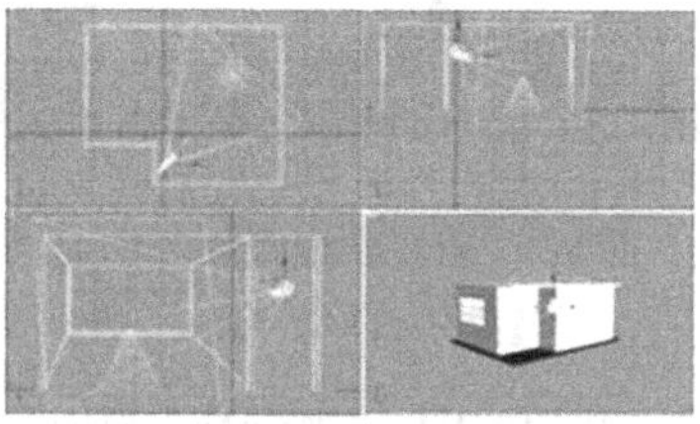

图 6-4　摄影机的创建和位置

说明

摄影机创建完毕后,需要进行渲染,观察相机视角的情况。按 F10 键可以打开【渲染场景】对话框,从中可以进行渲染范围、渲染尺寸、特殊渲染和渲染结果保存格式的设置。如果要在不打开【渲染场景】对话框的情况下快速渲染当前激活视图,可以使用快捷键【Shift + Q】,且自动应用【渲染场景】对话框中的当前设置。

4. 创建灯光。首先,按【Shift + C】键,将场景中的相机隐藏。单击【灯光】按钮,进入灯光创建面板,单击【对象类型】卷展栏下的【泛光灯】按钮,在顶视图中单击,创建一盏泛光灯,名称为"Omni01",如图 6-6 所示。

5. 此时渲染相机视图,效果如图 6-7 所示。

6. 在【强度/颜色/衰减】卷展栏中,设置【倍增】为 0. 55,渲染相机视图,效果如图 6-8 所示。

说明

更改【倍增】值会使灯光变暗或变亮,值越大,灯光亮度越大,反之越小。

图 6-5 添加摄影机后的渲染效果(2)

图 6-6 泛光灯的创建

图 6-7 泛光灯参数默认的渲染效果(3)

7. 设置【倍增】右侧颜色的 R、G、B 值分别为 255、145 和 145，渲染效果如图 6-9 所示，变成了红色。

8. 将 Omni01 以【复制】的方式复制一个，调整位置如图 6-10 所示。

图 6-8 调整参数后的渲染效果(4)

图 6-9 泛光灯颜色设置后的渲染效果(5)

图 6-10 复制泛光灯的位置

9. 单击【常规参数】卷展栏下的 排除... 按钮，设置参数如图 6-11 所示，使该灯光只照射场景内的圆锥体(即 Cone01)。

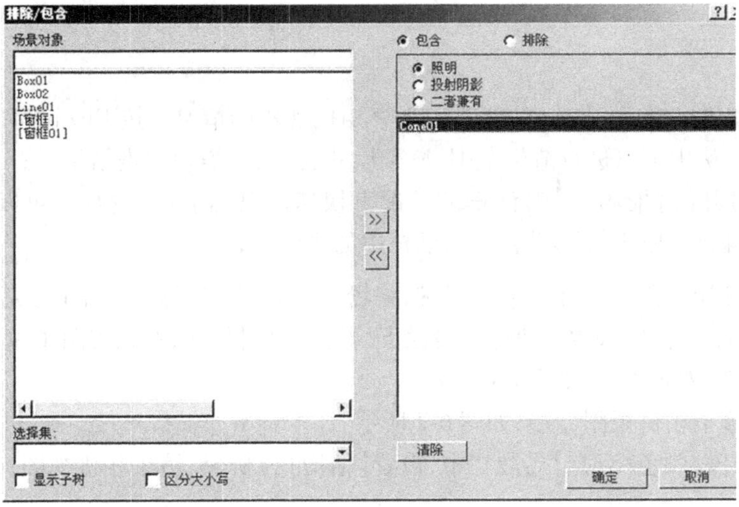

图 6-11 【排除/包含】设置

10. 更改【倍增】为 0.39，设置【倍增】右侧颜色的 R、G、B 值分别为 255、158 和 158，渲染相机视图，效果如图 6-12 所示。

说明

在添加灯光的过程中，很多情况下需要对灯光的【排除/包含】进行设置。排除是指灯光的参数将不对所选造型产生影响；包含是指灯光参数仅对所选造型产生影响。

11. 在顶视图中再创建一盏泛光灯，并将其放在圆锥体的中心部位，调整位置如图 6-13所示。

12. 设置【倍增】为 -0.4，【倍增】右侧颜色的 R、G、B 值分别为 255、160 和 160。在【强度/颜色/衰减】卷展栏中，选择【远距衰减】下的【使用】复选框，设置【开始】为 18.735（刚好使最亮的部分包围住球体），【结束】为 36.928。此时渲染相机视图，效果如图 6-14 所示。

图 6-12　渲染效果(6)

图 6-13　泛光灯的创建和位置

图 6-14　渲染效果(7)

说明

【倍增】值为负数，可以吸收周围的灯光，用于处理过亮的区域。

13. 单击【目标聚光灯】按钮，在顶视图中创建一盏目标聚光灯，名称为“Spoto01”，分别调整聚光灯及其目标点的位置，如图 6-15 所示。

14. 设置【倍增】为 1.5，其余参数均为默认，渲染相机视图，效果如图 6-16 所示。

15. 更改参数：在【聚光灯参数】卷展栏下，设置【聚光区/光束】为 26.3、【衰减区/光束】为 36；在【阴影参数】卷展栏下，设置【密度】为 1；在【阴影贴图参数】卷展栏下，设置【偏移】为 0.3、【大小】为 1600、【彩样范围】为 16。渲染相机视图，效果如图 6-17 所示。

16. 图 6-17 和图 6-16 相比基本上没有什么变化，下面为其设置阴影效果。选择【常规参数】卷展栏中【阴影】下的【启用】复选框，并选择投影方式为【阴影贴图】。为图形指定一个浅色的环境贴图，渲染相机视图，效果如图 6-18 所示。

可见，整个制作流程归纳起来，即为图 6-1 所示。以“流程效果 . max”为名存盘。

说明

值得注意的是：一般来说，在拥有阳光照射的房间内，最先设置的灯光是模拟阳光的目标聚光灯（平行光），本子任务为了阐明灯光的流程，即灯光由基础到高级——从一个控制源到多个控制源，故将布光的次序颠倒了。

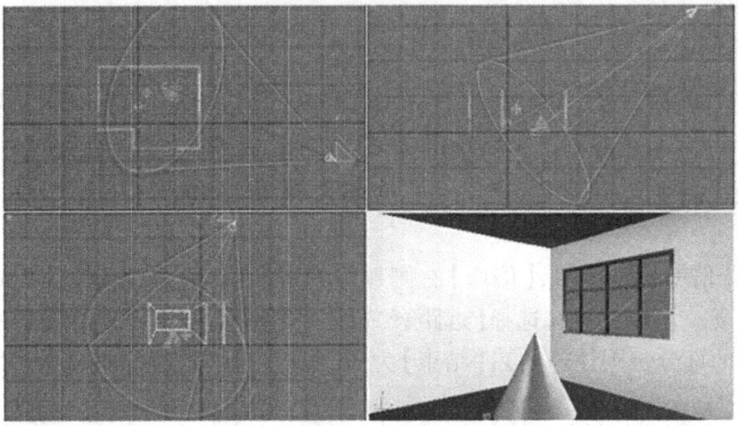

图 6-15　创建目标聚光灯的位置

图 6-16　渲染效果(8)

图 6-17　改变参数后的渲染效果(9)

图 6-18　投影灯光渲染效果(10)

巩固训练

练习相机灯光渲染基本制作流程,制作过程中,改变相应参数,观察不同的效果。

子任务 2　应用体积光模拟阳光光束的操作技能

实例效果

阳光光束效果见图 6-19。

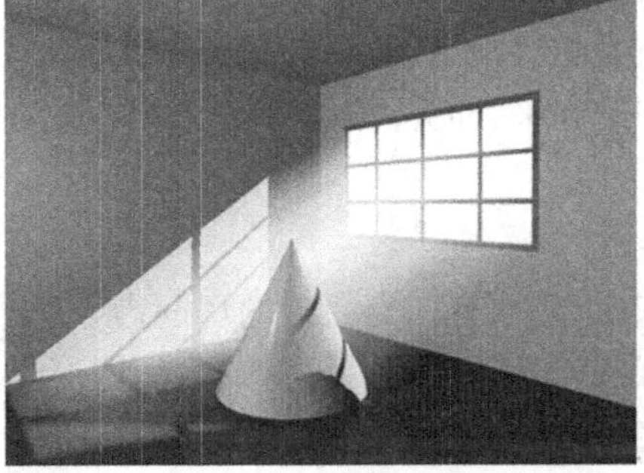

图 6-19　阳光光束效果

操作步骤

1. 打开子任务 1 制作的“流程效果 . max”文件，为其制作室外阳光照射室内的光束效果。

2. 选择场景中的“目标聚光灯”灯体模型，单击【修改】命令，在弹出的【目标聚光灯】参数面板中向上拖动鼠标，单击【大气和效果】卷展栏将其展开，如图 6-20 所示。

3. 单击【添加】按钮，在弹出的【添加大气或效果】对话框中选择【体积光】，如图 6-21 所示。

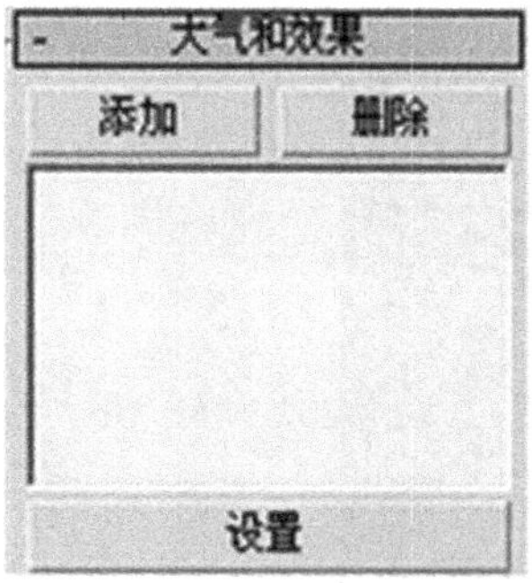

图 6-20　【大气和效果】参数面板

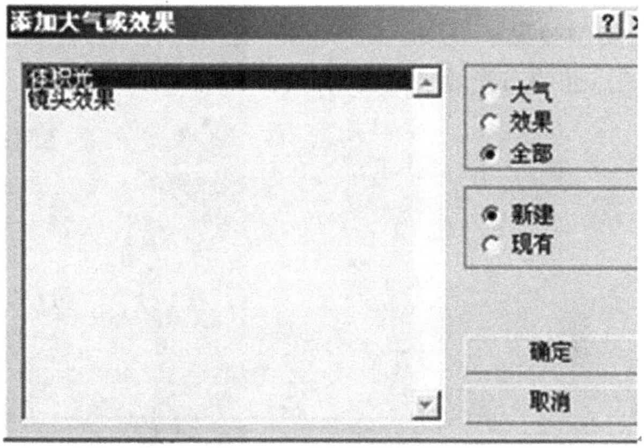

图 6-21　选择【体积光】

4. 单击【确定】按钮，使此选项被加载到参数面板中，如图 6-22 所示。

5. 选择【大气和效果】卷展栏下的【体积光】，然后单击【设置】按钮，弹出【环境和效果】对话框。在【体积光参数】卷展栏下单击【拾取灯光】按钮，然后在视图中拾取“目标聚光灯”灯体模型，参数保持默认值。此时渲染相机视图，效果如图 6-23 所示。

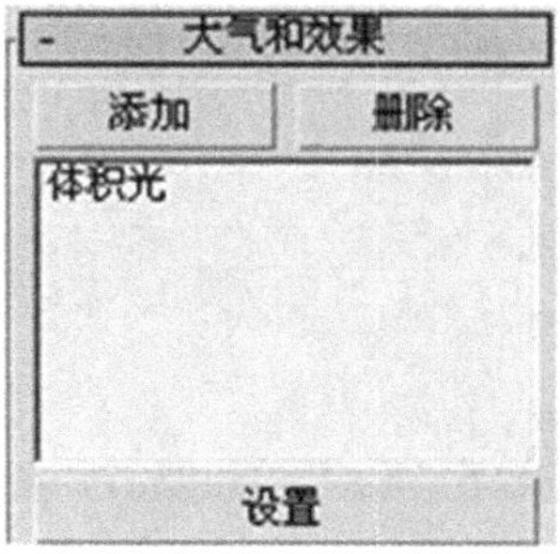

图 6-22　添加【体积光】选项

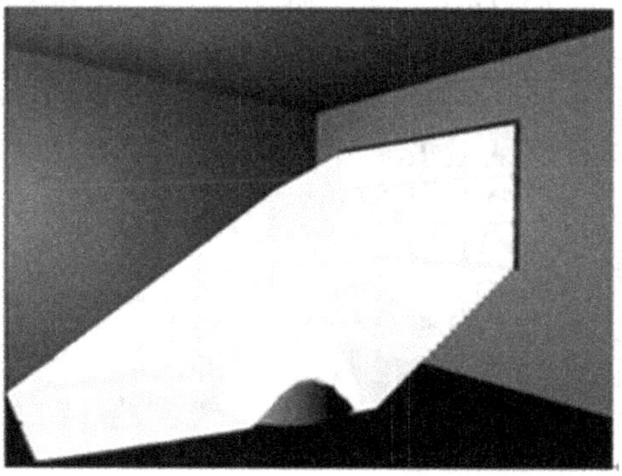

图 6-23　参数为默认时的渲染效果

6. 可以看到，光线特别白而锐利，这是由于体积光的【密度】值太大造成的。返回对话框，将【密度】调整为 0. 006，再次渲染相机视图，结果如图 6-19 所示。

至此，应用【体积光】选项创建阳光光束的效果就完成了，以“体积光效果 . max”为名存盘。

巩固训练

复习【体积光】的创建及设置方法。

子任务 3　三点照明布光法操作技能

实例效果

三点照明布光效果见图 6-24。

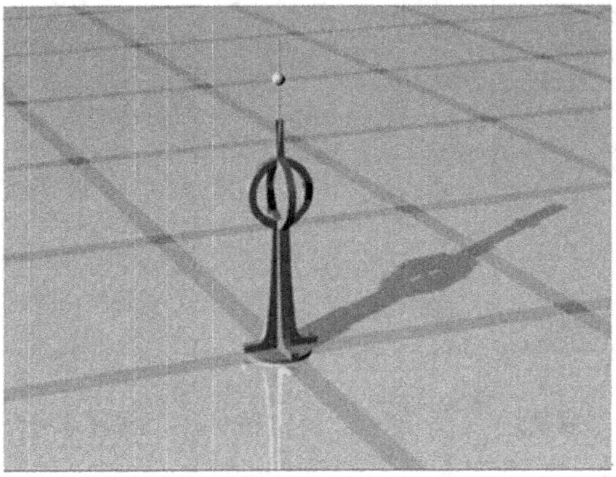

图 6-24　三点照明布光效果

操作步骤

1. 打开“随书光盘/项目三/模型/城市雕塑 . max”文件，如图 6-25 所示。
2. 在顶视图中创建一架目标摄影机，位置如图 6-26 所示。

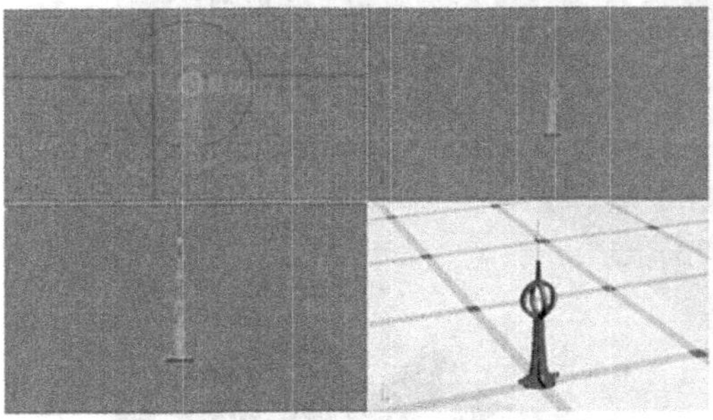

图 6-25　打开的场景文件

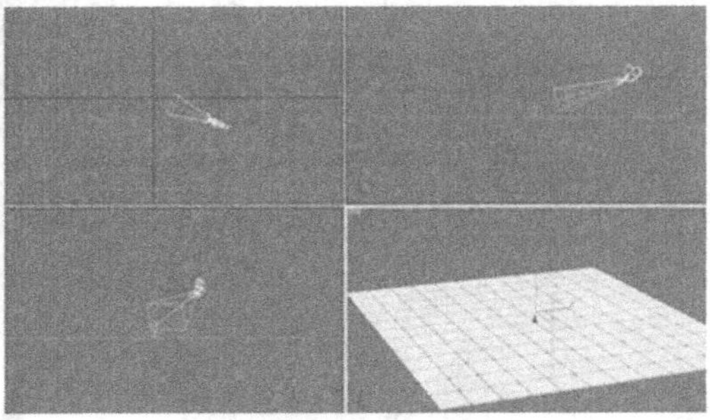

图 6-26　创建摄影机

3. 激活透视图，按【C】键，将其转换为相机视图。

说明

主光是物体的主要照明灯光，它定义了大部分的可视高光和阴影。如阳光、窗户或是天花板上的吊灯等。但是它不必一定处于这些光源的实际位置。

主光要亮于任何正面照射物体的光源。它是场景中阴影的主要产生光源，并且产生最深的阴影，同时高光也是由主光所发的。

4. 用三点照明布光法创建灯光。首先按【Shift + C】键隐藏摄影机，然后在顶视图中创建一盏目标聚光灯，它将作为主光来照亮大部分场景，位置如图 6-27 所示，参数设置如图 6-28 所示。此时渲染相机视图效果，如图 6-29 所示。

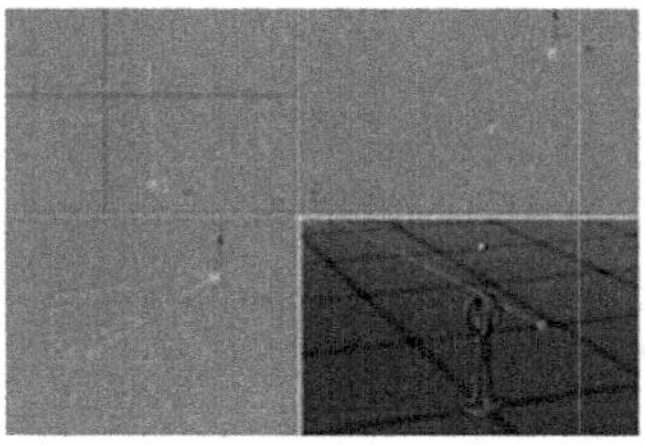

图 6-27 创建主光——目标聚光灯的位置

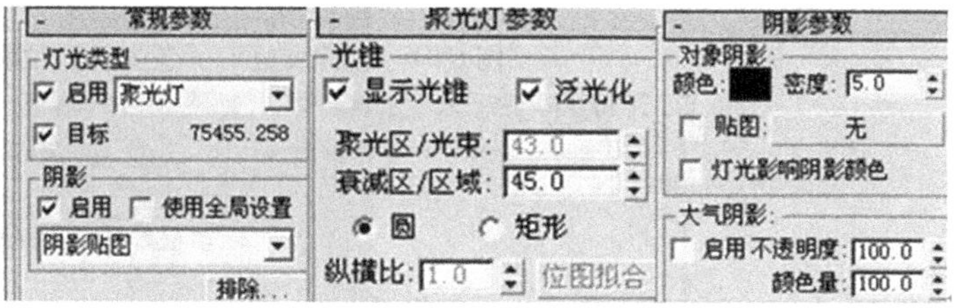

图 6-28 参数设置

5. 在视图中创建一盏泛光灯作为辅助光，位置如图 6-30 所示。

图 6-29 渲染效果

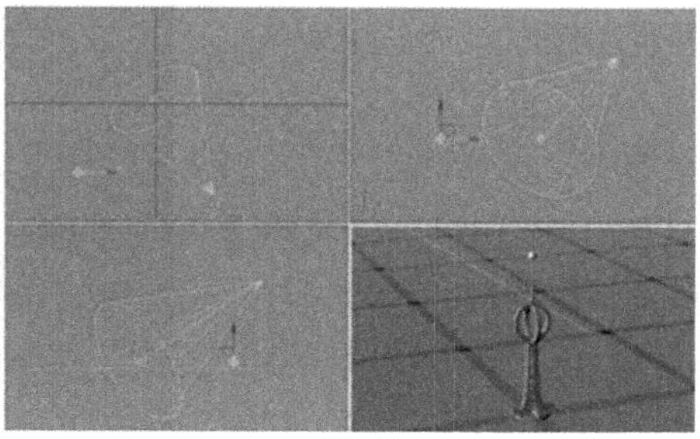

图 6-30 创建辅助光——泛光灯的位置

说明

辅助光对主光产生的照明区域进行柔化和延伸，并且使得更多的物体提高亮度以显现出来。它的位置应该处于与主光相反的角度上，也就是说，如果主光在左侧，辅助光就在右侧；反之相反，但是不必 100% 的对称。

6. 在视图中再创建一盏泛光灯作为背光，位置如图 6-31 所示。

说明

背光给物体加上一条“分界边缘”，使其从背景中分离出来。在顶视图中添加一个泛光灯，将其置于物体之后，摄影机的对面。在左视图中将背光放置于高于物体的位置。

7. 单击【常规参数】卷展栏下的【排除】按钮，设置如图 6-32 所示，排除地面的照射。

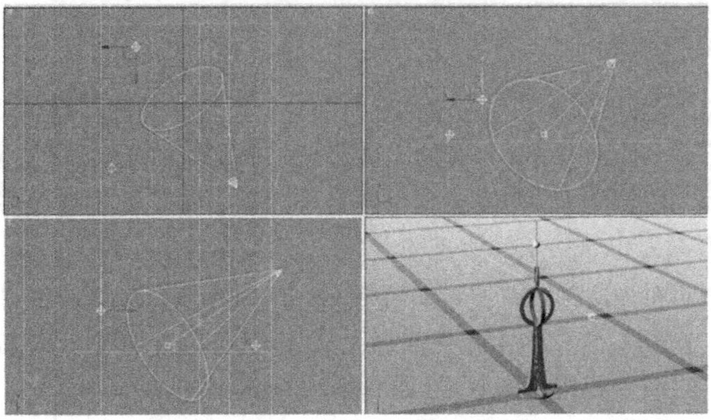

图 6-31　创建背光——泛光灯的位置

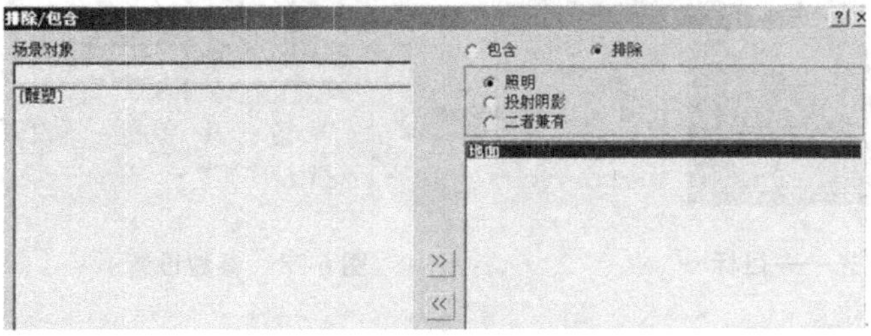

图 6-32　【排除/包含】设置

单击【确定】按钮，最终渲染效果如图 6-24 所示。

说明

三点照明布光法是 3D 用光的一种基本方法，简便易行，可以适用于很多类型的场景中，特别是静帧场景。它是一种使用三种灯光的方法，这三种灯光分别是主光、辅助光和背光。这三种灯光分别处于不同的位置，并且它们所起的作用也不尽相同。

巩固训练

打开“随书光盘/项目三/练习文件/桌子.max”文件，如图 6-33 所示。试为场景中的模型做如下操作：①编辑合适的材质。②设置摄影机。③用三点照明布光法设置灯光。

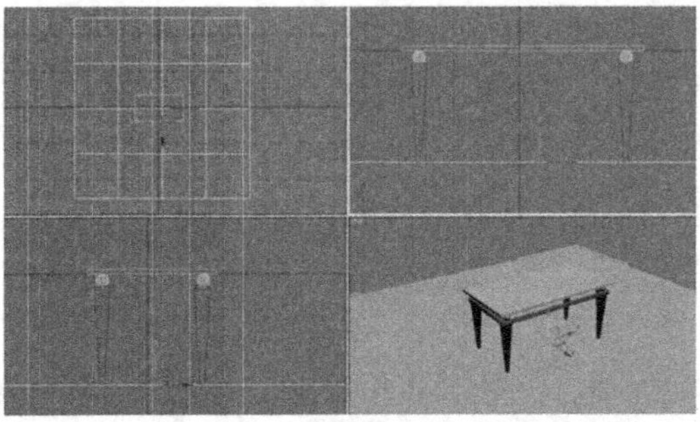

图 6-33　桌子场景文件

任务7　相机灯光渲染制作实战

制作目的

通过制作灯光的典型实例:真实阴影、筒灯光照效果、日光效果及建筑夜景效果等的实际操作,达到掌握一般的图形常见的灯光效果制作方法的目的。同时掌握相机参数和渲染输出参数的设置方法。

子任务1　制作真实阴影

实例效果

真实阴影的效果见图7-1。

图7-1　真实阴影的效果

操作步骤

1. 打开"随书光盘/项目三/模型/长椅场景.max"文件,如图7-2所示。
2. 在顶视图中创建一个目标摄影机,位置如图7-3所示。

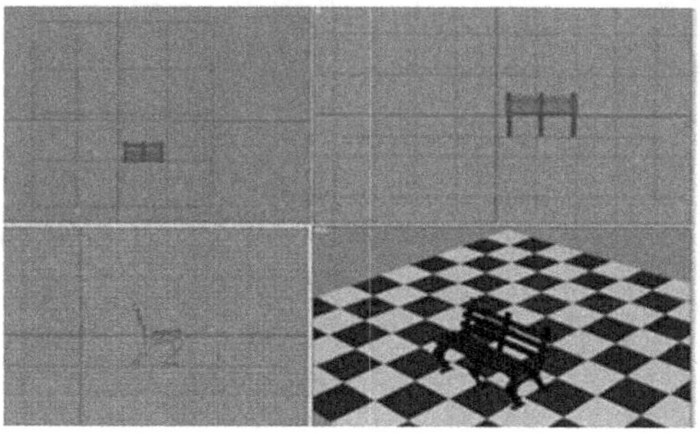

图7-2　打开的场景文件

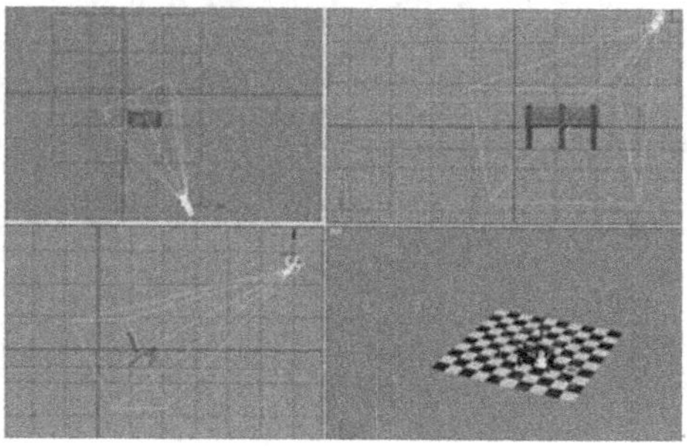

图7-3　摄影机的位置

3. 激活透视图,按【C】键,将其转换为相机视图,按【Shift + Q】键,渲染效果如图7-4所示。

4. 在顶视图中创建一盏目标聚光灯，位置如图 7-5 所示。

图 7-4　渲染效果(1)

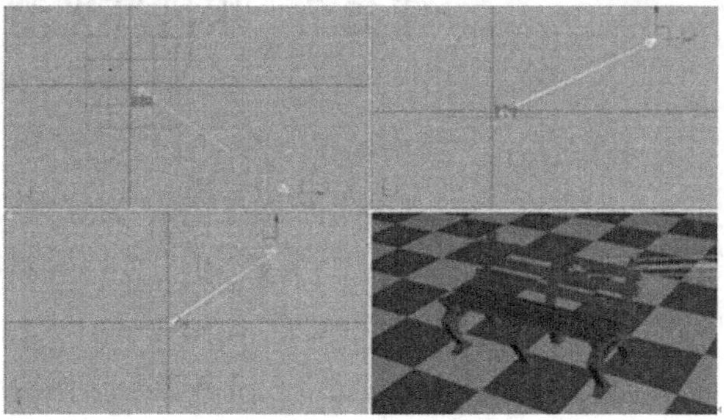

图 7-5　目标聚光灯的位置

说明

目标聚光灯和自由聚光灯的许多功能使得它们成为 3ds Max 环境中基本的光照工具，与泛光灯不同，它们的方向是可以控制的，而且形状可以是圆形或是长方形。

5. 在【常规参数】卷展栏中勾选【阴影】选项组的【启用】复选框，并将阴影模式定义为【光线跟踪阴影】，然后将【强度/颜色/衰减】卷展栏中灯光颜色的 R、G、B 值均设置为 255。

将【聚光灯参数】卷展栏中的【聚光区/光束】设置为 0.5，将【衰减区/区域】设置为 47.1。

在【阴影参数】卷展栏中将【颜色】的 R、G、B 值均设置为 109。

渲染相机视图，效果如图 7-6 所示。可见，整个图像暗淡，椅子的表面比较灰暗，在这种情况下还需要创建一盏灯光来照亮场景。

6. 在顶视图中椅子的中心位置处创建一盏泛光灯，位置如图 7-7 所示。

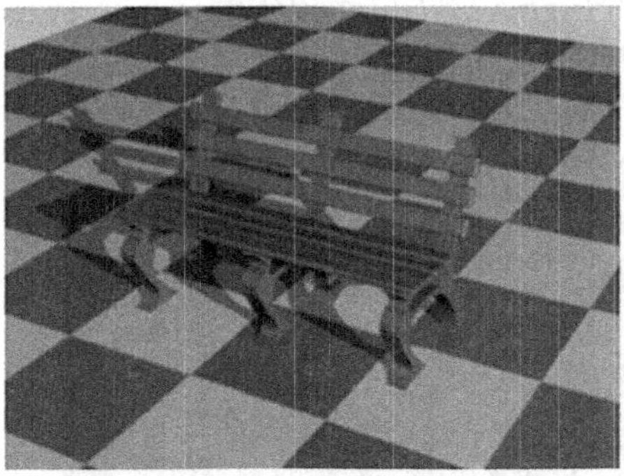

图 7-6　渲染效果(2)

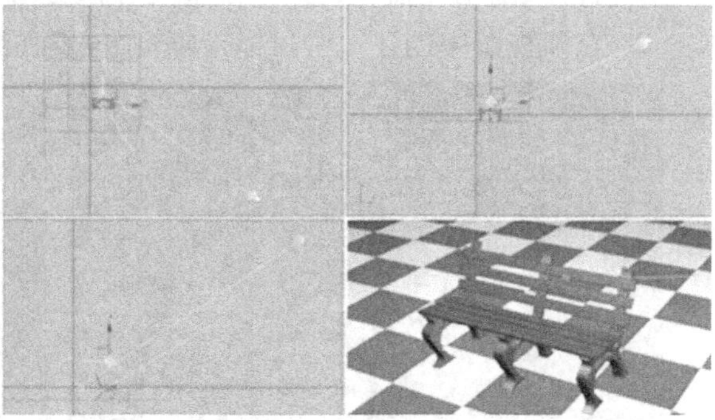

图 7-7　泛光灯的位置

7. 单击【修改】命令，进入【修改】面板。设置【强度/颜色/衰减】卷展栏中的【倍增】为 1.2；【颜色】色块的 R、G、B 值均设置为 210。

再勾选【远距衰减】下的【使用】项，并设置参数如图 7-8 所示。

渲染相机视图,最终效果如图 7-1 所示。

巩固训练

打开“随书光盘/项目三/练习文件/石桌凳 . max”文件,如图 7-9 所示。本场景材质已经编辑完毕,试对其做如下两项操作:①设置摄影机。②制作阴影效果。

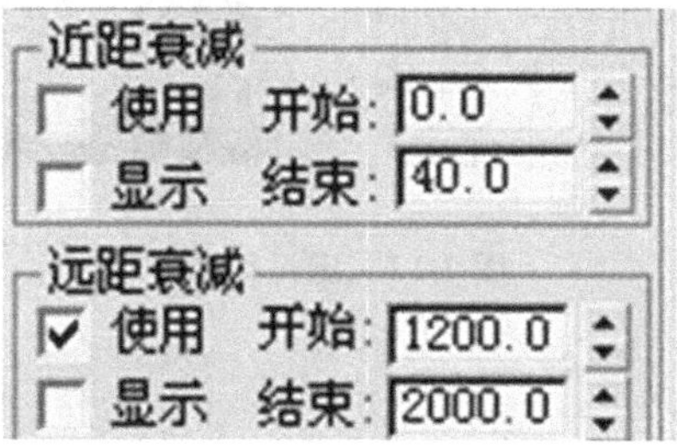

图 7-8　参数设置

图 7-9　石桌凳场景

子任务 2　制作筒灯光照效果

实例效果

筒灯光照效果见图 7-10。

图 7-10　筒灯光照效果

操作步骤

1. 打开“随书光盘/项目三/模型/门头招牌. max”文件,如图 7-11 所示。场景中材质、摄影机已编辑设置完毕,现在来制作筒灯光照效果。

2. 在场景中创建一盏泛光灯,位置如图 7-12 所示,设置【倍增】为 0. 5,造成一种黑天的效果。此时渲染相机视图,效果如图 7-13 所示。

3. 在左视图中创建一盏目标聚光灯,位置如图 7-14 所示。

4. 渲染相机视图,默认参数下的聚光灯光照效果如图 7-15(a)所示。

5. 确认灯体模型处于选择状态 ,单击【修改】命令,参数设置如图 7-16 所示。

图 7-11　打开的场景文件

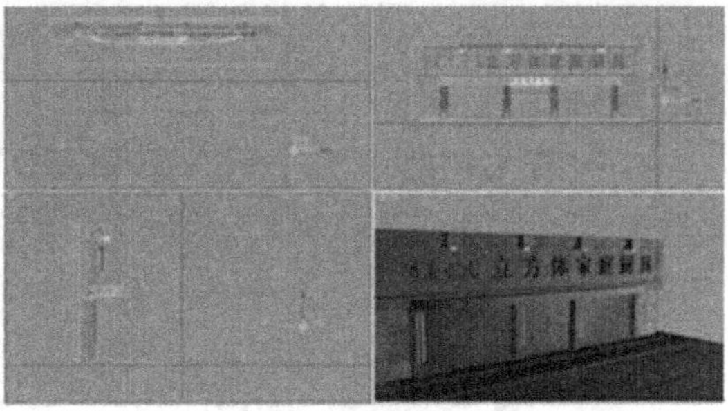

图 7-12　泛光灯的位置

图 7-13　渲染效果

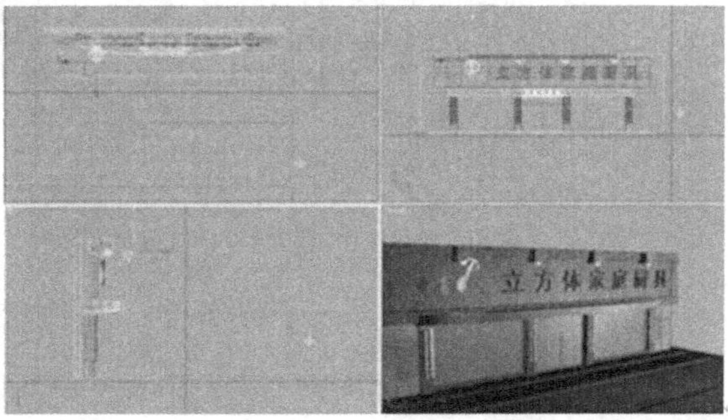

图 7-14　目标聚光灯的位置

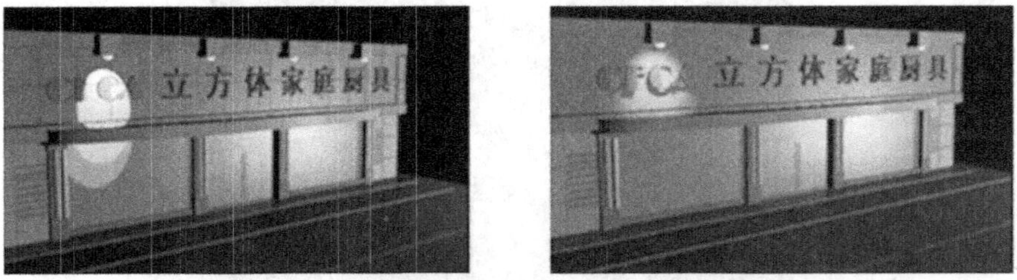

(a)默认参数下的聚光灯光照效果　　(b)聚光灯光晕的渲染效果

图 7-15　效果

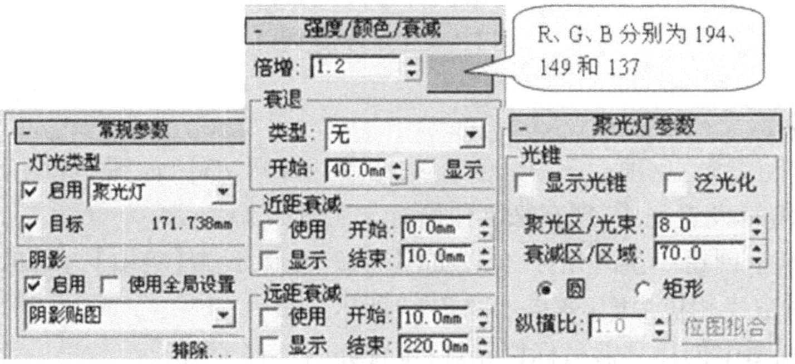

图 7-16　参数设置

说明

【聚光灯参数】区域的参数是聚光灯特有的参数，默认值是 43 和 45，两个数值接近时，产生边缘锐利的光晕。如果想得到光晕边缘柔和的效果，必须将【衰减区/区域】的值设置为大于【聚光区/光束】值 3 倍以上。

6. 再次渲染透视图，效果如图 7-15(b)所示。

7. 返回左视图，单击聚光灯的灯体模型与目标点的连杆线，同时选择聚光灯的灯体和目标点两部分。然后激活前视图，以【实例】的方式将聚光灯复制三个，位置如图 7-10 所示。

8. 单击【渲染】/【环境】命令，在打开的【环境和效果】对话框中按下【环境贴图】下面的按钮，在打开的【材质/贴图浏览器】对话框中双击【位图】，从中打开“随书光盘/贴图/图片/夜景 02. jpg”文件，作为背景贴图。渲染相机视图，最终效果如图 7-10 所示。

巩固训练

筒灯光照效果在很多场合都会遇到，试复习并熟练掌握其基本的设置方法。

子任务 3　制作日光效果

实例效果

日光效果见图 7-17。

图 7-17　日光效果

操作步骤

1. 打开“随书光盘/项目三/模型/建筑 . max”文件，如图 7-18 所示。场景中已编辑好了材质和设置好了摄影机，现在来制作夜景灯光。

2. 在前视图中创建一盏目标平行光，位置如图 7-19 所示。此时渲染相机视图，效果如图 7-20 所示。

经观察发现，只有中间的部分被照亮，周围非常黑，而且没有建筑的阴影。

图 7-18　打开的场景文件

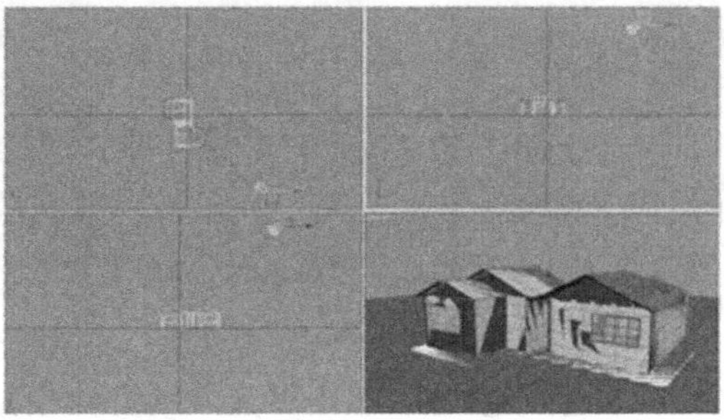

图 7-19　目标平行光的位置

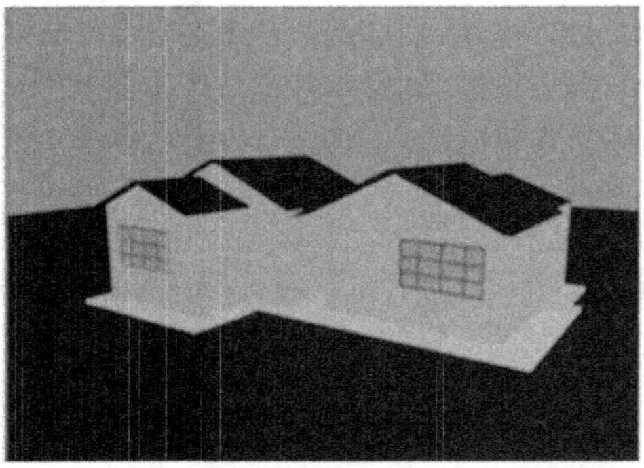

图 7-20　渲染效果(1)

3. 单击【修改】命令,在弹出的【目标平行光】参数面板中进行参数设置,如图 7-21 所示。

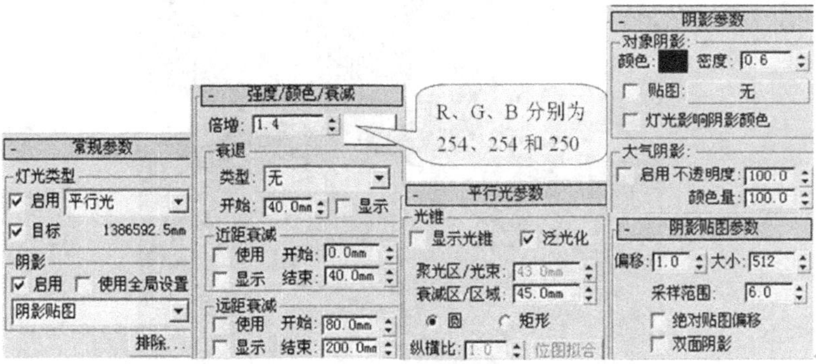

图 7-21　参数设置

4. 此时渲染相机视图,效果如图 7-22 所示。此时发现建筑较暗。

5. 应用泛光灯创建一盏辅助光源来照亮建筑,位置如图 7-23 所示,将泛光灯的【倍增】设置为 0.6。渲染相机视图,效果如图 7-24 所示。可见建筑的前面仍有些暗。

6. 再创建一盏泛光灯照亮建筑的前面,位置如图 7-25 所示,设置该泛光灯的【倍增】为 0.3。

7. 单击【渲染】/【环境】命令,在打开的【环境和效果】对话框中按下【环境贴图】下面

图 7-22　渲染效果(2)

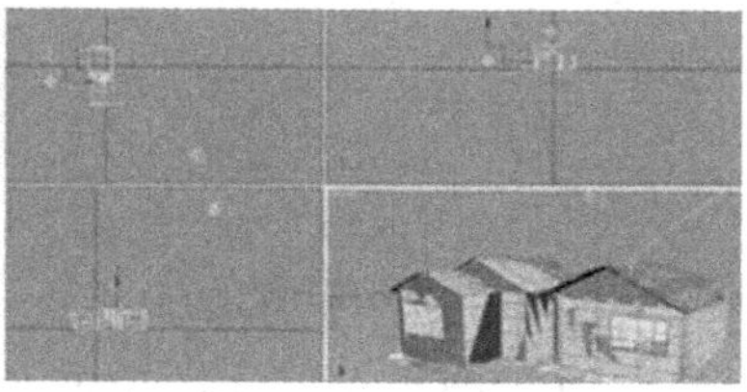

图 7-23　泛光灯的位置(1)　　图 7-24　渲染效果(3)　　图 7-25　泛光灯的位置(2)

的按钮,在打开的【材质/贴图浏览器】对话框中双击【位图】按钮,从中打开“随书光盘/贴图/图片/背景 14. jpg”文件,作为背景贴图。渲染相机视图,最终效果如图 7-17 所示。

巩固训练

打开“随书光盘/项目三/练习文件/房子 . max”文件,为其添加地面和背景,制作日光效果。

子任务 4　制作建筑夜景效果

实例效果

建筑夜景效果见图 7-26。

图 7-26　建筑夜景效果

操作步骤

1. 打开“随书光盘/项目三/模型/建筑 . max”文件,如图 7-27 所示。场景中已编辑好了材质和设置好了摄影机,现在来制作夜景灯光效果。

2. 制作漫射光。在如图 7-28 所示的位置创建一盏“泛光灯 01”,颜色为深蓝色(R、G、B 分别为 13、33、96)。单击【修改】命令面板,启用阴影照射功能。在【强度/颜色/衰减】卷展栏中将灯光的【倍增】设置为 0.2,其他参数默认。此时渲染相机视图,效果如图 7-29所示。此时整个场景非常黑,这是由于没有光照的原因,3ds Max 的场景中出现人工布置的任何灯光后,会关闭提供的灯光。

图 7-27　打开的场景文件

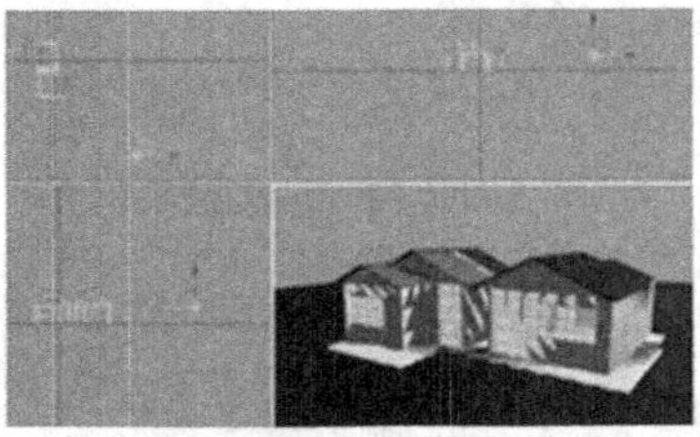

图 7-28　泛光灯 01 的位置

图 7-29　渲染效果(1)

3. 在如图 7-30 所示的位置创建一盏“目标聚光灯 01”,设置其【强度】为 0.3。渲染相机视图,效果如图 7-31 所示。此时,主体建筑在光线的作用下显示出了它的整体轮廓。

4. 布置主照明。在顶视图中创建一盏“目标聚光灯 02”,位置如图 7-32 所示。单击【修改】命令,勾选阴影启用功能。在【强度/颜色/衰减】卷展栏中将灯光的【倍增】设置为 1.2,并将光线的颜色设置为深蓝色(R、G、B 分别为 52、68、121),其他参数设置如图 7-33所示。渲染相机视图,效果如图 7-34 所示。此时的视图会显得亮一些,室外的光线看起来十分均匀。

图 7-30　目标聚光灯 01 的位置

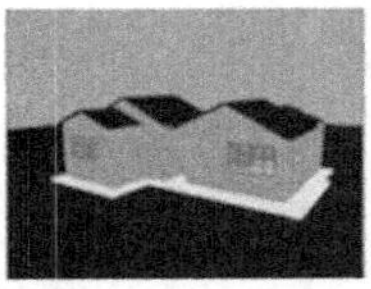

图 7-31　渲染效果(2)

图 7-32　目标聚光灯 02 的位置

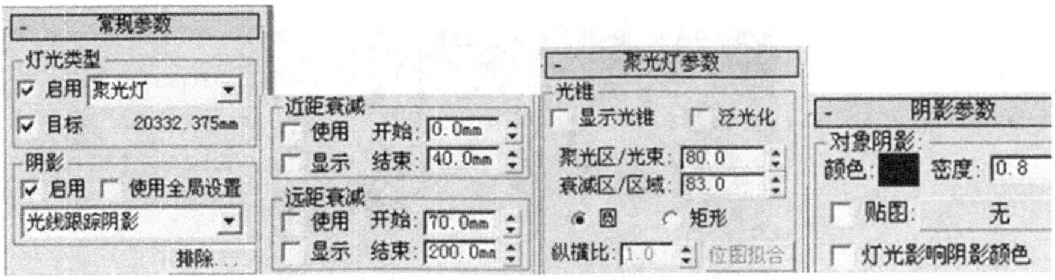

图 7-33　参数设置

5. 制作室内的灯光效果。创建一盏“泛光灯 02”,位置如图 7-35 所示。泛光灯 02 的参数设置如图 7-36 所示。单击【常规参数】卷展栏下的【排除】按钮,设置如图 7-37 所示。

6. 设置玻璃自发光。打开材质编辑器,找到玻璃材质,对其进行重新设置,如图 7-38 所示。

图 7-34　渲染效果(3)

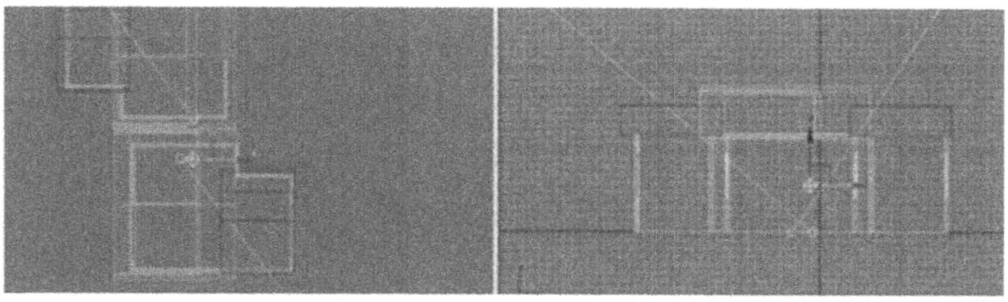

图 7-35　泛光灯 02 的位置

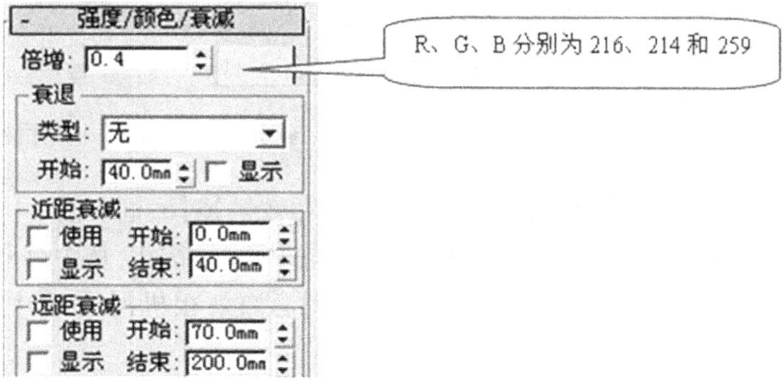

图 7-36　泛光灯 02 的参数设置

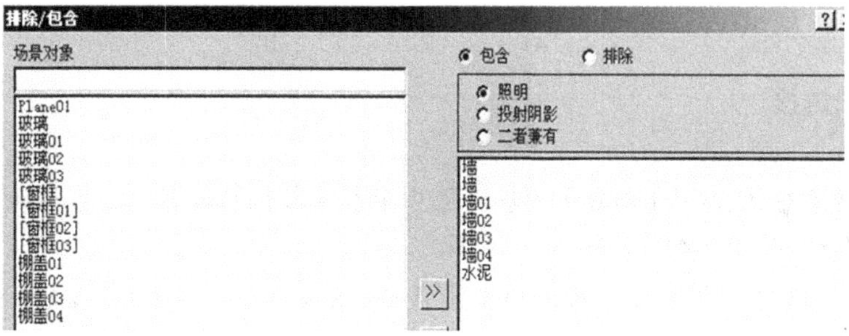

图 7-37　【排除/ 包含】设置

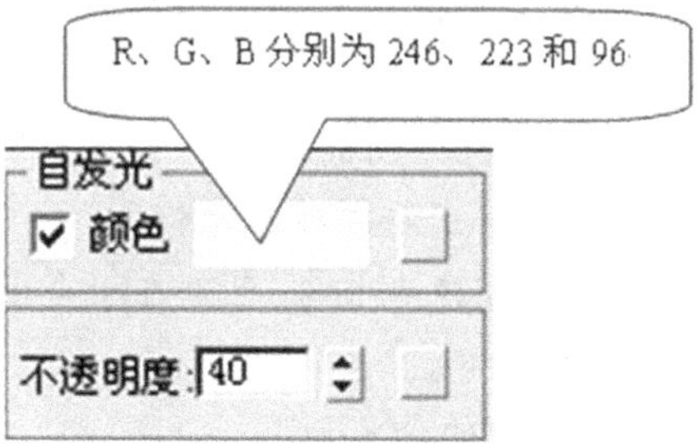

图 7-38　【自发光】设置

7. 再创建一盏“目标聚光灯 03”,作为补充光源,位置如图 7-39 所示。参数设置如图 7-40所示。

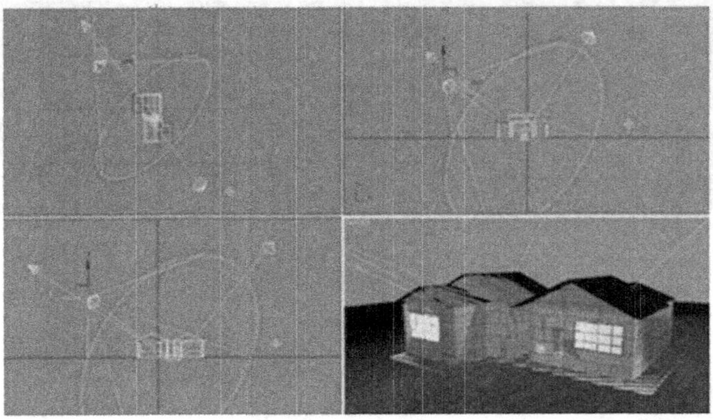

图 7-39　目标聚光灯 03 的位置

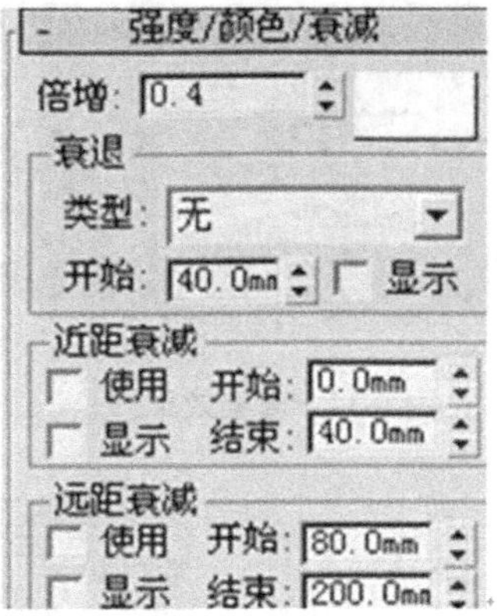

图 7-40　目标聚光灯 03 的参数设置

8. 单击【渲染】/【环境】命令，在打开的【环境和效果】对话框中按下【环境贴图】下面的按钮，在打开的【材质/贴图浏览器】对话框中双击【位图】按钮，从中打开“随书光盘/项目二/贴图/图片/夜景 03. jpg”文件，作为背景贴图。渲染相机视图，最终效果如图 7-26 所示。

巩固训练

复习制作建筑夜景效果。

知识链接

一、相机

要建立摄像对象，单击【创建】命令面板中的【摄影机】按钮，进入面板内，从中选择所需的摄影机，如图 7-41 所示。

图 7-41　【摄影机】面板

1. 目标摄影机查看目标对象周围的区域，用来表现目光跟随的效果。创建目标摄影机时，看到一个两部分图标，该图标表示摄影机和其目标（一个白色框）。摄影机和摄影机目标可以分别设置动画，以便当摄影机不沿路径移动时，容易使用摄影机。

2. 自由摄影机查看注视摄影机方向的区域。它可以绑定到运动目标对象上，随目标对象在运动轨迹上一同运动，同时进行跟随和倾斜。

这两种摄影机的参数完全相同，用法也相似，区别在于自由摄影机在视图中只能进行整体控制，不能操作单个投影点和目标点。

摄影机【参数】卷展栏中各项参数的含义如下：

【镜头】：以 mm 为单位设置摄影机的焦距。使用【镜头】微调器来指定焦距值，而不是指定在【备用镜头】组框中按钮上的预设【备用】值。

在【渲染场景】对话框中更改【光圈宽度】值后，也可以更改【镜头】微调器字段中的值。这样并不通过摄影机更改视图，但将更改【镜头】值和 FOV 值之间的关系，也将更改摄影机锥形光线的纵横比。

【FOV 方向弹出按钮】:可以选择怎样应用视野(FOV)值。

↔【水平】(默认设置):水平应用视野。这是设置和测量 FOV 的标准方法。

↕【垂直】:垂直应用视野。

⤢【对角线】:在对角线上应用视野,从视口的一角到另一角。

【视野】:决定摄影机查看区域的宽度(视野)。当【视野方向】为水平(默认设置)时,视野参数直接设置摄影机的地平线的弧形,以度为单位进行测量,也可以设置【视野方向】为垂直或沿对角线测量 FOV。

【正交投影】:启用此选项后,摄影机视图看起来就像“用户”视图。禁用此选项后,摄影机视图好像标准的透视图。当启用【正交投影】时,视口导航按钮的行为如同平常操作一样,“透视”除外。

二、灯光

灯光对象替换默认的照明。一旦创建了一个灯光,那么默认的照明就会被禁用。如果在场景中删除所有的灯光,则重新启用默认照明。默认照明包含两个不可见的灯光:一个灯光位于场景的左上方,而另一个灯光位于场景的右下方。

3ds Max 提供两种类型的灯光:标准灯光和光度学灯光。所有类型都在视口中显示为灯光对象。它们共享相同的参数,包括阴影生成器。

(一)标准灯光

标准灯光是 3ds Max 传统的灯光工具,也是各个版本所共有的灯光系统。这种灯光的特点在于其参数的随意性。例如,控制灯光亮度的参数是倍增(Multip),这个参数的默认值为 1,它与实际生活中灯光亮度单位没有任何关系,因此在设置上有一定的随意性。

标准灯光工具包括 8 种具体的灯光工具。熟练地使用各种灯光工具可以逼真地模拟各种光照效果。

(二)光度学灯光

由于光度学灯光较早地应用于专业渲染软件 Lightscape 中,而光线追踪和光能传递技术又几乎成了 Lightscape 的代名词,这就自觉不自觉地使人产生这样的错觉,即认为光度学灯光只能与光能传递和光线追踪配合使用才能够发出光线照亮物体。而实际上,光度学灯光可以像标准灯光一样使用,只是这种灯光采用了倒数平方的衰减方式,在一个空间的照明效果与这个空间的实际大小有着密切的关系,在使用高级光能的时候能够得到更真实的光照效果。

光度学灯光工具可以使用“烛光”等实际灯光亮度单位定义亮度,因此在设置的时候能够与实际生活中的灯光更接近,以增加灯光的真实性。光度学灯工具包括 8 种具体的灯光工具。

三、渲染输出

制作完成效果图之后,需要对图形进行输出,做后期处理。

(一)渲染输出对话框

单击主菜单中的【渲染】/【渲染】命令,打开【渲染场景:默认扫描线渲染器】对话框,也可以通过单击工具行中的按钮或键盘中的 F10 键,快捷地打开该对话框。

通过渲染参数的设置来生成静态图像和动态的动画文件。

(二)图像文件输出

我们所制作的图形文件格式根据使用目的与表现类型的不同分静态图像文件格式和动画文件格式,不同文件格式包含不同的信息。

单击工具栏中的按钮,在弹出的【渲染场景:默认扫描线渲染器】对话框中单击【文件】按钮。在弹出的【浏览图像供输出】对话框中,为要渲染输出的图像指定一个文件名并确定文件的保存路径,然后在保存类型下拉列表中选择“. TIF”格式(或“. TGA”)文件。

在【浏览图像供输出】对话框中,单击【保存】按钮,如果保存“. JPEG”文件,则弹出【JPEG 图像控制】对话框,可选“最佳”后确定;如果保存“. TIF”文件,在弹出的【TIF 图像控制】对话框中勾选“存储 Alpha 通道”选项;如果保存“. TGA”文件,则在弹出的【Targa 图像控制】对话框中勾选“Alpha 分割”选项。

在渲染场景对话框中单击按钮,渲染图像自动保存一个 Alpha 通道。

说明

Alpha 通道指除图像自身色彩外的一种灰度信息,图形输出时,通过 Alpha 通道可以将前景和背景分离。

实例:以“建筑 - -夜景 . max”文件为例,对其进行渲染输出操作。

步骤:

1. 打开“随书光盘/项目三/相机灯光渲染完成效果/建筑 - -夜景 . max”文件。

2. 激活相机视图,单击按钮,在弹出的【渲染场景:默认扫描线渲染器】对话框中,在【输出大小】区域,输入宽度 2600、高度 2000,如图 7-42 所示。

3. 单击【渲染输出】区域下的 文件... 按钮,如图 7-43 所示。在弹出的【渲染输出文件】对话框中输入文件名“建筑 - -夜景”,选择“. JPEG”文件格式,保存到桌面,如图 7-44所示。

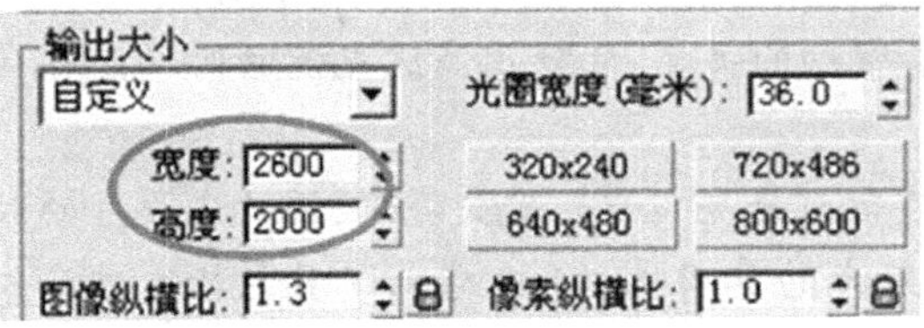

图 7-42 【输出大小】区域设置

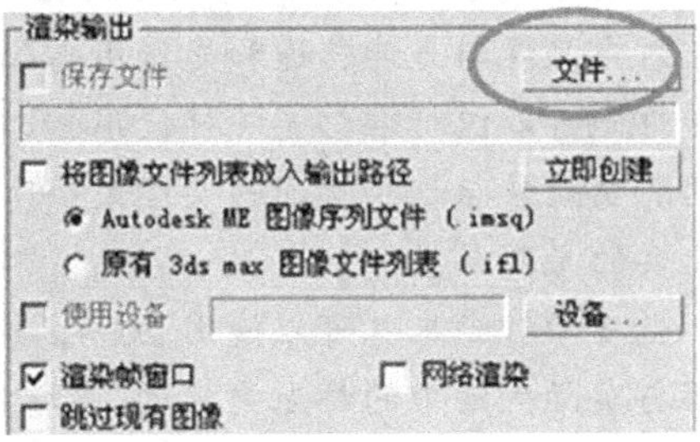

图 7-43 【渲染输出】区域

4. 单击【保存】按钮,在弹出的对话框中,进行 JPEG 图像控制,可选“最佳”后确定。

5. 回到【渲染场景:默认扫描线渲染器】对话框,单击【渲染】按钮,待其渲染完毕,出图,如图 7-45 所示。

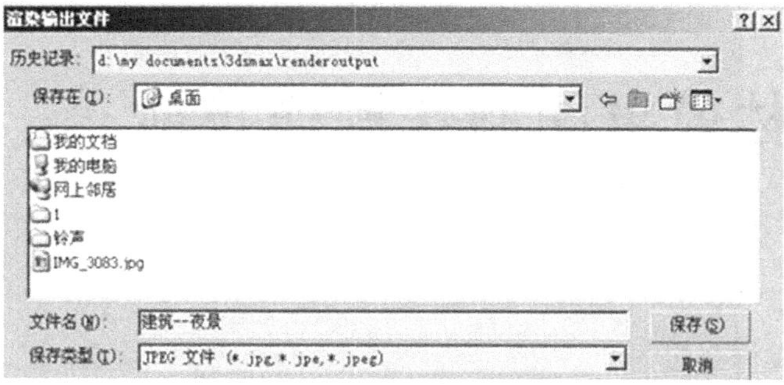

图 7-44　【渲染输出文件】对话框

图 7-45　渲染输出保存的图像文件

项目小结

本项目由相机灯光渲染应用和相机灯光渲染制作实战两个任务组成，以典型的实例为主线，将知识贯穿其中。从最常用、最基本的知识开始，通过实际操作创建相机、设置灯光和渲染输出设置的基本步骤和方法，具体学习了相机灯光渲染基本制作流程、应用体积光模拟阳光光束、三点照明布光法，以及真实阴影、筒灯光照效果、日光效果以及建筑夜景效果的制作等。

通过学习，我们要清楚：要想制作出真实的灯光效果，除要掌握好灯光的设置外，还要善于观察和分析现实生活中的物体，了解不同的场景不同的时间具有什么样的灯光特性，同时要掌握好设置相机的视角及渲染输出的参数设置，只有这样，我们才能作出高品质的效果图来。

项目四　园林效果图制作操作技能

教学目标

●掌握园林设计元素制作的操作技能
●掌握园林设施制作的操作技能
●掌握小区规划鸟瞰效果图制作的操作技能
●掌握别墅建筑效果图制作的操作技能
●掌握别墅夜景效果图制作的操作技能
●掌握办公大厦效果图制作的操作技能

任务 8　园林设计元素和设施的制作技能

制作目的

园林设计元素是指园林用地范围内的山、水、动植物和建筑物等。元素是园林的骨架，是整个园林赖以生存的基础。因此，元素搭配的好坏直接影响园林的整体效果。元素也在一定程度上反映一个时期的建筑成就。

园林设施是指在园林景观中，为满足游人观赏或者休憩等需要而设立的建筑、设备。其中，最常见的有为满足游人健身、亲子游乐需要设立的游乐健身设施；为满足观赏、休憩需要设立的各式景观小品，还有为满足绿化需要设立的种植设施等。根据不同需要建立适当的设施，无疑能给景观设计作品增添一分光彩。

本任务将以各种不同的园林设计元素和设施为例，通过具体的操作来学习这些元素和设施的制作方法，从而达到掌握其制作技能的目的。

子任务 1　制作艺术品

实例效果

艺术品渲染效果见图 8-1。

操作步骤

1. 创建罐子模型。单击【创建】/【图形】/【弧】命令，在前视图中画一个弧形的二维线形，如图 8-2(a)所示。

2. 在修改器列表下选择【编辑样条线】命令，从中选择次物体下的【样条线】命令。在修改器中点击【轮廓】按钮，输入数值为 -1，结果如图 8-2(b)所示。

图 8-1　艺术品渲染效果

3. 在创建面板下选择【矩形】工具，在前视图中画出长度为 24、宽度为 1. 8 的矩形，位置如图 8-3 所示。

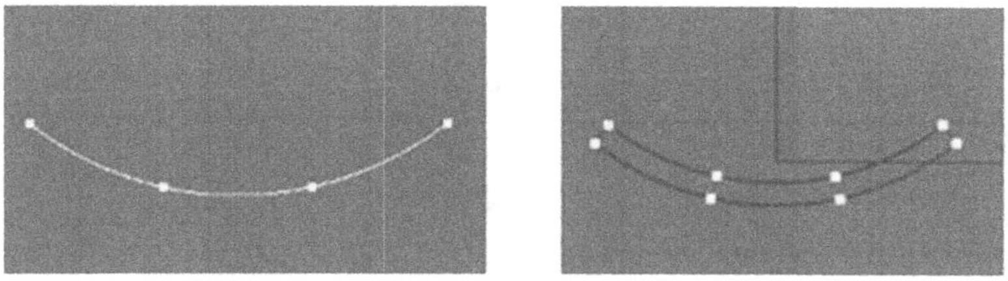

(a) 二维线形　　(b) 轮廓后结果

图 8-2　二维线形及轮廓后结果

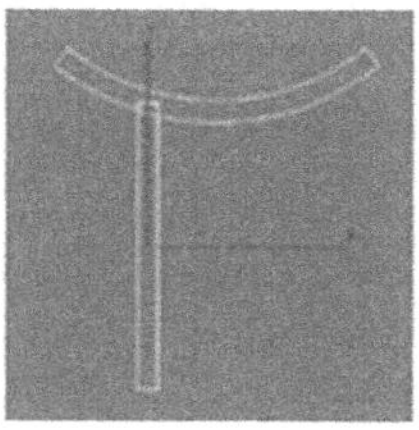

图 8-3　矩形位置

4. 用复制的方式创建一个矩形，结果如图 8-4 所示。

5. 在【修改器】中选择【编辑样条线】，在修改器列表中选择【附加】命令，然后用鼠标点击另外两条样条线将它们连接到一起。

6. 选择【编辑样条线】下的【顶点】选项，单击【优化】命令，添加顶点如图 8-5 所示。

7. 选择【移动】工具，在前视图中将顶点进行移动编辑，结果如图 8-6 所示。

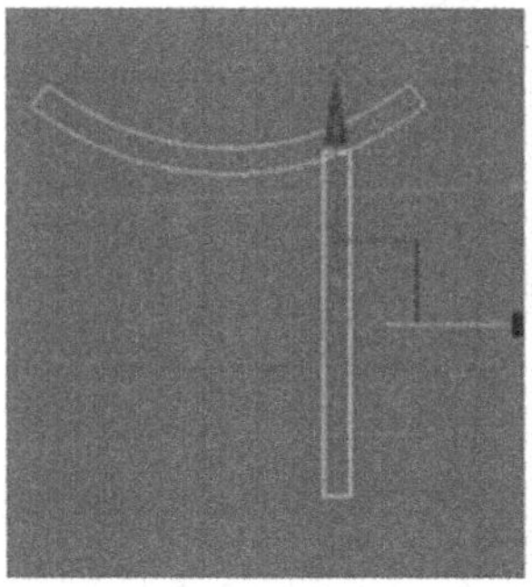

图 8-4　复制一个矩形

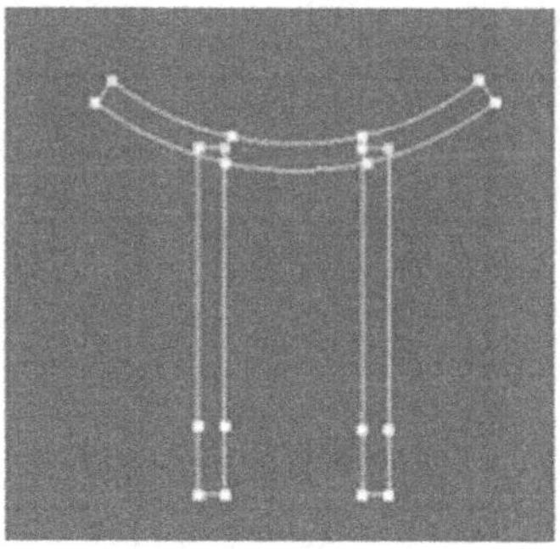

图 8-5　添加顶点

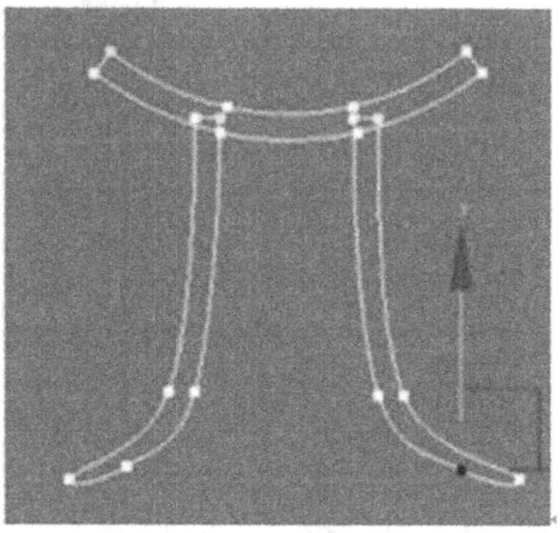

图 8-6　编辑顶点结果

8. 单击【创建】/【图形】/【线】命令，在前视图中画出罐子截面的大致图形，如图 8-7所示。

9. 对次物体下的【样条线】进行编辑，在轮廓中输入数值，结果如图 8-8 所示。

10. 选择次物体下的【顶点】，然后单击鼠标右键选择【平滑】命令，对样条线进行圆角处理，结果如图 8-9 所示。

11. 在主菜单中单击【修改器】/【面片\样条线编辑】/【车削】命令，选择顶点，作为旋转轴线路径。单击修改器堆栈中【车削】前面的“ + ”号，单击其下面的【轴】，然后在【参数】卷展栏下单击【Y】和【最大】项，生成罐子模型。

12. 将最初编辑好的二维线形进行挤出，完成一个罐子模型制作，如图 8-10 所示。

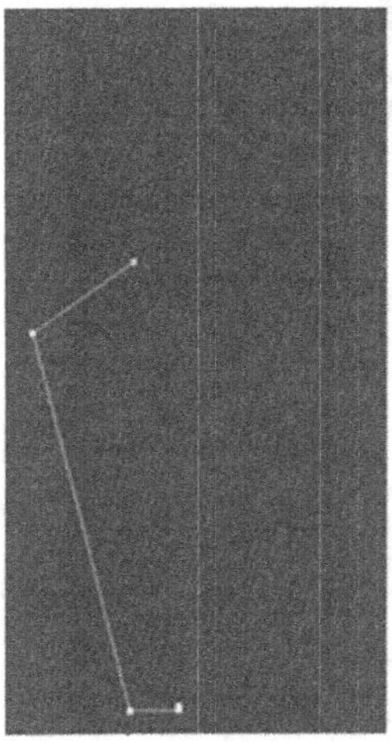

图 8-7　罐子二维线形

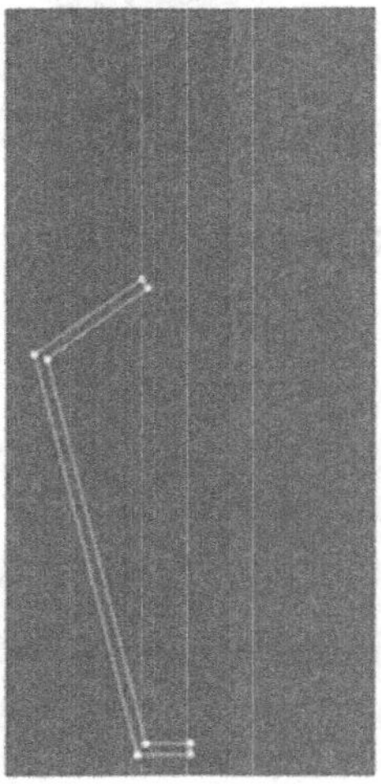

图 8-8　轮廓后

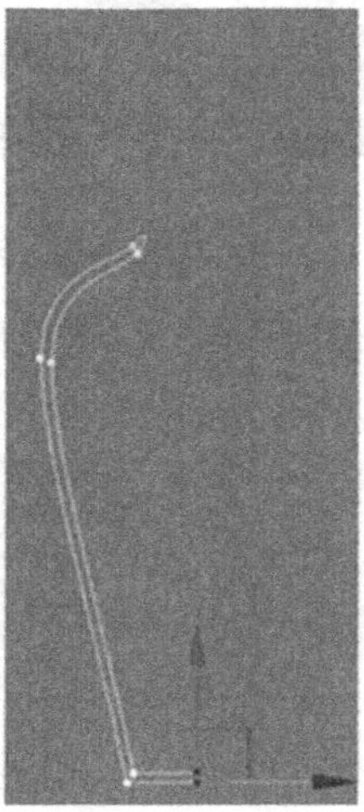

图 8-9　顶点平滑

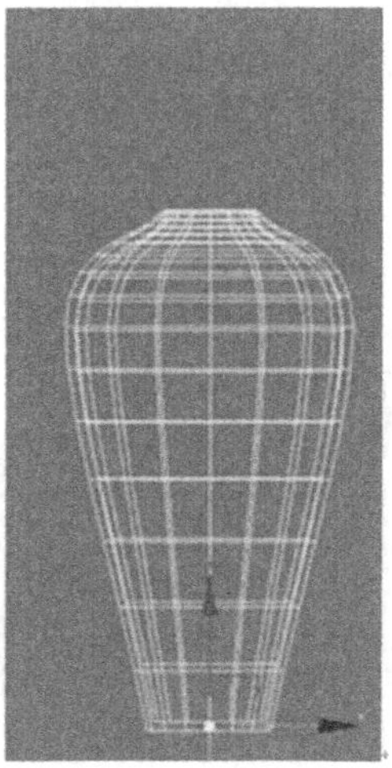

图 8-10　罐子模型

13. 用以上同样方法可作出形态各异的罐子模型，如图 8-11 所示。

图 8-11　形态各异的罐子模型

14. 为“提手”编辑木纹材质，为“罐子”编辑陶瓷材质，完成艺术品的制作，最终结果如图 8-1所示。

巩固训练

模仿本子任务中的艺术品模型，自己设计绘制相似模型。

子任务 2　制作草坪小景效果

实例效果

草坪小景渲染效果见图 8-12。

图 8-12　草坪小景渲染效果

操作步骤

1. 制作草地。在【创建】命令面板中单击【几何体】/【平面】按钮，在前视图中创建一个平面，命名为“草”，其参数设置如图 8-13 所示。

2. 选择草，在修改器下拉列表中选择【FFD3 ×3 ×3】命令，激活【控制点】次物体级，在前视图中选择最上面所有的控制点，激活工具栏上的按钮，锁定 X 轴进行调整，结果如图 8-14 所示。

3. 在前视图中选择中间所有的控制点，锁定 X 轴，在左视图中用命令向左进行调整，结果如图 8-15 所示。关闭【控制点】次物体级。

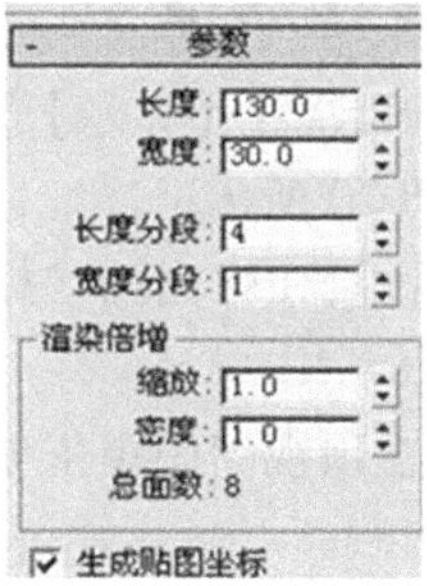

图 8-13　参数设置(1)

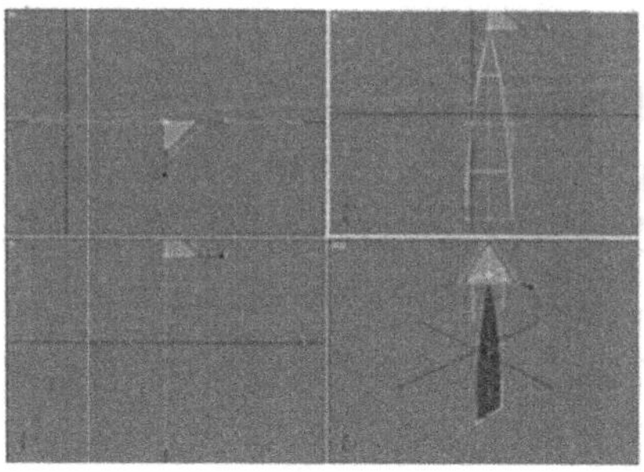

图 8-14　调整上面控制点

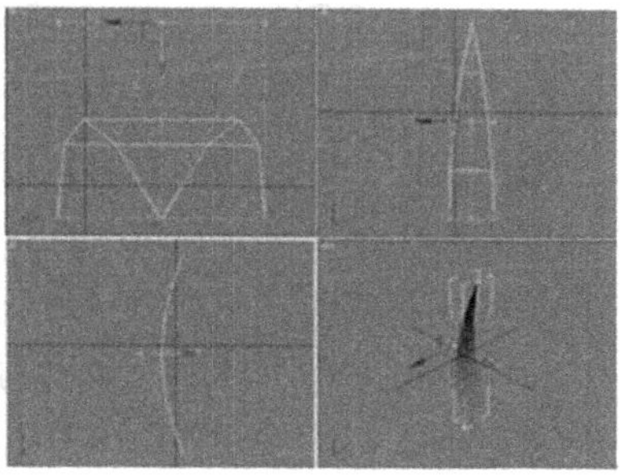

图 8-15　调整中间控制点

说明

【FFD】是 Free From Deformations(自由变形)的简称,通过少量的控制点来改变物体形态,产生柔和的变形效果。它的原理是在对象的外围加入一个结构线框,由控制点构成。在它的结构线框子对象级别中,可以对整个线框进行变换操作;在它的控制点子对象级别,可以移动每个控制点来改变物体的造型;如果开启【自动关键点】按钮,所有变形效果都可以制作成动画。

FFD 自由变形分为 FFD2 ×2 ×2、FFD3 ×3 ×3、FFD4 ×4 ×4 和 FFD(长方体)四种。FFD2 ×2 ×2 指每条边上有两个控制点,FFD3 ×3 ×3 指每条边上有三个控制点,FFD4 ×4 ×4 指每条边上有四个控制点,FFD(长方体)则可以自由指定三条边上的控制点数目,FFD(长方体)包含另外三种方式,只是为了用起来方便才将它们独立出来。

4. 在顶视图中创建一个长方体,参数设置如图 8-16 所示,命名为“草坪”。

5. 在视图中选择“草”,在【创建】命令面板中单击【标准基本体】/【复合对象】/【散布】按钮,在【拾取分布对象】卷展栏中单击【拾取分布对象】按钮,然后在左视图中拾取“草坪”,进行散布。

6. 在【修改】命令面板中打开【散布对象】卷展栏,设置【源对象参数】中的【重复数】为 20000,取消【分布对象参数】中的【垂直】选项,勾选【区域】选项,如图 8-17 所示,此时效果如图 8-18 所示。

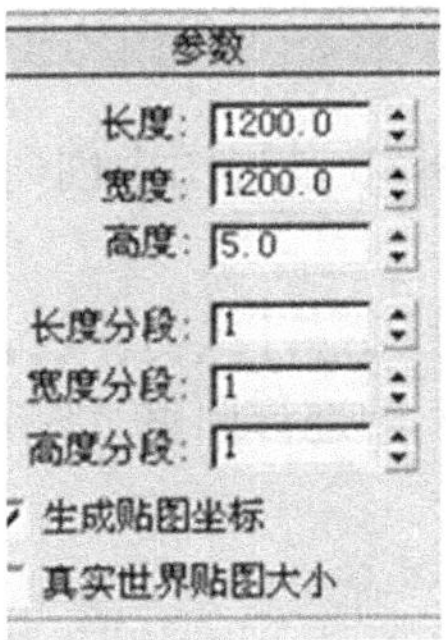

图 8-16　参数设置(2)

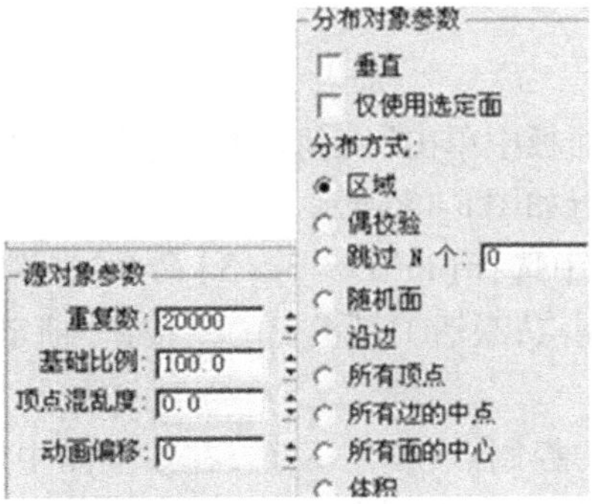

图 8-17　参数设置(3)

图 8-18　散布结果

7. 在【修改】命令面板中打开【变换】卷展栏,参数设置如图 8-19 所示。在【显示】卷展栏中,选择【隐藏分布对象】复选框,编辑绿色材质并给赋,效果如图 8-20 所示。

8. 制作足球。按【Ctrl + A】键选择视图中的所有物体,单击鼠标右键,在弹出的快捷菜单中选择【隐藏当前选择】命令,隐藏视图中的所有物体。

9. 单击【几何体】/【复合对象】/【扩展基本体】/【异面体】按钮,在顶视图中单击创建一个异面体,命名为“足球”,并进行参数设置,如图 8-21 所示。

10. 进入【修改】命令面板,为“足球”加载【编辑多边形】修改器,并进入【多边形】次物体编辑状态。

11. 按【Crtl + A】键选择足球上的所有面,如图 8-22 所示。

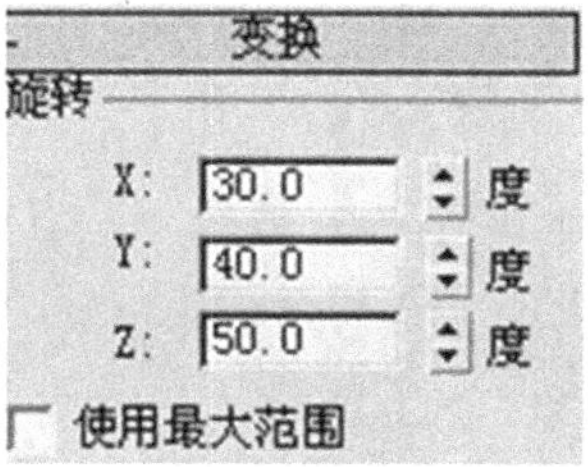

图 8-19　参数设置(4)

图 8-20　草坪效果

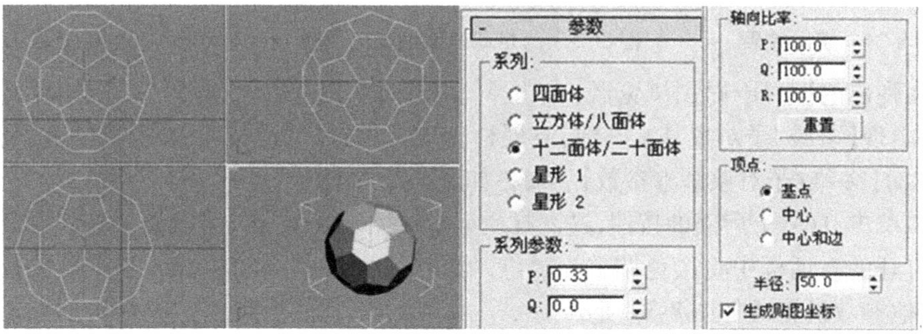

图 8-21　创建的异面体和参数设置

12. 展开【编辑多边形】卷展栏，单击【挤出】按钮右侧的□按钮打开【挤出多边形】对话框，参数设置如图 8-23 所示。

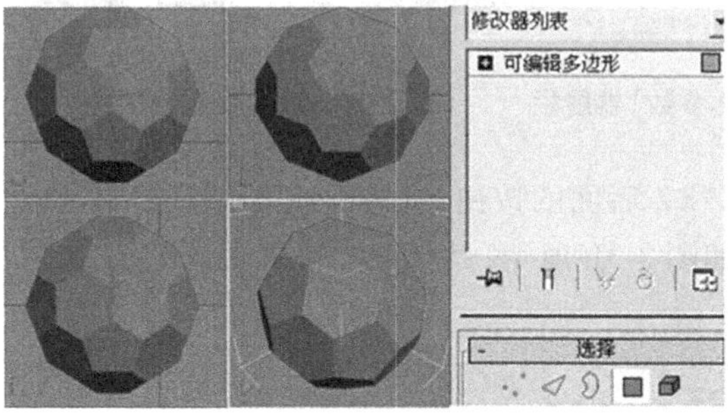

图 8-22　选择足球上的所有面

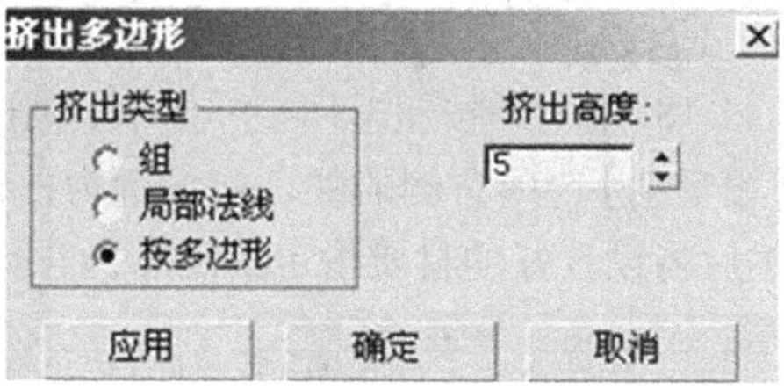

图 8-23　参数设置(5)

单击【确定】按钮，挤出效果如图 8-24 所示。

13. 退出多边形次物体编辑状态，展开【编辑几何体】卷展栏，单击【细化】右侧的□按钮，在打开的【细化选择】对话框中连续两次单击【应用】按钮，以在足球表面增加一些分段数，如图 8-25 所示，最后单击【确定】按钮退出【细化选择】对话框。

14. 单击【修改】命令，在其下拉列表中选择【网格平滑】修改器，进入【细分量】卷展栏，在【迭代次数】数值框中输入 2，并按【Enter】键，平滑后的足球如图 8-26 所示。

15. 单击【修改】命令，在其下拉列表中选择【球形化】修改器，在展开的【参数】卷展栏下的【百分比】数值框中输入 70，并按【Enter】键，球形化后的足球如图 8-27 所示。

16. 按键盘上的【M】键，打开材质编辑器，选择一个空白的样本示例球。单击【标准】

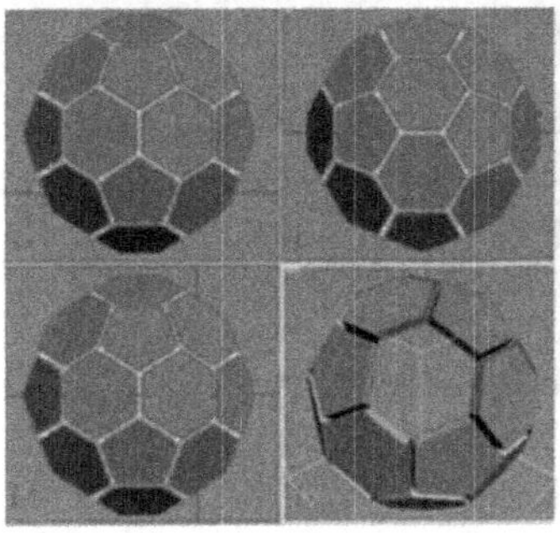

图 8-24　挤出效果

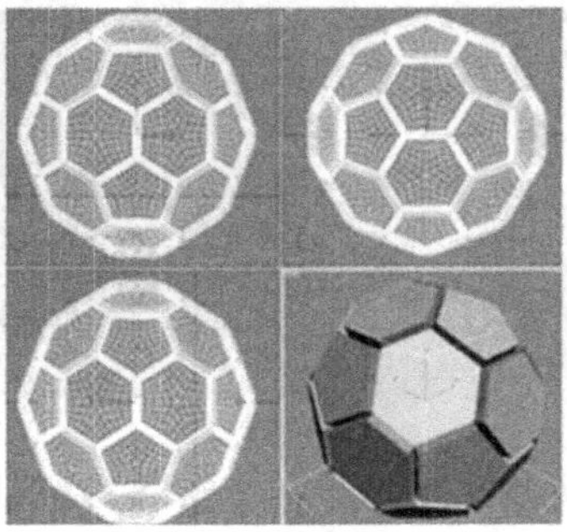

图 8-25　为足球表面增加分段数

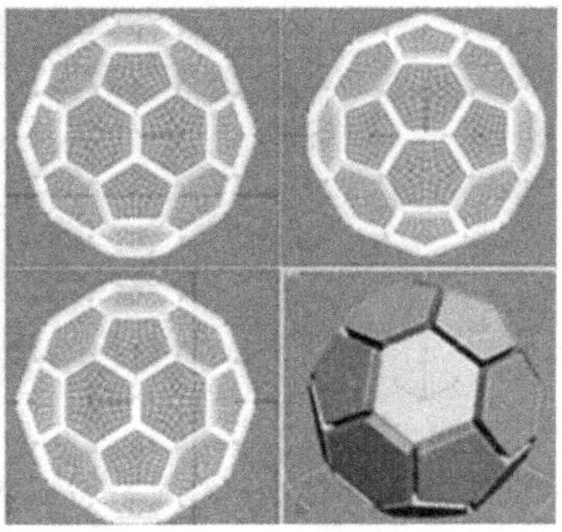

图 8-26　平滑后的足球

按钮，在弹出的【材质/贴图浏览器】中选择【多维/子对象】选项，此时【材质编辑器】对话框底部出现【多维/子对象基本参数】卷展栏，单击【设置数量】按钮，在弹出的对话框中输入 2，此时【多维/子对象基本参数】卷展栏如图 8-28 所示。

17. 单击 ID 号 1 后面的按钮，进入材质 1 参数控制区，单击【漫反射】选项右侧的颜色块，在打开的对话框中将颜色调整为黑色，如图 8-29 所示，再将【Blinn 基本参数】卷展栏下的其他参数设置成如图 8-30 所示。

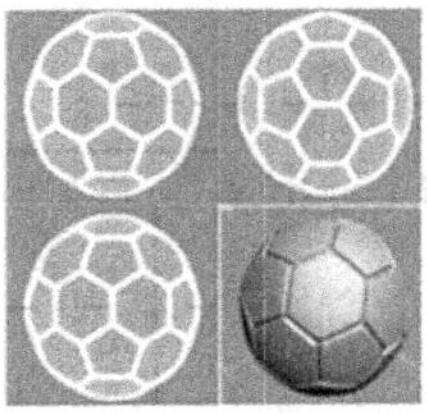

图 8-27　球形化后的足球

图 8-28　【多维/子对象基本参数】卷展栏

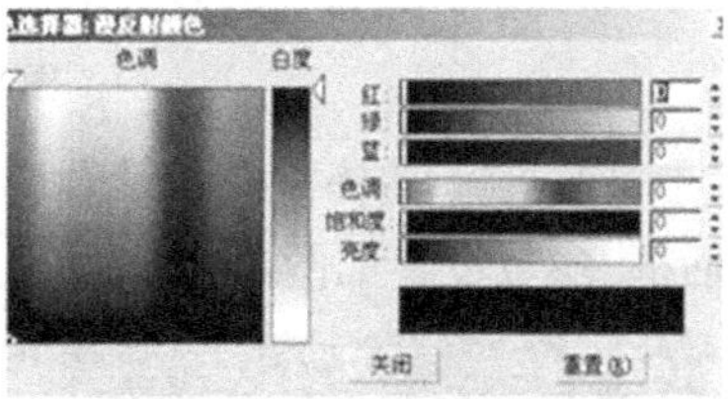

图 8-29　颜色设置为黑色

18. 单击按钮返回上一层级，单击 ID 号 2 后面的按钮，进入材质 2 参数控制区，将【漫反射】选项右侧的颜色块设置为白色，如图 8-31 所示，其他参数设置如图 8-32 所示，然后将设置好的材质指定给足球，如图 8-33 所示。

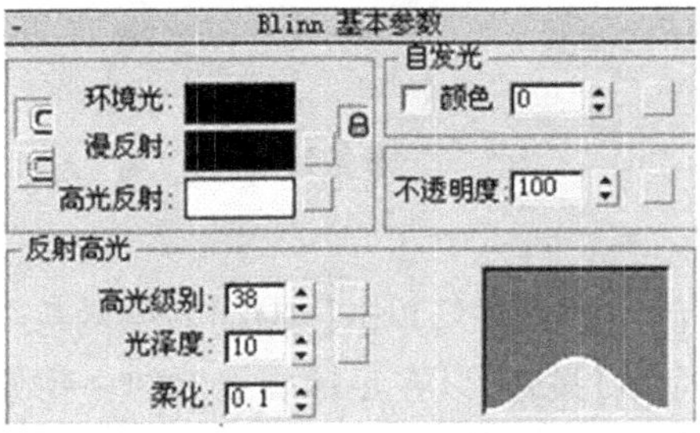

图 8-30　参数设置(6)

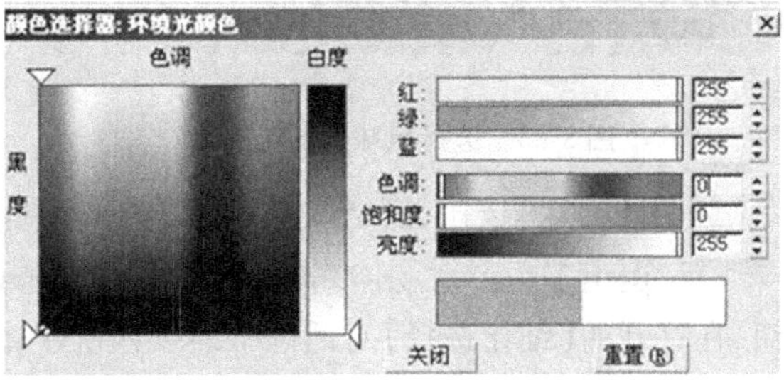

图 8-31　颜色设置为白色

19. 合并前面制作的“草坪灯 . max”文件。单击【文件】/【合并】命令，打开“草坪灯 . max”文件，将其合并到场景中。单击将草坪灯缩放到合适的大小，如图 8-34 所示。

20. 为草坪灯编辑材质。选择草坪和足球，单击鼠标右键，隐藏当前选择。结果如图 8-35所示。

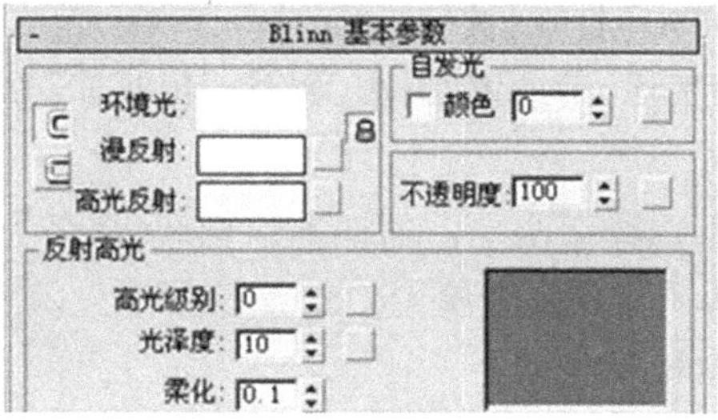

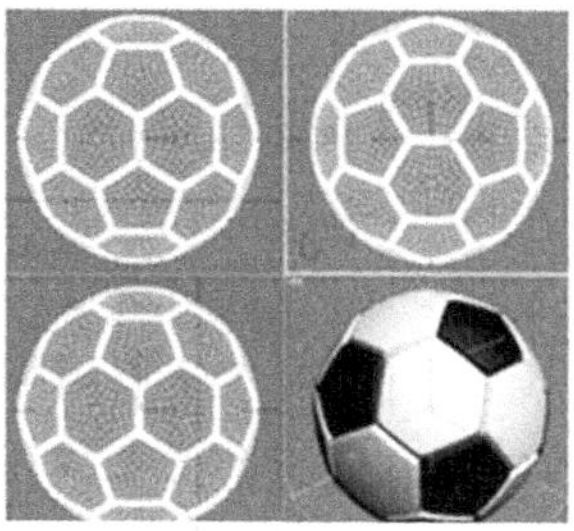

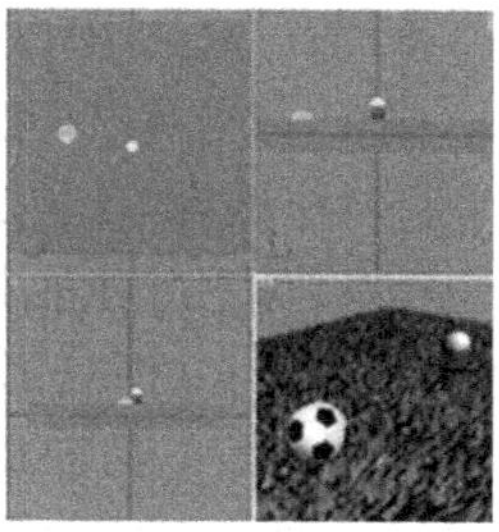

图 8-32　参数设置(7)　　图 8-33　给赋材质后的足球　　图 8-34　草坪灯的位置及大小

21. 编辑发光灯芯材质。单击键盘上的【M】键，打开材质编辑器，选择一个空白的样本示例球，命名为“灯芯”，在【明暗器基本参数】卷展栏中将阴影模式定义为 Blinn。

设置【Blinn 基本参数】卷展栏参数如图 8-36 所示。

22. 打开【扩展参数】卷展栏，设置参数如图 8-37 所示。

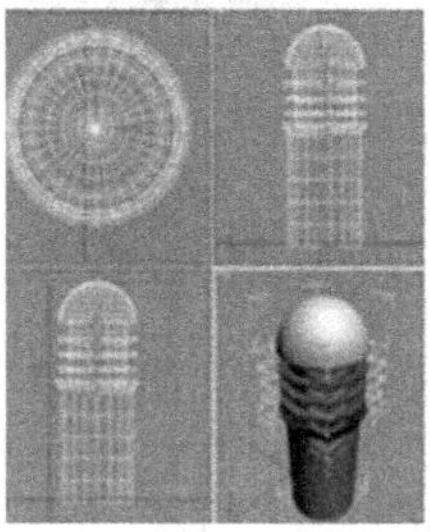

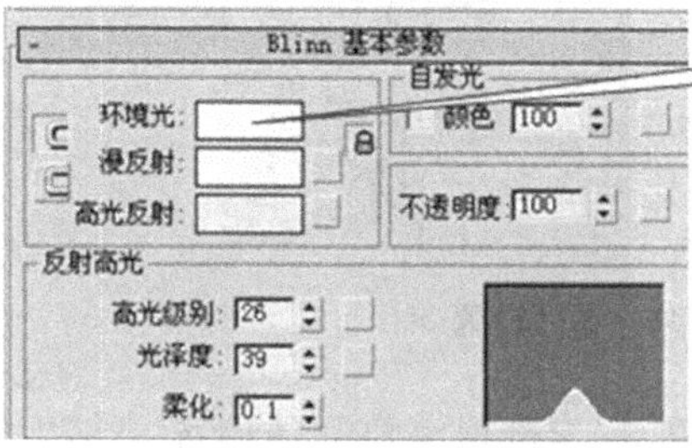

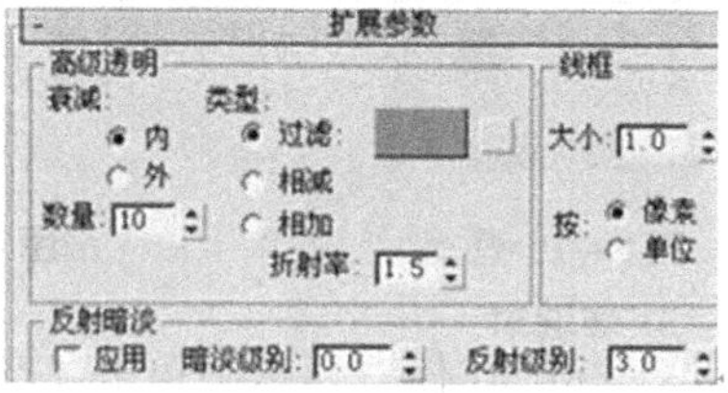

图 8-35　隐藏图形后　图 8-36　灯芯材质【Blinn 基本参数】设置　　图 8-37　【扩展参数】设置

23. 选择“灯芯”模型，如图 8-38 所示，单击按钮将材质赋给场景中的“灯芯”模型。

24. 编辑灯芯外面玻璃罩材质。在材质编辑器中再选择一个空白的样本示例球，命名为“玻璃罩”，在【明暗器基本参数】卷展栏中将阴影模式定义为 Blinn。

设置【Blinn 基本参数】卷展栏参数如图 8-39 所示。

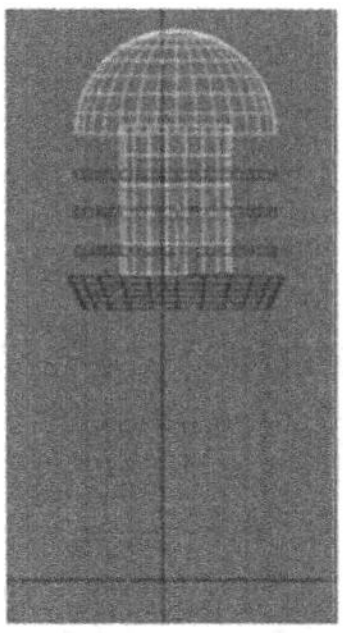

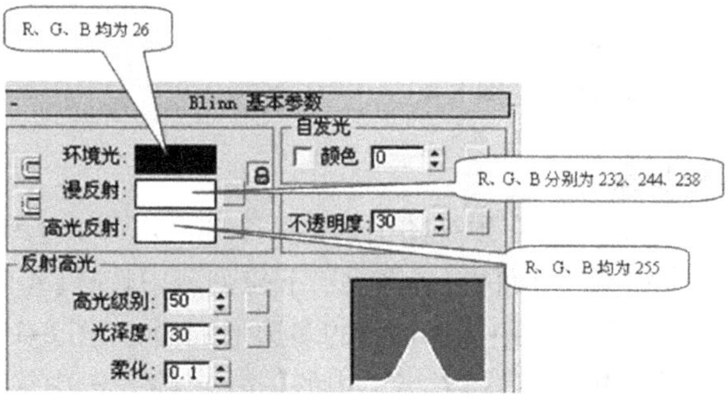

图 8-38　选择“灯芯”模型　　图 8-39　玻璃罩材质【Blinn 基本参数】设置

25. 打开【贴图】卷展栏，将【反射】通道中的【数量】设置为 25，然后单击后面的【None】贴图按钮，在打开的【材质/贴图浏览器】中双击【位图】按钮，在打开的对话框中选择“随书光盘/项目二/贴图/玻璃 15. jpg”文件，单击【打开】按钮。

26. 单击按钮返回到主材质面板，在视图中选择“玻璃罩”模型，如图 8-40 所示，单击按钮将材质赋给场景中的“灯芯”模型。

27. 编辑其他部分的材质。在材质编辑器中再选择一个空白的样本示例球，命名为“灯柱等”，在【明暗器基本参数】卷展栏中将阴影模式定义为金属。

28. 在【金属基本参数】卷展栏中设置参数如图 8-41 所示。

29. 在视图中选择除了“灯芯”和“玻璃罩”外的其他部分，单击按钮将材质给赋。草坪灯整体效果如图 8-42 所示。

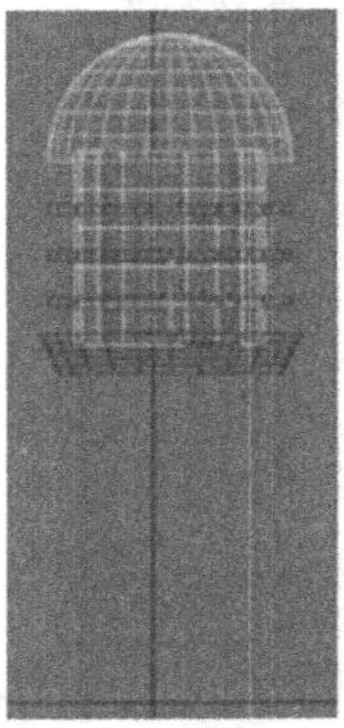

图 8-40　选择玻璃罩

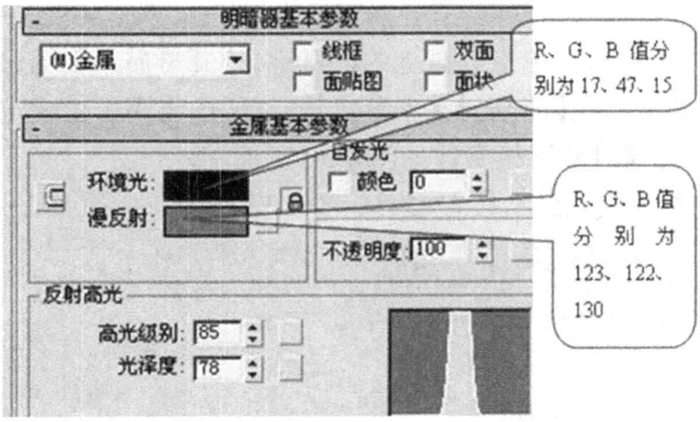

图 8-41　参数设置(8)

图 8-42　草坪灯整体效果

30. 在任一视图中单击鼠标右键，全部取消隐藏，最终渲染结果如图 8-12 所示。

巩固训练

自己设计绘制草坪小景。

子任务 3　制作围墙效果

实例效果

围墙渲染效果见图 8-43。

操作步骤

1. 创建模型。在顶视图中创建一个 300 × 300 × 1720 的长方体，命名为“墙垛主体”。

2. 进入【修改】面板，在修改器下拉列表中选择【编辑网格】修改器，进入【多边形】子对象层级，在顶视图中选择顶部的多边形的面，如图 8-44 所示。

3. 在【编辑几何体】卷展栏中的【挤出】输入框中输入 225，按【Enter】键，向上挤出一个多边形的面，如图 8-45 所示。

4. 选择工具，在顶视图中将选择的多边形表面进行缩放，同时观察屏幕下方的 X、Y、Z 的参数，使其调整至 200 即可，如图 8-46 所示。

5. 确定所选择的多边形表面仍然处于选择状态，再次在【编辑几何体】卷展栏中的

图 8-43　围墙渲染效果

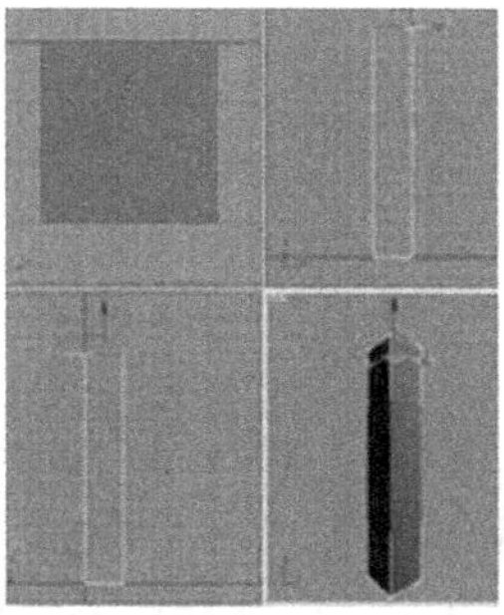

图 8-44　选择多边形的面

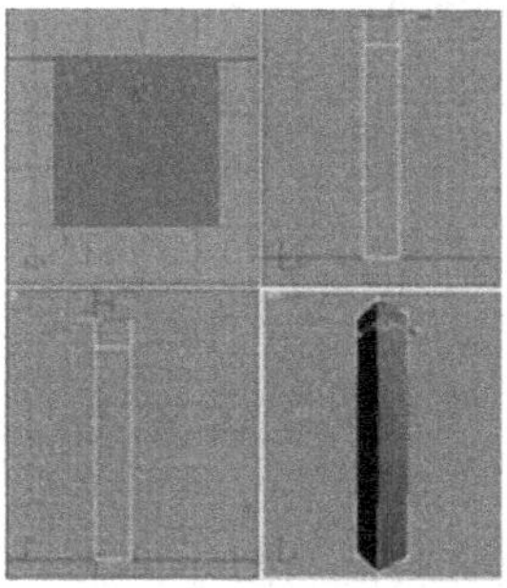

图 8-45　挤出多边形的面

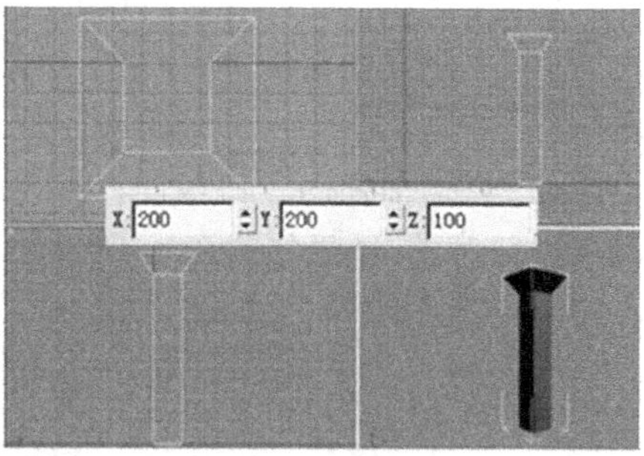

图 8-46　缩放多边形的面

【挤出】输入框中输入 1，按【Enter】键，向上挤出一个多边形的面，如图 8-47 所示。

6. 选择工具，在顶视图中将选择的多边形表面进行缩放，同时观察屏幕下方的 X、Y、Z 的参数，使其调整至 118 即可，如图 8-48 所示。

7. 确定所选择的多边形表面仍处于选择状态，再次在【编辑几何体】卷展栏中的【挤出】输入框中输入 55，按【Enter】键，向上挤出一个多边形的面，如图 8-49 所示。

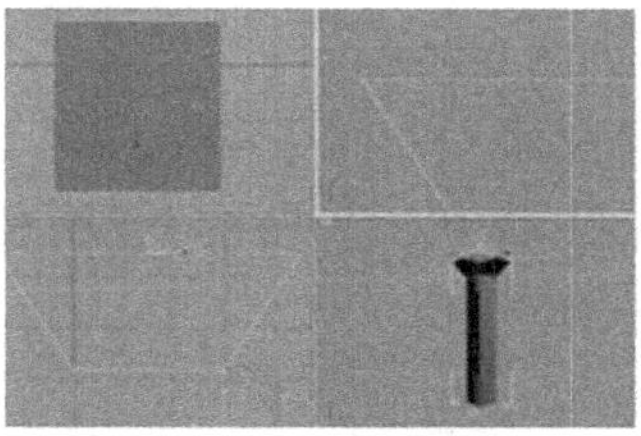

图 8-47　第二次挤出多边形的面

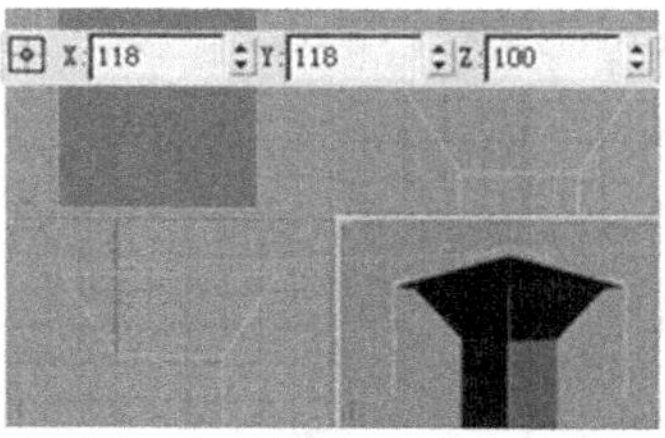

图 8-48　第二次缩放多边形的面

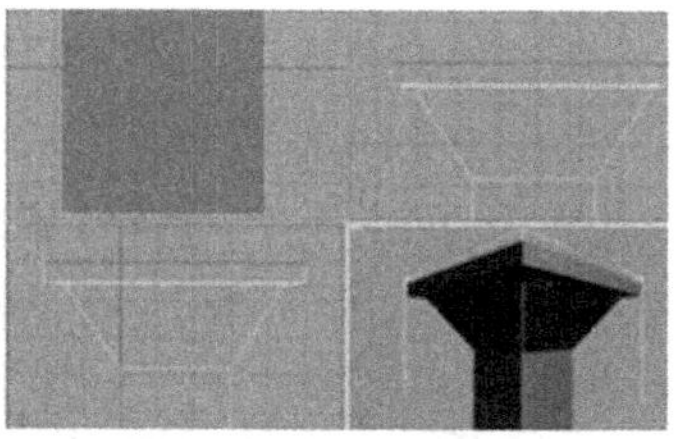

图 8-49　第三次挤出多边形的面

8. 在顶视图中创建一个 450 × 450 × 370 的长方体，命名为“墙垛”。然后选择【移动】工具，在前视图中将对象调整至如图 8-50 所示的位置。

9. 确定“墙垛”对象处于选择状态，选择【移动】工具，按住【Shitf】键将其向下复制三个，结果如图 8-51 所示。

10. 在前视图中创建一个 2000 × 30 的矩形，命名为“纵向栏杆”。单击【修改】命令，在其下拉列表中选择【编辑样条线】，进入【顶点】次物体级，并在【几何体】卷展栏中选择【优化】选项，然后在当前所创建的矩形对象上添加五个节点，如图 8-52 所示。

图 8-50　墙垛的位置

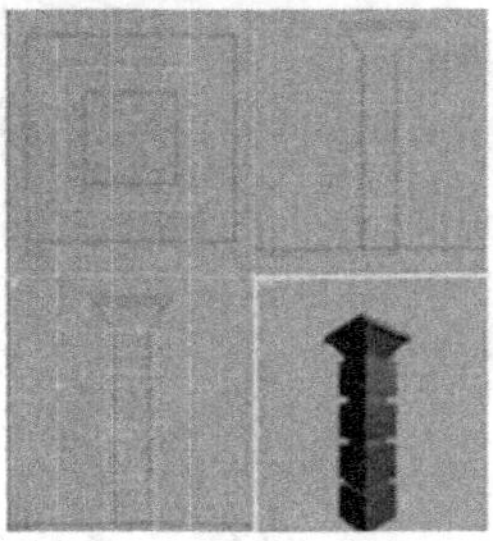

图 8-51　复制三个墙垛

图 8-52　添加五个节点

单击【移动】命令，调整节点的位置如图 8-53 所示。

11. 关闭当前选择集，为矩形对象施加一个【挤出】命令，【数量】设置为 25，如图 8-54 所示。

12. 激活前视图，对"纵向栏杆"进行复制，完成复制后依次选择复制的"纵向栏杆"对象进行调整，结果如图 8-55 所示。

图 8-53　调整节点的位置

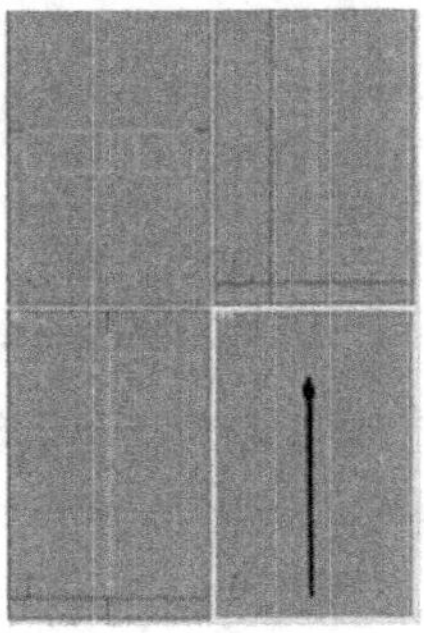

图 8-54　挤出后

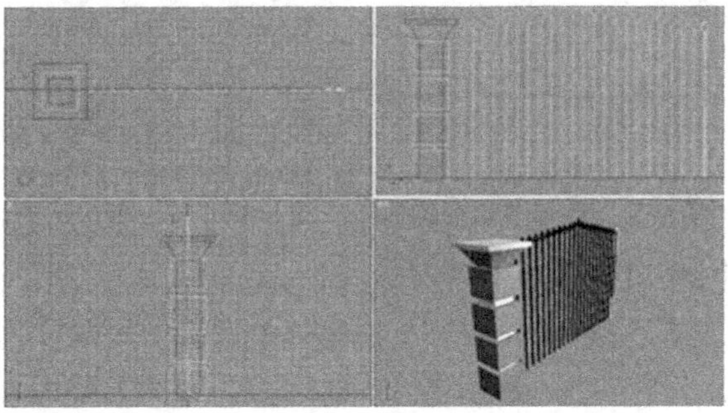

图 8-55　复制并调整"纵向栏杆"对象

13. 选择"墙垛主体"和"墙垛"对象，同时复制一个，位置如图 8-56 所示。

14. 在顶视图中创建一个 40×3600 的矩形，命名为"横向栏杆"。单击【修改】命令，在修改器下拉列表中选择【编辑样条线】，进入【顶点】子对象层级，单击【优化】选项，在顶视图中添加两个节点，在前视图中设置节点的位置，结果如图 8-57 所示。

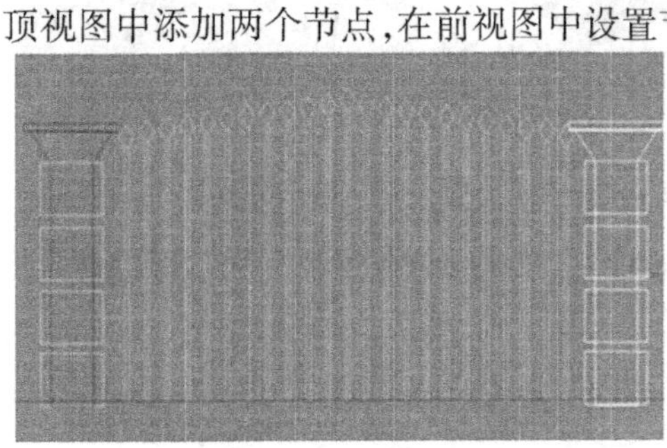

图 8-56　复制"墙垛主体"和"墙垛"对象

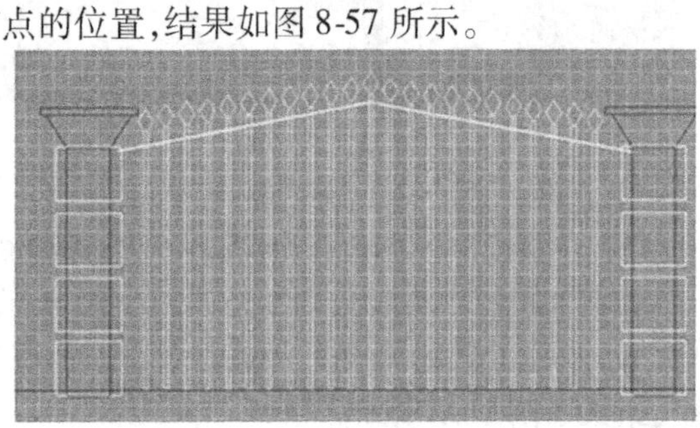

图 8-57　创建"横向栏杆"并进行调整

15. 关闭当前选择集，为矩形对象指定一个【挤出】修改器，在【参数】卷展栏中将【数量】设置为25。

16. 在顶视图中再创建一个40×3600的矩形，命名为"横向栏杆01"。单击【修改】命令，为当前对象指定一个【挤出】修改器，【数量】设置为25。完成制作后将其复制一个，摆放于合适的位置。

17. 在顶视图中创建一个200×3600×250的长方体，命名为"墙基"，在前视图中将该对象与场景模型的底端对齐。

18. 编辑材质。单击【M】键，打开材质编辑器，选择一个空白的样本示例球，命名为"墙垛主体"。【明暗器基本参数】卷展栏中Blinn阴影模式保持不变。在【Blinn基本参数】卷展栏中，将【环境光】的R、G、B值分别设置为16、48、33；将【漫反射】的R、G、B值均设置为255；将【反射高光】区域下的【高光级别】和【光泽度】均设置为0。

在视图中选择"墙垛主体"，单击按钮将材质给赋。

19. 选择一个空白的样本示例球，命名为"墙"。【明暗器基本参数】卷展栏中Blinn阴影模式保持不变。在【Blinn基本参数】卷展栏中，将【环境光】的R、G、B值分别设置为53、45、44；将【漫反射】的R、G、B值分别设置为189、134、132，将【反射高光】区域下的【高光级别】和【光泽度】分别设置为22和23。

在视图中选择所有的"墙垛"和"墙基"，单击按钮将材质给赋。

20. 选择一个空白的样本示例球，命名为"金属"。【明暗器基本参数】卷展栏中Blinn阴影模式保持不变。在【Blinn基本参数】卷展栏中，将锁定的【环境光】和【漫反射】的R、G、B值分别设置为2、0、12；将【反射高光】区域下的【高光级别】和【光泽度】分别设置为16和19。

在视图中选择所有的"纵向栏杆"和"横向栏杆"，单击按钮将材质给赋。

21. 选择"墙垛主体"和"墙垛"，将其成组为"组01"；再选择所有"纵向栏杆"和"横向栏杆"，将其成组为"组02"。然后复制5个"组01"，复制4个"组02"，位置如图8-58(a)所示。

22. 创建摄影机。在顶视图中创建一个目标摄影机，【镜头】参数设置为27。激活透视图，按【C】键，将其转换为相机视图，如图8-58(b)所示。

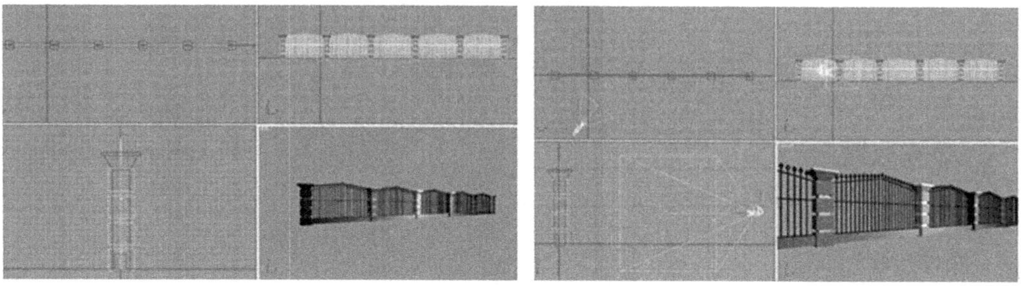

(a)复制后的围墙　　(b)创建摄影机后

图8-58　复制并创建摄影机

23. 创建灯光。在视图中创建两个【目标聚光灯】和一个【泛光灯】，位置如图8-59

所示。

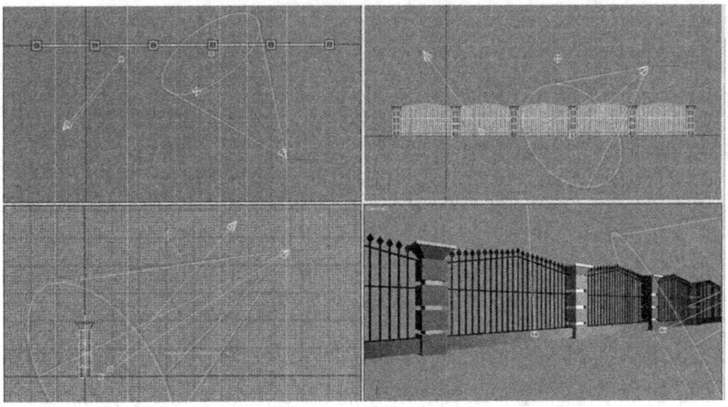

图 8-59　创建灯光后

24. 单击【渲染】/【环境】,在弹出的【环境和效果】对话框中单击【环境贴图】后面的按钮,从中打开“随书光盘/贴图/图片/背景 13. jpg”文件,从而指定一个环境贴图。

激活相机视图,按【Shift + Q】组合键,最终渲染效果如图 8-43 所示。

巩固训练

制作如图 8-60 所示的两幅围墙效果图。

图 8-60　围墙效果

子任务 4　制作路灯

实例效果

路灯效果见图 8-61。

操作步骤

1. 在前视图中用【线】命令绘制路灯柱子的半截面图形,如图 8-62 所示。

2. 单击菜单栏中的【修改器】/【面片/样条线编辑】/【车削】命令,在修改器列表中选择“车削”—“轴”,进行旋转。在【参数】卷展栏下,在【方向】区域选择【Y】轴,在【对齐】区域选择【最大】,结果如图 8-63 所示。

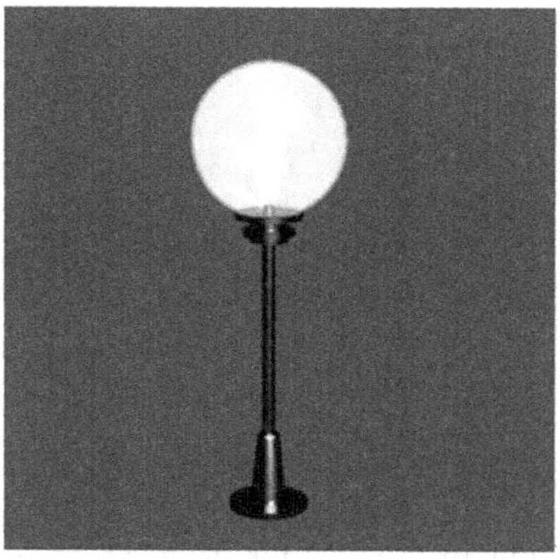

图 8-61　路灯效果

3. 用【弧】命令在前视图中绘制如图 8-64 所示的弧线。

4. 修改次物体下的顶点，将顶点移动到合适位置，结果如图 8-65 所示。

图 8-62　路灯柱半截面

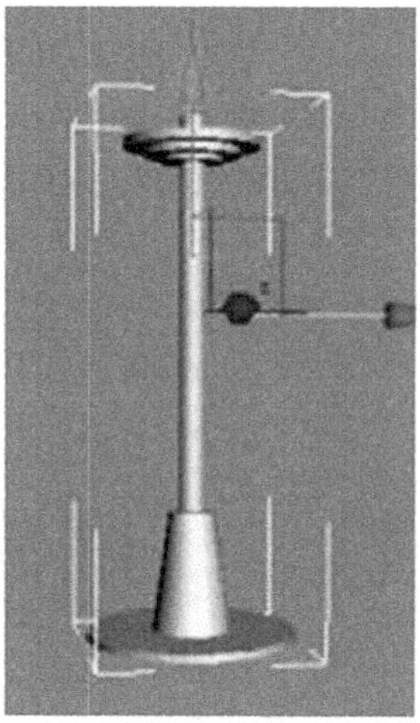

图 8-63　【车削】结果

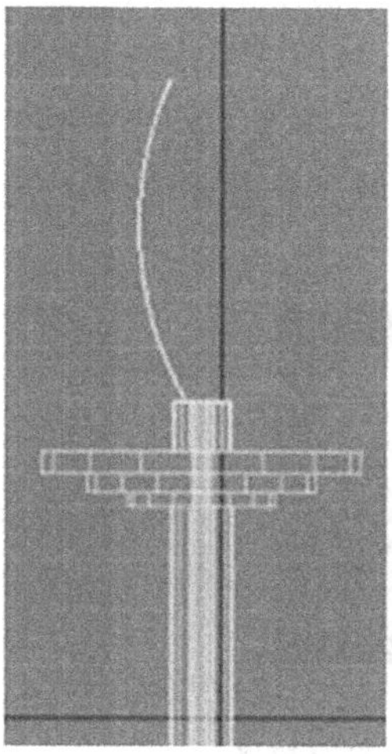

图 8-64　绘制的弧线

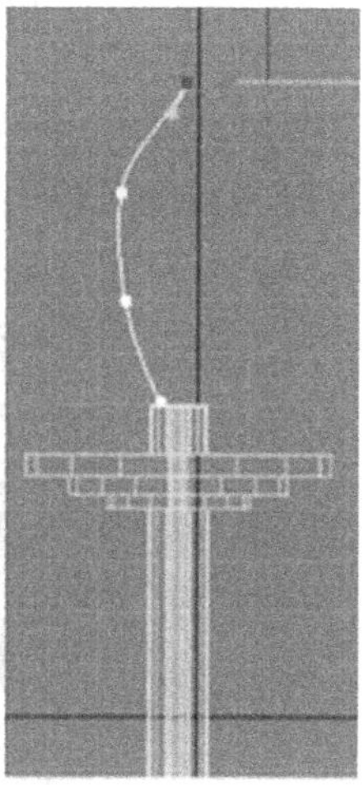

图 8-65　编辑顶点

5. 对编辑好的弧线给出轮廓，然后进行车削，生成灯模型，结果如图 8-66 所示。

6. 使用上面同样的方法制作出灯罩模型，如图 8-67 所示。

7. 编辑材质。打开材质编辑器，选择一个空白的样本示例球，命名为“玻璃灯罩”。在【明暗器基本参数】中选择【各向异性】阴影模式，【漫反射】和【环境光】的颜色均设置为白色。其他参数设置如图 8-68 所示。

8. 在【贴图】卷展栏中，单击【反射】贴图通道按钮，在弹出的【材质/贴图浏览器】中双击【光线跟踪】按钮，光线跟踪贴图参数保持默认设置。单击按钮，返回上一层次，在【贴图】卷展栏中输入反射数值为 45。

9. 在视图中选择“灯罩”，单击按钮给赋，灯罩材质给赋完成。渲染效果如图 8-69 所示。

10. 选择一个空白的样本示例球，命名为“灯”。【漫反射】和【环境光】的颜色均设置

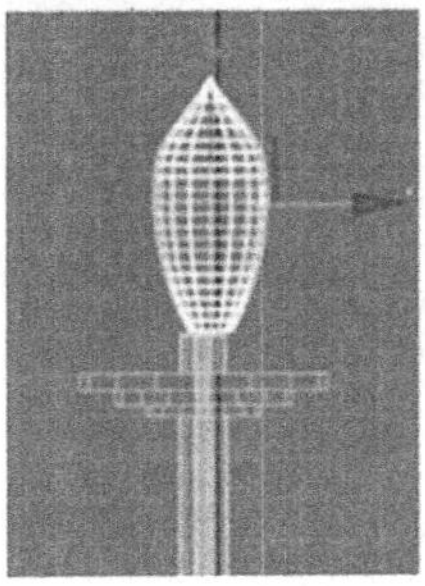

图 8-66　灯模型

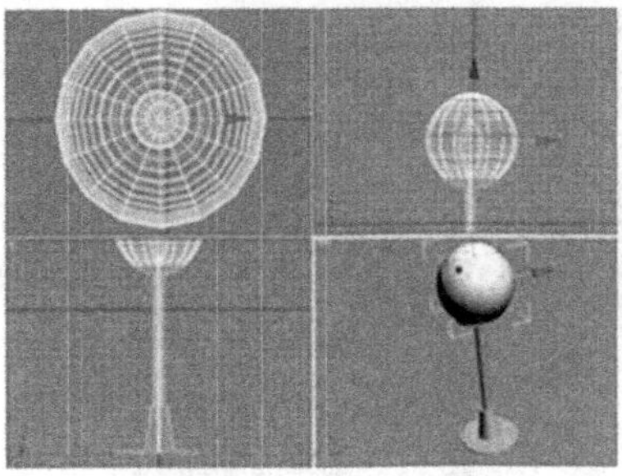

图 8-67　灯罩模型

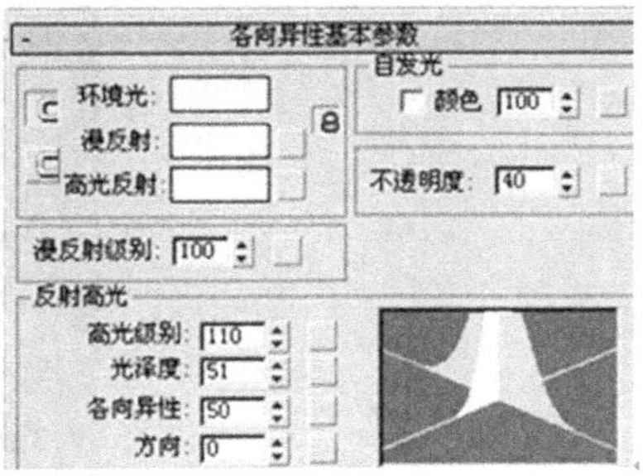

图 8-68　参数设置(1)

为黄色(R、G、B 分别为 206、209 和 112)。其他参数设置如图 8-70 所示。

11. 在【贴图】卷展栏中,单击【反射】贴图通道按钮,在弹出的【材质/贴图浏览器】中双击【光线跟踪】按钮,光线跟踪贴图参数保持默认设置。单击按钮,返回上一层次,在【贴图】卷展栏中输入反射数值为 50。

12. 在视图中选择“灯”, 单击按钮给赋。渲染效果如图 8-71 所示。

13. 选择一个空白的样本示例球,命名为“灯柱”。选择“金属”明暗方式,【环境光】和【漫反射】的颜色均设置为黄色(R、G、B 分别为 240、185 和 27)。其他参数设置如图 8-72 所示。

图 8-69　灯罩材质

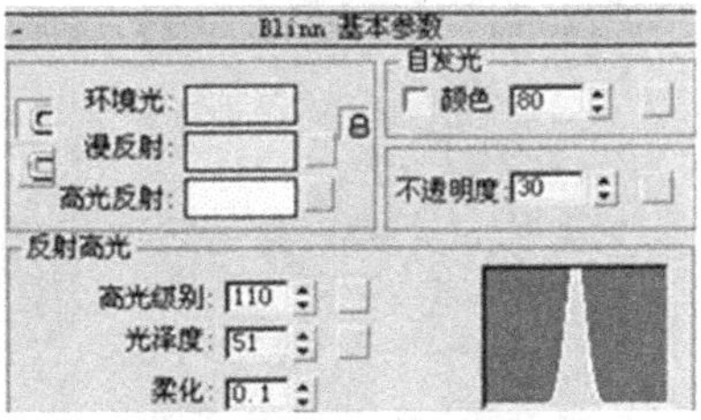

图 8-70　参数设置(2)

图 8-71　灯材质

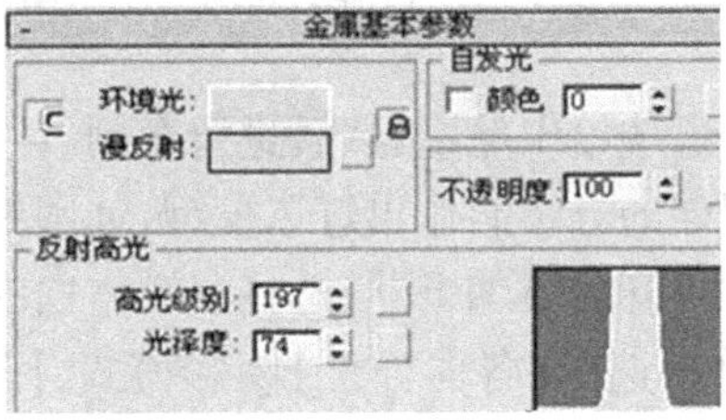

图 8-72　参数设置(3)

14. 单击【贴图】卷展栏, 打开 12 个贴图通道, 单击【反射】贴图通道后面的 None 按钮,在【材质/贴图浏览器】中双击【光线跟踪】贴图类型,光线跟踪贴图参数保持默认设置。单击按钮,返回上一层次,将【反射】贴图通道的数量由 100 改为 30。

15. 在视窗中选择“灯柱”, 单击按钮给赋,灯柱材质给赋完成。渲染透视图,最终渲染效果如图 8-61 所示。

巩固训练

绘制如图 8-73 所示的路灯模型。

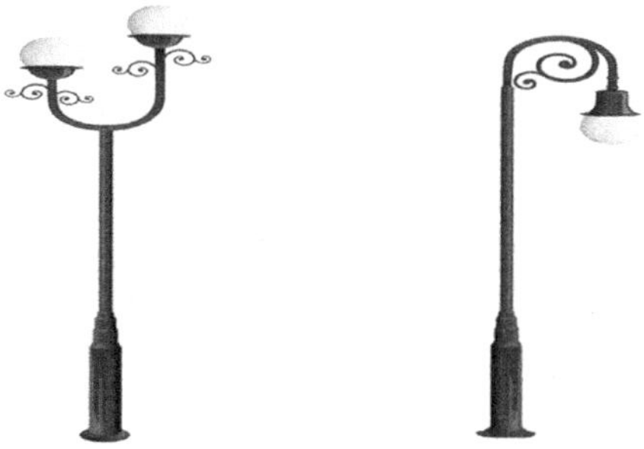

图 8-73　路灯模型

子任务 5　制作水池

实例效果

水池效果见图 8-74。

图 8-74　水池效果

操作步骤

1. 创建水池。在左视图中用【线】命令绘制水池的截面图形,如图 8-75 所示。

2. 进入次物体下的【顶点】编辑,编辑二维线形如图 8-76 所示。

3. 单击主菜单中的【修改器】/【面片/样条线编辑】/【车削】,在【修改】面板中选择【轴】将轴线放在中心位置,如图 8-77 所示。

4. 选择【车削】命令,结果如图 8-78 所示。

5. 创建水管。单击【创建】/【几何体】/【管状体】,在顶视图中创建一个管状体,位置和参数设置如图 8-79 所示。

6. 编辑材质。为水池编辑石材材质,为水管编辑金属材质,渲染透视图,最终效果如图 8-74 所示。

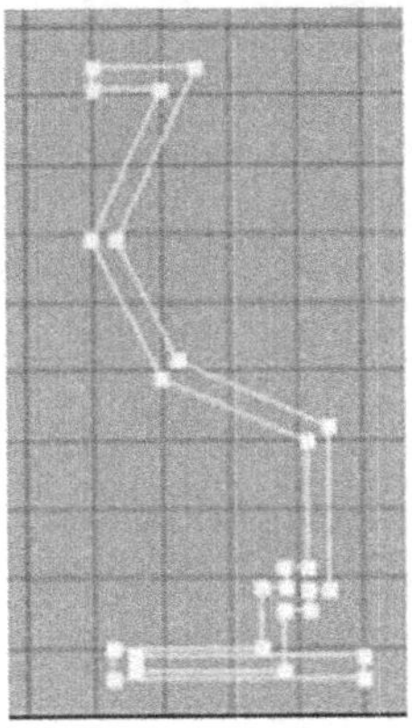

图 8-75　水池截面

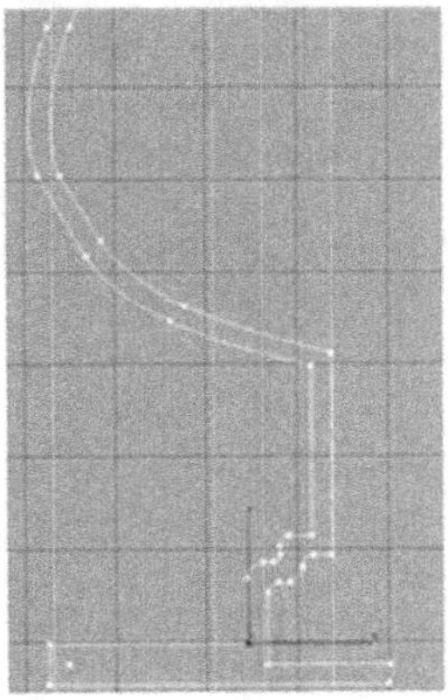

图 8-76　编辑二维线形

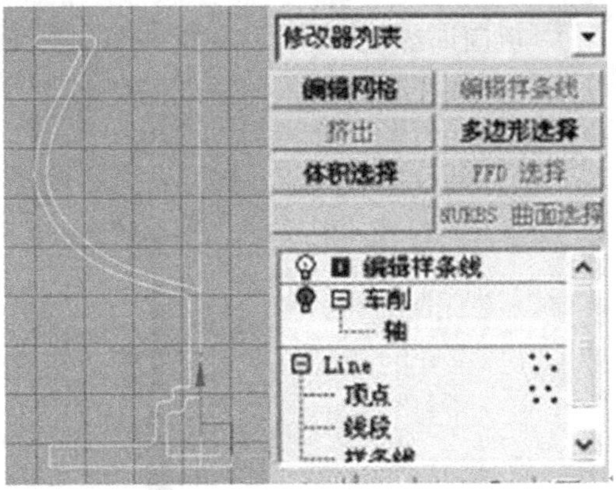

图 8-77　将轴线放于中心位置

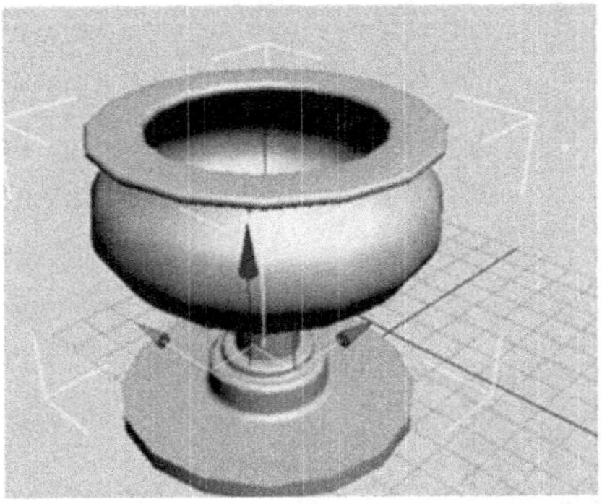

图 8-78　车削后

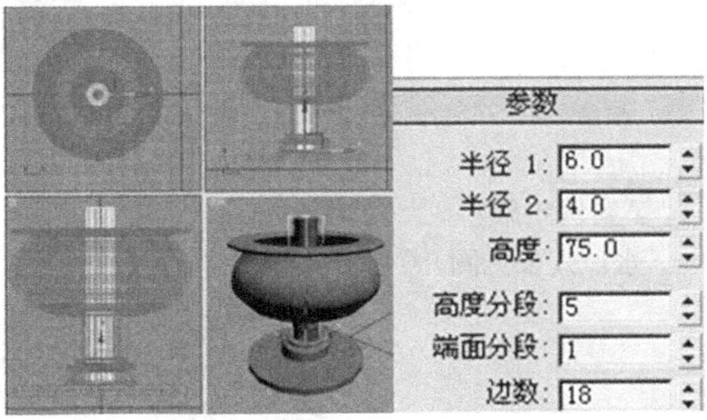

图 8-79　管状体的位置和参数设置

巩固训练

制作如图 8-80 所示的水池模型。

图 8-80　水池模型

子任务 6　制作喷泉

实例效果

喷泉效果见图 8-81。

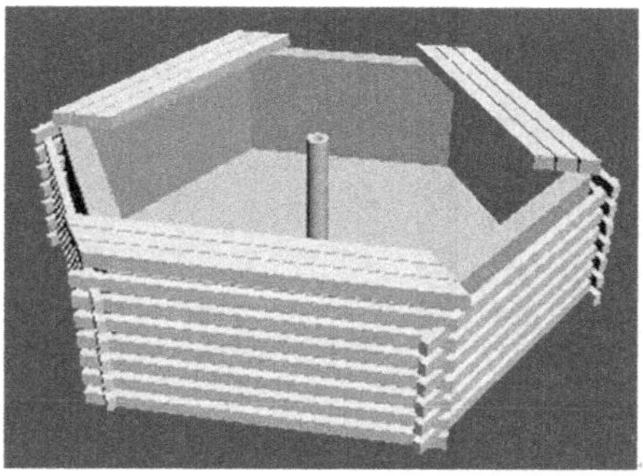

图 8-81　喷泉效果

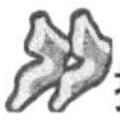
操作步骤

1. 在顶视图中绘制一个半径为 1000 的正六边形,如图 8-82 所示。

2. 对正六边形实施【挤出】命令,挤出数量为 500,结果如图 8-83(a)所示。

3. 在顶视图中绘制一个略小的六边形,将其挤出,数量为 480,如图 8-83(b)所示。

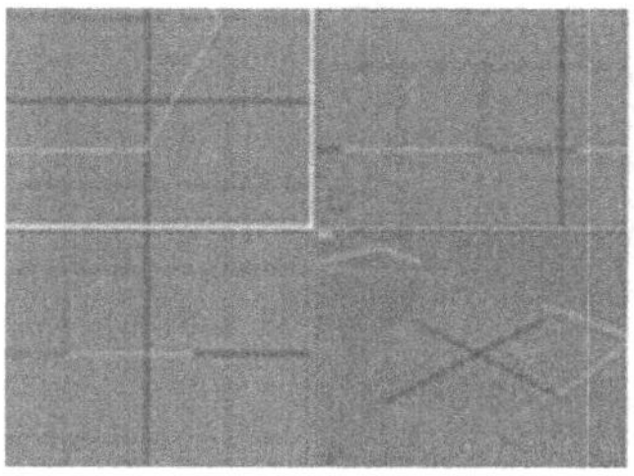

图 8-82　正六边形

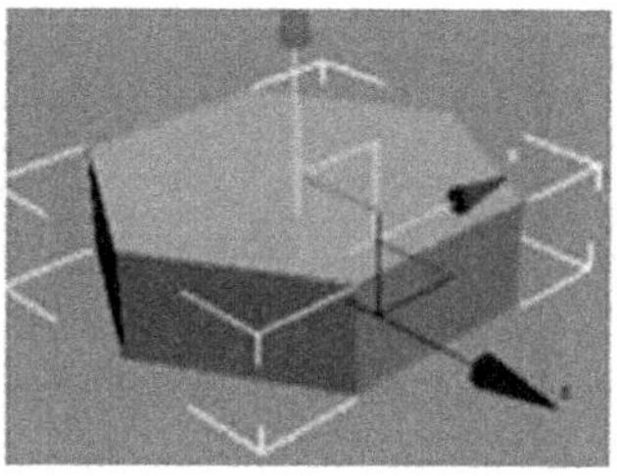

(a)挤出

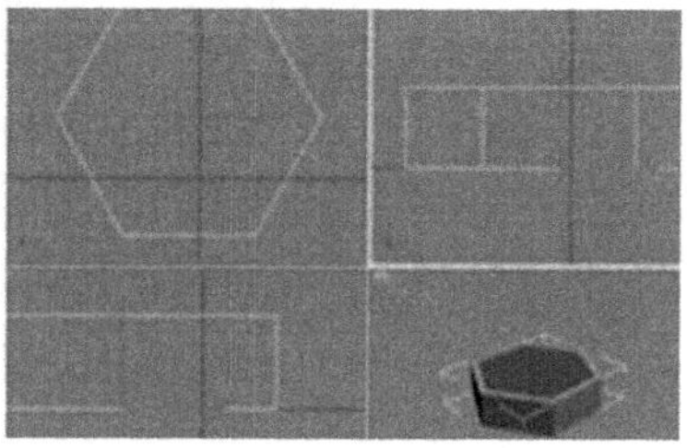

(b)绘制小六边形并挤出

图 8-83　实施【挤出】命令

4. 选择大六边体,在【创建】面板中选择【复合对象】下的【布尔】剪掉中间的小六边体。

5. 在前视图中绘制一个 50 × 1200 × 30 的长方体作为水池的栏杆,如图 8-84 所示。

图 8-84　长方体的位置

6. 在左视图中复制栏杆,副本数为 6,如图 8-85 所示。

7. 选择 7 个栏杆进行成组,然后在顶视图中进行复制,副本数为 1,如图 8-86 所示。

8. 用【旋转】工具将复制出的栏杆在顶视图中进行旋转,然后再将旋转后的栏杆复制给对面方向,如图 8-87 所示。

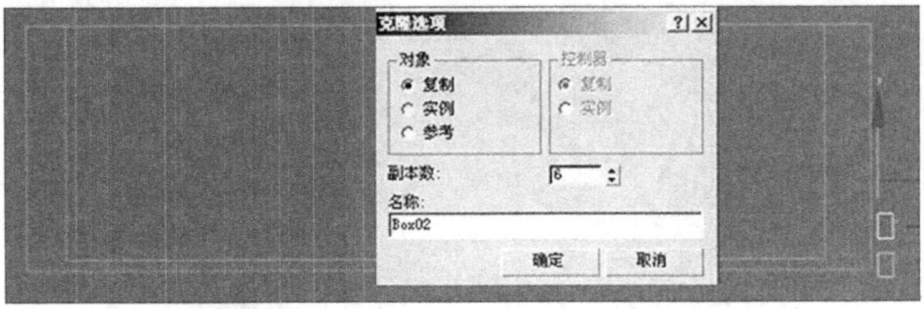

图 8-85　复制栏杆

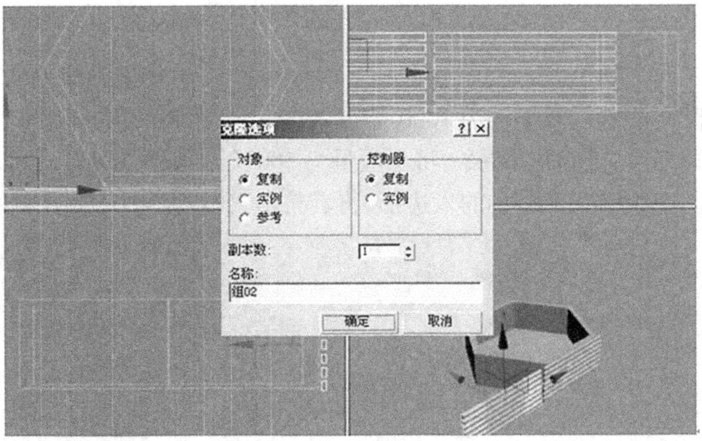

图 8-86　复制栏杆组

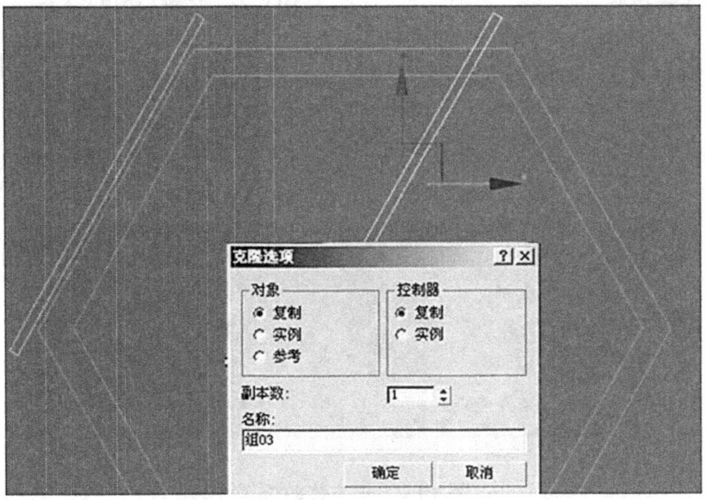

图 8-87　旋转并复制(1)

9. 旋转复制多个到相应位置,如图 8-88 所示。

10. 在顶视图中绘制一个管状体放于水池中央,直径、高度自定,作为喷泉水管,如图 8-89所示。

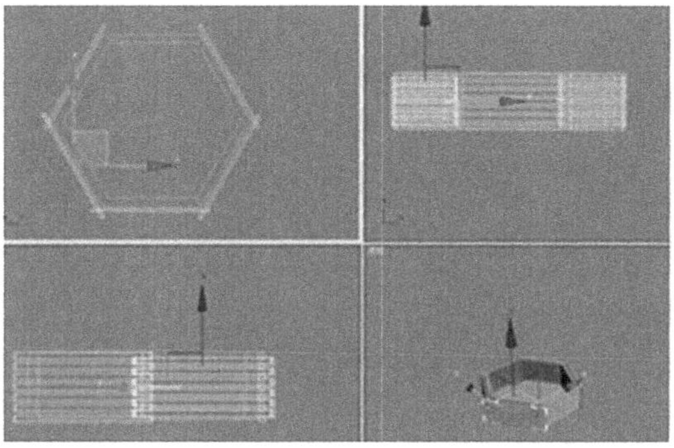

图 8-88 旋转并复制(2)

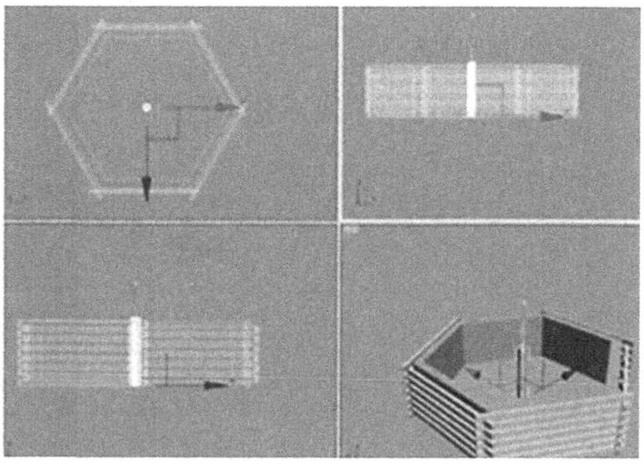

图 8-89 绘制的喷泉水管

11. 用【线】命令在顶视图中画出和六边形的边平行的直线,如图 8-90 所示。

12. 依次单击鼠标右键,选择【转换为可编辑样条线】。进行轮廓修改,轮廓数值为 50。然后对刚绘制好的轮廓线进行挤出,挤出数量为 20。再用复制的方法作出另外两个长方体,如图 8-91 所示。

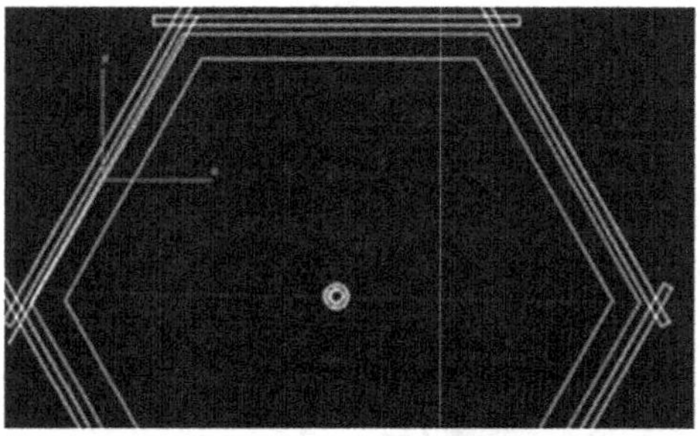

图 8-90 绘制的直线

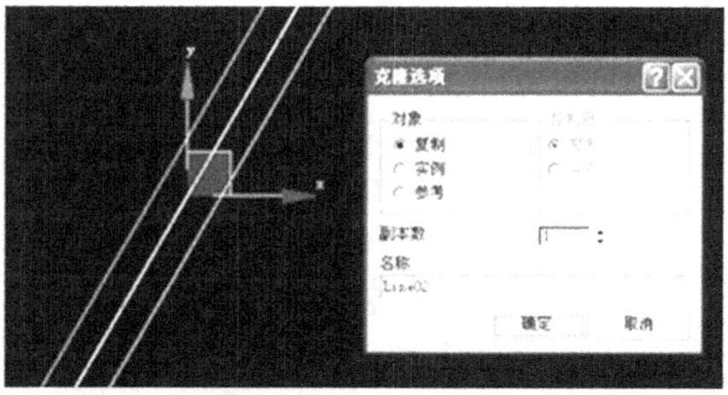

图 8-91 复制长方体

13. 选择三个长方体,单击【工具】T/ 塌陷 命令,将三个长方体链接为一体,在顶视图中再画出长方体,对这三个长方体的两侧分别进行布尔运算,结果如图 8-92 所示。

14. 将这个模型复制两个,旋转合适角度,如图 8-93 所示。

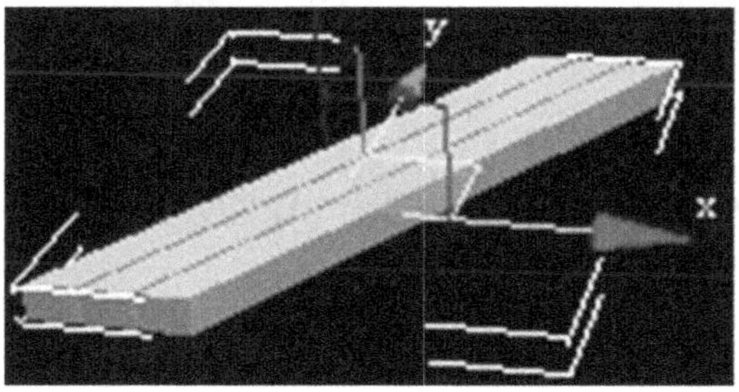

图 8-92 布尔运算后

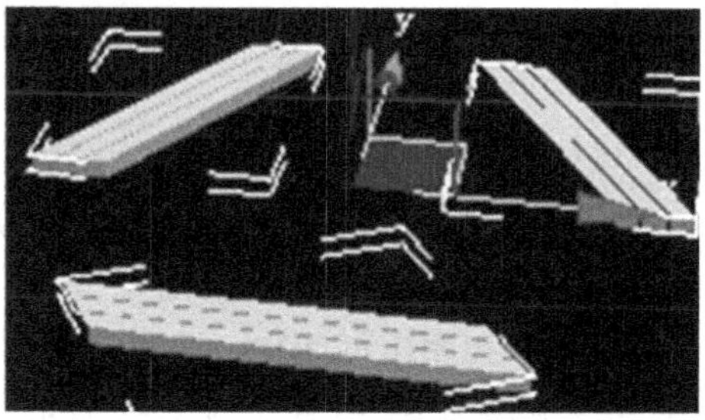

图 8-93 复制并旋转

15. 将所有制作好的模型合成一体,最终效果如图 8-81 所示(材质参考子任务 5 由读者自行编辑,并给赋,这里不再赘述)。

巩固训练

绘制如图 8-94 所示的喷泉模型。

图 8-94 喷泉模型

子任务 7 制作小桥

实例效果

小桥模型见图 8-95。

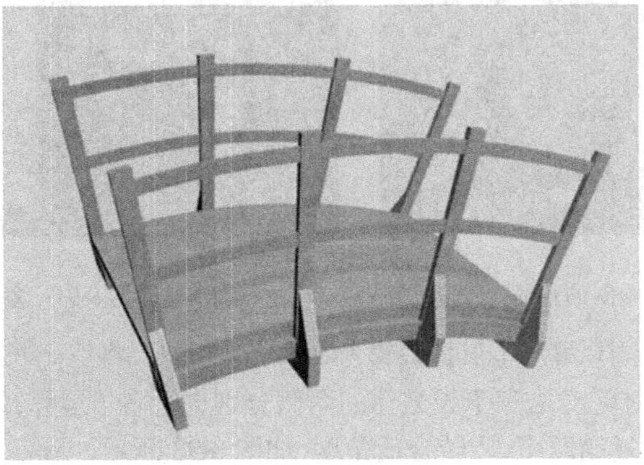

图 8-95 小桥模型

操作步骤

1. 在顶视图中创建一个 2000 × 3500 × 120 的长方体，长度分段为 10，宽度分段为 30，高度分段为 10，如图 8-96 所示。

2. 在顶视图中再创建一个 2100 × 3500 × 20 的长方体，长度分段为 10，宽度分段为 30，高度分段为 10，位置如图 8-97 所示。

3. 在顶视图中再创建一个 50 × 120 × 1500 的长方体，作为小桥的栏杆，并将其复制三个，位置如图 8-98 所示。

4. 继续在顶视图中创建一个 20 × 3500 × 100 的长方体，长度分段为 10，宽度分段为 30，高度分段为 10，作为小桥的护栏，并将其复制一个，位置如图 8-99 所示。

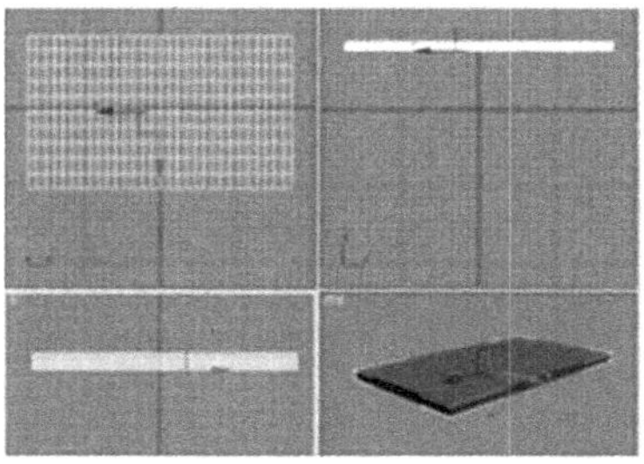

图 8-96　长方体

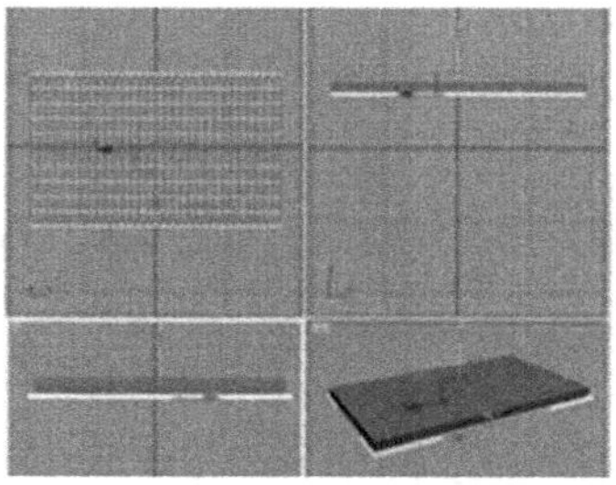

图 8-97　第二个长方体的位置

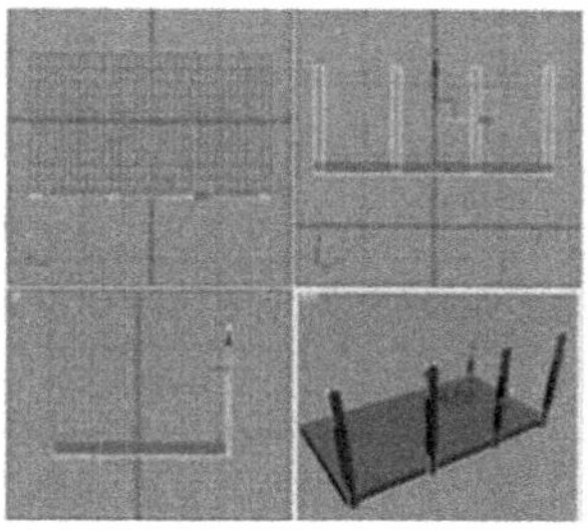

图 8-98　栏杆的位置

5. 在左视图中用【线】命令画出桥墩的形状,如图 8-100 所示。

6. 对二维线形进行挤出操作,挤出数量为 100,然后将其复制三个,位置如图 8-101 所示。

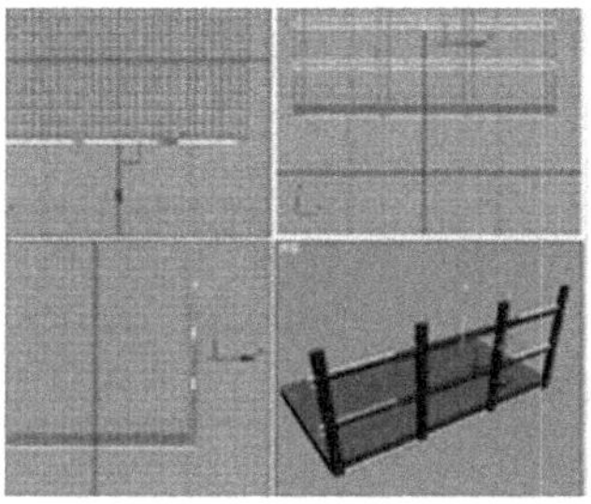

图 8-99　护栏的位置

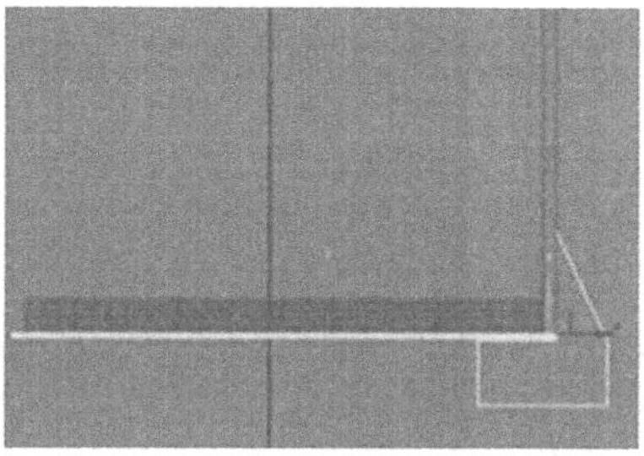

图 8-100　桥墩二维线形

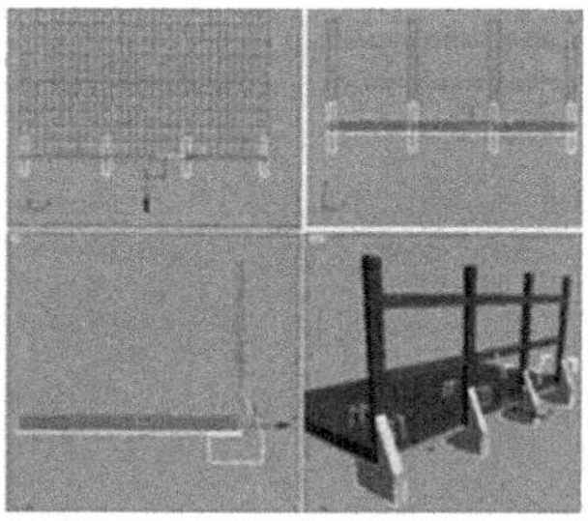

图 8-101　桥墩的位置

7. 在左视图中绘制一个 150×150×346 的长方体,长度分段为 10,宽度分段为 30,高度分段为 10,作为桥底部的横梁,位置如图 8-102 所示。

8. 选择小桥创建好一侧的全部模型镜像复制到另一端,结果如图 8-103 所示。

9. 选择全部模型进行成组。然后单击菜单栏中的【修改器】/【参数化变形器】/【弯曲】命令,在【修改】面板中设置【角度】为 30,【弯曲轴】选择【X】轴,结果如图 8-104 所示。

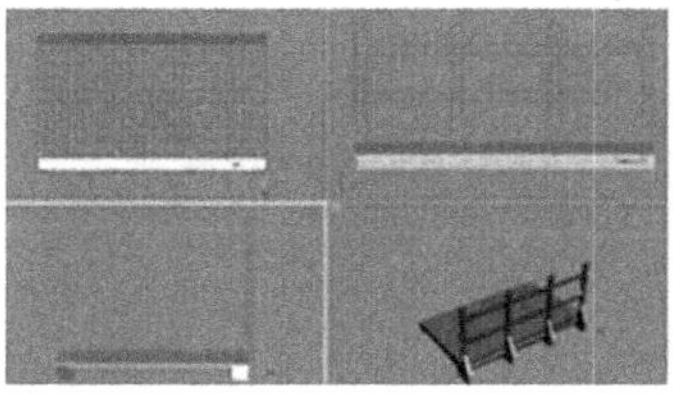

图 8-102　横梁的位置

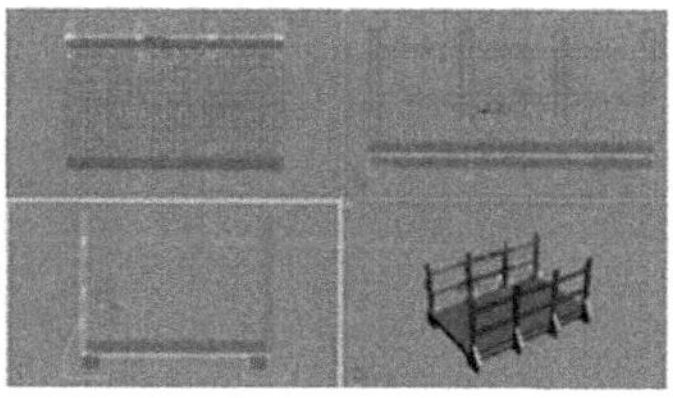

图 8-103　镜像复制一侧模型

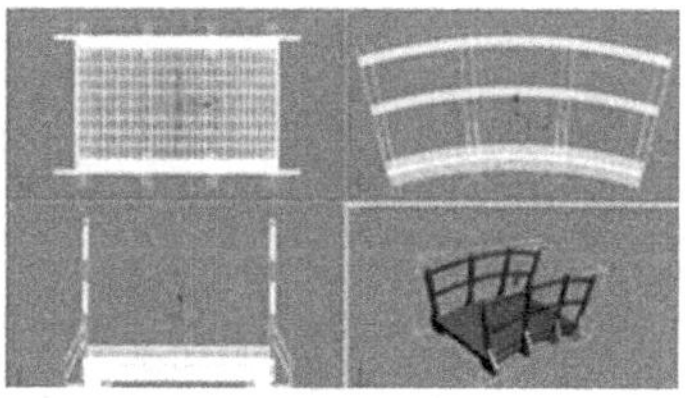

图 8-104　弯曲结果

10. 为小桥编辑木纹材质并给赋,渲染透视图,最终结果如图 8-95 所示。

巩固训练

绘制如图 8-105 所示的小桥效果。

图 8-105　小桥效果

子任务 8　制作公交站台

实例效果

公交站台效果见图 8-106。

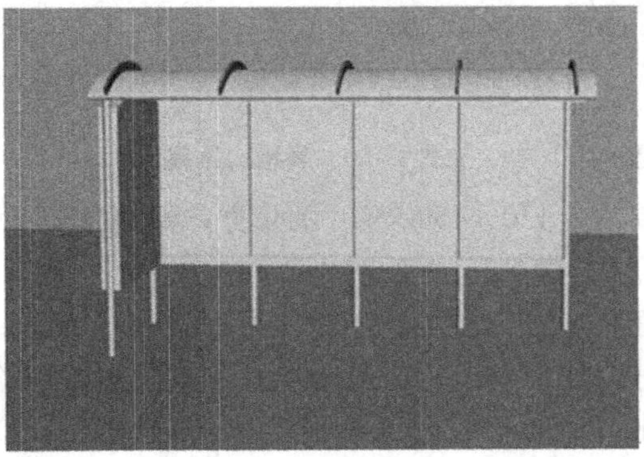

图 8-106　公交站台效果

操作步骤

1. 单击 / / 弧 命令按钮，在左视图中创建一条弧线，作为站台的顶梁，如图 8-107 所示。

2. 按住【Shift】键拖动【移动】工具将画好的弧线复制出一条，位置如图 8-108 所示。

3. 在修改器列表中依次单击 / 编辑样条线 / 轮廓 按钮，输入相应数值，如图 8-109 所示。

4. 使用相同的方法编辑另一条弧线，如图 8-110 所示。

5. 将编辑好的轮廓附加一个【挤出】命令，上面的弧线挤出数量设置为 30，作为顶梁；下面的弧线挤出数量设置为 5000，作为站台顶盖。然后将顶梁复制四个，放于适当的位置，如图 8-111 所示。

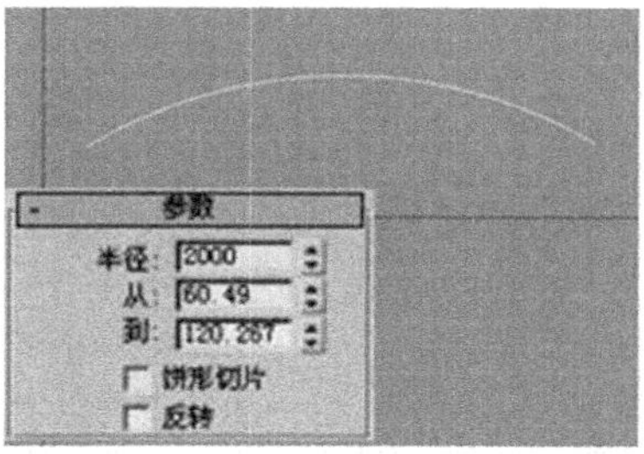

图 8-107　弧线

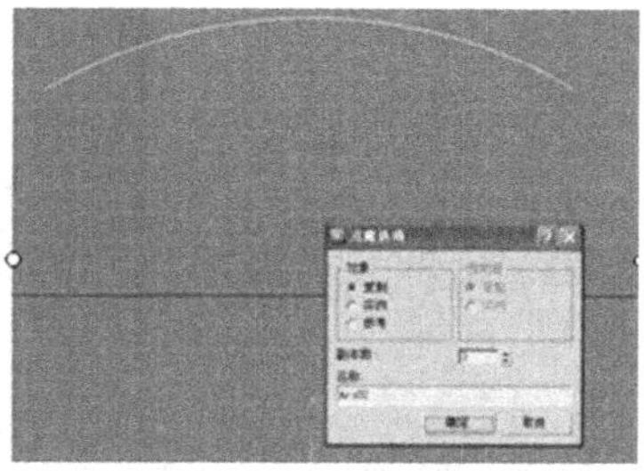

图 8-108　复制弧线

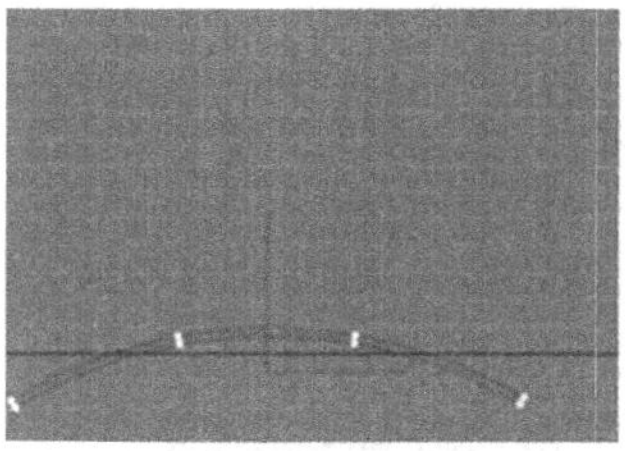

图 8-109　轮廓(1)

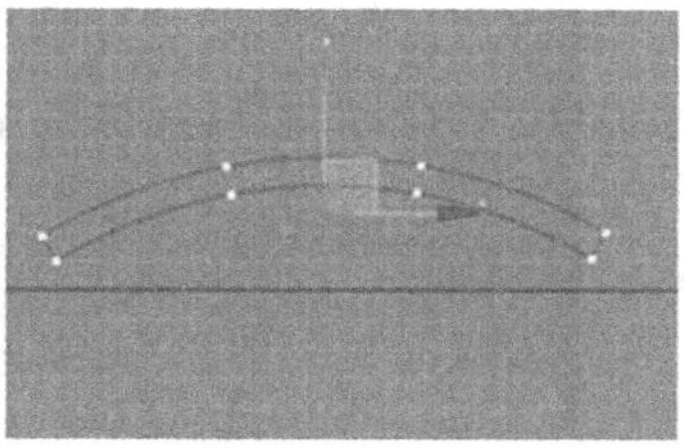

图 8-110　轮廓(2)

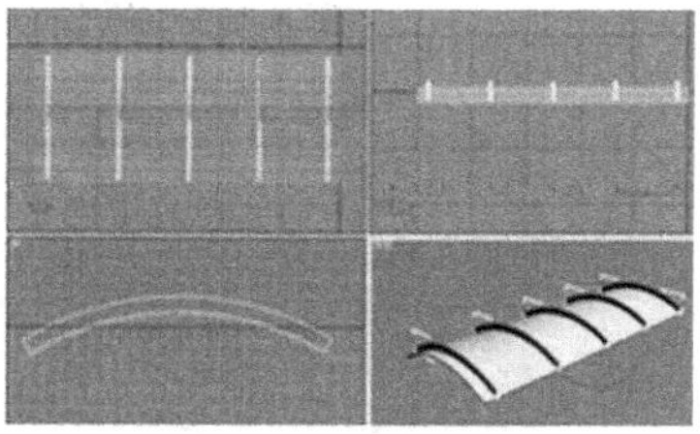

图 8-111　站台顶

6. 在【创建】面板中单击【标准基本体】/【长方体】命令，在左视图中绘制一个 100 × 100 × 5000 的长方体，作为纵梁，位置如图 8-112 所示。

7. 在顶视图中绘制一个半径为 50、高度为 2500 的圆柱体，作为站台的柱子。将柱子复制五个，分别与相应的顶梁对齐，具体位置如图 8-113 所示。

8. 在左视图中绘制一个 1838 × 1834 的矩形，位置如图 8-114 所示。

图 8-112　纵梁的位置

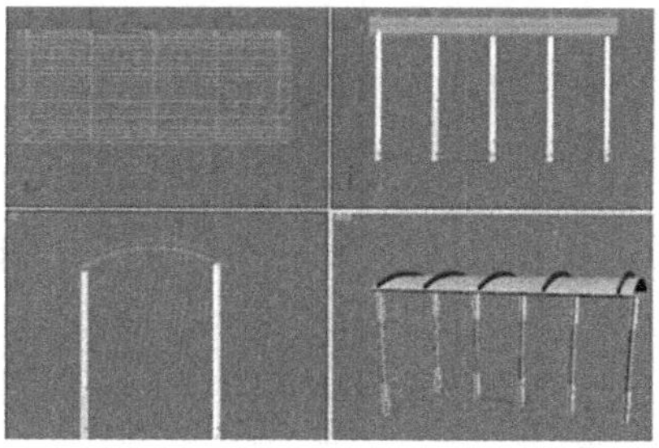

图 8-113　柱子的位置

图 8-114　矩形的位置

9. 在修改器列表下选择【编辑样条线】，选择【顶点】编辑，在下面【修改】面板中点击【优化】，在矩形的边上添加点，如图 8-115 所示。

10. 在左视图中单击鼠标右键，在弹出的菜单中选择【平滑】项。然后使用【选择并移动】工具将点向上拖拽到合适高度，如图 8-116 所示。

11. 将编辑好的图形用修改器列表下的【轮廓】命令进行编辑，轮廓大小如图 8-117 所示。

12. 进行【挤出】命令操作，挤出数量设置为 200，如图 8-118 所示。

13. 将制作出的模型进行复制，如图 8-119 所示，站台模型制作完毕。添加一个地面并设置一个摄影机，渲染相机视图，效果如图 8-106 所示。

图 8-115　添加点

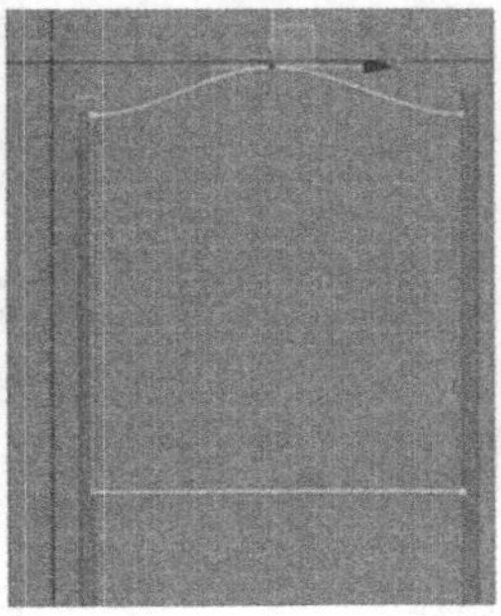

图 8-116　移动顶点

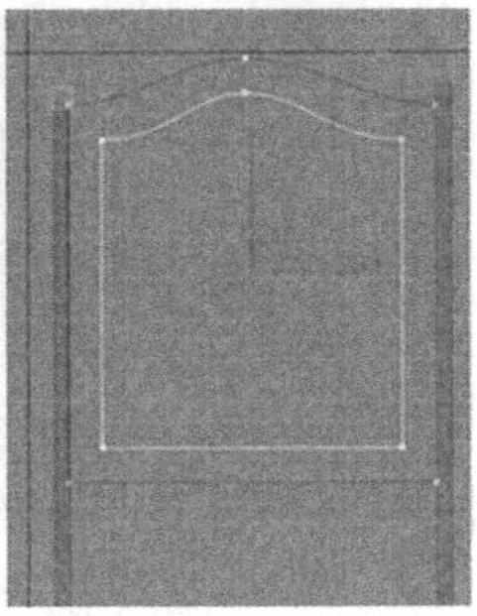

图 8-117　轮廓(3)

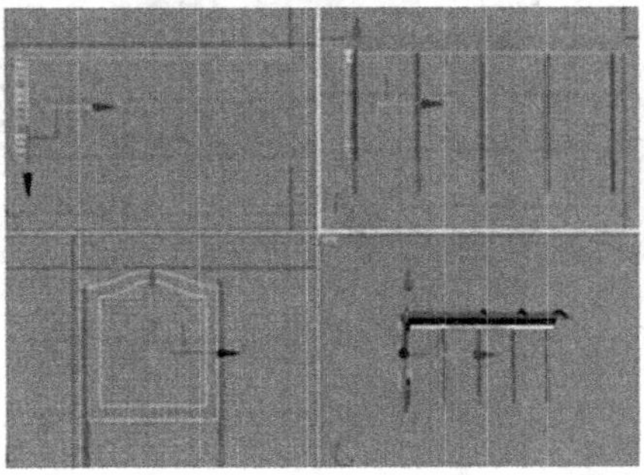

图 8-118　挤出

图 8-119　站台模型

14. 请读者自行编辑材质并给赋。

巩固训练

自己设计绘制一个简单的公交站台。

子任务 9　制作传达室效果

实例效果

传达室渲染效果见图 8-120。

操作步骤

1. 单击【创建】/【图形】/【矩形】命令，在顶视图中画一个 4300×6500 的矩形，将它命名为“墙基”，如图 8-121 所示。

2. 单击鼠标右键，选择【编辑样条线】命令，从中选择次物体下的【顶点】命令。在【几何体】卷展栏下单击【优化】项，在如图 8-122 所示的位置共添加四个点，其中上面两点距离为 900 mm，底部两点距离为 100 mm。

3. 关闭【优化】按钮，在视图中选择所有的点，单击鼠标右键，在弹出的快捷菜单中选择【角点】选项，将点的类型设置为角点类型。

4. 在工具栏中选择工具，选择底部线段上左侧的两个点，将它们沿 Y 轴向上移动

图 8-120　传达室渲染效果

300 mm,选择左侧第二个点,沿 X 轴将其向右移动 100 mm。

进入【线段】次物体级,选择顶部的第二条线段,按【Delete】键,将它删除,作为门洞区域,如图 8-123 所示。

图 8-121　创建矩形

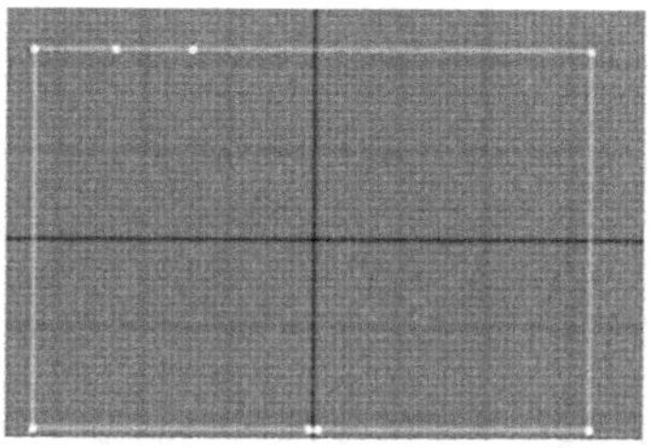

图 8-122　添加点

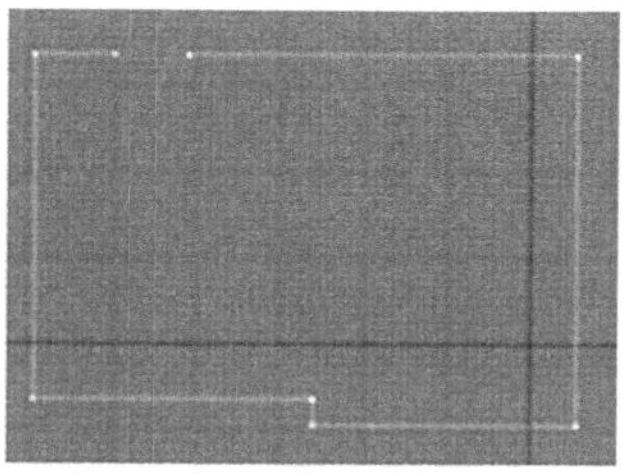

图 8-123　开门洞

5. 进入【样条线】次物体级,在视图中选择样条曲线,在【几何体】卷展栏中将【轮廓】值设置为 240,按【轮廓】按钮,结果如图 8-124 所示。

6. 关闭次物体级,为"墙基"指定【挤出】修改器,将【数量】值设置为 700,如图 8-125 所示。

7. 选择【编辑】/【复制】命令,对"墙基"进行复制,在打开的对话框中选择【复制】选项,将名字定义为"右侧上面墙体",单击【确定】按钮。

8. 进入【修改】面板,在修改器堆栈中返回"右侧上面墙体"的【编辑样条线】堆栈层,进入【线段】子对象层级,在顶视图中按【Delete】键删除多余的线段,结果如图 8-126 所示。

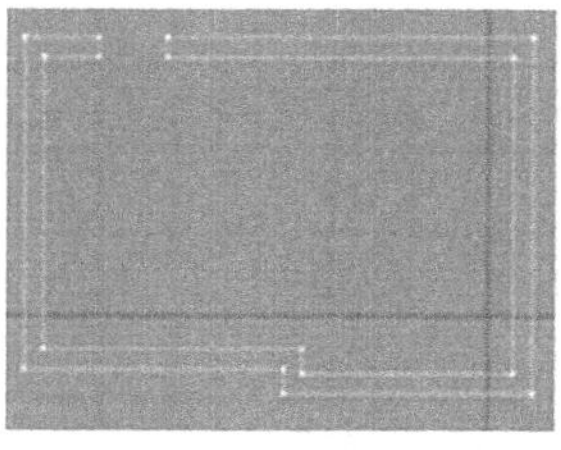

图 8-124　轮廓(1)

图 8-125　挤出(1)

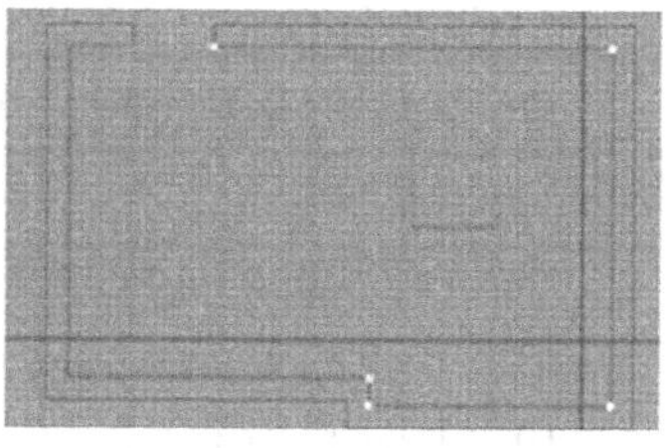

图 8-126　删除线段后

9. 进入【样条线】次物体级，在视图中选择样条曲线，在【几何体】卷展栏中设置数值为 180 的轮廓，结果如图 8-127 所示。

10. 关闭当前选择级，返回【挤出】堆栈层，将【数量】值重新设置为 2400，并放于"墙基"的上面，结果如图 8-128 所示。

11. 单击【线】命令，在顶视图中绘制如图 8-129 所示的二维闭合线形，命名为"右侧上面墙体"。

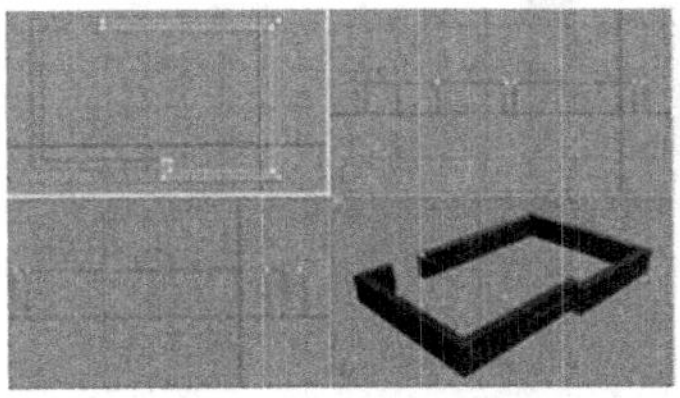

图 8-127　轮廓(2)

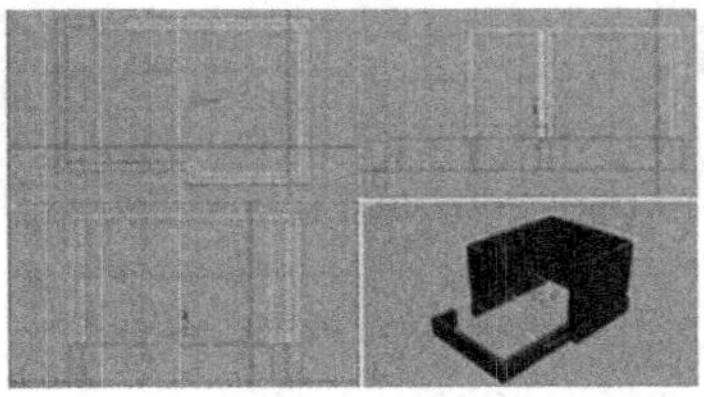

图 8-128　挤出(2)

图 8-129　二维闭合线形

12. 将此二维闭合线形挤出 2400，放于"墙基"的上面，结果如图 8-130 所示。

13. 在顶视图中绘制一个 760 × 2600 × 1800 的长方体，将其复制一个并沿 Z 轴旋转 90°，位置如图 8-131 所示。

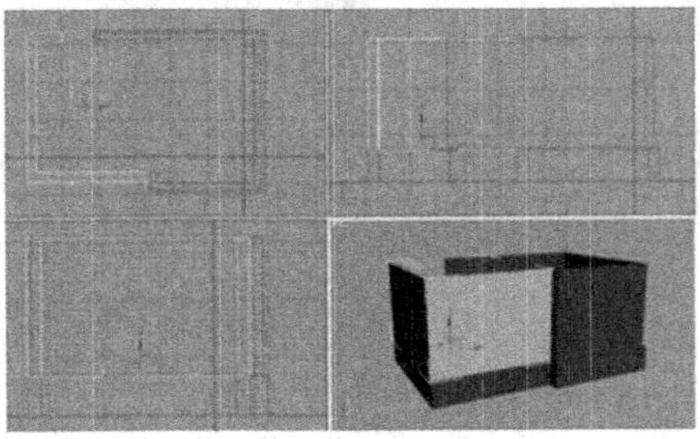

图 8-130　挤出(3)

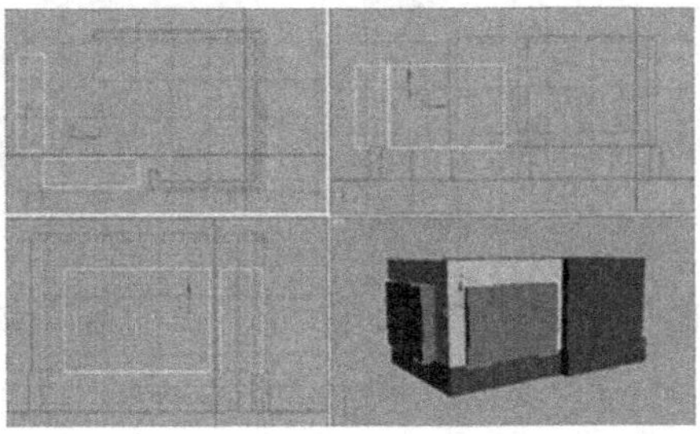

图 8-131　长方体的位置

14. 选择"左侧上面墙体"，用布尔运算减去两个长方体，开出窗洞，结果如图 8-132 所示。

15. 制作窗楞。在前视图中绘制一个 1800 × 2600 的矩形，命名为"窗框"。单击【修改】按钮，在其下拉列表中选择【编辑样条线】，进入【样条线】子对象层级，在【几何体】卷展栏中的【轮廓】下勾选【中心】，将轮廓设置为 60，如图 8-133 所示。

16. 关闭当前选择级，在修改器下拉列表中选择【挤出】修改器，在【参数】卷展栏中将【数量】设置为 125。

17. 在前视图中绘制一个 1740 × 2540 的矩形，命名为"窗楞"。隐藏其他图形，如图 8-134所示。

18. 在窗楞的内部按照要求布局创建矩形，其中上面的两个矩形大小相等，下面的四个矩形大小也相等，最后将它们与窗楞图形连接在一起。

19. 单击【修改】命令，在其下拉列表中选择【倒角】命令，重新命名为"窗楞"，设置【倒角值】和结果如图 8-135 所示。

20. 在前视图中创建一个 1685 × 2500 × 5 的长方体，命名为"玻璃"，单击鼠标右键，

图 8-132　布尔运算结果

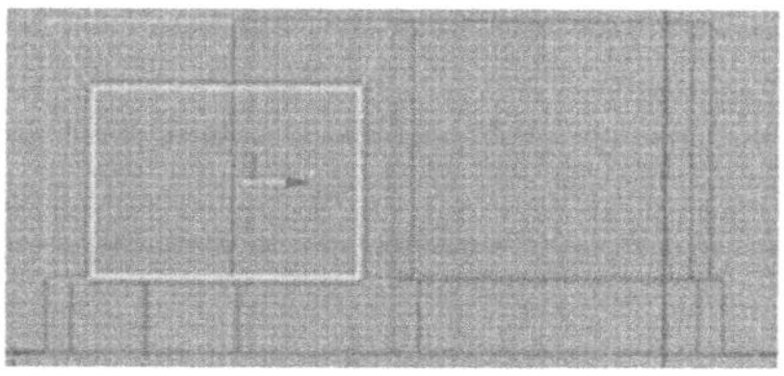

图 8-133　编辑二维线形

图 8-134　隐藏其他图形

按名称取消“窗框”的隐藏，位置如图 8-136 所示，组成整个窗的造型。

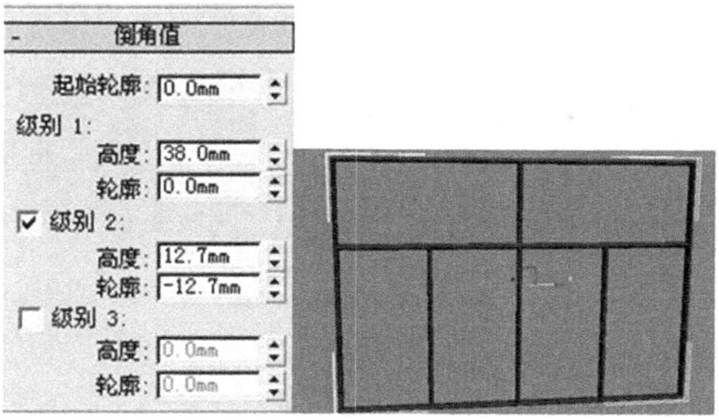

图 8-135　设置【倒角值】和结果

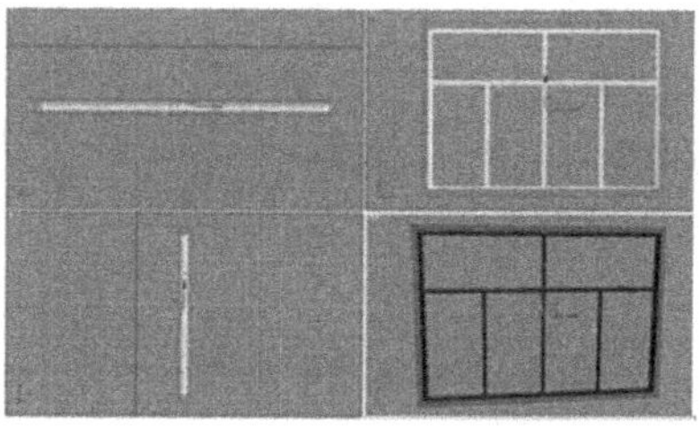

图 8-136　玻璃的位置

21. 单击鼠标右键，全部取消隐藏，将窗的整个造型选择并复制一个，在顶视图中将其沿 Z 轴旋转 90°，移动到左侧墙空洞位置，结果如图 8-137 所示。

22. 在顶视图中用【线】命令绘的一个如图 8-138 所示的二维线形，命名为“地面”。

23. 选择“地面”二维线形，将其挤出 50，结果如图 8-139 所示。

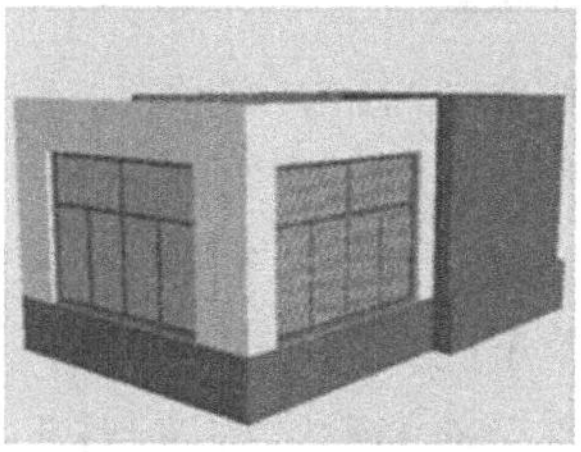

图 8-137　两个窗的位置

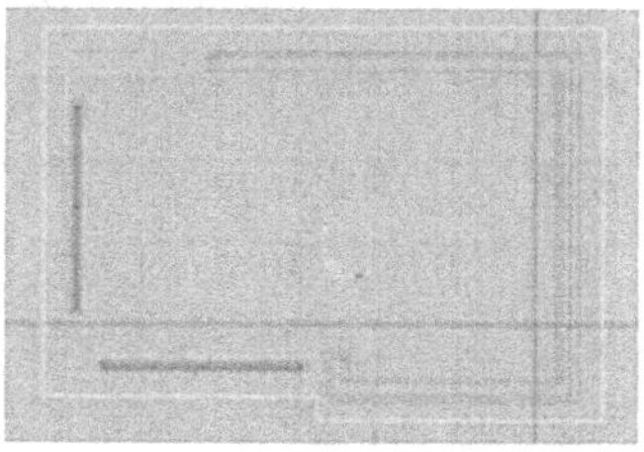

图 8-138　“地面”二维线形

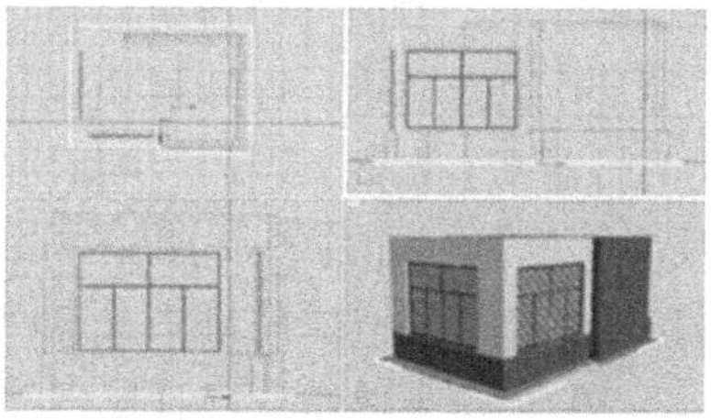

图 8-139　挤出地面

24. 在顶视图中用【线】命令绘制一个如图 8-140 所示的二维线形，命名为“房盖”。

25. 选择“房盖”二维线形，将其挤出 200，放于墙体的上面，结果如图 8-141 所示。

26. 在顶视图中创建一个 4800 × 3850 × 200 的立方体，命名为“探檐”，位置如图 8-142所示。

27. 在顶视图中创建一个 240 × 860 × 2400 的立方体，命名为“门”，位置如图 8-143 所示。

28. 在左视图中绘制如图 8-144 所示（图中隐藏了部分造型）的二维线形，命名为“内墙”，为它施加【挤出】修改器，【数量】设置为 250，然后在顶视图中沿 X 轴将它调整到中心位置，结果如图 8-145 所示。至此，传达室模型创建完毕。

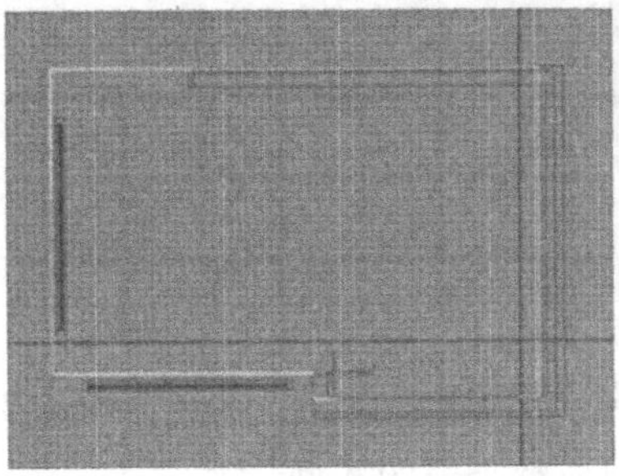

图 8-140　“房盖”二维线形

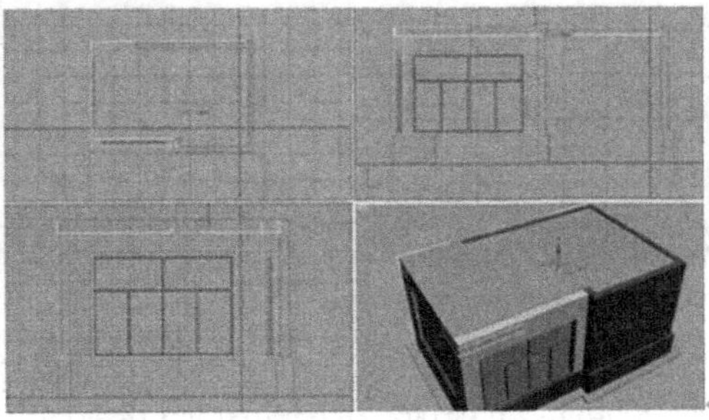

图 8-141　挤出房盖

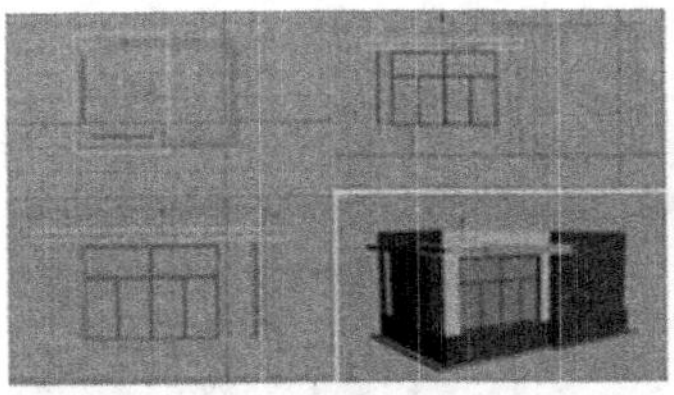

图 8-142　探檐的位置

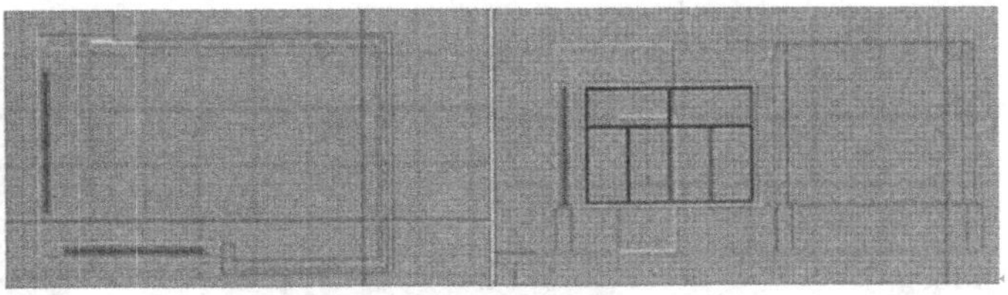

图 8-143　门的位置

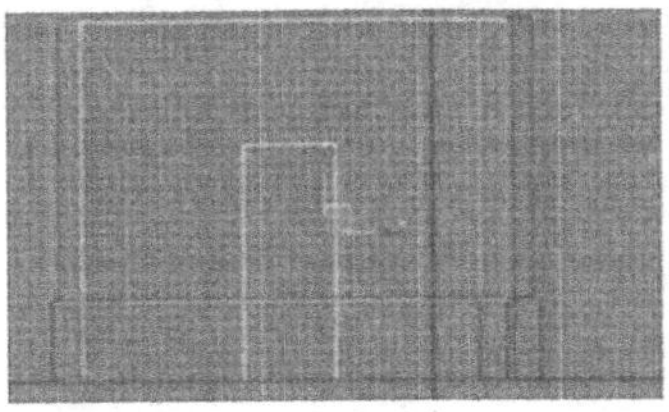

图 8-144　“内墙”二维线形

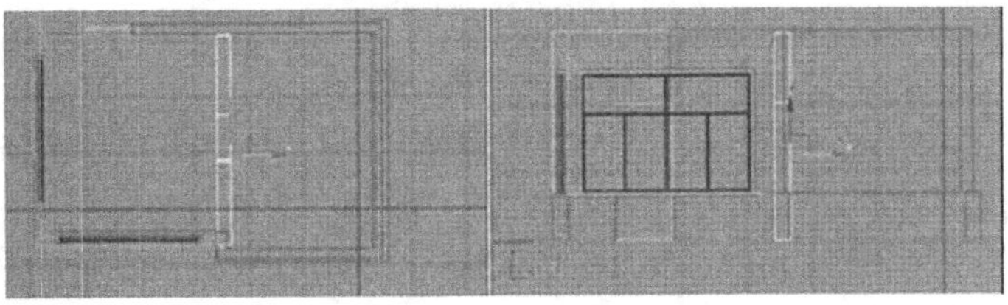

图 8-145　内墙的位置

29. 编辑材质。打开材质编辑器，选择一个空白的样本示例球，命名为“墙基”。在【明暗器基本参数】卷展栏中将阴影模式定义为 Phong，然后打开【贴图】卷展栏，单击【漫反射颜色】后面的【None】贴图按钮，在打开的【材质/贴图浏览器】中双击【位图】按钮，在打开的对话框中选择“随书光盘/贴图/石材/石材 12. jpg”文件，单击【打开】按钮。

30. 单击按钮，返回【贴图】卷展栏，拖动【漫反射颜色】通道后面的贴图按钮到【凹凸】通道后的【None】贴图按钮上，对它进行复制，在打开的对话框中选择【复制】方式，单击【确定】按钮。设置【凹凸】后面的【数量】为 200。

31. 在视图中选择“墙基”，单击按钮将材质赋给“墙基”。

32. 在修改器下拉列表中选择【UVW 贴图】修改器，为“墙基”指定贴图坐标，选择【长方体】贴图方式，参数设置如图 8-146 所示，结果如图 8-147 所示。

33. 选择一个空白的样本示例球，命名为“墙体”，基本参数设置如图 8-148 所示。在视图中选择“右侧上面墙体”和“左侧上面墙体”，单击按钮给赋，结果如图 8-149 所示。

34. 选择一个空白的样本示例球，命名为“墙体 01”，基本参数设置如图 8-150 所示。在视图中选择“探檐”、“房盖”和“地面”，单击按钮给赋，结果如图 8-151 所示。

35. 选择一个空白的样本示例球，命名为“窗框”，在【明暗器基本参数】卷展栏中将阴

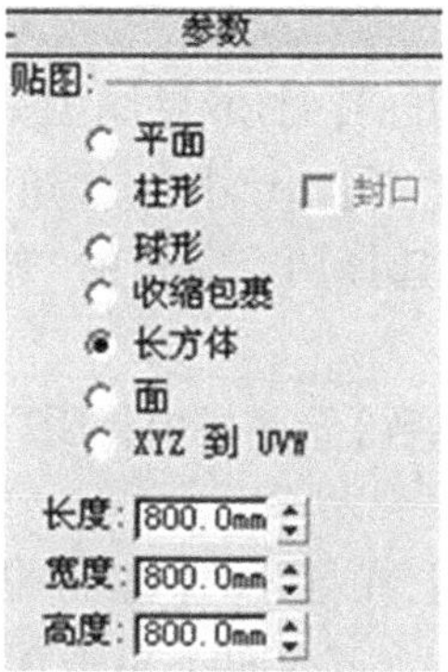

图 8-146　参数设置(1)

图 8-147　墙基材质给赋结果

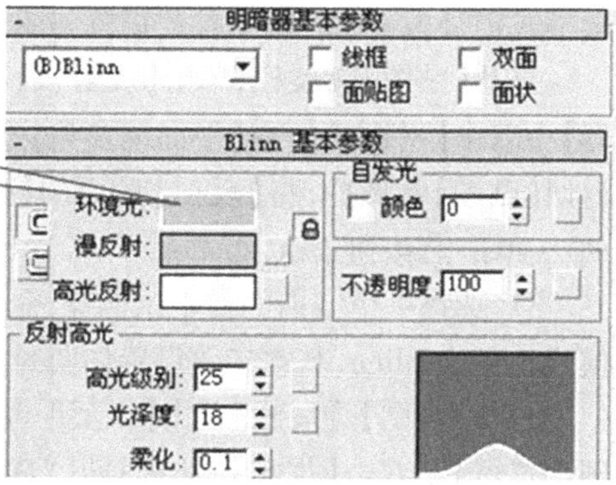

图 8-148　参数设置(2)

图 8-149　墙体材质给赋结果

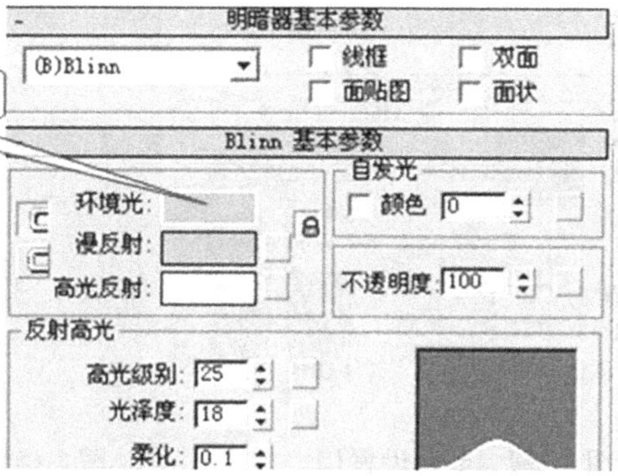

图 8-150　参数设置(3)

影模式定义为Phong，基本参数设置如图8-152所示。打开【贴图】卷展栏，单击【反射】后面的【None】贴图按钮，在打开的【材质/贴图浏览器】中双击【光线跟踪】按钮，【光线跟踪】参数为默认。单击 按钮，返回【贴图】卷展栏，将【反射】后面的【数量】设置为5。

在视图中选择两个窗户的"窗框"、"窗楞"和"内墙"，单击 按钮给赋，结果如图8-153所示。

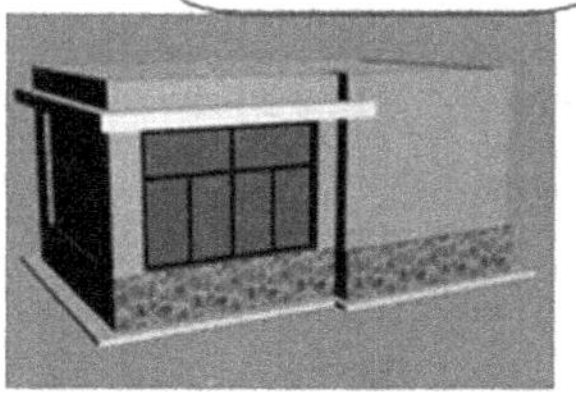

图 8-151　材质给赋结果

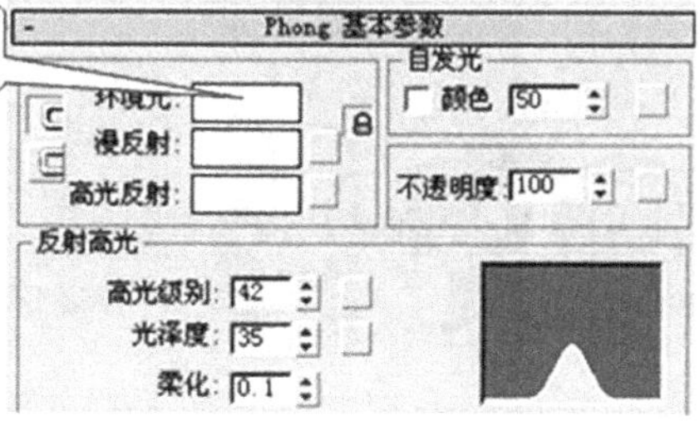

图 8-152　参数设置(4)

图 8-153　窗户材质给赋结果

36. 选择一个空白的样本示例球，命名为"玻璃"，在【明暗器基本参数】卷展栏中将阴影模式定义为 Blinn,基本参数设置如图 8-154 所示。

打开【贴图】卷展栏,单击【反射】后面的【None】贴图按钮,在打开的【材质/贴图浏览器】中双击【平面镜】,在【平面镜参数】卷展栏中勾选【应用于带 ID 的面】。单击按钮,返回【贴图】卷展栏,将【反射】后面的【数量】设置为 20。在视图中选择两个窗户的“玻璃”,单击按钮给赋。

37. 选择一个空白的样本示例球,命名为“门”,在【明暗器基本参数】卷展栏中将阴影模式定义为 Blinn,基本参数设置如图 8-155 所示。

打开【贴图】卷展栏,单击【漫反射颜色】后面的【None】贴图按钮,在打开的【材质/贴图浏览器】中双击【位图】,从中打开“随书光盘/贴图/木纹/木纹 01. jpg”文件。单击按钮,返回【贴图】卷展栏,将【反射】后面的【数量】设置为 15。再单击【反射】后面的【None】贴图按钮,在打开的【材质/贴图浏览器】中双击【平面镜】,在【平面镜参数】卷展栏中勾选【应用于带 ID 的面】。在视图中选“门”,单击按钮给赋,结果如图 8-156 所示。

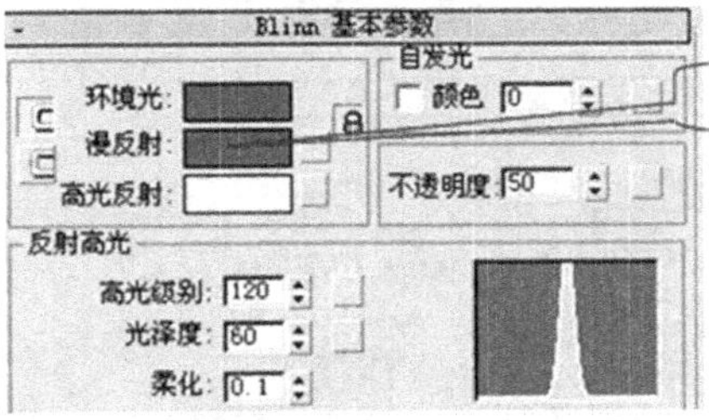

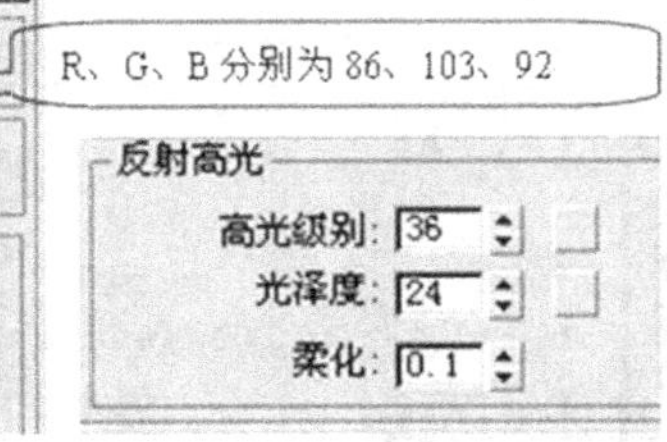

图 8-154　参数设置(5)　　图 8-155　参数设置(6)　　图 8-156　门材质给赋结果

38. 设置摄影机。单击【创建】/【摄影机】/【目标】命令,在顶视图中创建一架摄影机,将它的【镜头】设置为 32。

激活透视图,按【C】键将它转换为摄影机视图,如图 8-157 所示。

39. 设置灯光。单击【创建】/【灯光】/【目标聚光灯】命令,在顶视图中创建一盏目标聚光灯,参数设置如图 8-158 所示,位置如图 8-159 所示。

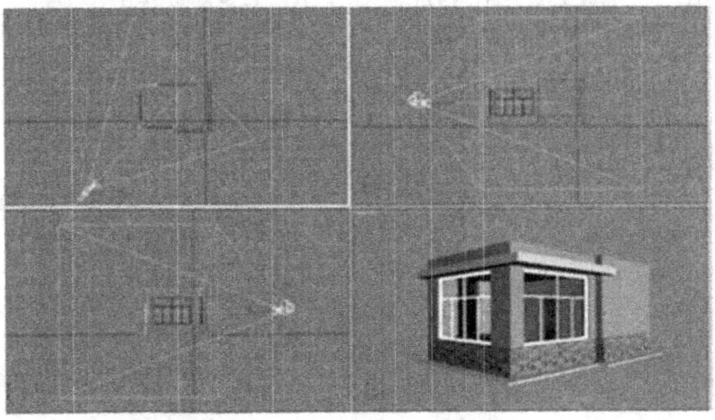

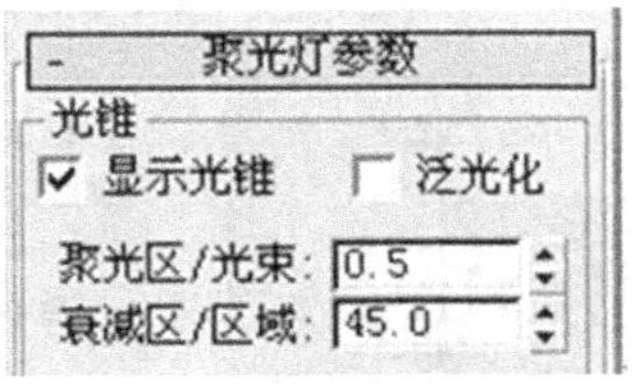

图 8-157　创建摄影机　　图 8-158　参数设置(7)

40. 选择【泛光灯】命令,在如图 8-159 所示的位置创建一盏泛光灯,将它的【倍增】设置为 0. 8。

41. 在如图 8-160 所示的位置再创建一盏泛光灯，将它的【倍增】设置为 0.3。

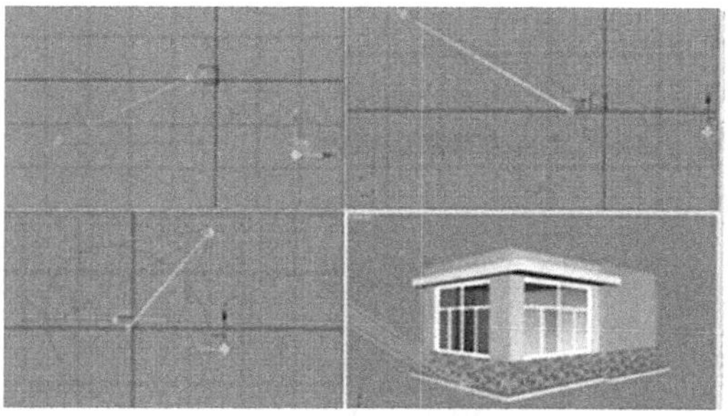

图 8-159　泛光灯的位置

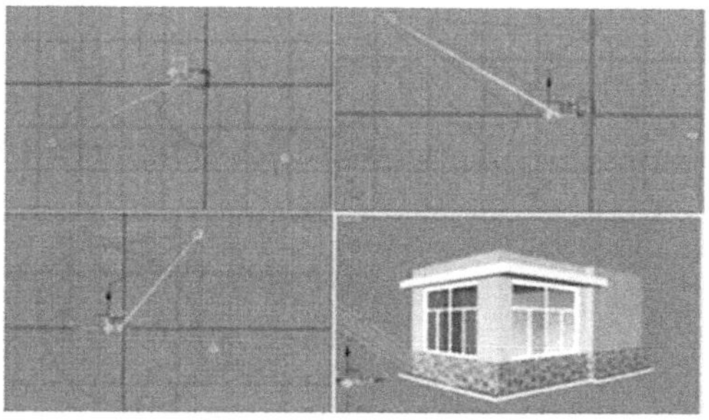

图 8-160　第二盏泛光灯的位置

按【Shift + Q】键，渲染相机视图，最终渲染结果如图 8-120 所示。

巩固训练

绘制如图 8-161 所示的传达室模型。

图 8-161　传达室模型

子任务 10　制作木建筑

实例效果

木建筑效果见图 8-162。

操作步骤

1. 打开 3ds Max，在左视图中用【线】命令绘制一个如图 8-163 所示的二维闭合线形，参考面积是 4000 × 3000。

2. 在【修改】面板中的修改器列表下选择【挤出】命令，数值为 4000。

3. 接着单击右键，转换为【可编辑多边形】，选择【边】级别，单击右键选择【切角】命

图 8-162　木建筑效果

令,参数设置如图 8-164 所示。

4. 把几何体外轮廓其他三条边,用同样的方法切角,得到如图 8-165 所示的图形。

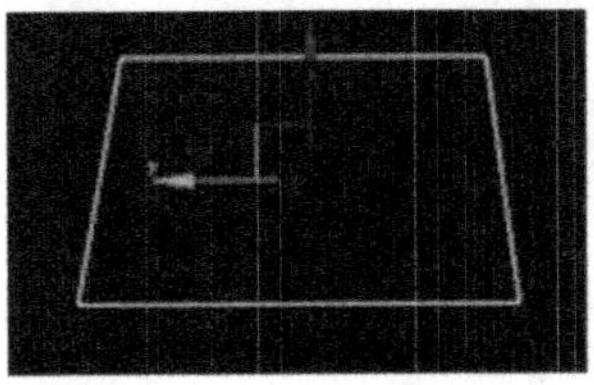

图 8-163　二维闭合线形

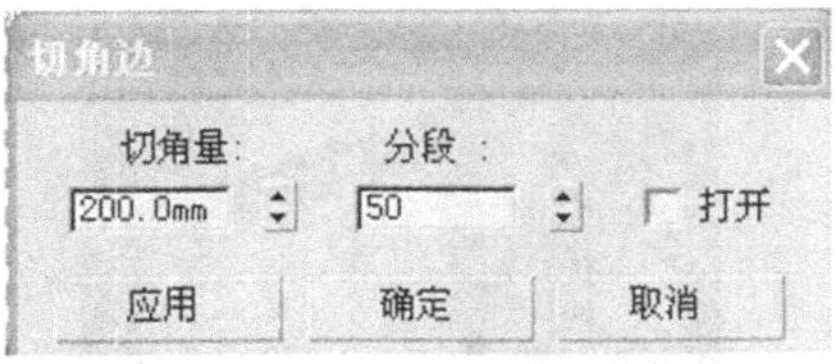

图 8-164　【切角】参数设置

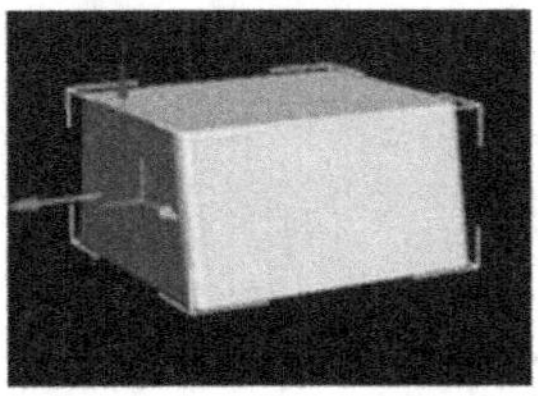

图 8-165　【切角】后的图形

5. 再选择【边】级别,单击右键选择【连接】命令,设置【分段】数量为 2,如图 8-166 所示。

6. 进入【多边形】子对象级,选择四条线围成的面,如图 8-167 所示。单击右键选择【挤出】命令,参数设置如图 8-168 所示。

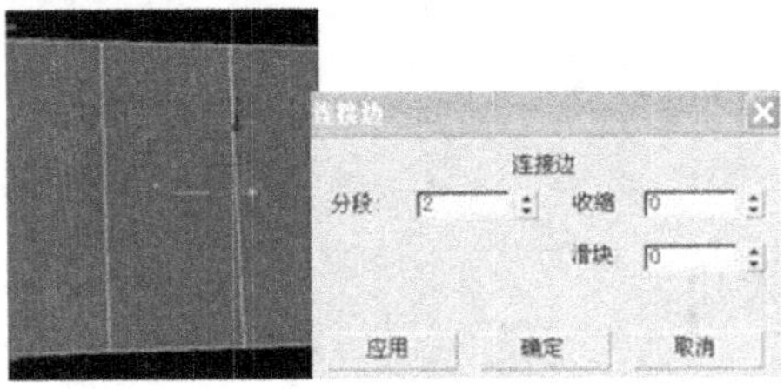

图 8-166　【连接】分段

图 8-167　选择面

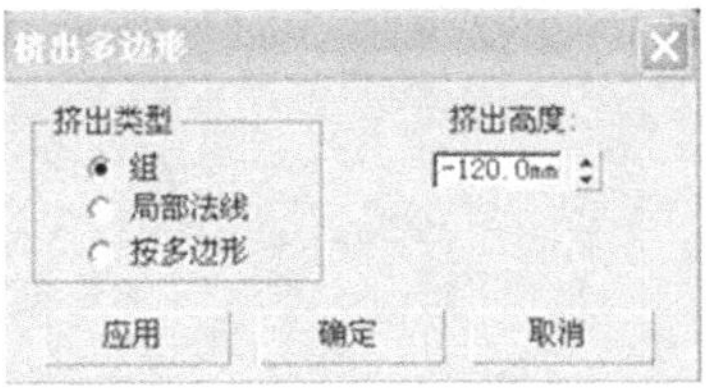

图 8-168　【挤出】参数设置

7. 在前视图中创建一个 50 × 1000 的矩形,位置如图 8-169 所示,然后对矩形挤出 20。

8. 在前视图中,按住【Shift】键,将矩形复制一个,位置如图 8-170 所示。

9. 选择两个长方体,再选择【旋转】工具,按住【Shift】键,进行旋转复制,结果如图 8-171所示。

10. 在左视图中,创建一个半径为 25、高度为 3700 的圆柱体,如图 8-172 所示。

11. 在顶视图中,复制一个圆柱体,位置如图 8-173 所示。

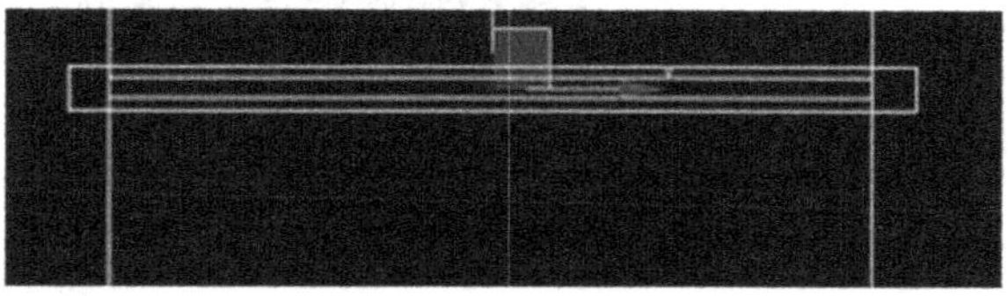

图 8-169　矩形的位置

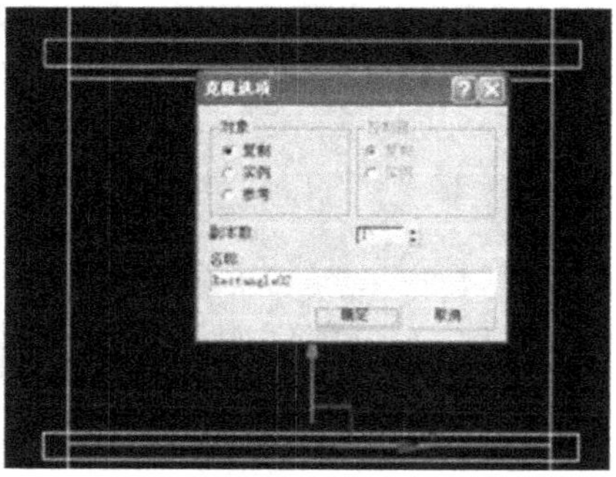

图 8-170　复制矩形的位置

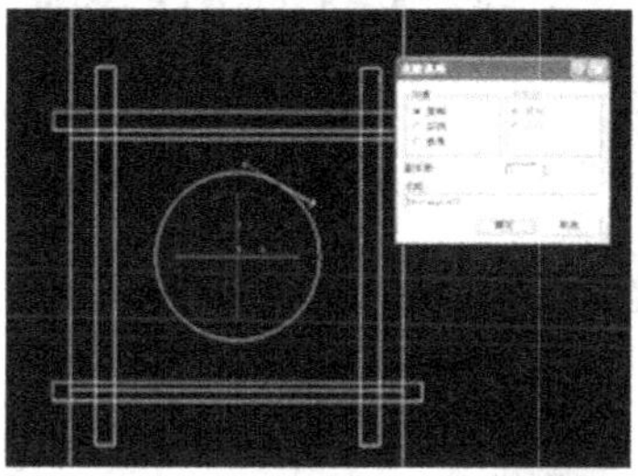

图 8-171　旋转复制挤出后的矩形

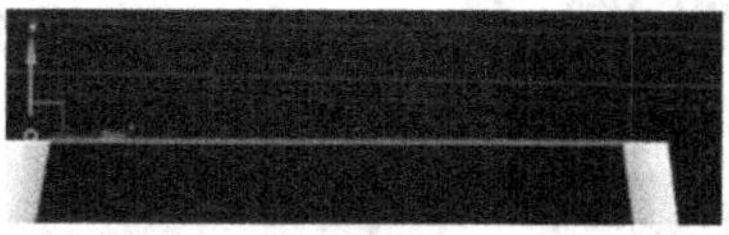

图 8-172　创建圆柱体(1)

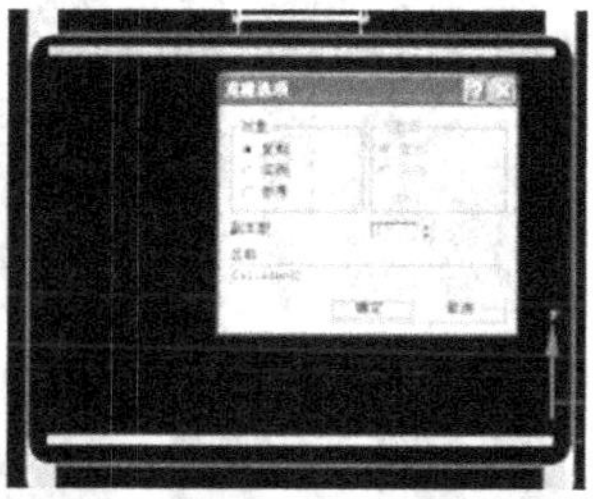

图 8-173　复制圆柱体

12. 选择两个圆柱体，点击【旋转】工具，按住【Shift】键，进行旋转复制，结果如图 8-174所示。

13. 在前视图中，复制已经制作好的四个圆柱体，作为栏杆，位置如图 8-175 所示。

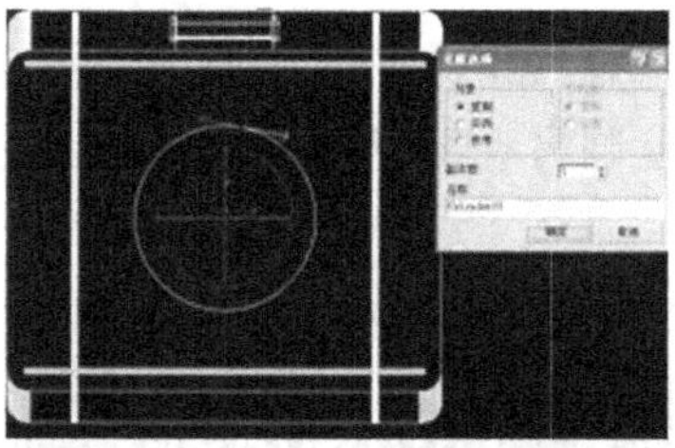

图 8-174　旋转复制圆柱体

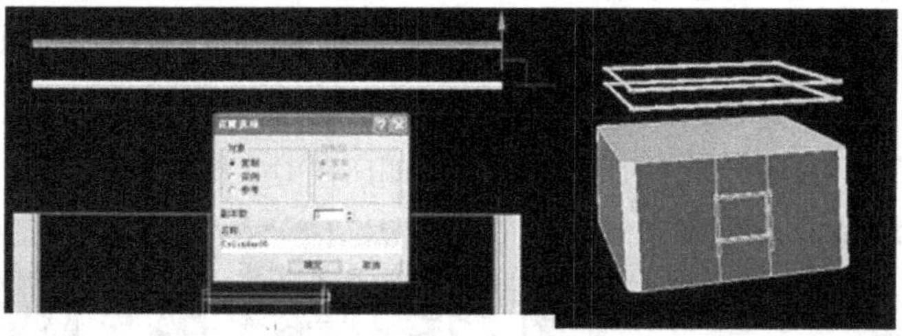

图 8-175　复制四个圆柱体

14. 在顶视图中，创建一个半径为 15、高度为 1110 的圆柱体，如图 8-176 所示。

15. 按住【Shift】键，复制多个圆柱体，复制的数量如图 8-177 所示。

16. 在顶视图中，创建一个半径为 150，高度为 8000 的圆柱体，如图 8-178 所示。

17. 在修改器列表下选择【FFD 4 ×4 ×4】修改器，修改形状，如图 8-179 所示。然后按住【Shift】键，将其复制四个，作为木建筑的四根柱子，如图 8-180 所示。

18. 在顶视图中，创建一个 2500 ×3300 ×200 的长方体，位置如图 8-181 所示。

19. 单击鼠标右键，转换为【可编辑多边形】，选择【面】级别，单击右键选择【倒角】命令，参数设置如图 8-182 所示。

20. 按住【Shift】键再复制一个造型，移动到上面，如图 8-183 所示。

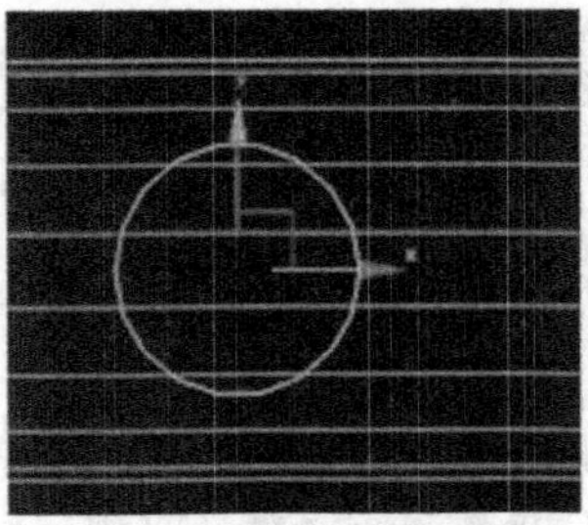

图 8-176　创建圆柱体(2)

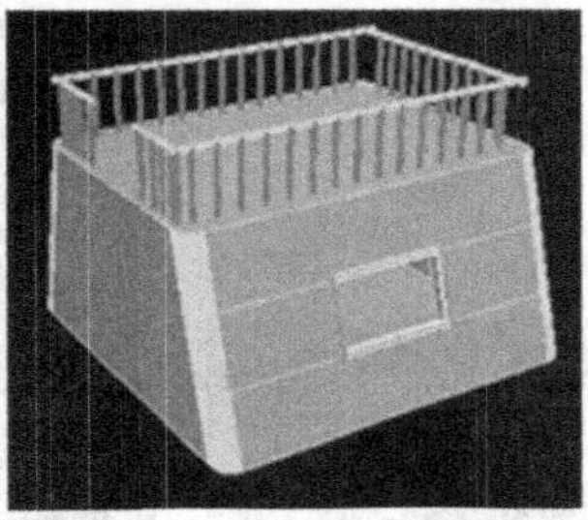

图 8-177　复制多个圆柱体

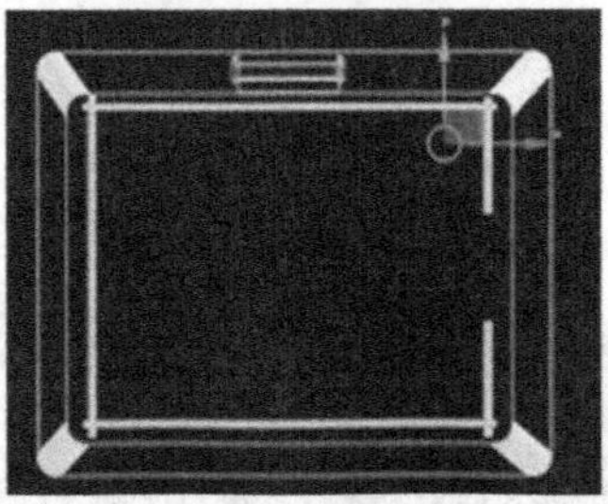

图 8-178　创建圆柱体(3)

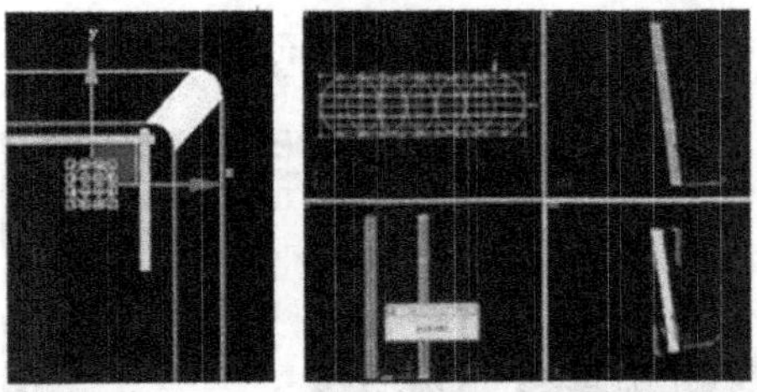

图 8-179　修改形状

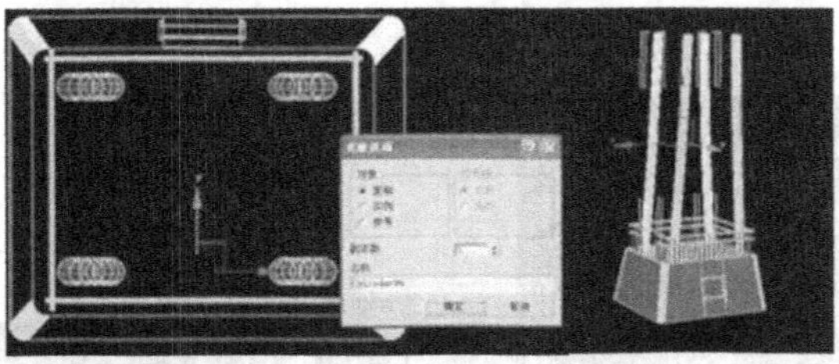

图 8-180　复制四根柱子的位置

图 8-181　创建长方体

图 8-182　【倒角】参数设置

21. 在顶视图中，选择【缩放】工具，将复制的造型缩小一点，如图 8-184 所示。

22. 选择已经创建好的第一层的栏杆，按住【Shift】键，复制另一组，移动到上面，我们需要制作第二层的栏杆和把手，如图 8-185 所示。

图 8-183　复制造型的位置

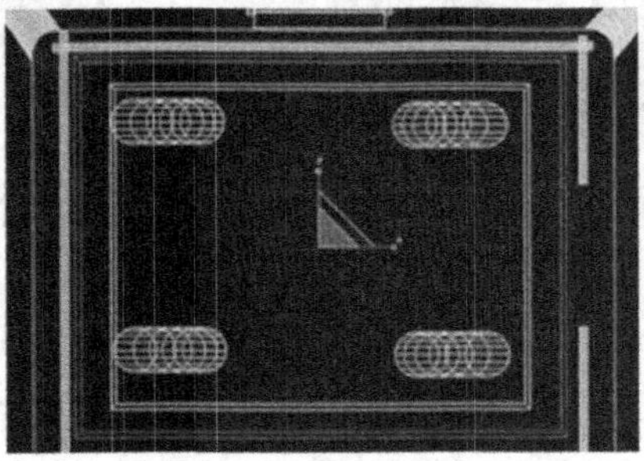

图 8-184　缩小造型

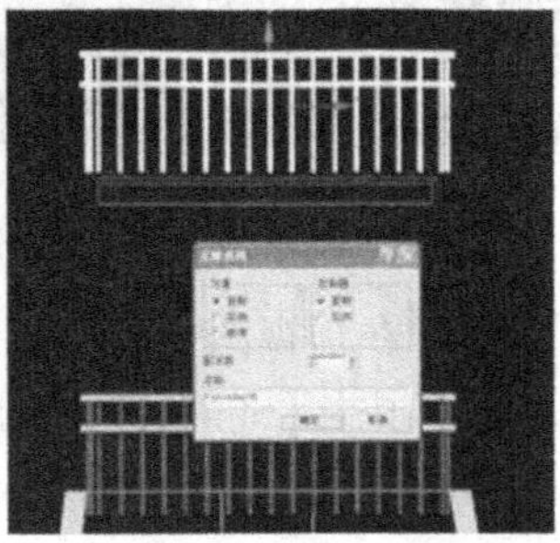

图 8-185　制作第二层的栏杆和把手

注意：因为每一层的面积都不相同，所以我们还要在顶视图中，控制栏杆和把手的比例，不要显得过大或过小了。第三层也是用同样的方法，完成之后，如图 8-186 所示。

23. 在顶视图中创建一个半径 1 为 1200、半径 2 为 50、高度为 500 的圆锥体，作为木建筑的顶,如图 8-187 所示。

24. 单击右键,转换为【可编辑多边形】,选择【面】级别,将多余的面删除,如图 8-188 所示。

图 8-186　完成的第三层

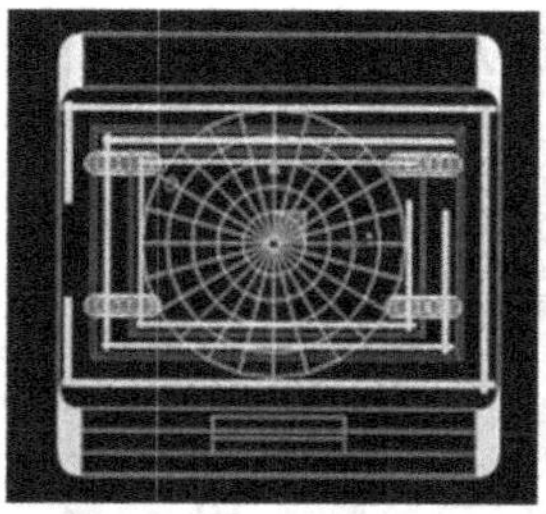

图 8-187　创建圆锥体

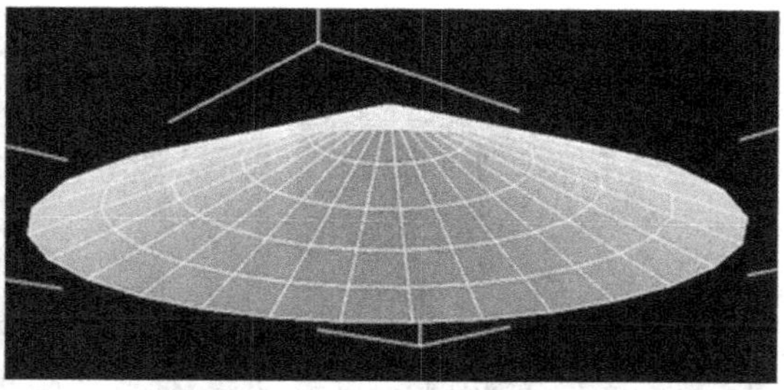

图 8-188　删除多余的面

25. 在修改器列表下,选择【壳】命令,使物体更加平滑,如图 8-189 所示。

26. 在顶视图中,创建一个半径为 35、高度为 700 的圆柱体,然后将圆柱体沿着圆锥体复制一圈,结果如图 8-190 所示。

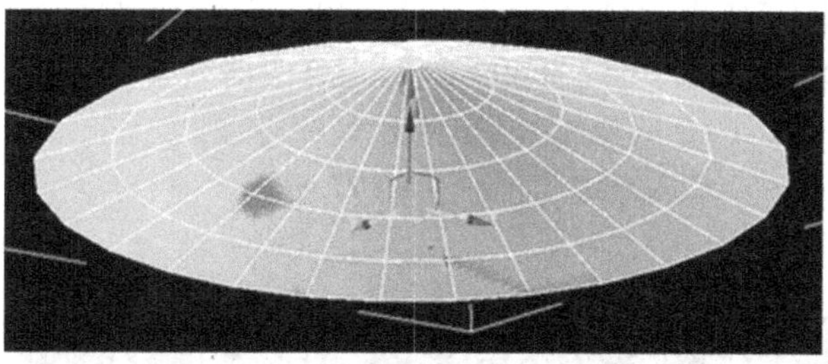

图 8-189　实施【壳】命令

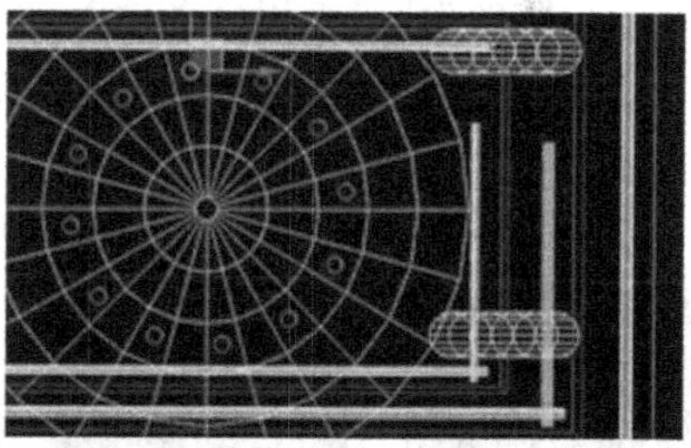

图 8-190　复制一圈圆柱体

27. 在顶视图中,再创建一个半径 1 为 1000、半径 2 为 30、边数为 28 的圆环,这样会更圆一些,位置如图 8-191 所示。

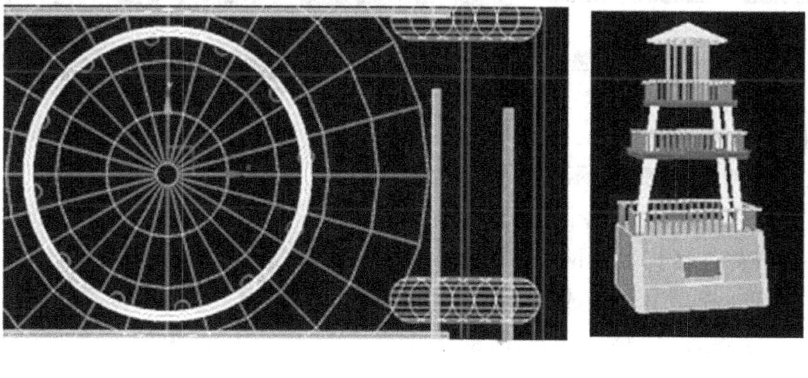

图 8-191　圆环的位置

28. 制作楼梯。在左视图中,用【线】命令画出楼梯的截面图形,如图 8-192 所示。

29. 在修改器列表中，选择【挤出】命令，挤出数值设置为 1000。

30. 在左视图中，用【线】命令再绘制一个图形，作为楼梯的背板，如图 8-193 所示。

31. 在修改器列表下，选择【挤出】命令，挤出数值设置为 1000，如图 8-194 所示。

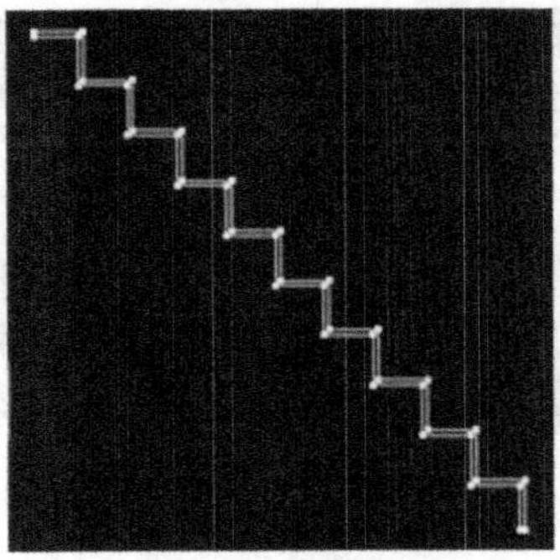

图 8-192　楼梯截面图形

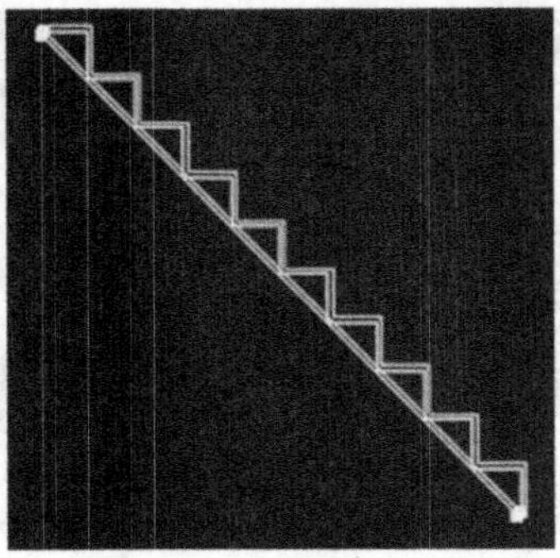

图 8-193　背板图形

图 8-194　挤出背板

32. 制作楼梯的栏杆。首先我们先来制作其中一个，在顶视图中用【线】命令画出如图 8-195 所示的二维图形。

33. 转换为【可编辑样条线】，进入【点】级别，调整线形为如图 8-196 所示的形状。

34. 选择【样条线】级别，实施【轮廓】命令，数值设为 60。然后在修改器列表下，选择【挤出】命令，挤出数值设置为 60。

选择【FFD4 ×4 ×4】修改器，编辑这个物体，编辑之后，如图 8-197 所示。

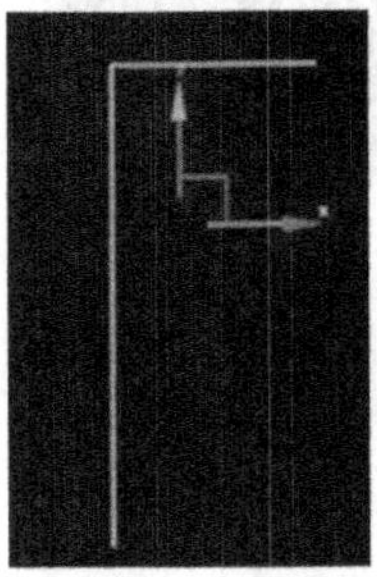

图 8-195　二维图形

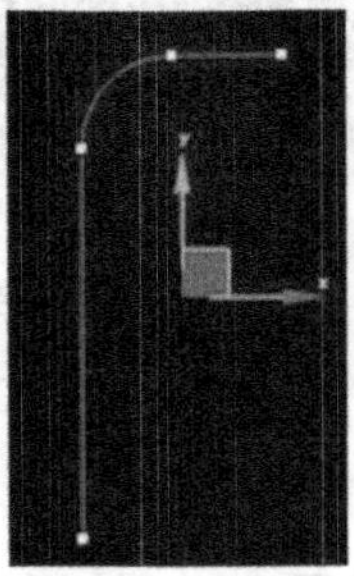

图 8-196　调整线形的形状

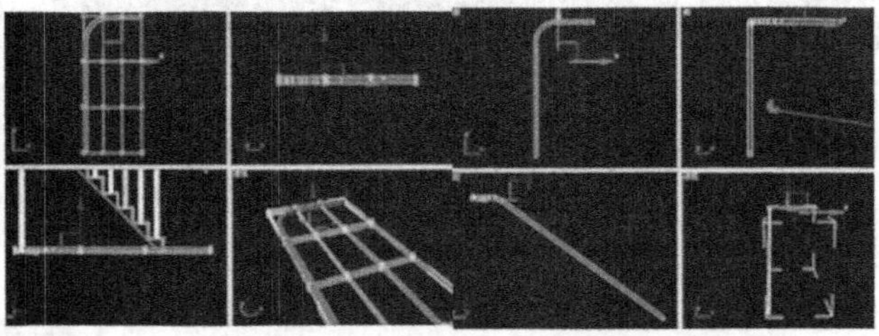

图 8-197　用【FFD4 ×4 ×4】修改器编辑后的形状

35. 创建支撑楼梯的柱子，在顶视图中，创建一个半径为 50、高度为 1800 的圆柱体，复制一个，位置如图 8-198 所示。

36. 在顶视图中再创建几个圆柱体，作为楼梯的扶手，数量以及位置参照图 8-199。

37. 将制作好的楼梯复制两组，位置如图 8-200 所示。

至此，木建筑模型制作完成。下面是经过编辑给赋材质，设置相机、灯光，再加一个背景图片（此部分内容略，请大家根据前面学习过的内容自行编辑），最终渲染效果如图 8-162所示。

巩固训练

复习制作木建筑模型。

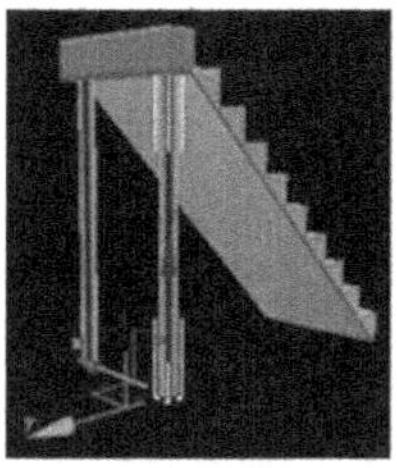

图8-198　柱子的位置

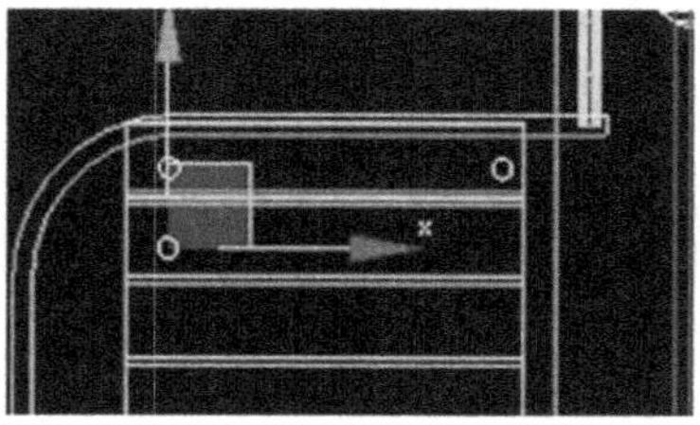

图8-199　楼梯的扶手

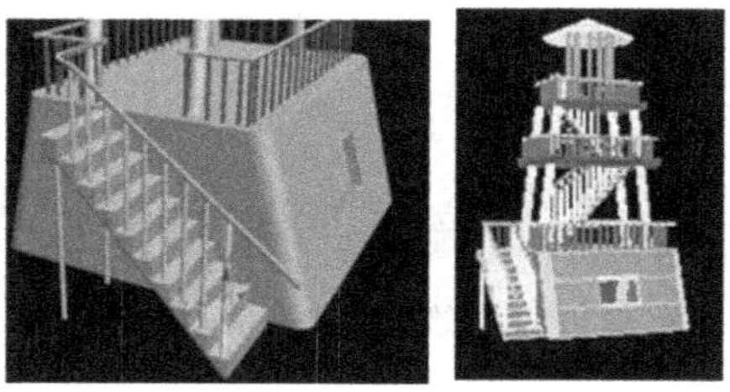

图8-200　楼梯的位置

子任务11　自然式园林小景设计

实例效果

自然式园林小景效果见图8-201。

图8-201　自然式园林小景效果

操作步骤

▲创建石拱桥

1. 重置3ds Max系统，设置单位为"mm"。

2. 单击按钮，在前视图中创建一个长度为3500、宽度为14000的参考矩形。

3. 单击按钮，在前视图中用【线】命令沿参考矩形绘制一条封闭的曲线，命名为"桥身"，如图8-202所示。

4. 单击，在修改器堆栈中激活，选中中间的四个顶点，在其上单击右键，将顶点的类型设置为【Brzier】，在视图中调整顶点如图8-203所示。

5. 确认"桥身"仍处于选择状态，单击按钮，在其下拉列表中单击【挤出】命令，并设置挤出的数量为3500，见图8-204。

6. 删除参考矩形，单击按钮，在前视图中用【弧】命令绘制一条弧线，命名为"桥拱"，并设置其参数，如图8-205所示。

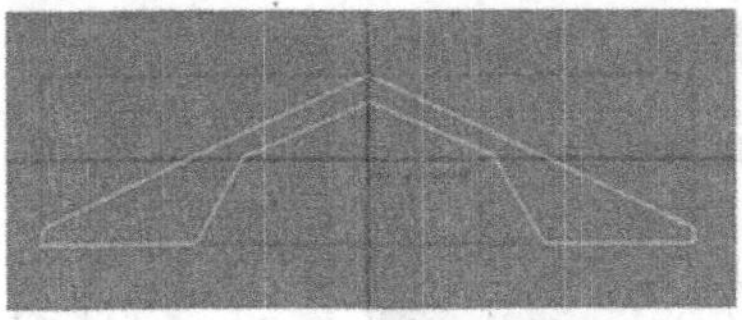

图 8-202　绘制的曲线

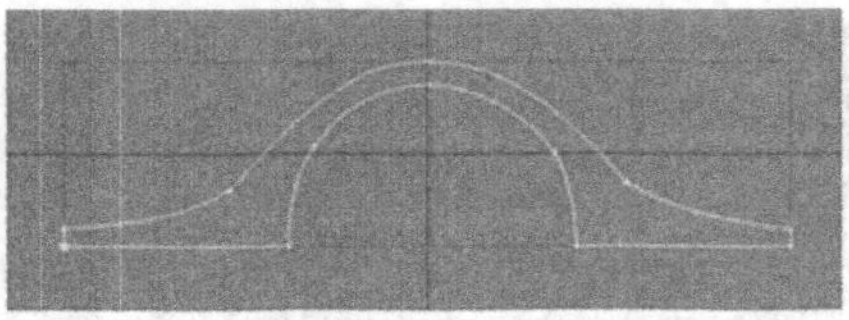

图 8-203　调整顶点

图 8-204　挤出后的造型

7. 选择“桥拱”，单击鼠标右键，在弹出的快捷菜单中选择【转换为】/【转换为可编辑样条线】，激活【样条线】次物体级，在【几何体】卷展栏中【轮廓】按钮后的数值框中输入 200，并点击【轮廓】确认，创建弧线的轮廓线。

8. 选择轮廓后的“桥拱”，单击【修改】按钮，在其下拉列表中单击【挤出】命令，并设置挤出的数量为 3500，如图 8-206 所示。

9. 单击按钮，在前视图中用【线】命令沿着“桥身”的边缘绘制一条封闭的曲线，命名为“护栏”。

10. 选择“护栏”，对其实施【挤出】命令，设置挤出的数量为 100，并在视图中调整造型的位置，如图 8-207 所示。

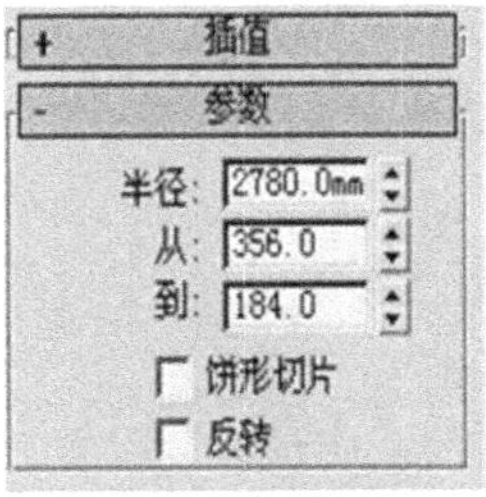

图 8-205　桥拱参数设置

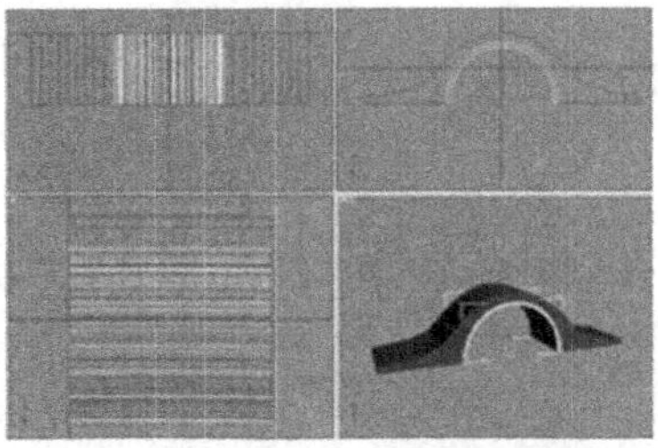

图 8-206　桥拱挤出后的造型

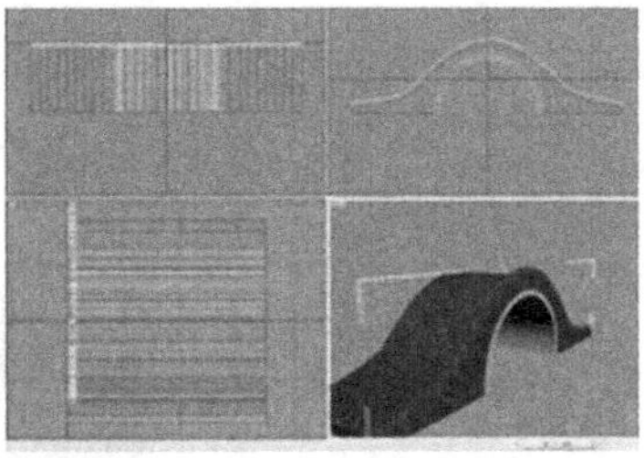

图 8-207　护栏挤出后造型的位置

11. 在左视图中选择“护栏”，锁定 X 轴，此时被选中的镜像轴呈黄色显示，按住【Shift】键向左拖动，然后释放鼠标左键，系统弹出【克隆选项】对话框，选择【复制】项，调整复制后的造型位置，如图 8-208 所示。

12. 单击按钮，在前视图中用【线】命令沿着“护栏”的边缘绘制一条开放的曲线，命名为“栏杆”，并在【渲染】卷展栏下设置其参数，如图 8-209 所示。

13. 确认“栏杆”仍处于选择状态，在视图中调整它的位置，如图 8-210 所示。

14. 在左视图中复制“栏杆”到右边对称的位置。

15. 单击按钮，在顶视图中创建一个长度为 300、宽度为 300、高度为 1200 的长方体，命名为“桥柱”，位置如图 8-211 所示。

16. 单击按钮，在顶视图中创建一个半径为 130 的球体，摆放到“桥柱”的正上方，按住【Ctrl】键同时选中“桥柱”，单击主菜单中的【组】命令，然后再单击【成组】，仍然命名为“桥柱”。

17. 在顶视图中选中“桥柱”，锁定 X 轴，按住【Shift】键向右拖动复制一个，并在视图中调整复制后造型的位置，如图 8-212 所示。

18. 单击【创建】按钮，在顶视图中创建一个长度为 200、宽度为 200、高度为 800 的长

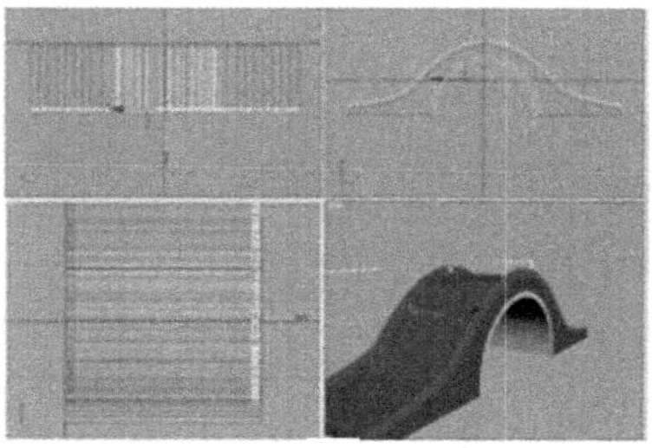

图 8-208　护栏复制后的位置

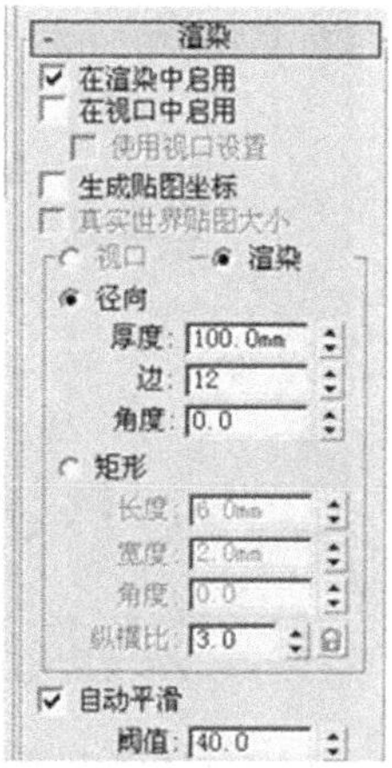

图 8-209　栏杆参数设置

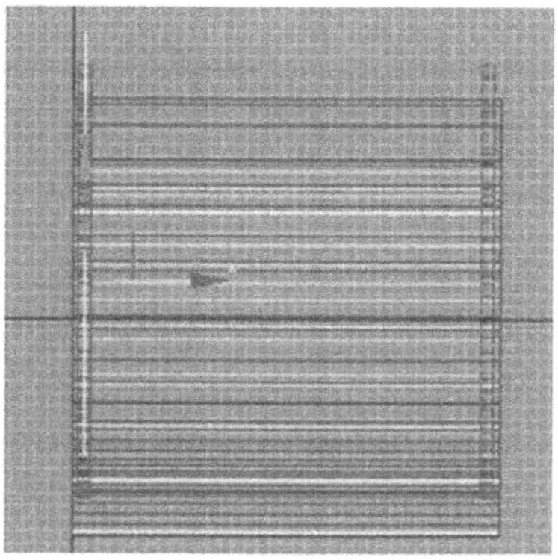

图 8-210　视图中栏杆的设置

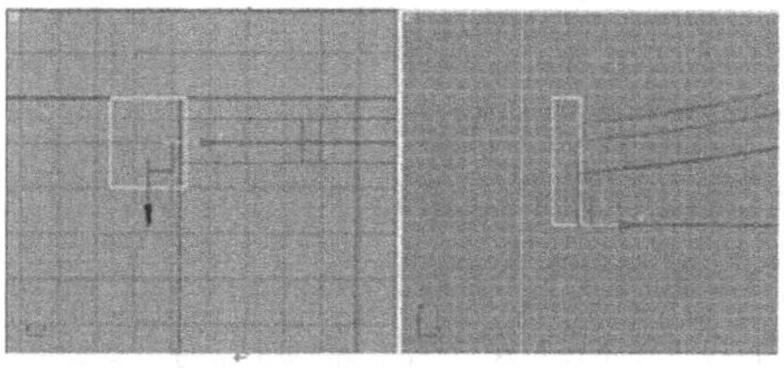

图 8-211　桥柱的位置

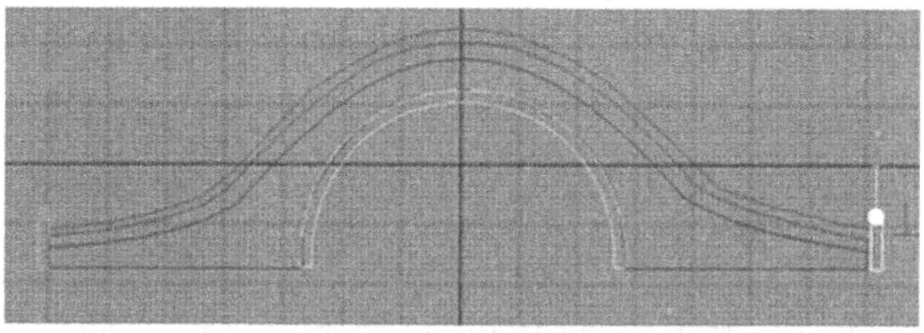

图 8-212　调整复制后造型的位置

方体,命名为"小桥柱",位置如图 8-213 所示。

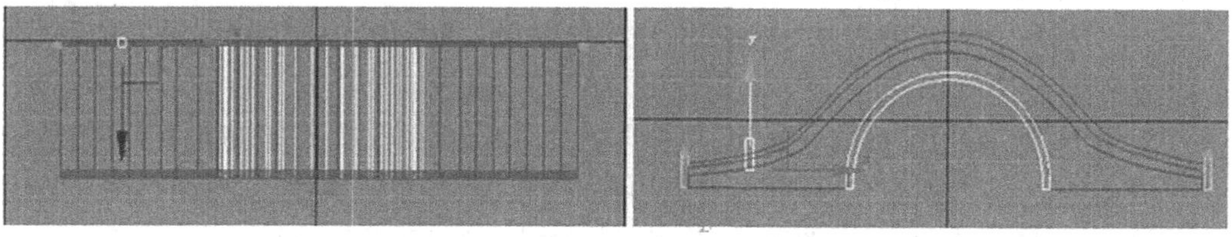

图 8-213　小桥柱在视图中的位置

19. 用和步骤 16 相同的方法在小桥柱的上方创建一个半径为 150 的装饰球,与"小桥柱"组成组,仍然命名为"小桥柱"。

20. 复制 13 个"小桥柱",在视图中摆放到如图 8-214 所示的位置。

21. 在视图中选择所有的"桥柱"和"小桥柱"进行复制,摆放在对称位置,复制后造型的位置如图 8-215 所示。

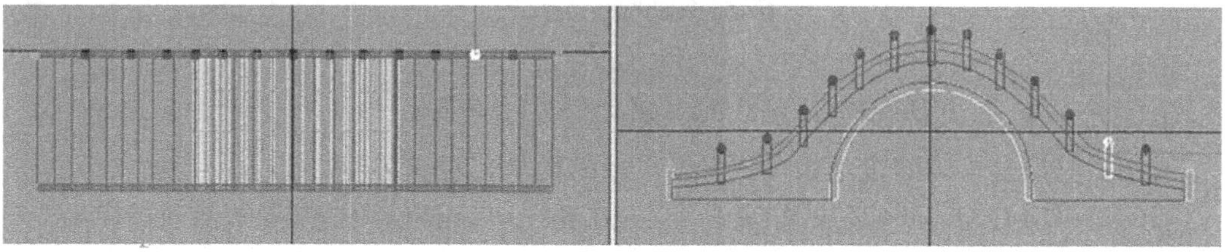

图 8-214　小桥柱复制后的摆放位置

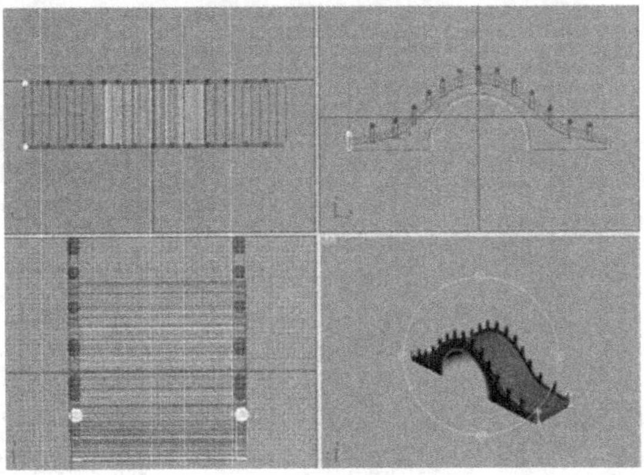

图 8-215　复制后造型的位置

22. 制作材质。单击按钮打开材质编辑器，选择一个材质样本示例球，将材质命名为“桥拱和桥柱”。在【明暗器基本参数】卷展栏中设置材质的明暗器为【Phong】。在【Phong 基本参数】卷展栏中单击按钮，取消锁定颜色按钮，将材质的【环境光】设置为黑色，【漫反射】、【高光反射】均设置为白色，并设置【高光级别】为 12、【光泽度】为 20。

23. 单击【漫反射】后面的按钮，从弹出的对话框中双击【位图】选项，打开一个位图文件（在“随书光盘/项目二/贴图/石材”文件夹中自选）。单击按钮，返回贴图参数面板，将该贴图复制到【凹凸】贴图通道，并将其数量设置为 100。选择视图中的“桥拱”和所有“桥柱”、“小桥柱”，给赋材质。

24. 再选择一个空白的样本示例球，命名为“桥身”，【环境光】、【漫反射】和【反射高光】设置如图 8-216 所示。

25. 单击【漫反射】后面的按钮，从弹出的对话框中双击【位图】选项，打开一个位图文件（在“随书光盘/项目二/贴图/石材”文件夹中自选）。单击按钮，返回贴图参数面板，将该贴图复制到【凹凸】贴图通道，并将其数量设置为 150。选择视图中的“桥身”，给赋材质。单击【修改】按钮，在其下拉列表中单击【UVW 贴图】命令，勾选【长方体】并设置参数如图 8-217 所示。最终渲染效果如图 8-218 所示。

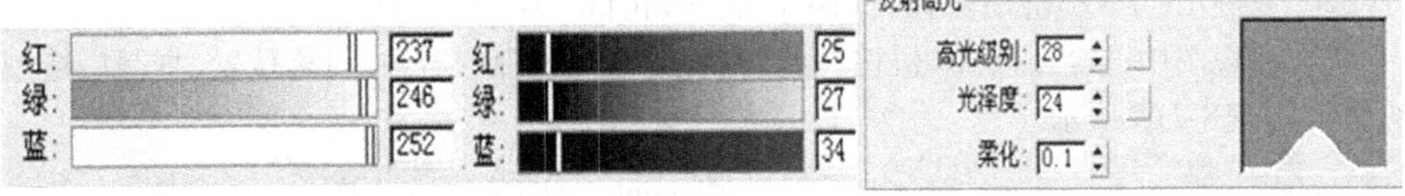

图 8-216　【环境光】、【漫反射】和【反射高光】的设置

注意：材质也可以随自己的喜好自己重新编辑，如图 8-219 所示。

26. 选择所有物体，将其成组，命名为“石拱桥”。单击鼠标右键，隐藏当前选择。

▲制作文化石

27. 单击【创建】/【几何体】/【球体】按钮，在前视图中创建一个球体，命名为“石头”，设置参数如图 8-220 所示。

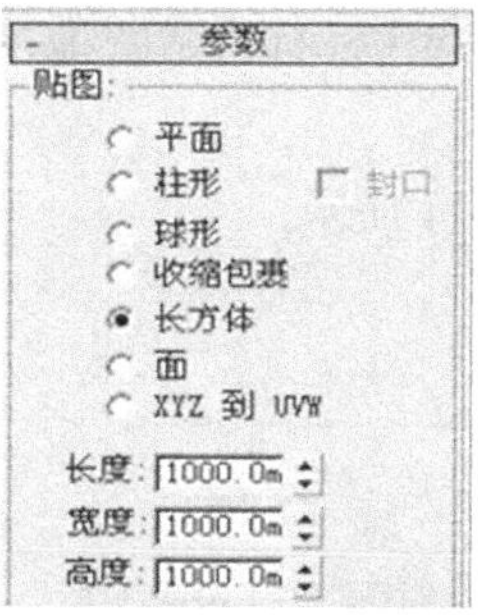

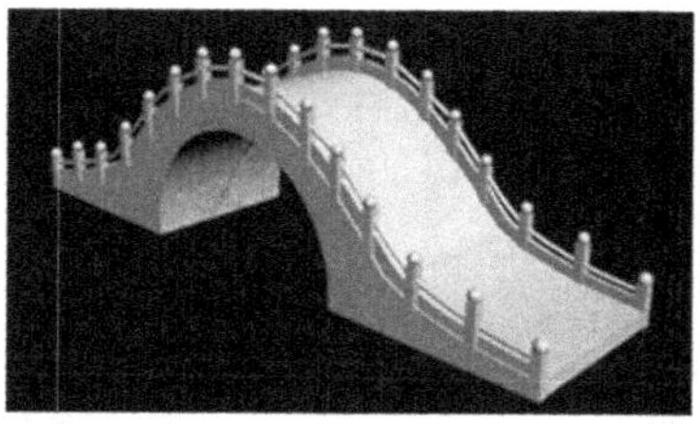

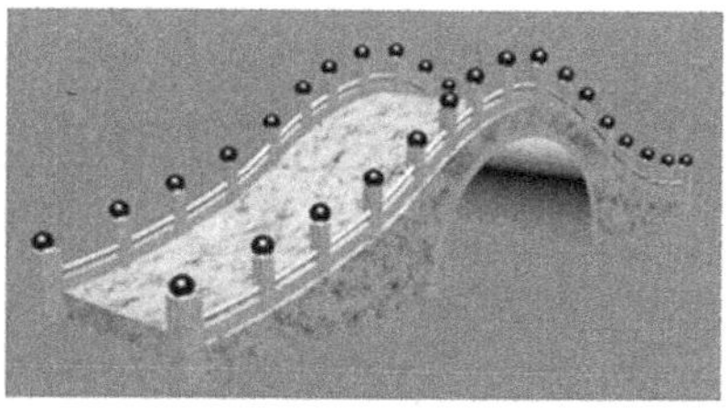

图 8-217　桥身参数设置　　图 8-218　最终渲染效果　　图 8-219　重新编辑材质的渲染效果

28. 在视窗中选择球体,单击【修改】按钮,在修改列表中选择【噪波】,在【噪波】参数卷展栏下设置【噪波】和【强度】的参数,如图 8-221 所示。

29. 制作材质。按键盘上的【M】键,选择一个空白的样本示例球,命名为"石头"。在【明暗器基本参数】卷展栏中选择【Blinn】,在【反射高光】区域中设置【高光级别】为 15、【光泽度】为 50。

30. 在【贴图】卷展栏中,单击【漫反射颜色】后面的按钮,在弹出的【材质/贴图浏览器】对话框中选择 3D 贴图,然后双击【噪波】 噪波 按钮,进入【噪波参数】卷展栏,设置噪波参数如图 8-222 所示。

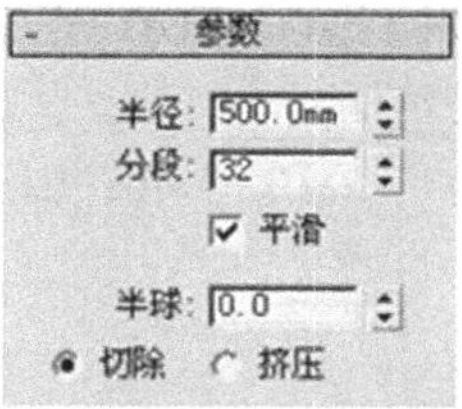

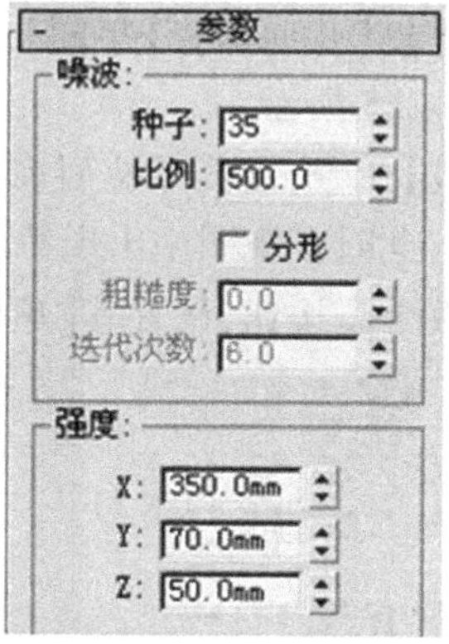

图 8-220　石头参数设置　　图 8-221　【噪波】和【强度】的参数设置

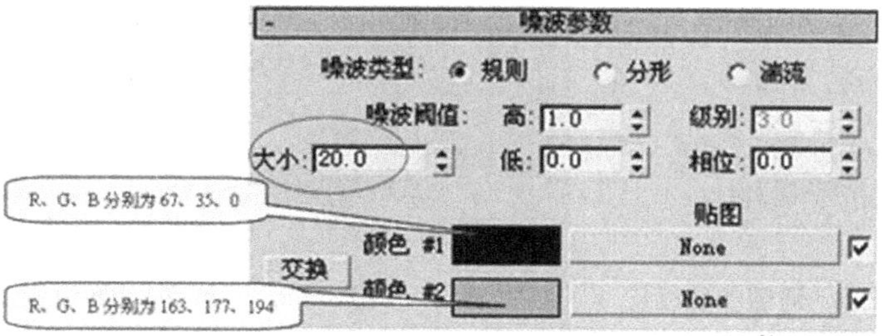

图 8-222　噪波参数设置

31. 单击按钮,返回上一层次,在【贴图】卷展栏中将【漫反射颜色】后面的贴图拖拽到【凹凸】贴图后面的按钮上,并输入凹凸数值为 50,如图 8-223 所示。

32. 单击工具行中的按钮,将材质赋给球体,渲染效果如图 8-224 所示。

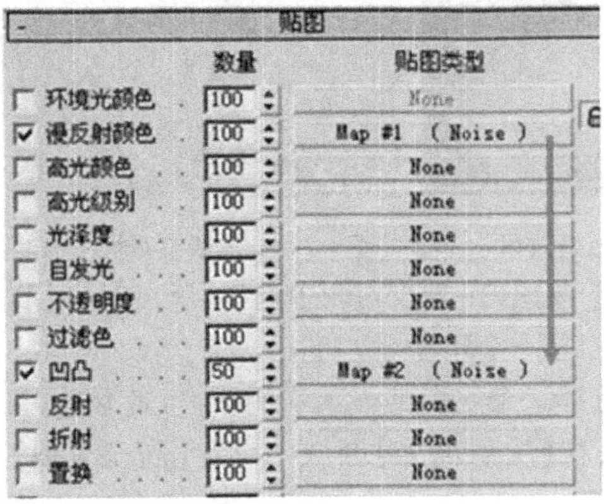

图 8-223　复制贴图并设置参数

图 8-224　石头渲染效果

33. 选择石头造型,单击鼠标右键,隐藏当前选择。

▲制作河道

34. 单击【创建】/【几何体】/【平面】命令,在顶视图中创建一个平面,命名为“河道”,设置其参数如图 8-225 所示。

35. 单击【修改】命令,在其下拉列表下选择【置换】命令。然后在修改器堆栈中激活【Gizmo】次物体级,此时在视图中出现黄色的显示框。

在工具栏中激活按钮,设置其【角度】参数为 90°,如图 8-226 所示。

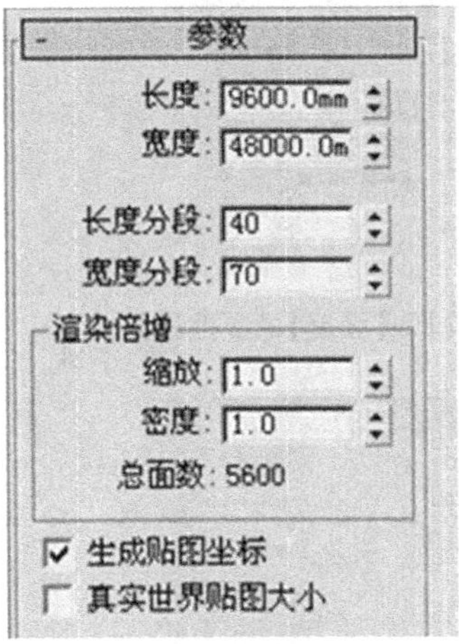

图 8-225　河道参数设置

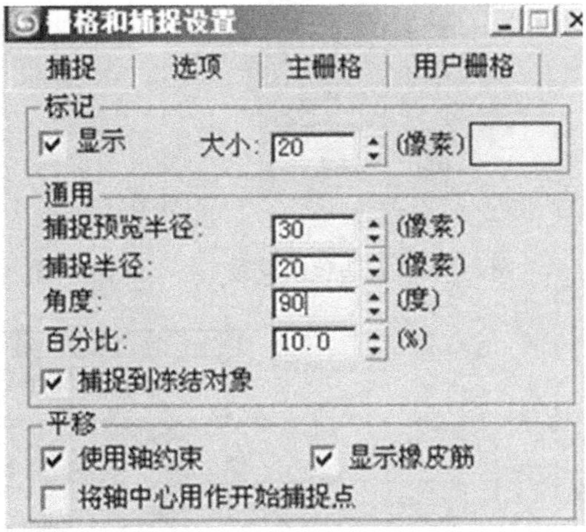

图 8-226　【角度】参数设置

36. 在顶视图中旋转调整黄色显示框的位置,如图 8-227 所示。

37. 在【修改器】命令面板中【参数】卷展栏下的【贴图】选项组中,设置参数如图 8-228所示。

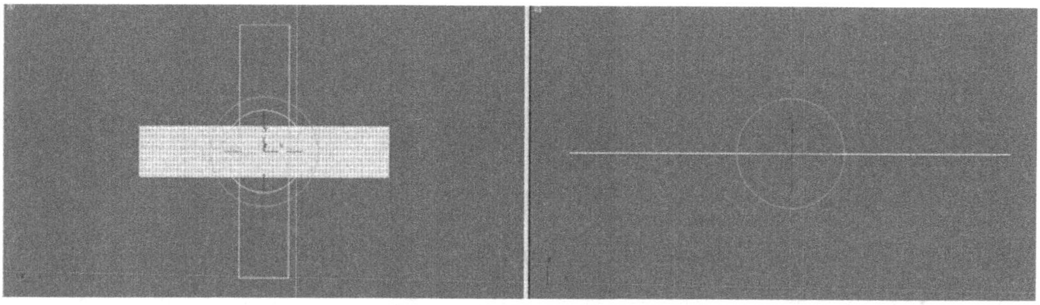

图 8-227　旋转后显示框的位置

38. 在【参数】卷展栏下的【图像】选项组中，单击【位图】贴图通道的 无 按钮，选择“随书光盘/贴图/图片/河道.jpg”。

39. 在【参数】卷展栏下的【置换】选项组中，设置参数如图 8-229 所示。关闭【Gizmo】次物体级，此时的河道造型如图 8-230 所示。

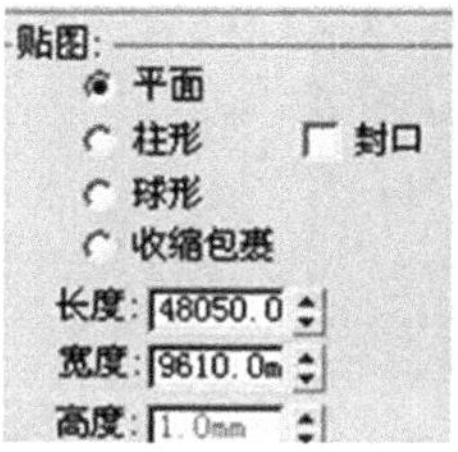

图 8-228　【贴图】参数设置

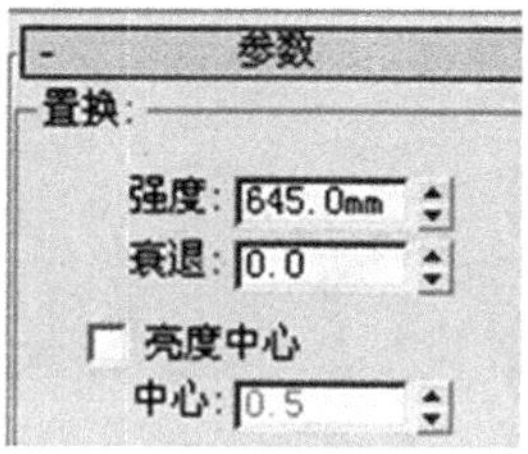

图 8-229　【置换】参数设置

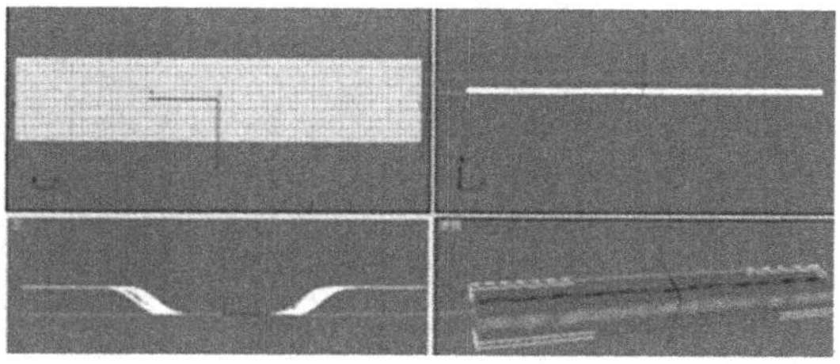

图 8-230　河道造型

说明

置换贴图是同凹凸贴图、法线贴图、切线贴图相区别的另一种制造凹凸细节的技术，它使用一个高度贴图制造出几何物体表面上点的位置被替换到另一位置的效果。这种效果通常是让点的位置沿面法线移动一个贴图中定义的距离。它使得贴图具备了表现细节和深度的能力，且可以同时允许自我遮盖、自我投影和呈现边缘轮廓。而另一方面，这种技术是同类技术中消耗性能最大的，因为它需要额外地增加大量几何信息。

40. 在顶视图中绘制一条开放的曲线，命名为“路径”，如图 8-231 所示。

41. 在顶视图中选择“河道”，单击修改器下拉列表下的【路径变形(WSM)】命令，在命令面板中的【参数】卷展栏下单击 拾取路径 按钮，在视图中单击拾取“路径”。

42. 在【参数】卷展栏单击 转到路径 按钮，设置【百分比】为 48，【路径变形轴】为【X】轴，如图 8-232 所示。

拾取路径后的河道造型如图 8-233 所示。

43. 制作材质。打开材质编辑器，选择一个空白的样本示例球，命名为“河道”。在工具栏中设置【材质 ID 通道】为 1，如图 8-234 所示。

44. 单击【标准】 Standard 按钮，在打开的【材质/贴图浏览器】对话框中选择【混合】命令，在弹出的【替换材质】对话框中，选择默认选项，单击【确定】按钮关闭对话框。

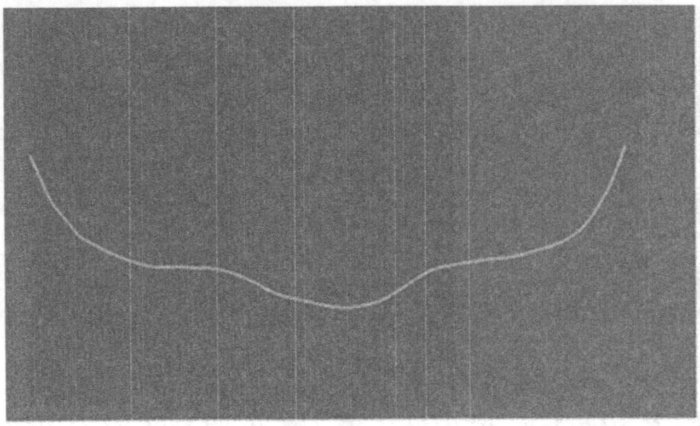

图 8-231　绘制的曲线

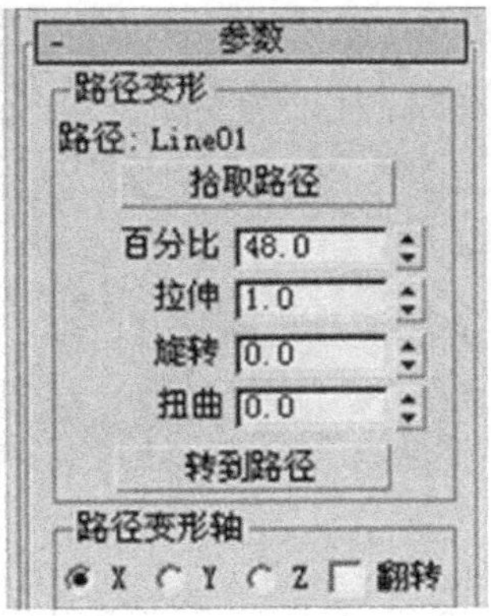

图 8-232　【参数】卷展栏设置

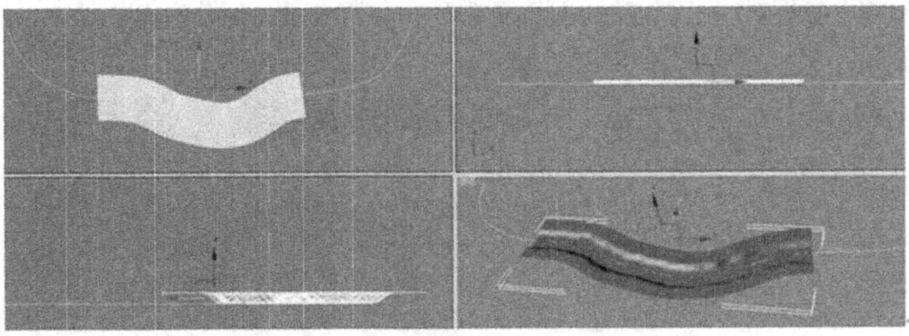

图 8-233　拾取路径后的河道造型

图 8-234　工具栏参数设置

45. 在【混合基本参数】卷展栏下单击打开【材质 1】后面的按钮,命名为“植物”。在【贴图】卷展栏下,单击【漫反射颜色】贴图按钮,在【材质/贴图浏览器】对话框中双击【位图】,打开“随书光盘/贴图/草地/草地 01. jpg”。

在【贴图】卷展栏下,将【漫反射颜色】贴图拖至【凹凸】贴图类型中复制贴图。

46. 单击按钮,返回到顶级。单击打开【材质 2】后面的按钮,命名为“河底”。

47. 在【贴图】卷展栏下,单击【漫反射颜色】贴图按钮,在【材质/贴图浏览器】对话框中双击【位图】,打开“随书光盘/贴图/石材/石材 18. jpg”。

在【坐标】卷展栏下,设置【平铺】参数为 4 ×4,如图 8-235 所示。

在【贴图】卷展栏下,将【漫反射颜色】贴图拖至【凹凸】贴图类型中复制贴图。

48. 单击按钮,返回到顶级。单击打开【遮罩】后面的按钮,在【材质/贴图浏览器】对话框中双击【位图】,打开“随书光盘/贴图/图片/河道 01. jpg”。

在【坐标】卷展栏下,设置【贴图通道】为 2,如图 8-236 所示。

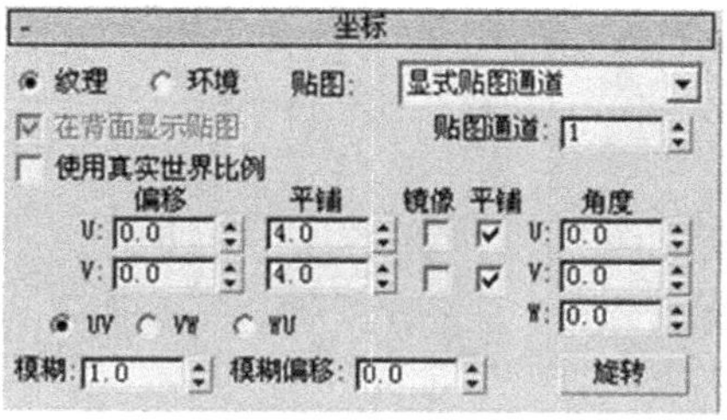

图 8-235　【平铺】参数设置

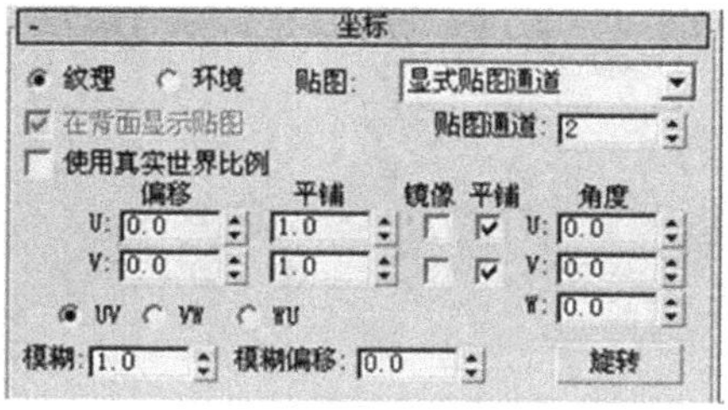

图 8-236　【贴图通道】参数设置

说明

这个贴图的贴图坐标不同于前面用于贴图置换的坐标,因此需要设置不同的贴图通道来实现不同的坐标值。

49. 在【位图参数】卷展栏下的【裁剪/放置】组中,设置【H】为 0.6,如图 8-237 所示。

50. 在视图中选择河道造型,单击【将材质指定给选定对象】按钮将材质赋给它。

51. 确认"河道"处于选择状态,在修改器下拉列表下选择【UVW 贴图】命令,设置其参数如图 8-238 所示。

52. 再次选择【UVW 贴图】命令,设置各项参数如图 8-239 所示。

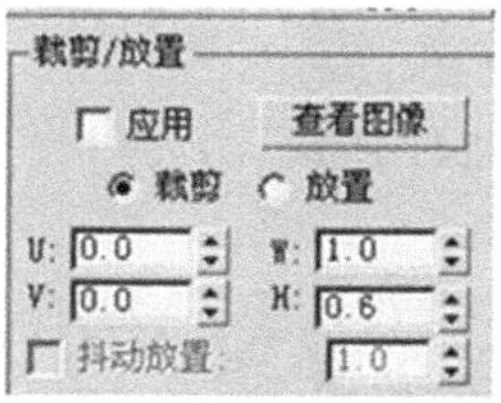

图 8-237　【H】参数设置

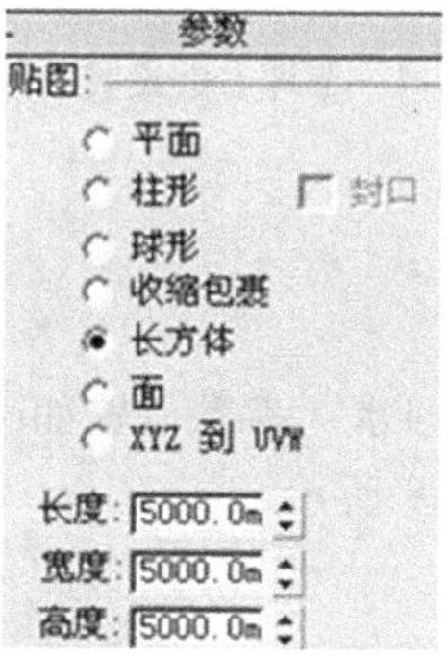

图 8-238　河道【UVW 贴图】参数设置(1)

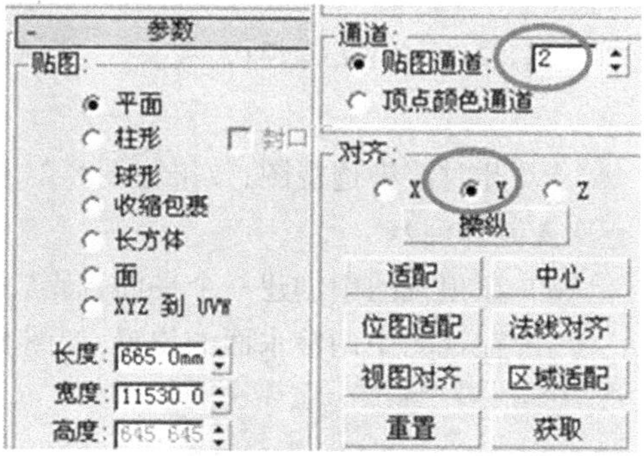

图 8-239　河道【UVW 贴图】参数设置(2)

53. 此时渲染透视图,效果如图 8-240 所示。

▲制作游憩草坪

54. 在顶视图中根据"河道"的外围形状用【线】命令绘制如图 8-241 所示的二维线形,命名为"草坪 01"。然后对其实施【挤出】命令,挤出数量为 100,结果如图 8-242 所示。

55. 用相同的方法制作出河道另一侧的"草坪 02",结果如图 8-243 所示。

56. 编辑材质。打开材质编辑器,选择一个空白的样本示例球,命名为"草坪"。参数设置如图 8-244 所示。

57. 单击【漫反射】后面的灰色钮,在打开的【材质/贴图浏览器】对话框中双击【位图】,打开"随书光盘/项目二/贴图/草地/草坪 03.jpg"。

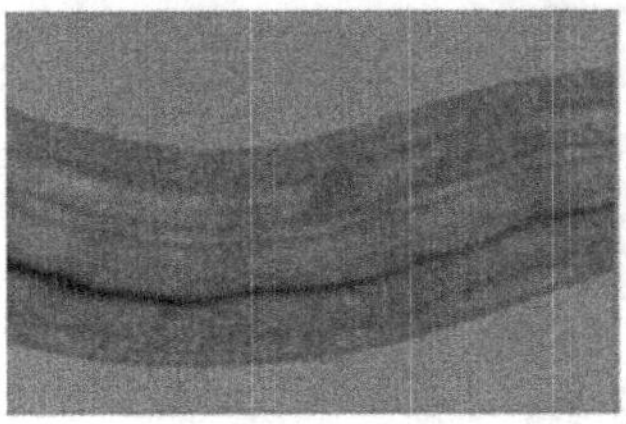

图 8-240 河道制作材质后

图 8-241 草坪 01 二维线形

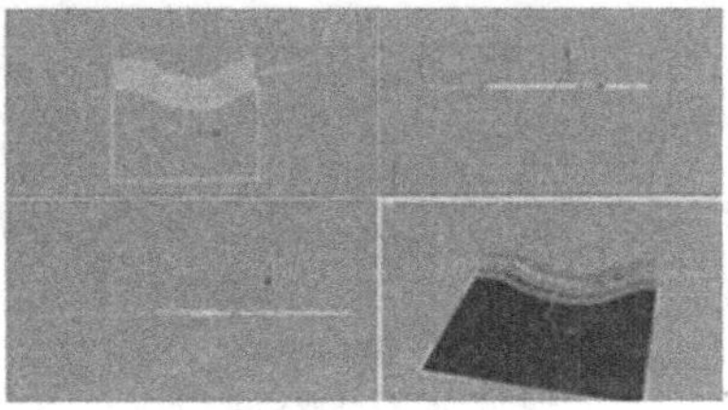

图 8-242 挤出草坪 01

在视图中选择“草坪 01”和“草坪 02”，给赋材质。

58. 在修改器下拉列表下选择【UVW 贴图】命令，设置其参数如图 8-245 所示。

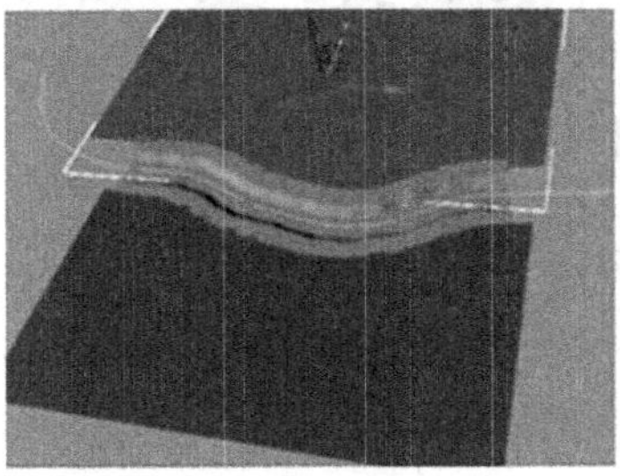

图 8-243 制作出草坪 02

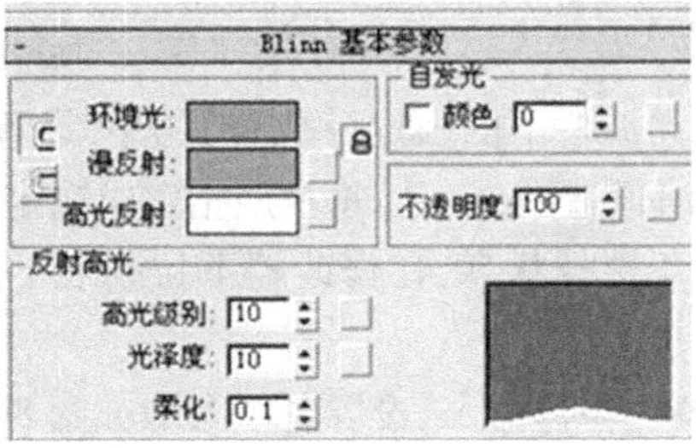

图 8-244 草坪参数设置

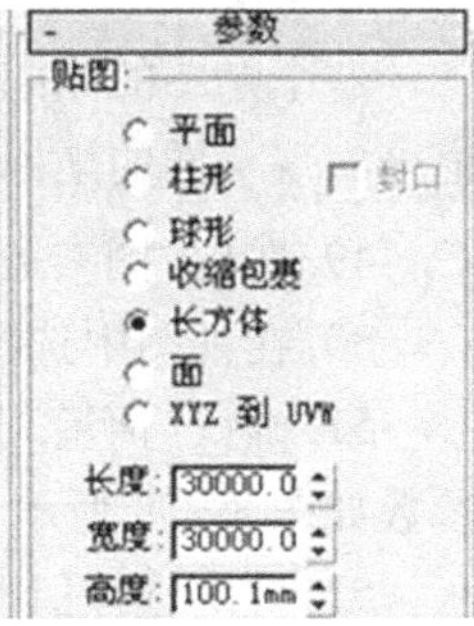

图 8-245 草坪【UVW 贴图】参数设置

59. 此时渲染透视图，效果如图 8-246 所示。

▲制作河水

60. 在顶视图中创建一个平面，命名为“河水”，参数设置如图 8-247 所示。

61. 在视图中调整水面的位置，如图 8-248 所示。

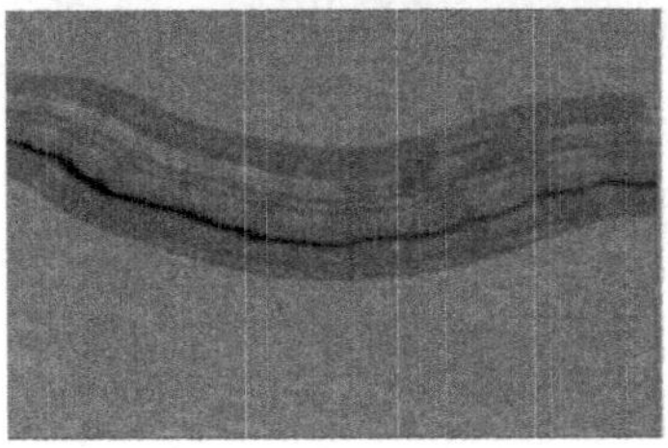

图 8-246 游憩草坪渲染效果

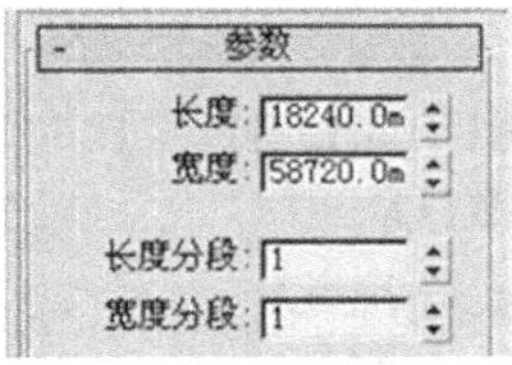

图 8-247 河水参数设置

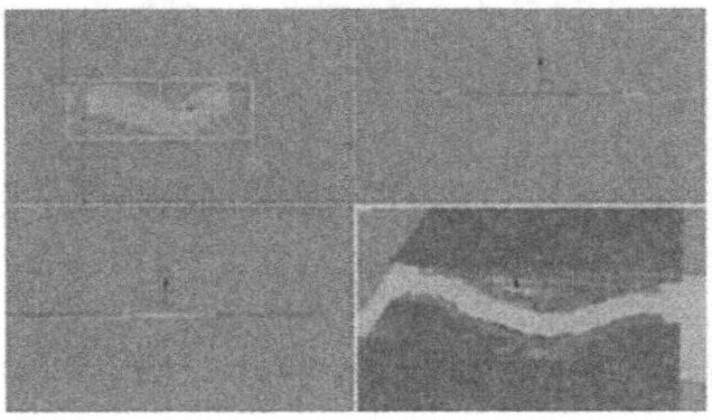

图 8-248 水面的位置

62. 制作材质。打开材质编辑器，选择一个空白的样本示例球，命名为“水面”；在工具栏中设置【材质 ID 通道】为 3。

63. 在【明暗器基本参数】卷展栏中设置材质的明暗器为【Phong】。将材质的【环境光】和【漫反射】均设置为墨绿色（R、G、B 分别为 36、62 和 61），并设置【反射高光】中的【高光级别】为 10、【光泽度】为 15、【不透明度】为 10，如图 8-249 所示。

64. 打开【贴图】卷展栏，单击【凹凸】贴图按钮，在打开的【材质/贴图浏览器】对话框中双击【噪波】,设置【噪波参数】如图 8-250 所示。

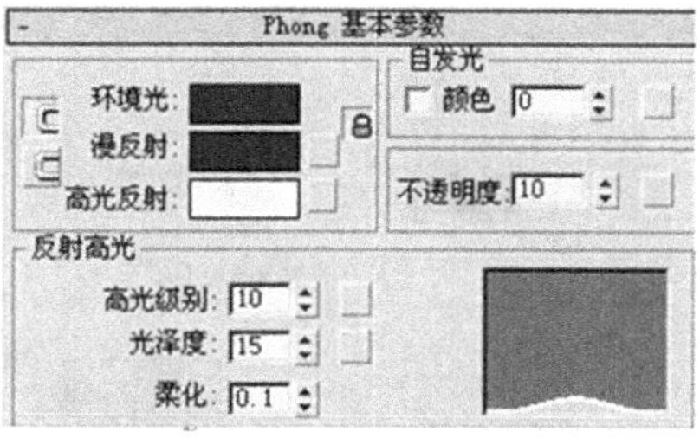

图 8-249　【Phong 基本参数】设置

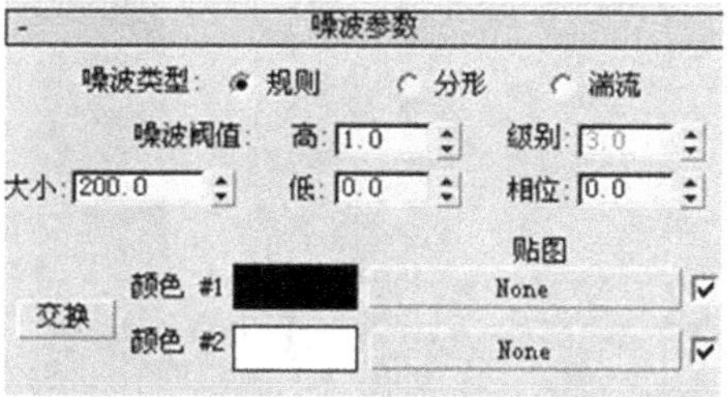

图 8-250　【噪波参数】设置

65. 单击按钮,返回上一级。设置凹凸【数量】为 50。在【贴图】卷展栏中,设置反射【数量】为 80,单击【反射】贴图按钮,在打开的【材质/贴图浏览器】对话框中双击【平面镜】,在【平面镜参数】卷展栏下的【扭曲】选项组中选择【使用凹凸贴图】。

66. 在视图中选择“水面”,给赋材质,渲染透视图,效果如图 8-251 所示。

▲制作场景

67. 在前视图中创建一个平面,命名为“建筑”,参数设置如图 8-252 所示。

68. 确认创建的“建筑”处于选择状态,单击【修改】命令,在其下拉列表中选择【弯曲】命令,设置参数如图 8-253 所示。

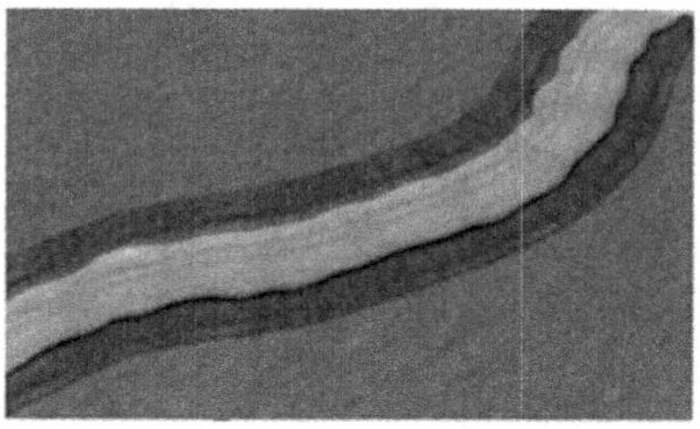

图 8-251　制作材质后的效果

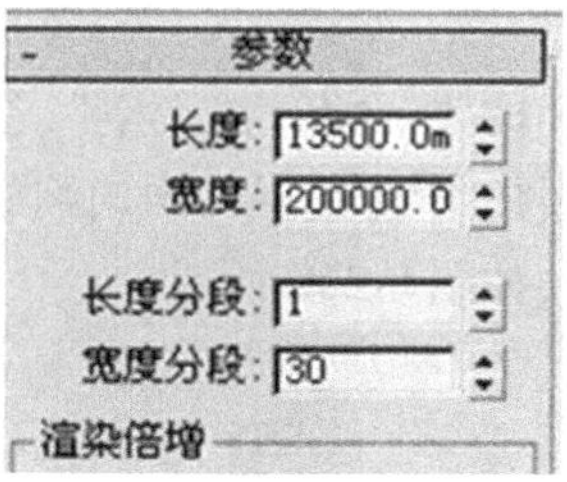

图 8-252　建筑参数设置

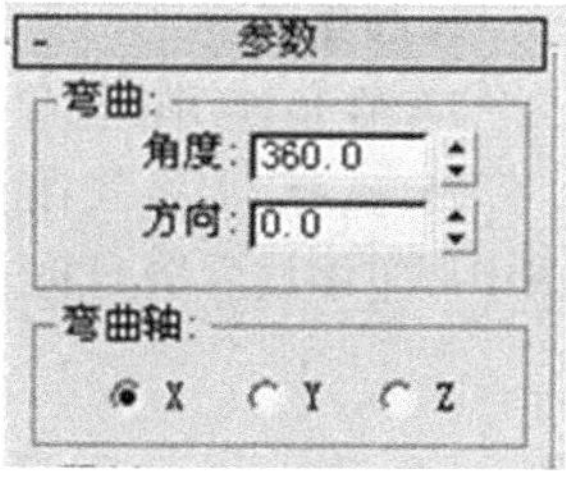

图 8-253　【弯曲】参数设置

69. 在视图中调整弯曲后造型的位置,如图 8-254 所示。

70. 编辑材质。打开材质编辑器,选择一个空白的样本示例球,命名为“建筑”。在工具栏中设置【材质 ID 通道】为 4。在【明暗器基本参数】卷展栏中设置材质的明暗器为【Phong】,勾选【双面】,【环境光】设置为黑色,【漫反射】和【高光反射】设置为白色,具体参数设置如图 8-255 所示。

71. 在【贴图】卷展栏中,单击【漫反射颜色】贴图按钮,在打开的【材质/贴图浏览器】对话框中双击【位图】,打开“随书光盘/贴图/图片/背景 17. jpg”。

在【坐标】卷展栏中,设置参数如图 8-256 所示。

72. 单击按钮,返回上一级。在【贴图】卷展栏中,单击【不透明度】贴图按钮,在打开的【材质/贴图浏览器】对话框中双击【位图】,打开“随书光盘/贴图/图片/背景 17A. jpg”。

在【坐标】卷展栏中,设置参数如图 8-257 所示。

73. 在视图中选择“建筑”,给赋材质,渲染效果如图 8-258 所示。

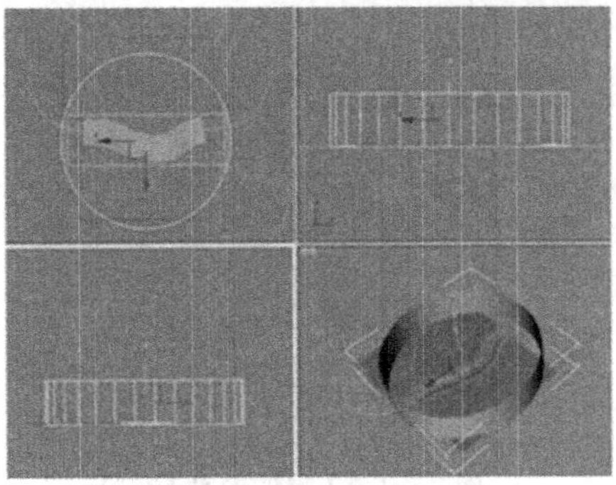

图 8-254　调整弯曲后造型的位置

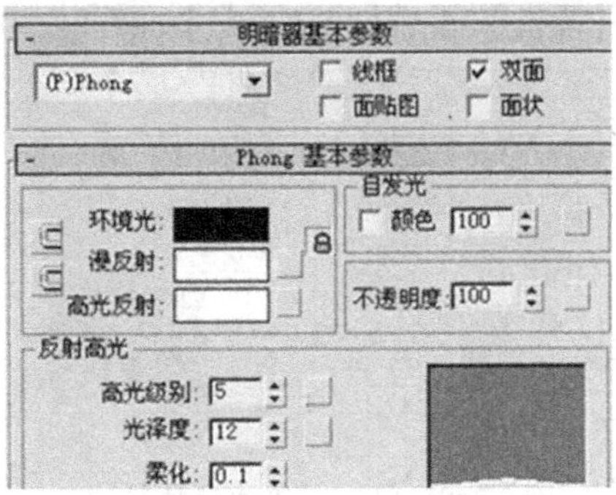

图 8-255　【Phong 基本参数】设置

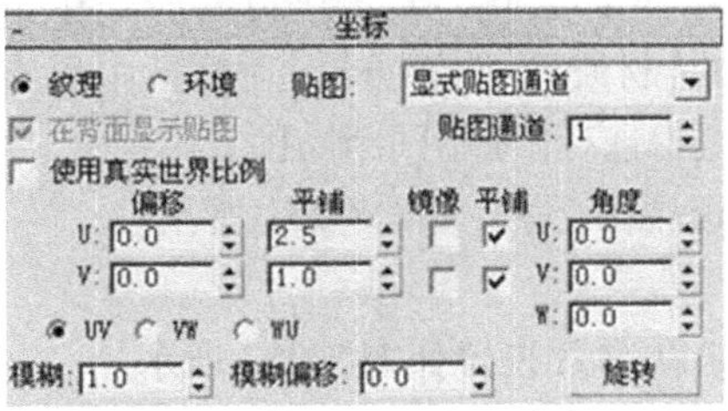

图 8-256　【坐标】卷展栏参数设置(1)

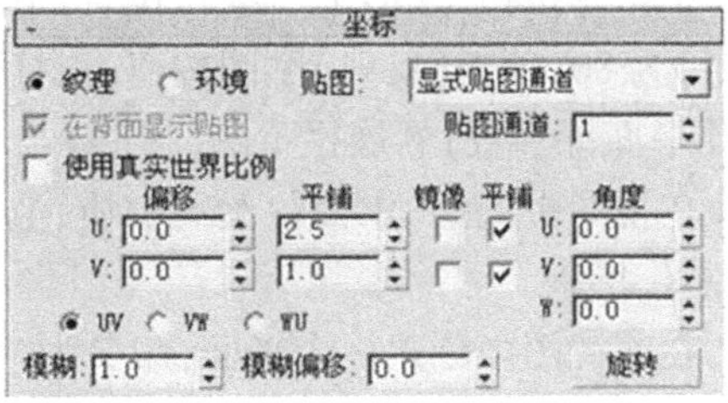

图 8-257　【坐标】卷展栏参数设置(2)

▲制作天空

74. 在顶视图中创建一个球体,命名为“天空”,参数设置如图 8-259 所示。

75. 选择“天空”,在前视图中用【选择并均匀缩放】工具,锁定 Y 轴,进行缩放,并在视图中调整缩放后造型的位置,如图 8-260 所示。

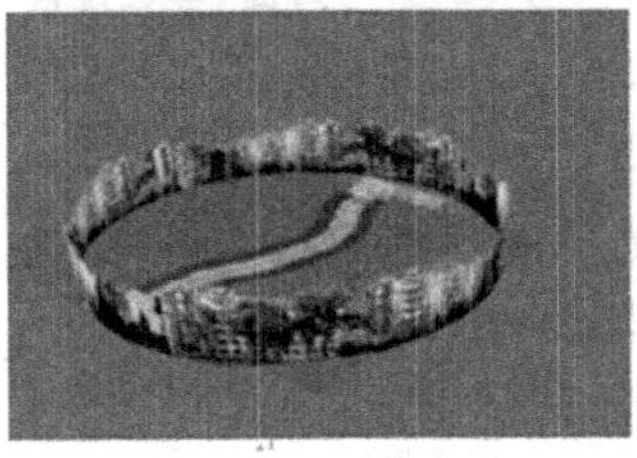

图 8-258　渲染效果

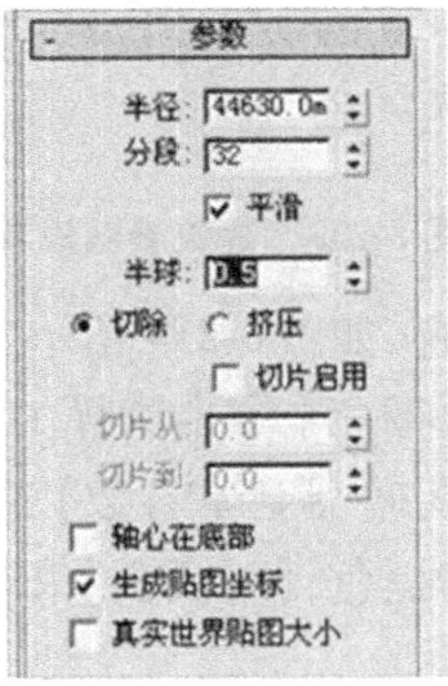

图 8-259　天空参数设置

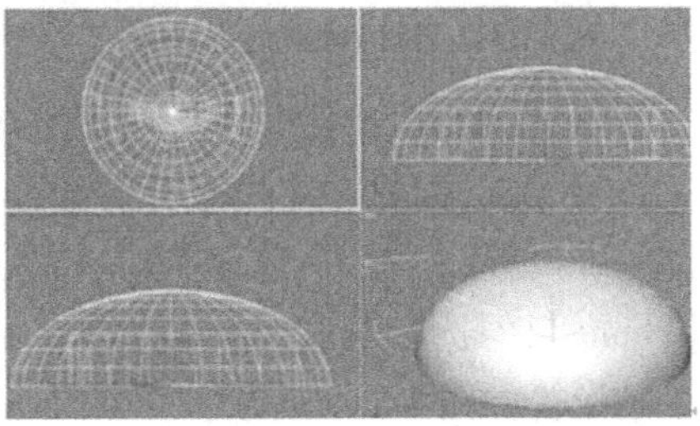

图 8-260　调整缩放后造型的位置

76. 编辑材质。打开材质编辑器,选择一下空白的样本示例球,命名为“天空”。在工具栏中设置【材质 ID 通道】为 5。在【明暗器基本参数】卷展栏中设置材质的明暗器为【Phong】,勾选【双面】,【环境光】设置为黑色,【漫反射】和【高光反射】设置为白色,具体参数设置如图 8-261 所示。

77. 在【贴图】卷展栏中,单击【漫反射颜色】贴图按钮,在打开的【材质/贴图浏览器】对话框中双击【位图】,打开“随书光盘/贴图/图片/天空 04. jpg”。

在【坐标】卷展栏中，设置参数如图 8-262 所示。

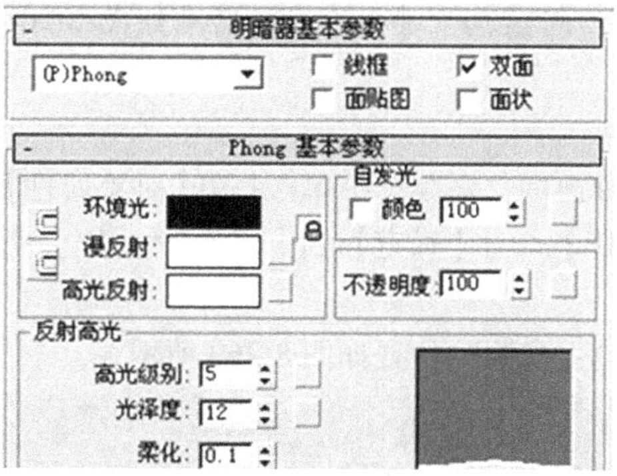

图 8-261　天空【Phong 基本参数】设置

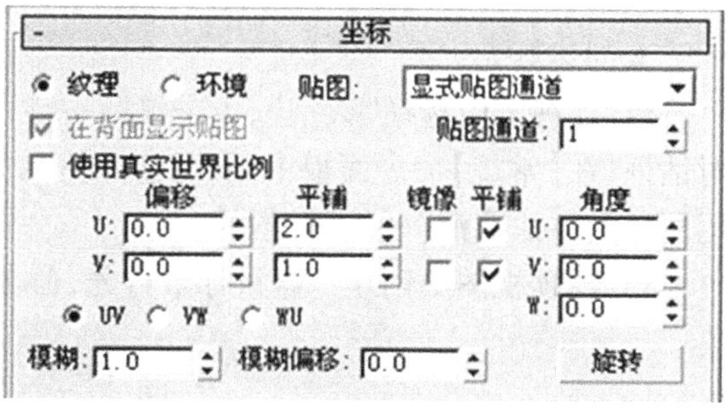

图 8-262　天空【坐标】卷展栏参数设置

78. 在视图中选择“天空”，给赋材质，渲染结果如图 8-263 所示。

▲创建摄影机

79. 在顶视图中创建一架目标摄影机，位置如图 8-264 所示。

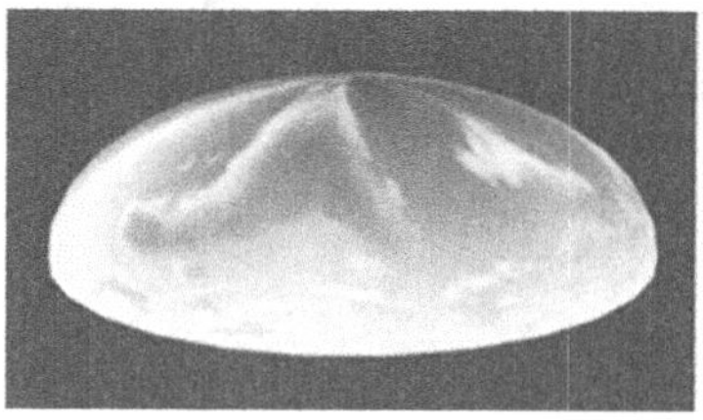

图 8-263　给赋材质后的效果

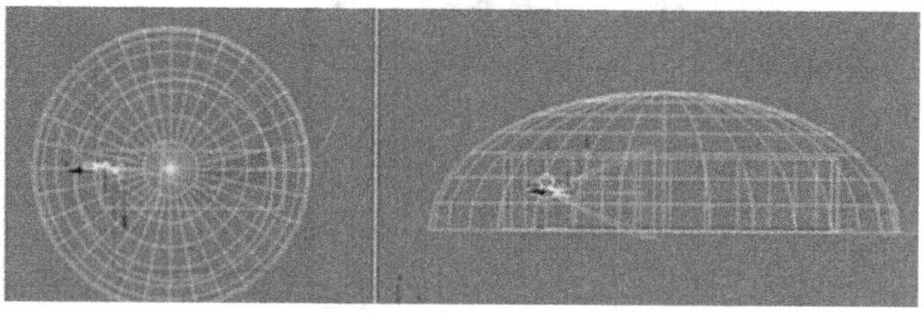

图 8-264　摄影机的位置

80. 设置摄影机的【视野】为 60，激活透视图，按【C】键，将其转换为相机视图，再对位置不合适的造型调整一下位置，相机视图渲染结果如图 8-265 所示。

81. 在视图中单击鼠标右键，取消全部隐藏，把我们前面制作的“石拱桥”和“石头”调整到合适的大小，放于适当的位置，结果如图 8-266 所示。

▲植树

82. 创建树木。单击【创建】/【几何体】/【AEC 扩展】/植物，创建相应的树木，调整大小，放于适当的位置，如图 8-267 所示。

图 8-265　相机视图渲染结果

图 8-266　各造型的位置

图 8-267　添加树木

▲合并场景

83. 合并场景。单击【文件】/【合并】，弹出【合并文件】对话框，打开“随书光盘/项目四/合并线架/石桌凳. max”文件,在弹出的【合并—石桌凳】对话框中,选择【全部】,然后单击【确定】按钮,“石桌凳”便被合并到场景中。调整其大小和位置,结果如图 8-268 所示。

▲创建灯光

84. 在视图中选择“天空”,单击鼠标右键,在弹出的关联菜单中单击打开【对象属性】对话框,在【常规】命令面板中,取消选择【投影阴影】,单击【确定】按钮,关闭对话框。使用同样的方法取消“建筑”的投影。

85. 在顶视图中创建一盏目标平行光,命名为“主光源”,位置如图 8-269 所示。

图 8-268　合并造型的位置

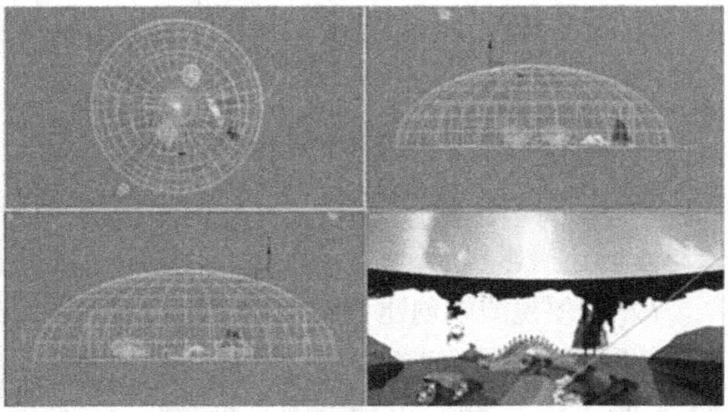

图 8-269　目标平行光的位置

86. 设置主光源参数,如图 8-270 所示。

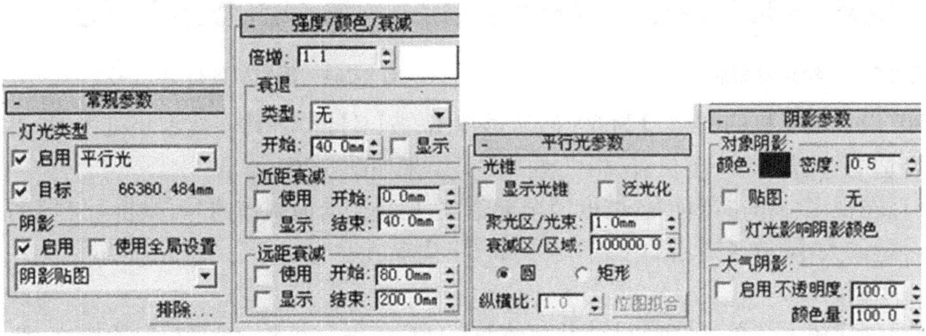

图 8-270　主光源参数设置

87. 在顶视图中创建一盏目标聚光灯,命名为“漫反射光”,设置其参数如图 8-271 所示。

88. 选择“漫反射光”,在视图中调整它的位置,如图 8-272 所示。

89. 在视图中选择创建的“漫反射光”,将其复制五个,并在视图中调整复制后灯光的位置,如图 8-273 所示。

90. 复制灯光后的效果如图 8-274 所示。

91. 在顶视图中选择周围的五个漫反射光,在前视图中将其锁定为 Y 轴,向下移动至地面下复制一组,如图 8-275 所示。

92. 复制灯光后的效果如图 8-276 所示。

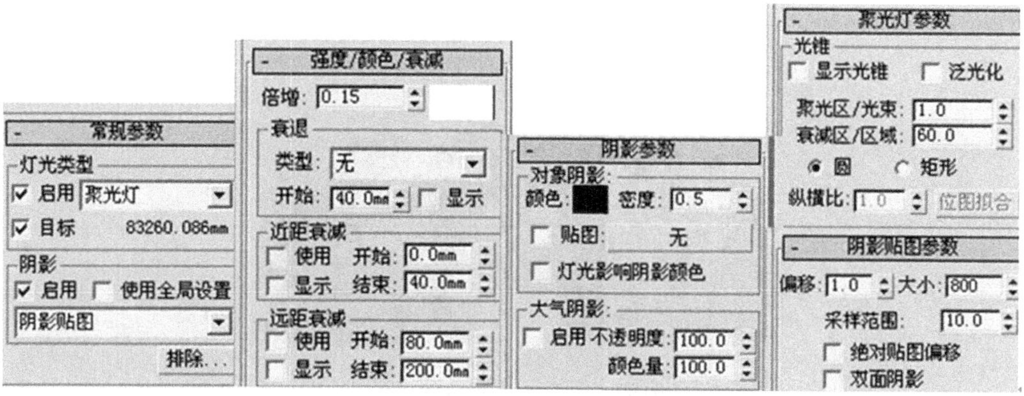

图 8-271　漫反射光参数设置

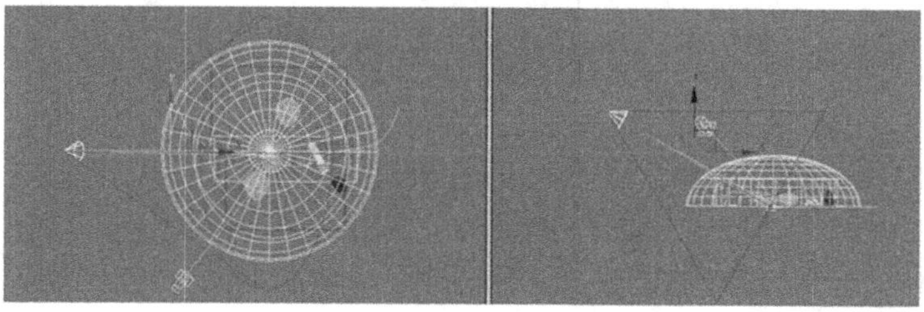

图 8-272　漫反射光的位置

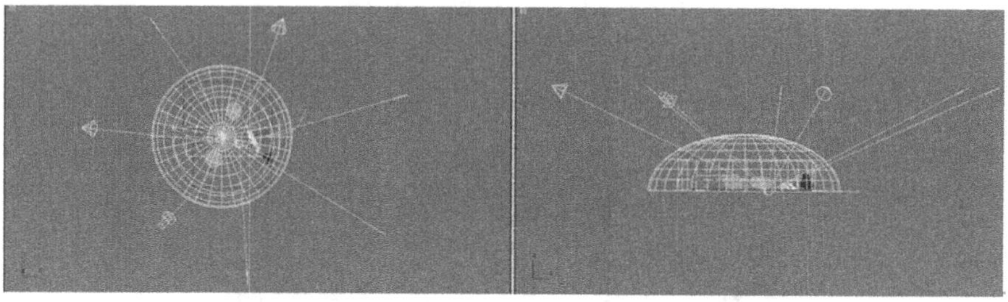

图 8-273　复制后灯光的位置

▲渲染输出

93. 单击按钮，打开【渲染场景】对话框，在【公用】选项卡中设置其渲染【高度】为3000、【宽度】为2250，并确认当前视图为摄影机视图。

94. 在对话框【Render Elements(渲染元素)】选项卡中单击【添加】按钮。在弹出的对话框中选择【材质 ID】，然后单击【确定】按钮，将这个元素添加到列表中，如图 8-277 所示。单击对话框底部的【渲染】按钮，开始渲染。

95. 渲染完成后出现两幅渲染效果图，其中一幅为效果图，另一幅为 ID 彩图(以备后期处理使用)，如图 8-278 所示。

96. 在【渲染效果图】对话框中单击【保存位图】按钮，在弹出的【浏览图像供输出】对话框中将文件存为“自然式园林小景”，如图 8-279 所示，单击【保存】按钮，关闭对

图 8-274　复制灯光后的效果(1)

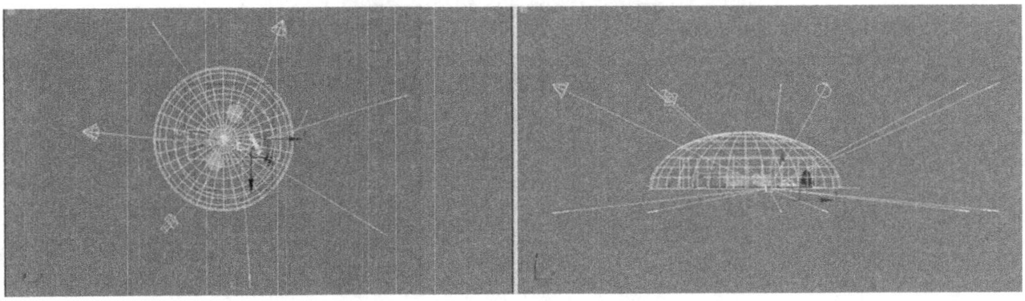

图 8-275　复制后灯光的位置

图 8-276　复制灯光后的效果(2)

话框。

最终渲染效果如图 8-201 所示。

说明

本场景采用默认的渲染器渲染场景，为了便于后期处理，除渲染效果图本身外，还需要渲染材质的元素图，虽然本子任务我们不做 Photoshop 后期处理，但是，在材质制作时仍然做了相应的设置(即设置 ID 通道)。

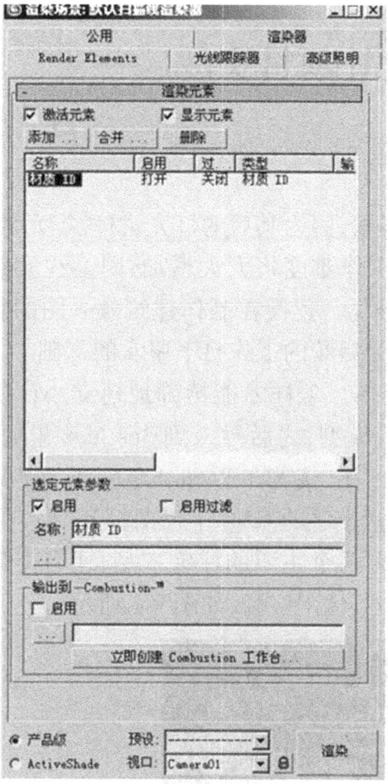

图 8-277　添加渲染元素

图 8-278　渲染效果

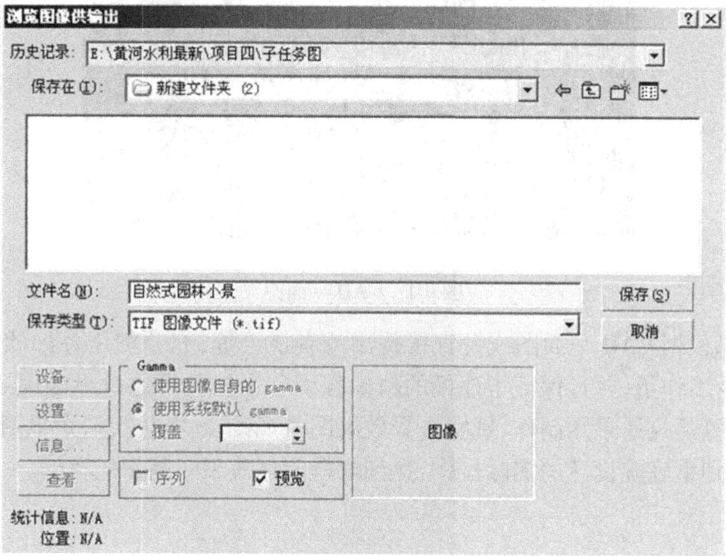

图 8-279　【浏览图像供输出】对话框

巩固训练

重复制作自然式园林小景效果图。

任务 9　3ds Max 设计项目实战

制作目的

在制作效果图的过程中，建模是必不可少的步骤，因为其后的灯光、材质等元素，都是以三维模型为基础的。如果模型有问题，后面的工作难度将大大增加，因为在实践工作中，前一道工序的问题很难在后面的工作流程中修复。建模在制作建筑效果图的整个流程中仿佛是万丈高楼的地基，只有地基坚固，才能为后续的工作打下坚实的基础。

首先我们要在三维空间内建立一个小区的实体。怎样才能精确地建立小区的模型呢？通常我们需要根据 CAD 平面图和立面图构筑模型，之后导入到 3ds Max 里面，经过建模，创建摄影机，给赋材质，设置灯光，然后渲染出图，接着在 Photoshop 中做后期处理。

例如，建模时，打开 AutoCAD 2008 软件，然后把小区的 CAD 平面图打开，我们可以看到这是一个小区规划图，这个小区规划中的建筑有两个主要的住宅户型，还有类似于水池、停车场、广场等公共设施，中心位置是小区的中心休闲广场，如图 9-1 所示。

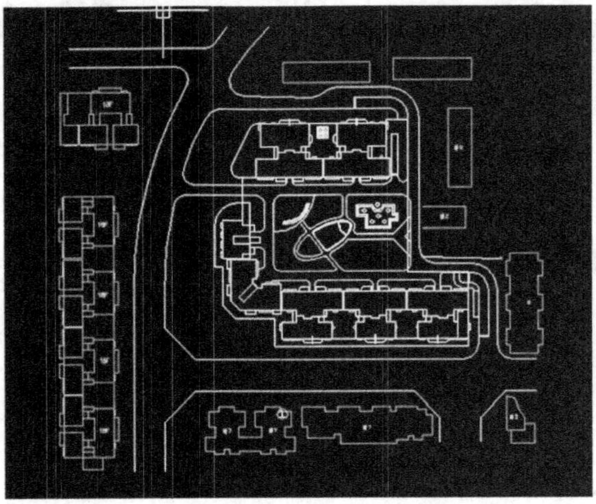

图 9-1　CAD 平面图

然后可以根据 CAD 平面图或者直接挤出或者描绘等，充分利用各种软件的优势，最大限度地减少工作量，并且保证了建模的精确程度。本任务将通过小区规划鸟瞰效果图景观设计、别墅建筑效果图制作、别墅夜景效果图景观设计、办公大厦效果图景观设计、街道景观设计、别墅庭院设计的实际操作，达到掌握园林效果图制作的目的。

子任务 1　小区规划鸟瞰效果图景观设计

实例效果

小区规划鸟瞰效果图见图 9-2。

图 9-2　小区规划鸟瞰效果图

操作步骤

▲建模

1. 打开 3ds Max 软件,设置单位为"mm"。

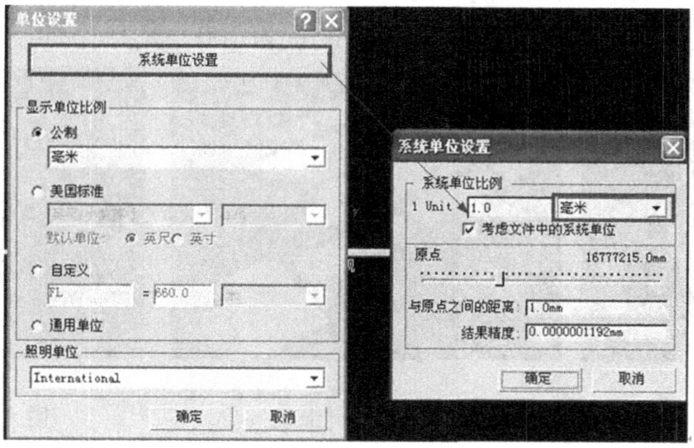

图 9-3　设置单位为毫米(mm)

2. 在工具栏中的【捕捉开关】按钮上单击鼠标右键,打开【栅格和捕捉设置】对话框,然后勾选【顶点】和【垂足】选项,再单击【选项】选项卡,勾选【捕捉到冻结对象】和【使用轴约束】,关闭对话框。

3. 导入 CAD 文件。激活顶视图,单击【文件】/【导入】命令,弹出【选择要导入的文件】对话框,打开"随书光盘/项目四/子任务 1CAD 图/小区规划 CAD 平面图/小区规划 CAD 平面图. dwg"文件(注:此实例中后面导入的所有 CAD 图均在"子任务 1CAD 图"文件夹中,后面不再提示),此时会弹出【AutoCAD DWG/DXF 导入选项】对话框,勾选【焊接】项,并选择按【层】导出 CAD 图元,单击【确定】按钮。

4. 选择导入的 CAD 图,单击鼠标右键,在弹出的菜单中选择【冻结当前选择】项,以免误操作。

说明

导入的 CAD 文件的线段可能会在 3ds Max 中产生问题，可以通过【编辑样条线】命令来完善，选择墙线，单击【修改】面板上面的【编辑样条线】，选择【点】命令，这时点呈亮黄色显示，表示已进入【点】的编辑状态，可以开始编辑。

5. 制作草地、人行道等模型。

激活顶视图，单击工具栏的【文件】/【导入】命令，将我们制作好的 CAD 文件“绿地.dwg”导入到 3ds Max 中，并命名为“绿地”，如图 9-4 所示。

在修改器列表中对其实施【挤出】命令，设置挤出的数量为 100。其形态如图 9-5 所示。

说明

在【挤出】命令参数展卷栏中我们取消了封口始端选项，可以去除拉伸造型的封底，也就是将拉伸造型看不到的地面去掉，这样可以节省很多面片，对于大型场景制作来说是非常重要的，可以大大提高制作过程及其渲染速度。

用和上面相同的方法将“路沿.dwg”图形导入，命名为“路沿”。转换为【可编辑样条线】，在【几何体】卷展栏下的【轮廓】命令后面的数值栏输入 -100，然后进入【修改】命令面板，在修改器列表中选择【挤出】命令，数量设置为 200。其形态如图 9-6 所示。

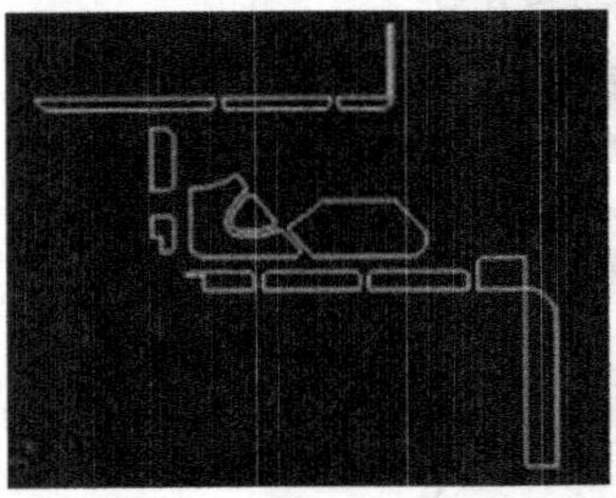

图 9-4　导入“绿地.dwg”文件

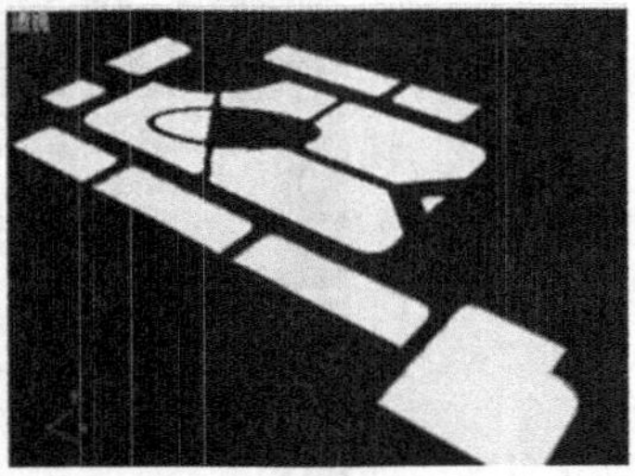

图 9-5　挤出绿地

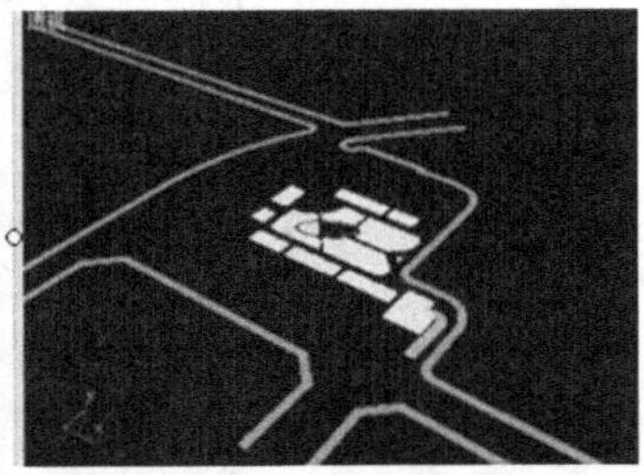

图 9-6　挤出路沿

用和上面相同的方法将“人行道.dwg”图形导入，命名为“人行道”。转换为【可编辑样条线】，单击【几何体】卷展栏下的【轮廓】命令，在数值栏输入 500。然后进入【修改】命令面板，在修改器列表中选择【挤出】命令，数量设置为 100。结果如图 9-7 所示。

用相同的方法将“道路.dwg”、“广场.dwg”等图形文件导入到 3ds Max 中，分别命名。做相应的操作，形态如图 9-8 所示。

6. 制作小亭模型。

在顶视图中画一个半径为 8100 的弧形，如图 9-9 所示。转换为【可编辑样条线】，选择【轮廓】命令，在数值栏输入 1000。结果如图 9-10 所示。

在修改面板中选择【挤出】命令，数量设置为 200。结果如图 9-11 所示。

把得到的几何体转换成【可编辑多边形】，选择【多边形】级别，选择物体的上表面（变为红色），然后在命令面板中的【编辑多边形】卷展栏下单击【插入】命令，数值设置为 200，再单击【挤出】命令，数量设置为 200。结果如图 9-12 所示。

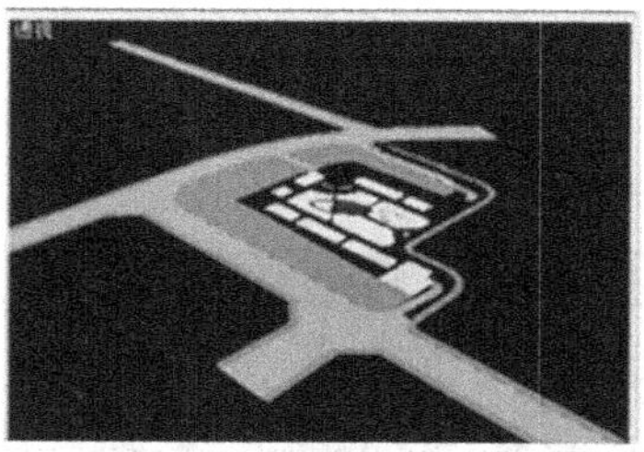

图 9-7　挤出人行道

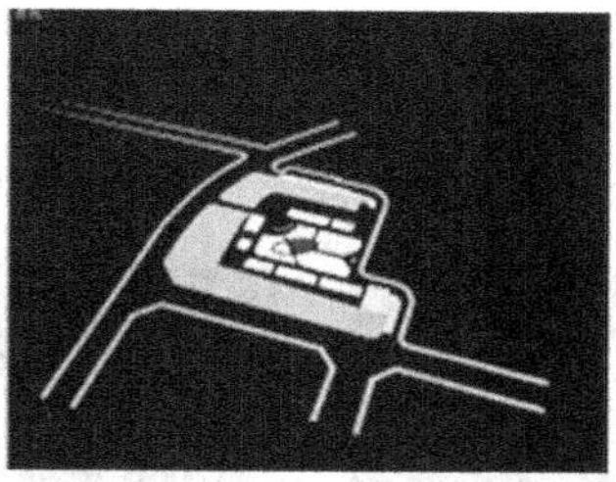

图 9-8　道路、广场等模型

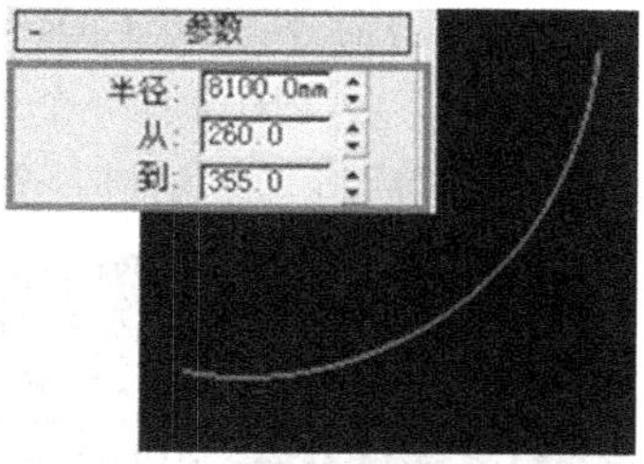

图 9-9　弧形

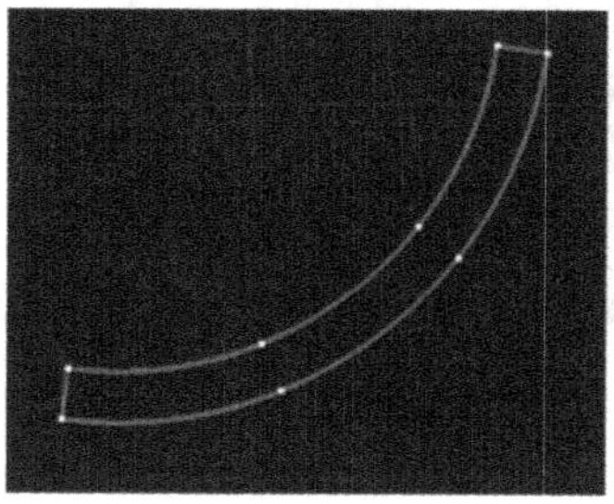

图 9-10　轮廓

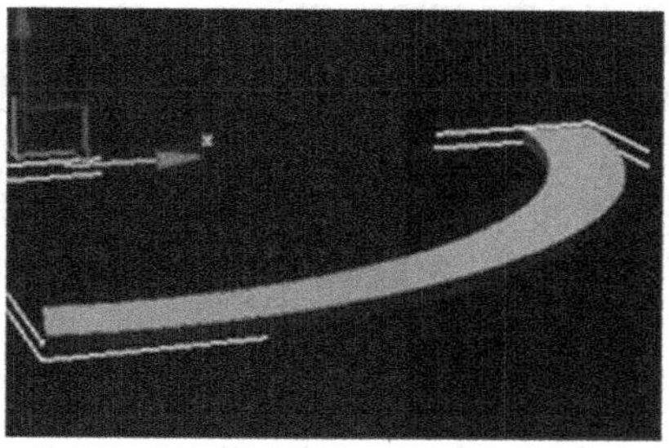

图 9-11　挤出

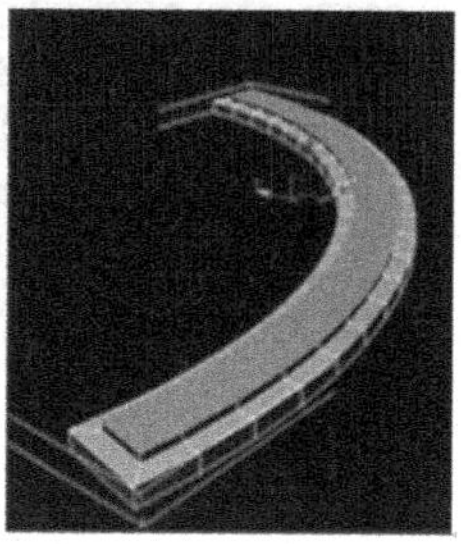

图 9-12　插入并挤出

在顶视图中绘制一个半径为 150 的圆形，位置如图 9-13 所示。

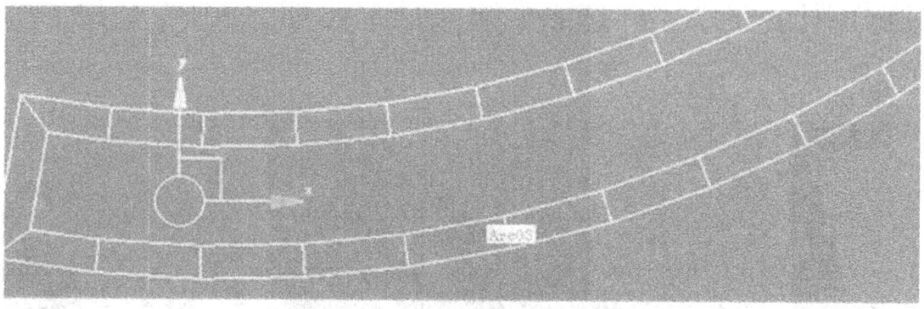

图 9-13　圆形的位置

将圆形挤出 2500，作为柱子，然后将其围着亭子的半弧形复制多个，再用弧线绘制一个底座放于下面，完成小亭制作，结果如图 9-14 所示。

7. 制作楼体。

激活顶视图，把楼体的 CAD 平面图导入到 3ds Max 中，然后冻结图形，如图 9-15 所示。

图 9-14　小亭模型

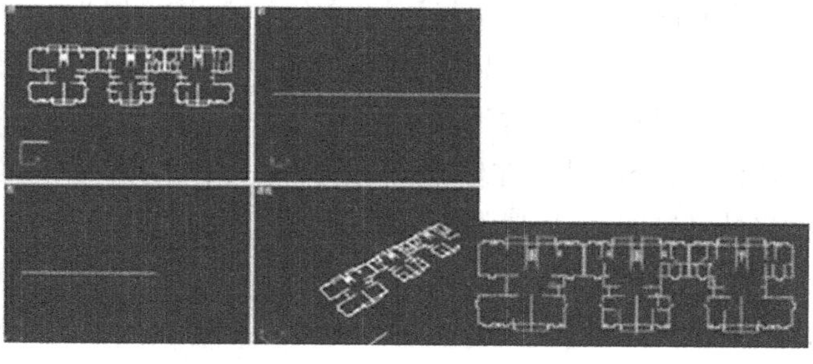

图 9-15　导入 CAD 平面图并冻结

用【线】命令，根据 CAD 平面图，建立房子的外轮廓，并挤出 2800，如图 9-16 所示。

制作阳台。阳台有一个弯曲的造型，可根据二维线形来制作完成，首先制作阳台的楼板（画完之后将其多复制一个图形，以备后用），如图 9-17 所示。

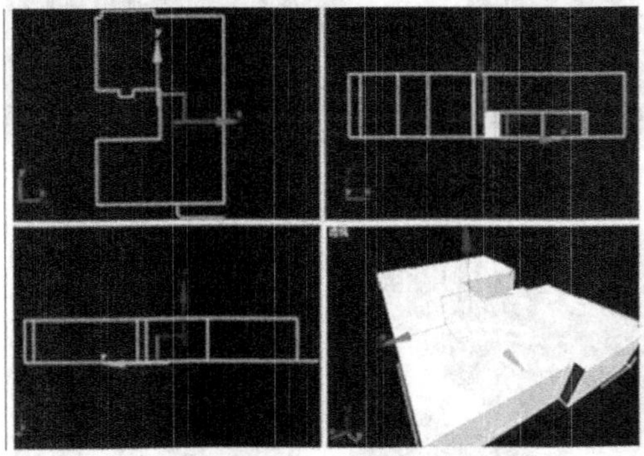

图 9-16　房子的外轮廓

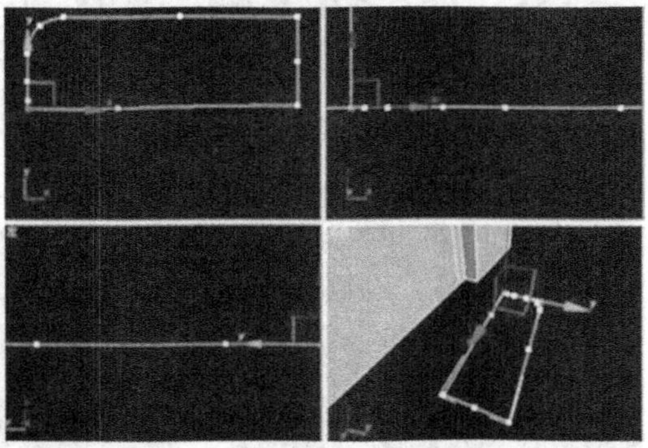

图 9-17　阳台二维线形

在修改器列表下，选择【挤出】命令，数值设置为 100，结果如图 9-18 所示。

然后用刚才复制出来的样条线制作阳台的护墙和围栏造型，如图 9-19 所示。

从图 9-19 中的箭头我们可以看到，这是两条样条线，是利用样条线的【分离】命令完成的。我们先来制作阳台的护墙，选择【样条线】级别，使用【轮廓】命令，数值设置为 120，如图 9-20 所示。

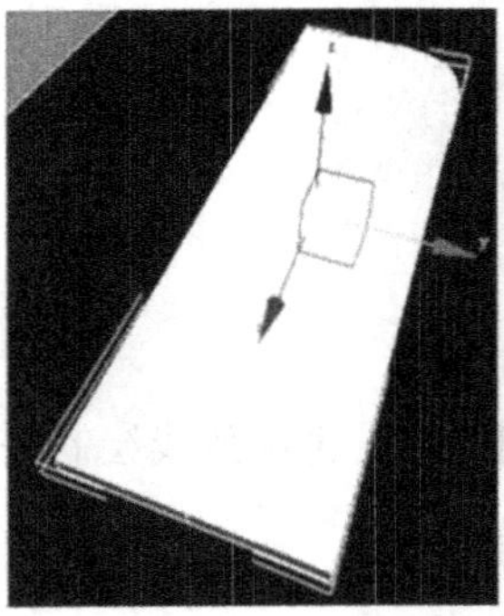

图 9-18　挤出

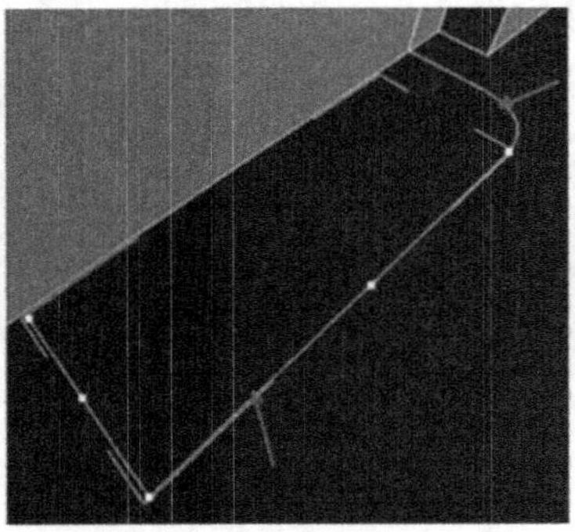

图 9-19　复制出来的样条线

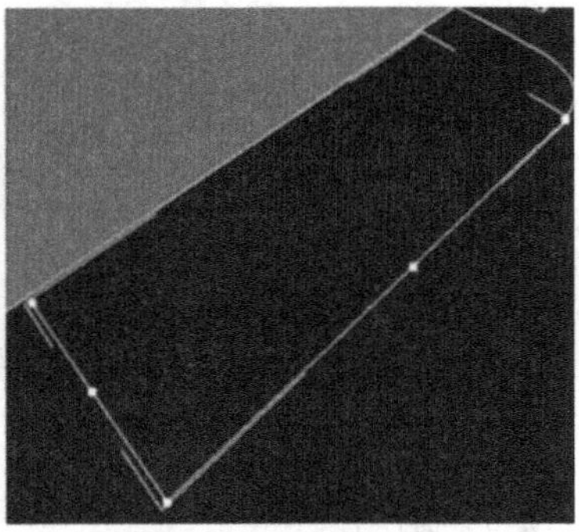

图 9-20　轮廓

在修改器列表下，选择【挤出】命令，数值设置为 1100。

下面用刚才分离出来的样条线来制作围栏，线形如图 9-21 所示。

单击鼠标右键选择【转换为可编辑样条线】，选择【样条线】级别，使用【轮廓】命令，数值设置为 50，然后在修改器列表下选择【挤出】命令，设置挤出数值为 50。按住【Shift】键将其复制四个，位置如图 9-22 所示。

制作楼体中的窗户。首先来制作阳台里的窗户，选择楼体，单击鼠标右键选择【转换为可编辑多边形】，选择【边】级别，点击两条纵向的线，单击鼠标右键选择【连接】命令，设置【分段】值为 1，分出的线段如图 9-23 所示（图中红色线）。

再选择两条横向的线，单击右键选择【连接】命令，设置【分段】值为 2，分出的线段如

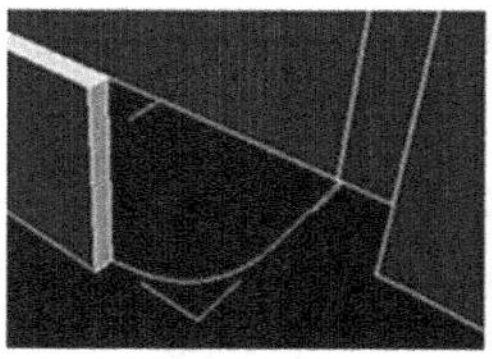

图 9-21 用做围栏的线形

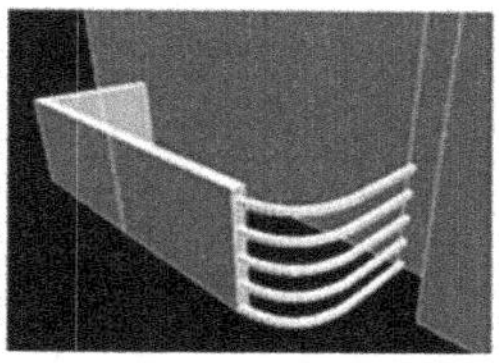

图 9-22 复制的围栏

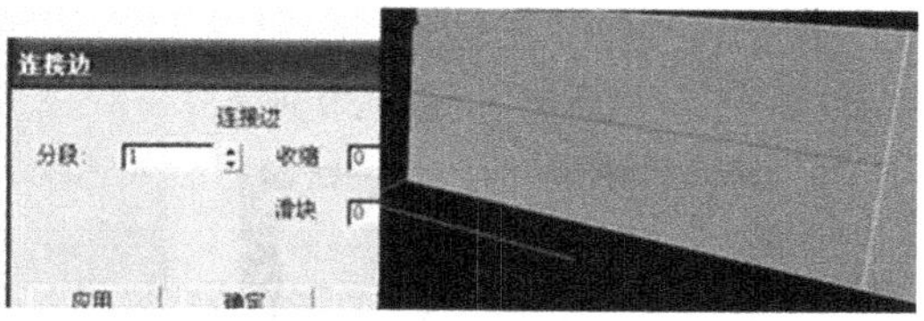

图 9-23 连接并分段(1)

图 9-24 所示。

然后选择【面】级别,选择中间的面,单击右键选择【挤出】命令,数值设置为 -240,之后将多余的面删除,结果如图 9-25 所示。

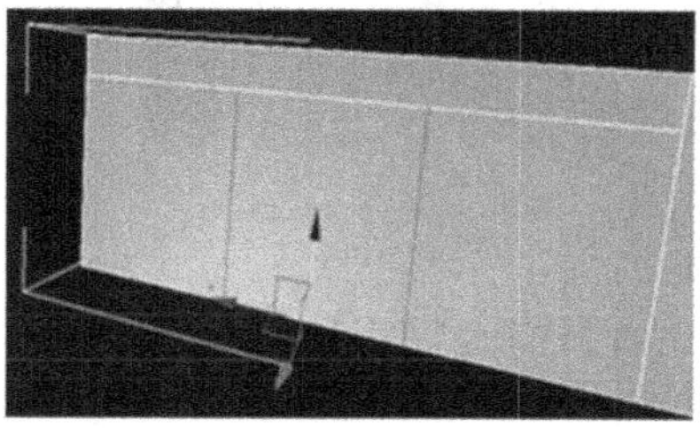

图 9-24 连接并分段(2)

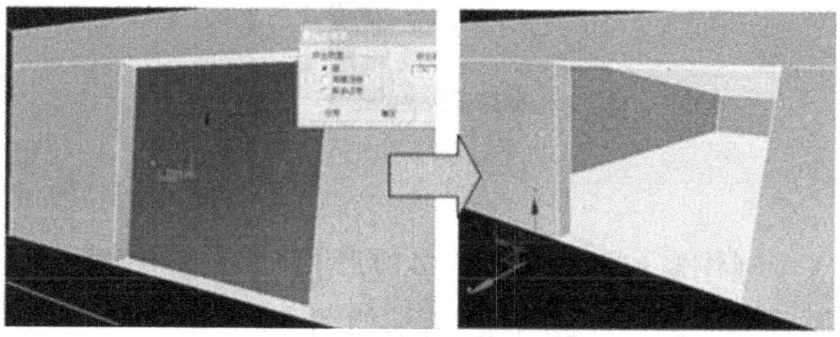

图 9-25 挤出并删除多余的面

依照已经建立好的窗户的轮廓边缘,利用【直线】工具,制作窗口,如图 9-26 所示。

在修改器列表下,选择【挤出】命令,数值设置为 240,再移动位置,结果如图 9-27 所示。用同样的方法将窗框和窗户的玻璃制作完成,窗框挤出数量为 20,如图 9-28 所示。

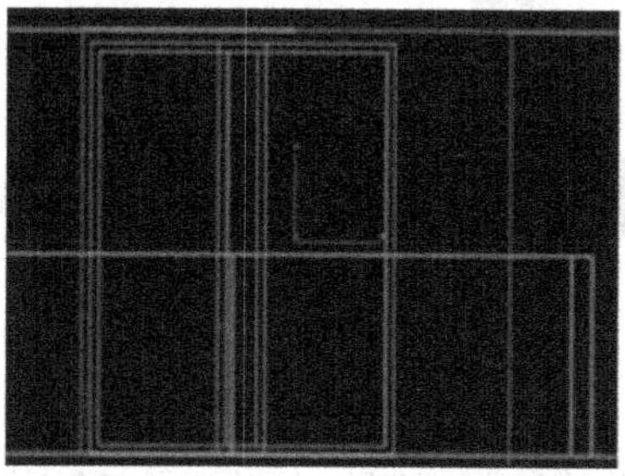

图 9-26 绘制窗口

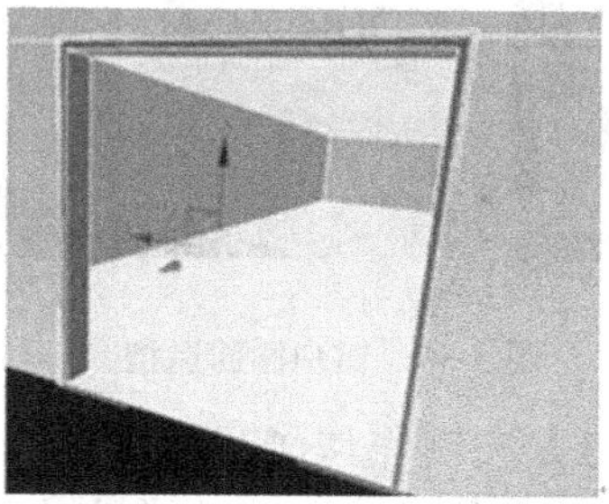

图 9-27 挤出窗框的位置

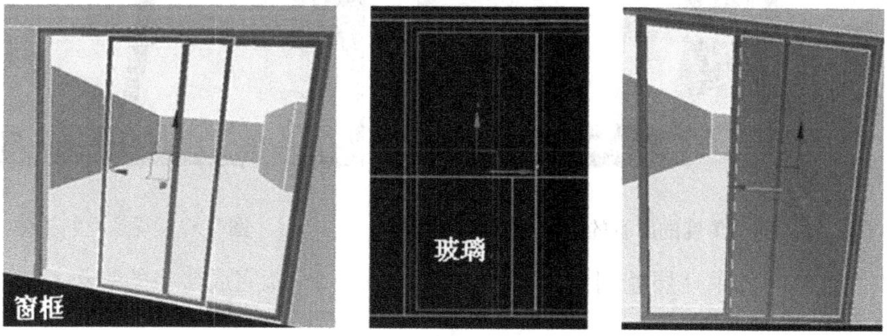

图 9-28 窗框和玻璃

制作窗户。单击楼体,选择【边】级,使用【连接】命令,连接几条线段,再将多余的面删除,编辑后的造型如图 9-29 所示。

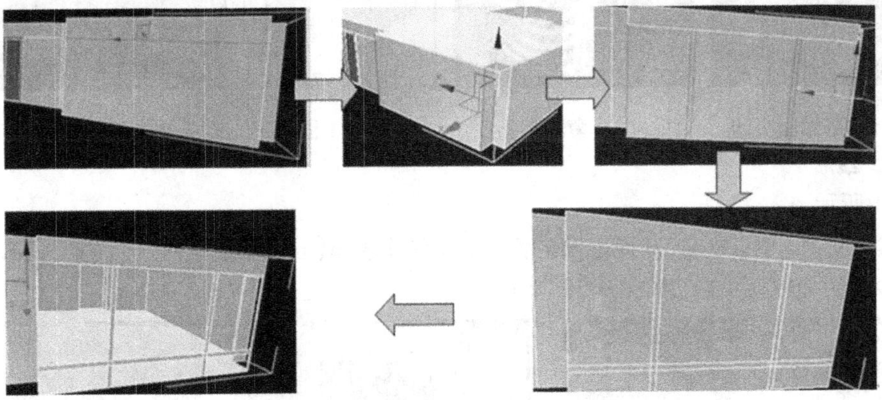

图 9-29　编辑后的造型

制作窗户侧面。在【多边形】层级,选中侧面,单击右键,选择【插入】命令,数值设置为 50,将多余的面删除,结果如图 9-30 所示。

再创建一个长方体,作为窗台,如图 9-31 所示。

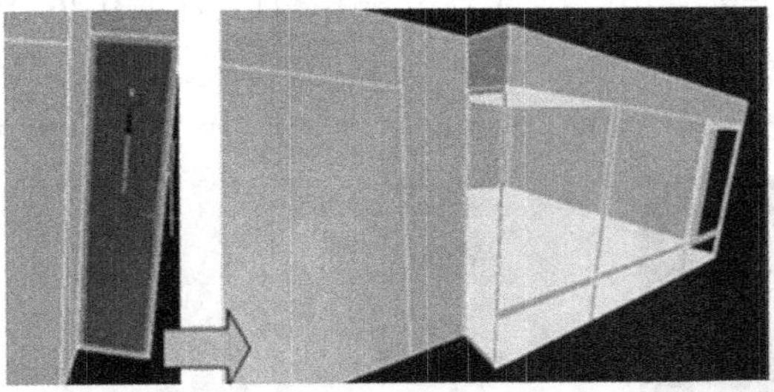

图 9-30　窗户侧面造型

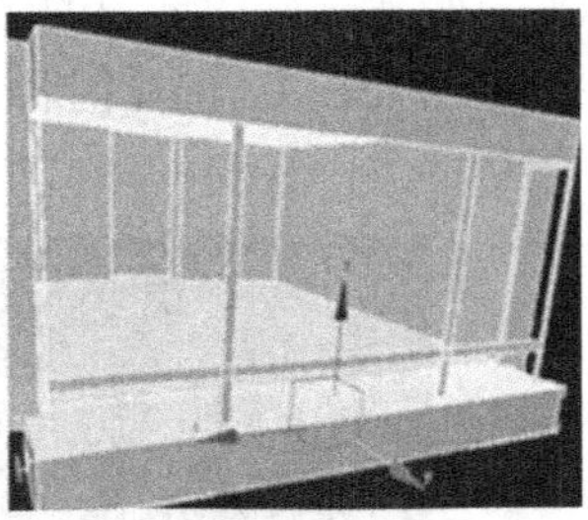

图 9-31　窗台造型

用同样的方法制作屋子里其他的窗户,挤出数值设置为 200,制作完成之后,如图 9-32所示。按住【Shift】键,将制作完成的楼体镜像复制一个,如图 9-33 所示。

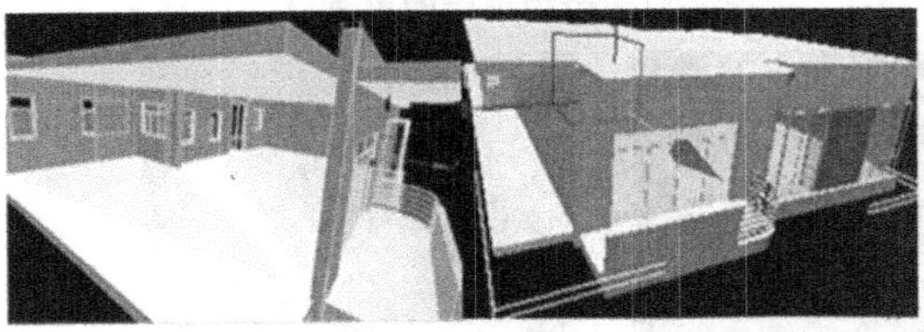

图 9-32　两个角度的所有的窗户造型

图 9-33　镜像复制楼体

此时,楼体的其中一层就创建完成了,只要复制多个,就完成楼宇的制作了,如图 9-34 所示。

▲制作材质

首先我们要把 V - Ray 的插件部分应用到 3ds Max 中,单击【渲染场景对话框】按

图 9-34 复制后完成楼宇的制作

钮,打开【渲染场景】对话框,在【公共】选项卡下打开【指定渲染器】卷展栏,置入 V - Ray 渲染器,如图 9-35 所示。

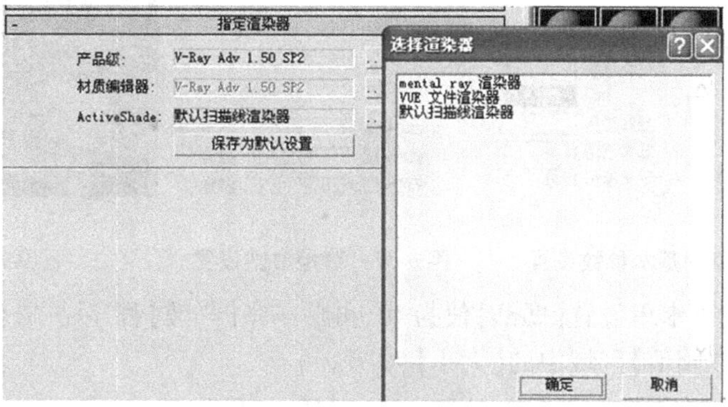

图 9-35 置入 V - Ray 渲染器

8. 制作草地材质。按【M】键,打开材质编辑器。单击【获取材质】按钮,加入 VRay Mtl 材质,然后在【漫反射颜色】通道中加入一张草地贴图(“随书光盘/项目二、贴图/草地/草地. jpg”文件)。

在【贴图】卷展栏下,将【漫反射】后面的贴图复制到【凹凸】的后面,并设置凹凸数值为 50。基本参数设置如图 9-36 所示。

在修改器列表中选择【UVW 贴图】命令,在参数展卷栏中设置参数,如图 9-37 所示。

在视窗中选择草地,单击按钮,给赋材质,结果如图 9-38 所示。

9. 制作小路材质。单击【获取材质】按钮,加入 VRay Mtl 材质,然后在【漫反射颜色】通道中加入一张小路贴图(“随书光盘/贴图/石材/路石. jpg”文件)。设置【反射】颜色的 R、G、B 均为 34,设置【高光光泽度】为 0. 85、【光泽度】为 0. 8。

在【贴图】卷展栏下,将【漫反射】后面的贴图复制到【凹凸】的后面,并设置凹凸数值为 80。

在修改器列表中,选择【UVW 贴图】命令,在参数展卷栏中设置参数,如图 9-39 所示。

用同样的方法,对“人行道”、“广场 1”、“广场 2”、“沿路石”等辅助设施进行编辑并给赋材质。

10. 制作水景材质。设置【漫反射】的颜色为(R:141、G:205、B:226),设置【反射】的颜色为(R:149、G:149、B:149),设置【折射】的颜色为(R:77、G:177、B:210),设置【折射率】为 1. 333。

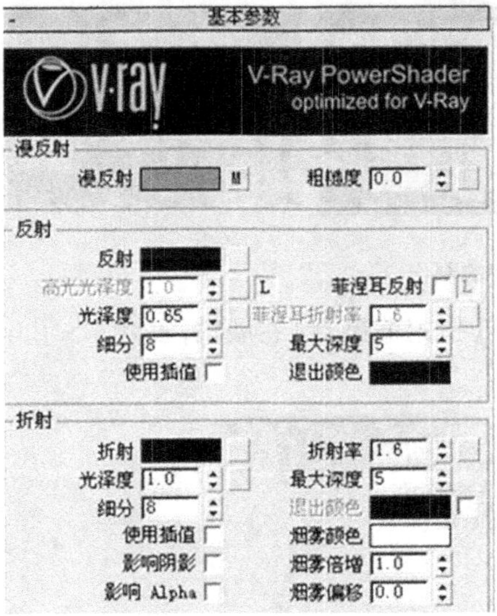

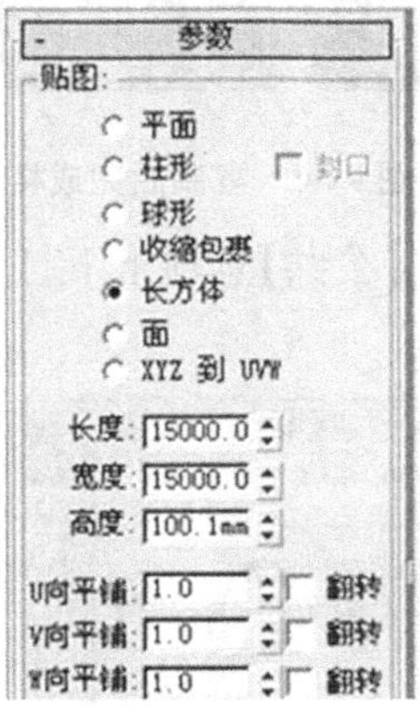

图 9-36　草地基本参数设置　　图 9-37　草地参数设置　　图 9-38　草地材质

在【贴图】选项卡里设置【凹凸】值为 10，再贴一张【噪波】程序贴图，设置【噪波参数】卷展栏下的【噪波阈值】区域中的【大小】为 25。

在视图中选择“水体”，单击按钮，给赋材质，结果如图 9-40 所示。

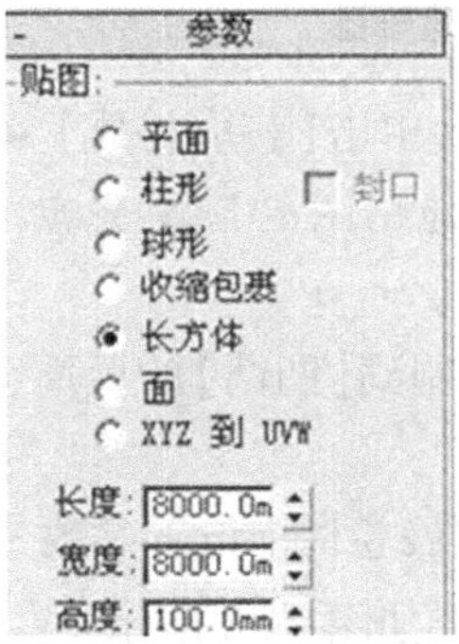

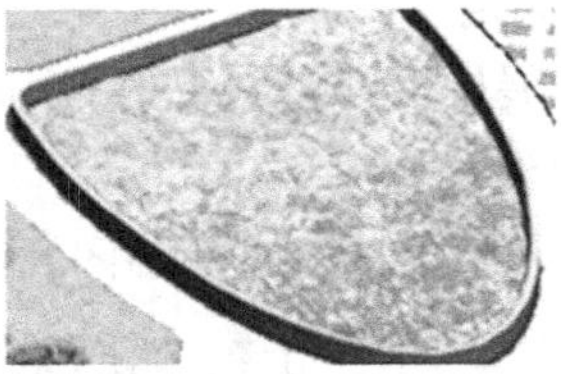

图 9-39　小路参数设置　　图 9-40　水面材质

▲设置摄影机

说明

鸟瞰效果图，顾名思义，一定要将摄影机的视点升高，形成表现力极强的三点透视，使建筑与环境（道路、绿化、广场、河流等）以及建筑群之间的关系一目了然。鸟瞰效果图摄影机的高度，要根据表现的内容而定。一般来说，较低的视点易于产生纵深的感觉；较高的视点能够全面地表现建筑布局及建筑与环境之间的关系。

11. 创建摄影机。单击【创建】命令面板上的【摄影机】/【目标】按钮，在顶视图中创建一架目标摄影机，并在【参数】选项中设置【镜头】为 50，如图 9-41 所示。

确定摄影机的位置。单击工具栏上的【选择并移动】按钮，在视图中选择摄影机头，接着在视图下方设置坐标数值，如图 9-42 所示。

如果透过视图并不能观察到楼体，那么我们就需要开启摄影机的【手动剪切】功能。当设置近距剪切和远距剪切之后，透过视图可以观察到室内物体。设置如图 9-43 所示。

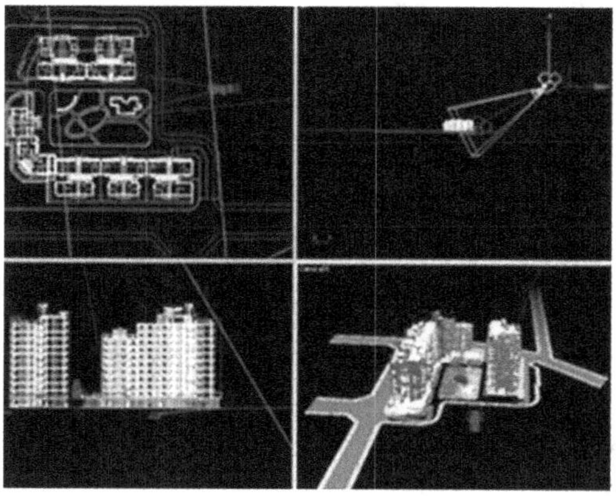

图 9-41　创建的摄影机

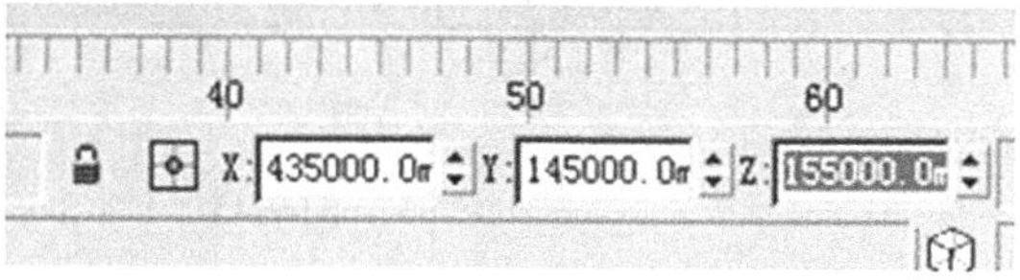

图 9-42　坐标数值

激活透视图并在键盘上按下【C】键，将透视图转换为相机视图，结果如图 9-44 所示。

图 9-43　摄影机参数设置

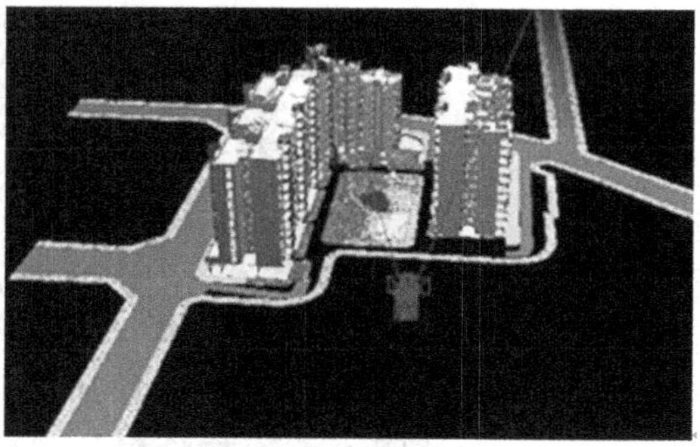

图 9-44　相机视图

▲灯光与渲染

12. 设置 V－Ray 渲染参数。

设置渲染帧大小。本子任务使用 V－Ray 自带的帧缓冲区，设置分辨率宽度为 640、高度为 480。

设置【全局开关】。把默认灯光与隐藏灯光前面的对号勾掉。

设置【图像采样器(反锯齿)】。类型设置为固定，抗锯齿过滤器的类型设置为区域。

打开【间接照明】，设置【首次反弹】的【全局光引擎】为发光图，【二次反弹】的【全局光引擎】为灯光缓存。

设置【发光图】的【内建预置】为非常低。【灯光缓存】的【细分】为 100。

【系统】设置中，【最大树形深度】为 100，【动态内存极限】为 3000 MB，【默认几何体】为动态。

V－Ray 渲染参数设置如图 9-45 所示。

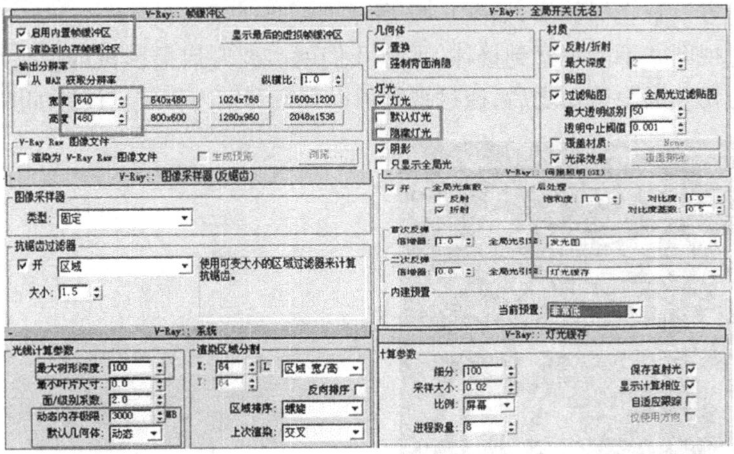

图 9-45　V－Ray 渲染参数设置

13. 布置灯光。

单击【灯光】/【目标聚光灯】按钮，在顶视图中创建一盏目标聚光灯，作为主光源，其在视图中的位置如图 9-46 所示。

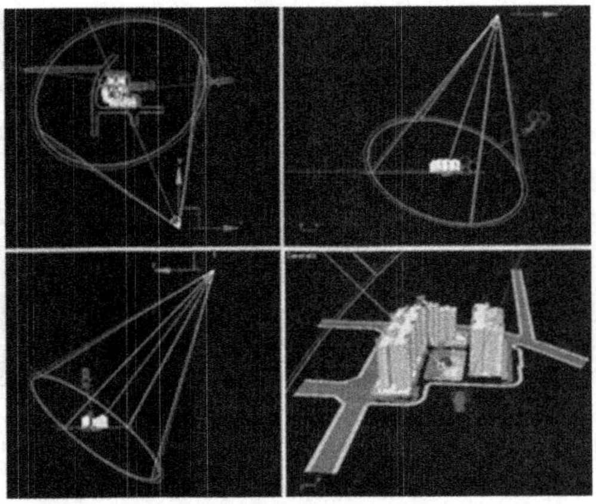

图 9-46　目标聚光灯的位置

在【常规参数】卷展栏下，勾选【阴影】区域下的【启用】项。

说明

鸟瞰效果图的灯光主要使用三点布光法，即主光源、辅助光源和背景光源，在此基础上再增加一些辅助照明，能够产生不错的光照效果。在鸟瞰效果图中，主要光源的入射角度至关重要。主要光源至少要照亮建筑的一个表面，才能产生足够的光感和体积感。最常用的方法是将主光源放在与建筑正面约呈 45°角的位置，这样可以使建筑显得更加明朗，建筑的细部和体积感也很容易表现出来。

在顶视图中再创建一盏目标平行光，作为背景光源，参数为默认，调整其在视图中的位置如图 9-47 所示。

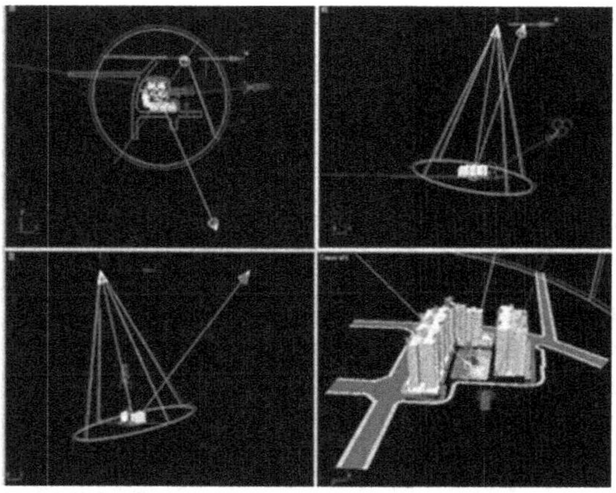

图 9-47　目标平行光的位置

在顶视图中，选择刚创建的背景光源，按住【Shift】键将其复制一个，作为辅助光源，使用【移动】工具调整其位置后如图 9-48 所示。

在顶视图中，选择刚创建的辅助光源，将其以关联方式复制一个，作为另一个辅助光源，在视图中的位置如图 9-49 所示。

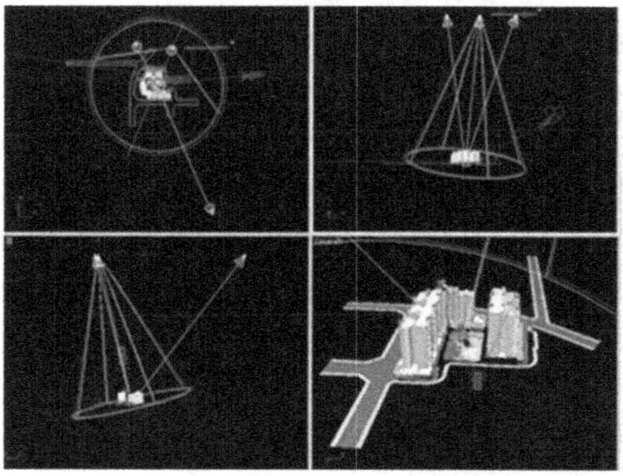

图 9-48　辅助光源的位置

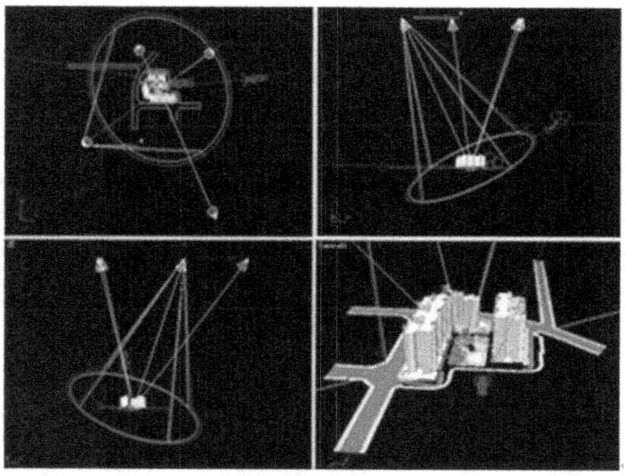

图 9-49　另一个辅助光源的位置

说明

设置好灯光和摄影机后，我们开始将鸟瞰图渲染输出。渲染工作也是一个极为重要的步骤，有时因为鸟瞰效果图的场景比较大，如果将所有的造型一起渲染，需要很长的渲染时间，而且建筑与地形连在一起，也不利于后期环境的制作。所以，我们可以将建筑和地形分类进行渲染，这样可以大大提高渲染速度，节省大量时间，也有利于后期的修改处理。这里所作的鸟瞰效果图并不是很大，所以采用直接渲染方式。

14. 渲染输出。

单击【渲染场景对话框】按钮，打开【渲染设置】对话框。设置【帧缓冲区】的分辨率为 1280×960；在【分离渲染通道】区域勾选【保存 RGB】和【保存 alpha】。然后单击【浏览】按钮，保存到文件夹，命名为“鸟瞰图”即可。

设置【图像采样器】类型为自适应细分，【抗锯齿过滤器】的类型设置为 Catmull - Rom。

【发光帖图】的【内建预置】为高。【灯光缓存】的【细分】为 1000。

【DMC 采样器】的【最小采样值】为 20。

渲染输出参数如图 9-50 所示。

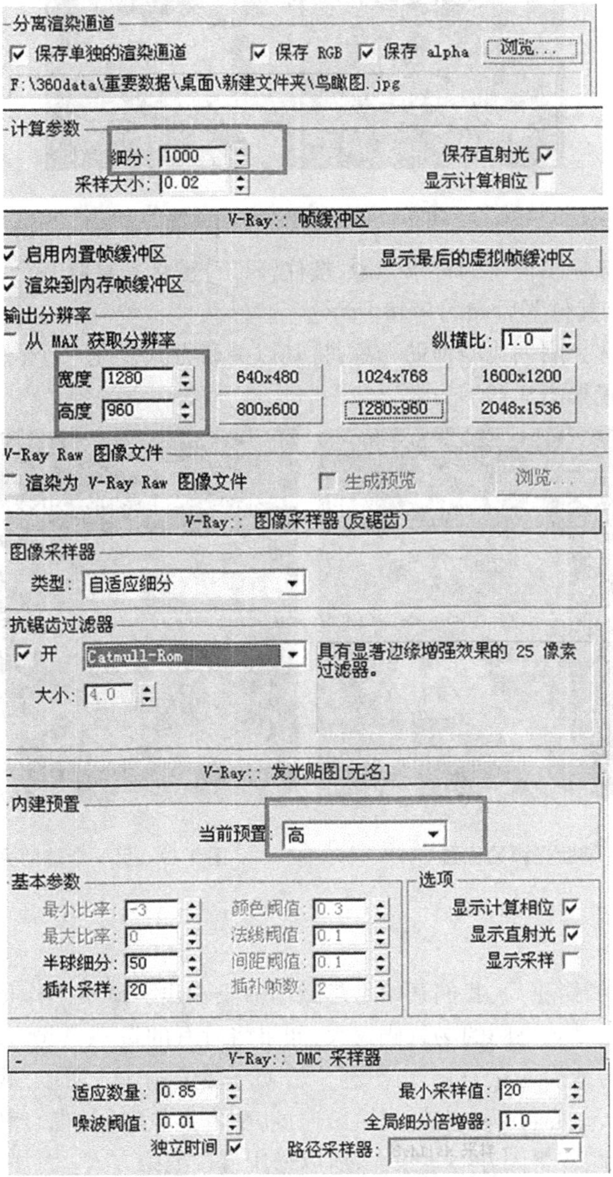

图 9-50　渲染输出参数设置

15. 按 F9 键渲染当前场景，渲染效果如图 9-51 所示。

图 9-51　渲染效果

经过 Photoshop 后期处理最终效果如图 9-2 所示。

子任务 2　别墅建筑效果图制作

实例效果

别墅建筑效果图见图 9-52。

图 9-52　别墅建筑效果图

操作步骤

▲建模

1. 打开 3ds Max 2009 软件，设置单位为"mm"。

2. 在工具栏中的【捕捉开关】按钮上单击鼠标右键，打开【栅格和捕捉设置】对话框，设置如图 9-53 所示。再单击【选项】选项卡，勾选【捕捉到冻结对象】和【使用轴约束】，关闭对话框。

3. 单击【文件】/【导入】命令,分别导入 CAD 平面图和 CAD 立面图(该图在“随书光盘/项目四/子任务 2CAD 图”文件夹中。注:此实例中后面导入的所有 CAD 图均在此文件夹中,后面不再提示),如图 9-54 所示。

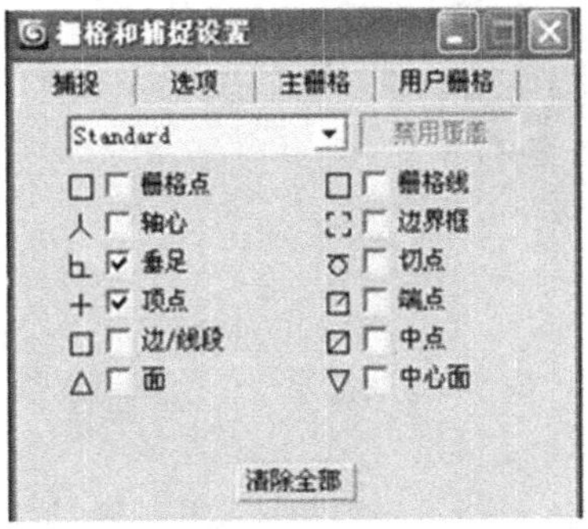

图 9-53　栅格和捕捉设置

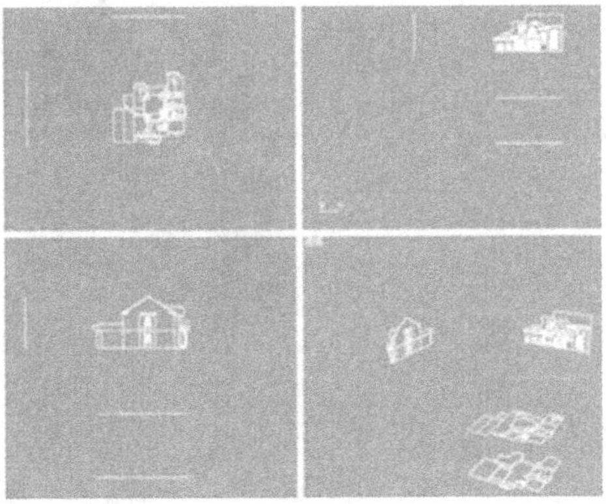

图 9-54　导入的 CAD 图

4. 制作别墅轮廓。按照所给的 CAD 平面图,首先我们先建立起别墅的高度,为7500,如图 9-55 所示。

再根据立面图画出别墅的样子,它大体的形状如图 9-56 所示。

图 9-55　别墅的高度

图 9-56　别墅的样子

5. 制作别墅中的各种造型。

绘制弧形窗框。用【线】命令画出窗户的外部形状,单击右键选择【转换为可编辑样条线】,进入【样条线】级别,选择【轮廓】命令,根据图例完成弧形窗框的形状。单击修改器列表下面的【挤出】命令,设置挤出数量为 40。结果如图 9-57 所示。

6. 在前视图中创建一条如图 9-58 所示的弧线,单击右键选择【转换为可编辑样条线】,选择【样条线】级别下的【轮廓】命令,轮廓数值设置为 -25,调整一下形状。结果如图 9-59 所示。

7. 在修改器列表里选择【挤出】命令,数值设置为 25。至此,弧形窗框制作完成,如图 9-60所示。

8. 制作矩形窗框。

在前视图中创建一个矩形,再单击右键选择【转换为可编辑样条线】,选择【样条线】

图 9-57　弧形窗框

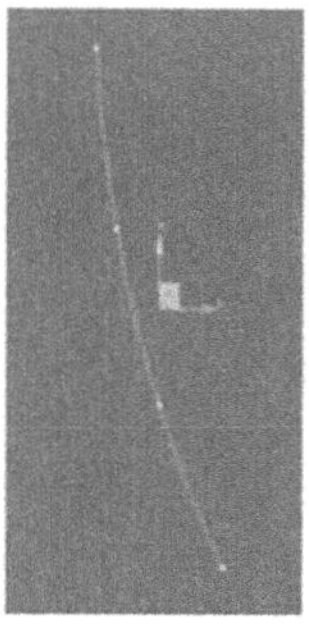

图 9-58　弧线

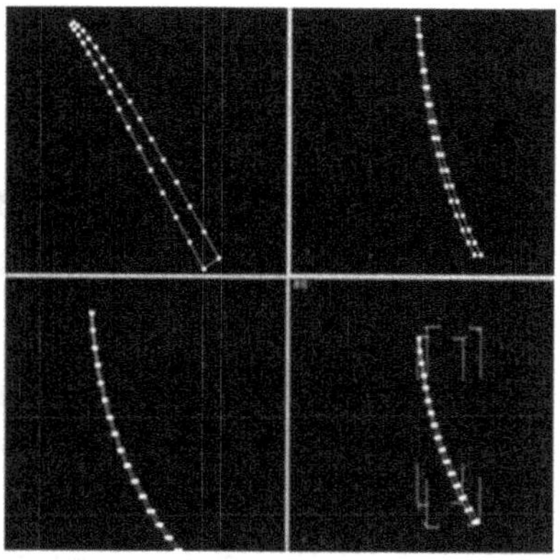

图 9-59　调整后的形状

级别的【轮廓】命令，结果如图 9-61 所示。

再单击【修改】面板下面的【挤出】命令，数值为 40。至此，矩形窗框制作完成，结果如图 9-62 所示。

9. 制作装饰物体。

在左视图中创建一个二维线形，如图 9-63 所示。单击【修改】面板下面的【挤出】命令，数值设置为 200。至此，装饰物体制作完成，结果如图 9-64 所示。

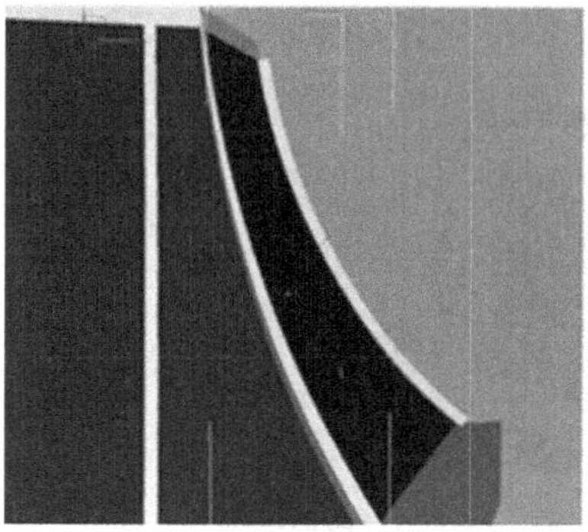

图 9-60　弧形窗框

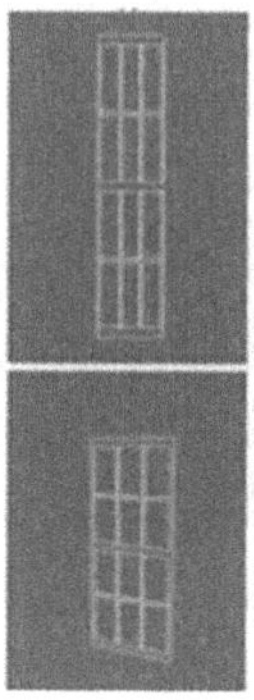

图 9-61　轮廓

图 9-62　矩形窗框

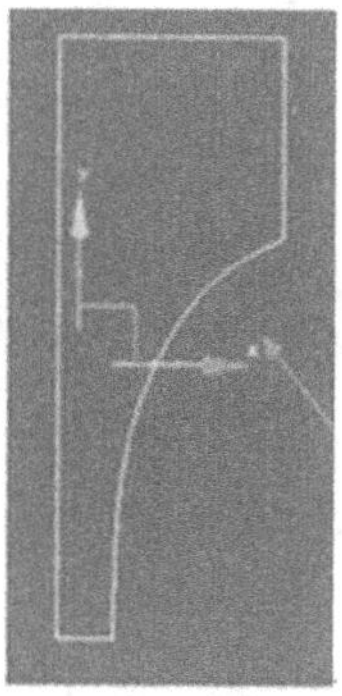

图 9-63　装饰物体二维线形

10. 制作红色房顶。

在前视图中用【线】命令绘制如图 9-65 所示的房顶基本形状。再单击【修改】面板的【挤出】命令，数值设置为 -8400，如图 9-66 所示。

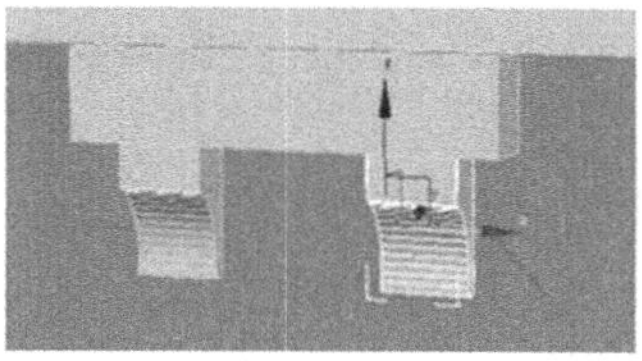

图 9-64　装饰物体

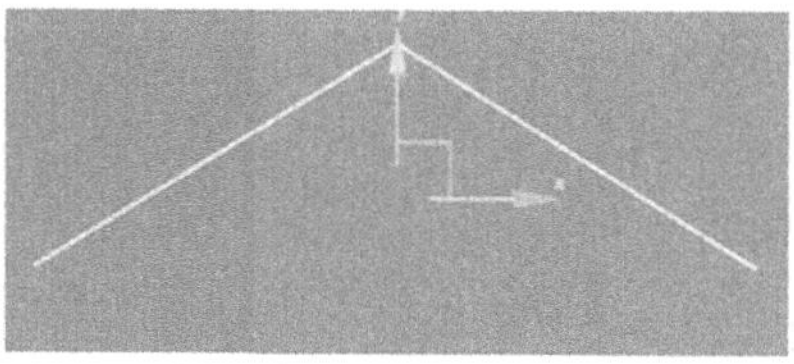

图 9-65　房顶基本形状

挤出之后我们发现,它的形状并不是我们想要的形状,需要再进行编辑,所以我们在修改器列表中再单击【编辑网格】命令,修改房顶的形状,结果如图 9-67 所示。至此,红色屋顶制作完成。

图 9-66 挤出房顶

图 9-67 修改后的房顶

注意:此别墅中的所有红色屋顶都是用此方法制作完成的,这里我们就不做介绍了,希望同学们能活学活用,举一反三。

11. 制作窗户。

在前视图中,利用【线】命令画出如图 9-68 所示的二维线形,再单击右键选择【转换为可编辑样条线】,选择【样条线】级别的【轮廓】命令,数值设置为 -50。

再进入【点】级别,调整为如图 9-69 所示的形状。单击修改器列表中的【挤出】命令,数值设置为 250,如图 9-70 所示。

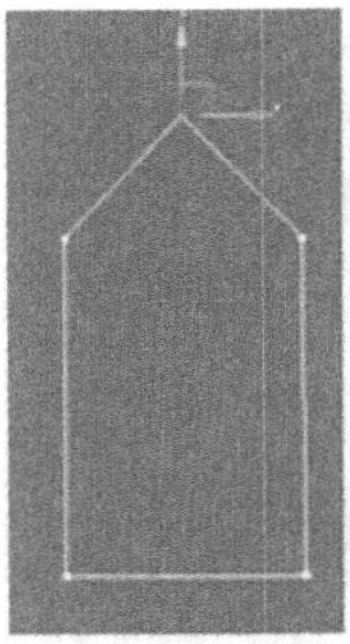

图 9-68 窗户二维线形

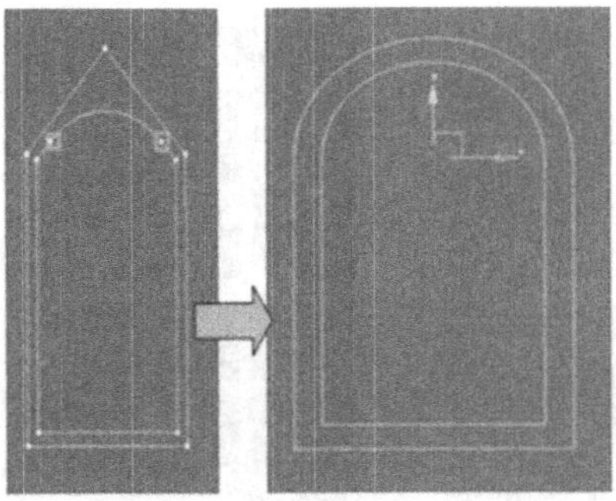

图 9-69 调整图形的形状

图 9-70 窗户造型

12. 制作门口梁。

在前视图中用【线】和【弧】命令画出如图 9-71 所示的二维线形。

然后进入次物体下的【点】级别,把所有点选中,单击【焊接】命令,这样就不会再在挤出的过程中出现漏面的情况。

在修改器列表中选择【挤出】命令,数值设置为 200。至此,门口梁的模型制作完成,如图 9-72 所示。

13. 制作柱子。

柱子制作简单,只需在顶视图中创建一根半径为 100、高为 270 的圆柱体即可。结果如图 9-73 所示。

14. 制作别墅房间。

别墅房间的制作方法有很多,在此我们就介绍一种方法,用高级布尔运算的方法进行

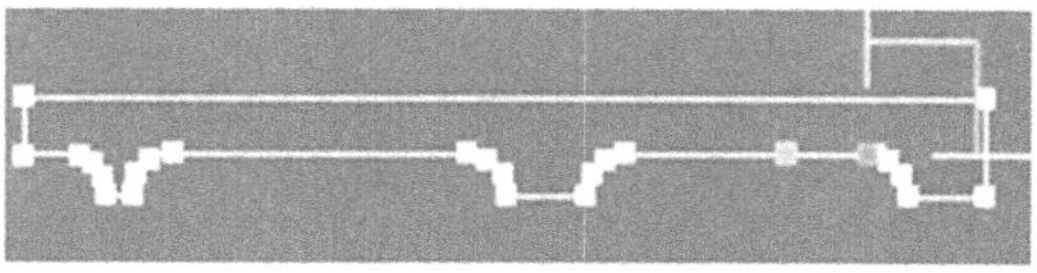

图 9-71 门口梁二维线形

图 9-72 门口梁模型

制作。

在顶视图中用【线】命令绘制如图 9-74 所示的房间二维线形。

单击右键选择【转换为可编辑样条线】,选择【轮廓】命令,数值设置为 120。在修改器列表中选择【挤出】命令,数值设置为 2700。结果如图 9-75 所示。

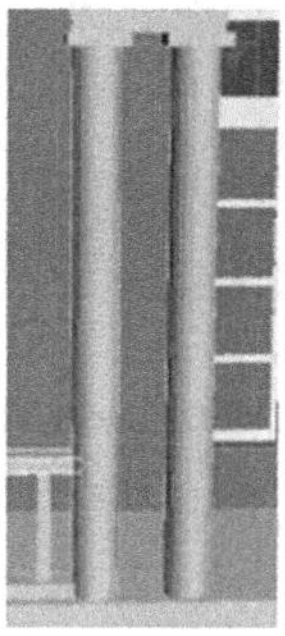

图 9-73 柱子

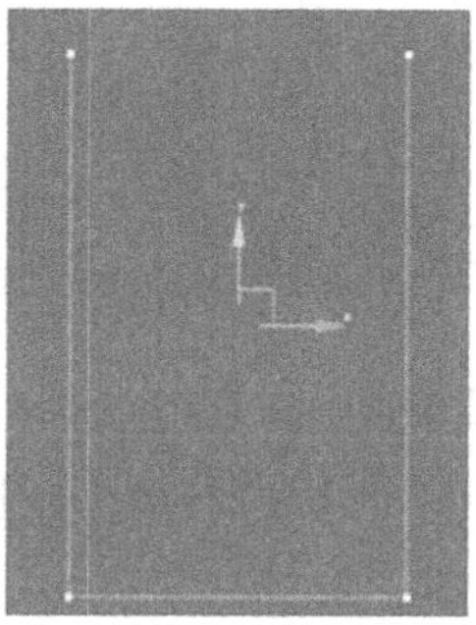

图 9-74 房间二维线形

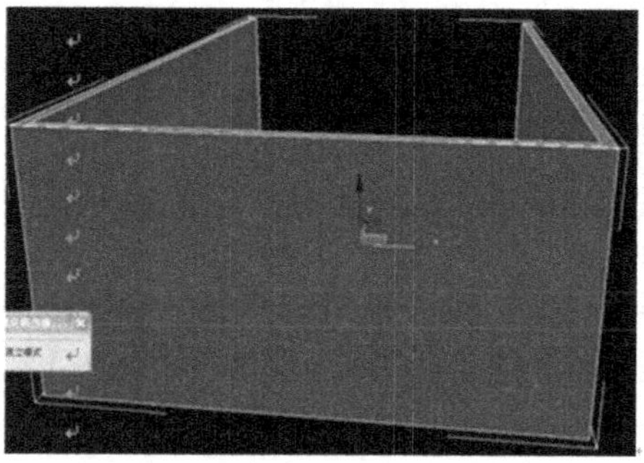

图 9-75 挤出房间

在前视图中创建一个 1500 × 1900 的矩形,如图 9-76 所示。然后选择修改器列表中的【挤出】命令,数值设置为 300,接着将其复制一个,如图 9-77 所示。

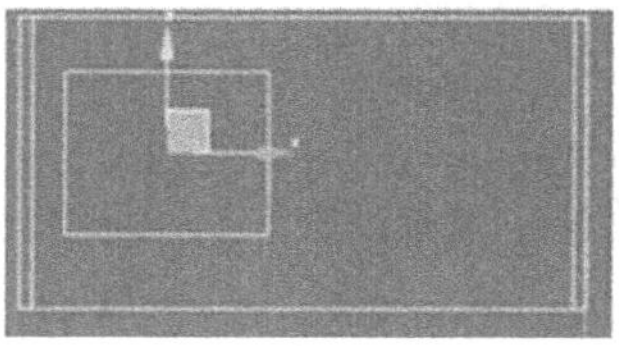

图 9-76 矩形

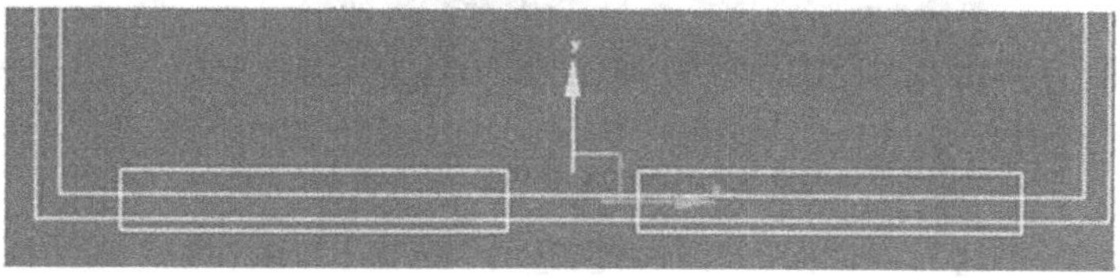

图 9-77 复制一个

在【创建】面板中选择【复合对象】/【布尔】按钮,点击【开始拾取】按钮,用之前创建的形体来减去后来创建的两个矩形,得到如图 9-78 所示的造型。

图 9-78 布尔运算后的造型

15. 制作窗框。

在前视图中绘制如图 9-79 所示的二维线形，然后挤出，数值设置为 40。创建之后，再把我们制作的窗框放在窗户里面，如图 9-80 所示。

16. 制作窗户下面(底座)的造型。

在顶视图中利用【线】命令画出如图 9-81 所示的二维线形。在修改器列表中选择【挤出】命令，数值设置为 50，结果如图 9-82 所示。

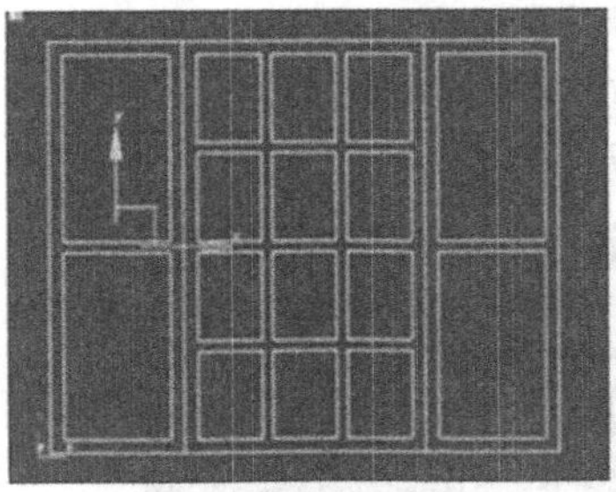

图 9-79　窗框二维线形

图 9-80　窗框造型

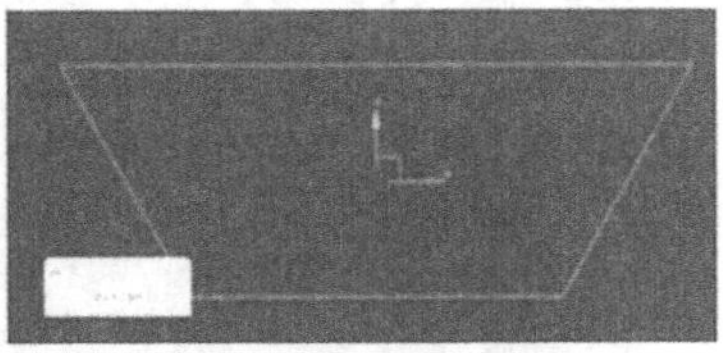

图 9-81　底座二维线形

单击右键选择【转换为可编辑多边形】，选择【面】级别，单击右键，选择【插入】命令，数值设置为 50，如图 9-83 所示。

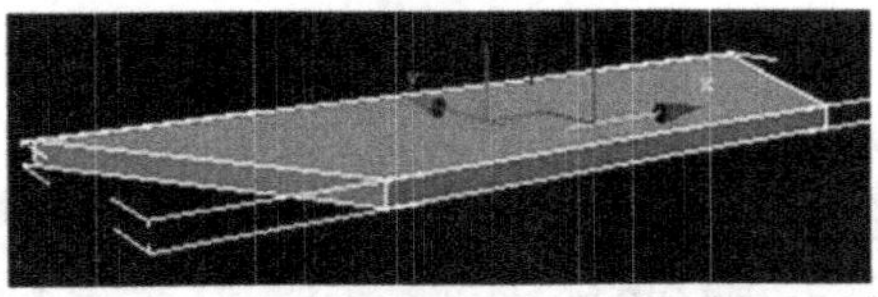

图 9-82　挤出底座(1)

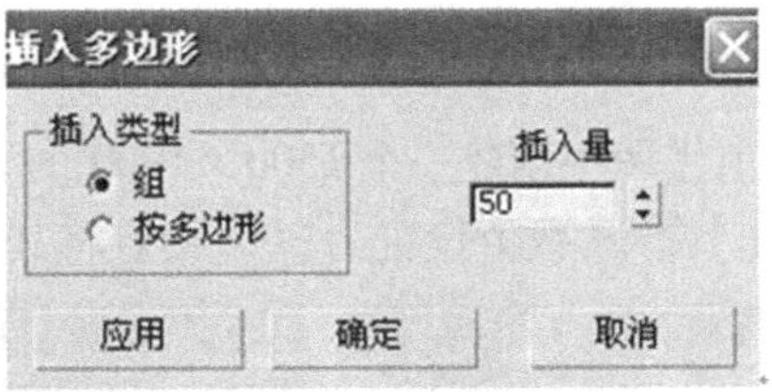

图 9-83　【插入】参数设置

再选择这个面，单击右键，选择【挤出】命令，数值设置为 100，如图 9-84 所示。同样选择这个面，单击右键，选择【挤出】命令，数值设置为 1000，如图 9-85 所示。

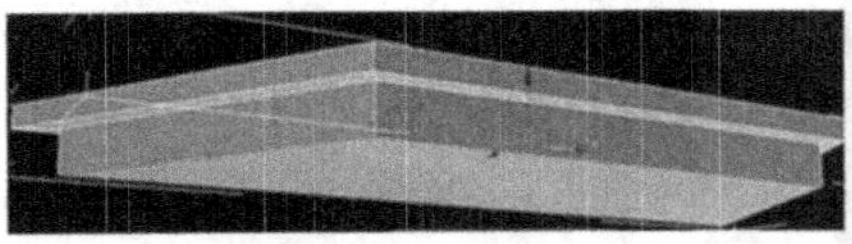

图 9-84　挤出底座(2)

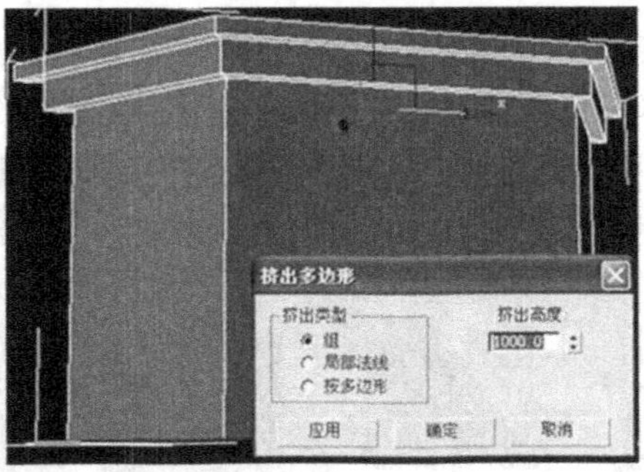

图 9-85　挤出底座(3)

用同样的方法做出整个底座，给赋一个材质。至此，窗户下面的造型制作完成，如图 9-86所示。

图9-86　底座

17. 制作房屋顶棚造型。

在左视图中利用【线】命令画出一个三角形，如图9-87所示。

然后利用【挤出】命令，挤出数值设置为6000。

再在左视图中创建一个3500×8200的矩形，位置如图9-88所示。挤出6000。

在【创建】面板中选择【复合对象】/【布尔】按钮，再点击【差集】按钮，用三角形的挤出造型减去矩形的挤出造型，并为得到的图形给赋一个红色墙砖材质，结果如图9-89所示。

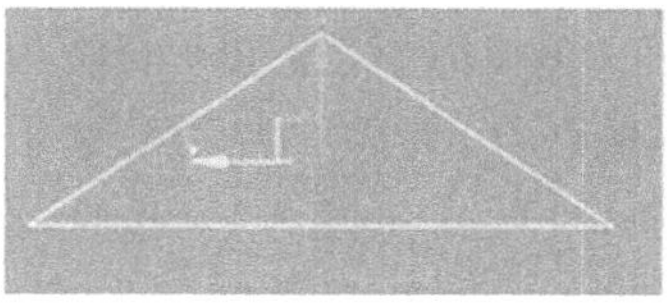

图9-87　三角形

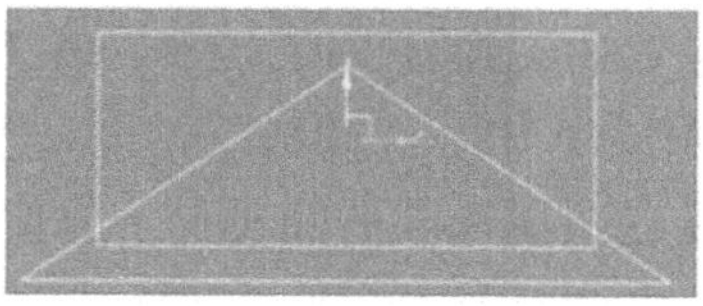

图9-88　矩形的位置

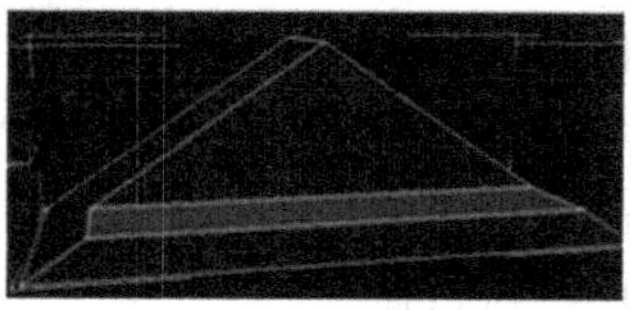

图9-89　布尔运算结果

至此，此房屋造型制作完成。其中屋顶的位置如图9-90所示。

图9-90　屋顶的位置

整个别墅的特殊造型我们已经制作完成了，其他模型都是根据上面介绍的几种方法制作而成的，在这就不做介绍了，希望同学们能举一反三。下面我们来对别墅模型给赋一个材质。

▲编辑材质

别墅中所用到的材质主要包括地砖、别墅墙面、别墅红瓦砖房屋顶、别墅墙面（文化砖）、窗户玻璃、窗框，等等。

18. 制作别墅地砖材质。

打开材质编辑器，选择一个空白的样本示例球，单击【获取材质】按钮，加入 VRay Mtl 材质，然后在【漫反射颜色】通道中加入一张地砖贴图（“随书光盘/项目二/贴图/地砖/地砖 01. jpg”文件）。

设置【反射】颜色为（R:25、G:25、B:25），设置【高光光泽度】为 0.6，选择别墅地面给赋材质。

19. 制作别墅墙面材质。

选择一个空白的样本示例球，单击【获取材质】按钮，加入 VRay Mtl 材质，然后在【漫反射颜色】通道中加入一张墙砖贴图（“随书光盘/项目二/贴图/砖墙/砖墙 14. jpg”文件）。设置【反射】颜色（R:16、G:16、B:16），设置【高光光泽度】为 0.56。

打开【贴图】卷展栏，将【漫反射颜色】通道后面的贴图复制到【凹凸】通道后面，设置凹凸数量为 30。选择墙面给赋材质。

20. 制作红瓦砖房屋顶材质。

选择一个空白的样本示例球，单击【获取材质】按钮，加入 VRay Mtl 材质，然后在【漫反射颜色】通道中加入一张平铺【Tiles】程序贴图。

点击【Tiles】程序贴图，在【标准控制】选项里，把预设类型改为“自定义平铺”。在【高级控制】选项里，把平铺设置的纹理颜色改为（R:166、G:77、B:51），设置水平间距为 3.0、垂直间距为 4.0、淡出变化为 0.05。在砖缝设置里，设置颜色 R、G、B 均为 235，水平间距和垂直间距均为 0.5。设置杂项选项的随机种子数值为 1915（仅供参考）。选择屋顶给赋材质。

注意：因为是屋顶，所以我们所用的材质球看不出材质的状态，我们把采样类型设置为正方体。

21. 窗户玻璃材质的制作。

选择一个空白的样本示例球，单击【获取材质】按钮，加入 VRay Mtl 材质，然后在【反射】颜色通道中加入一张环境贴图。反射的颜色 R、G、B 均为 60，高光光泽度为 0.75。

设置【折射】的颜色为（R:158、G:171、B:199），选择窗户玻璃给赋材质。

22. 制作窗框材质。

设置【漫反射】的颜色 R、G、B 均为 251。

设置【反射】的颜色 R、G、B 均为 35，【高光光泽度】为 0.88。

选择窗框给赋材质。

▲创建摄影机

23. 在顶视图中创建一架目标摄影机，在【参数】选项中设置【镜头】为 35，如图 9-91 所示。

24. 确定摄影机的位置。单击工具栏上的【移动】按钮，在视图中选择摄影机头，在视图下方设置坐标数值，如图 9-92 所示。

至此，摄影机设置完成。

▲灯光与渲染

25. 设置 V－Ray 渲染参数，如图 9-93 所示。

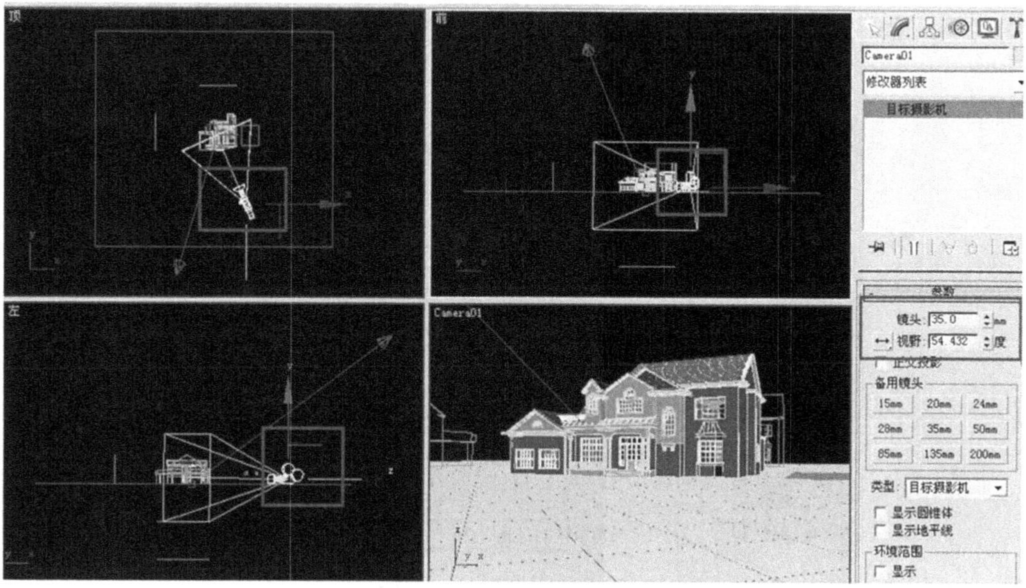

图 9-91　创建摄影机并设置

图 9-92　设置坐标数值

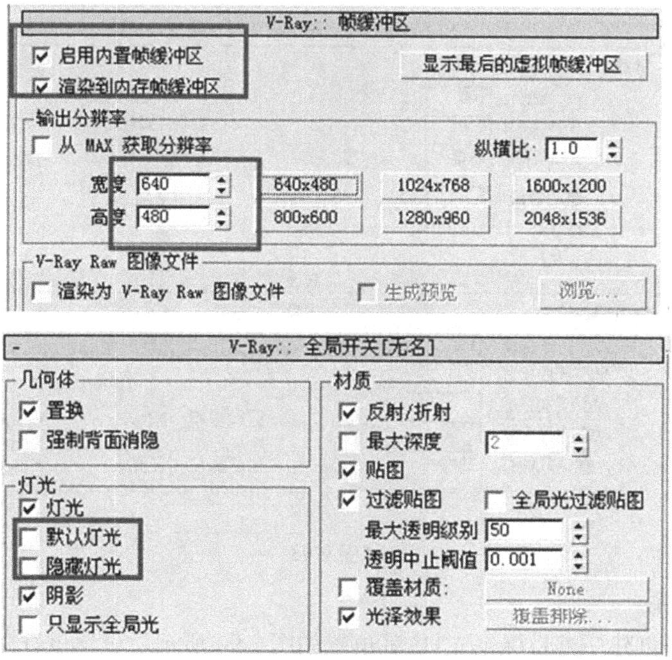

图 9-93　V－Ray 渲染参数设置

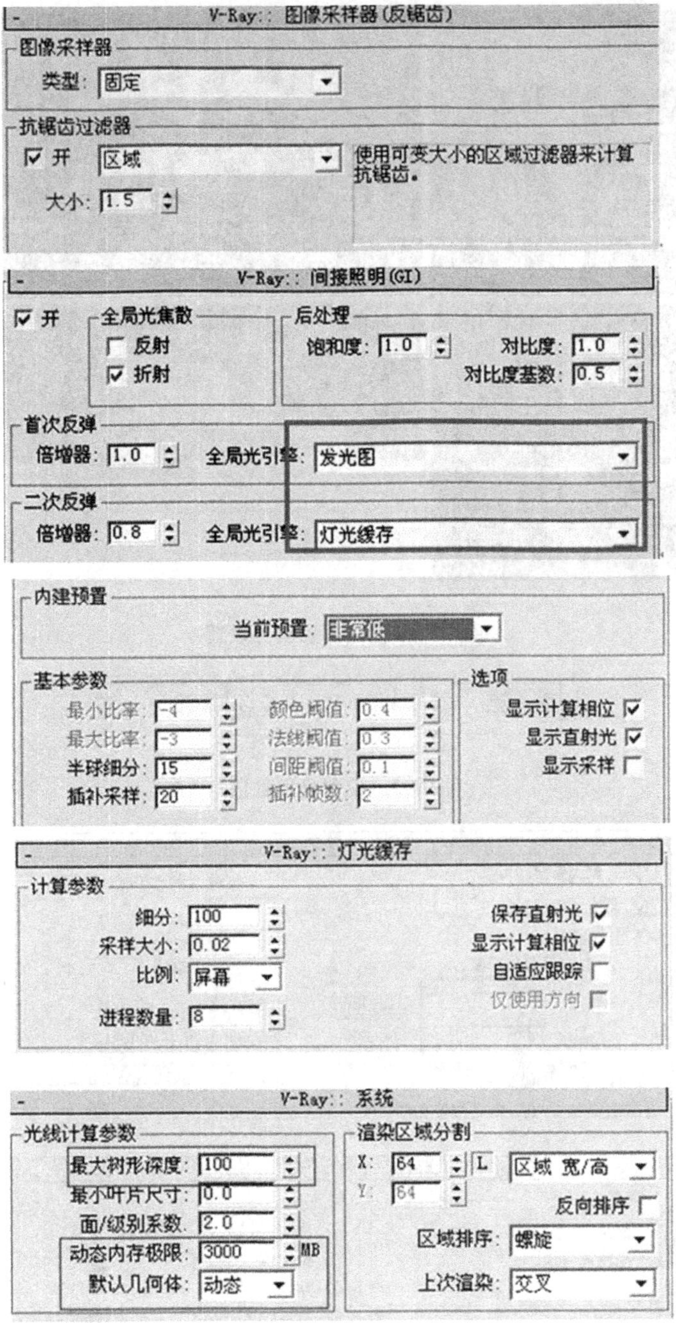

续图 9-93

26. 布置灯光。

在前视图中创建一盏目标聚光灯,其位置如图 9-94 所示。设置该灯光【阴影】参数为【启用】状态,类型选择 V－Ray 阴影;设置【强度/颜色/衰减】中的【倍增】为 1.0,颜色为(R:249、G:242、B:229)。

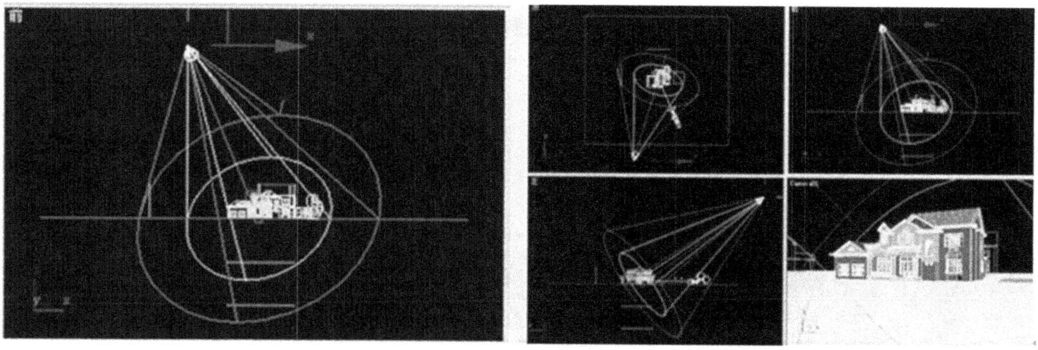

图 9-94　目标聚光灯的位置

设置环境光。单击工具栏上面的【渲染】选项，左键点击环境，颜色设置为（R:103、G:179、B:223），如图 9-95 所示。

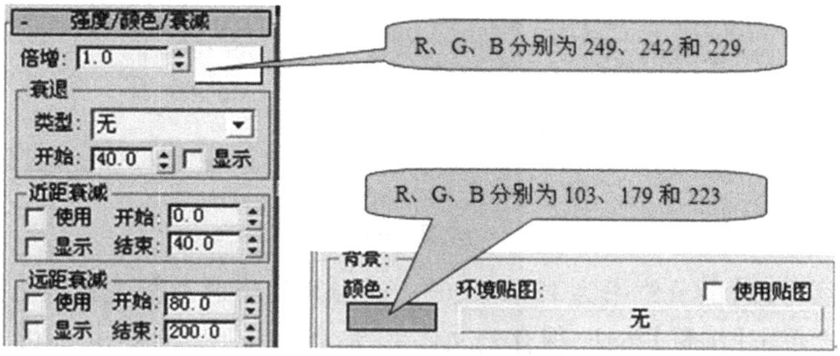

图 9-95　灯光参数设置

27. 设置最终渲染参数，如图 9-96 所示。

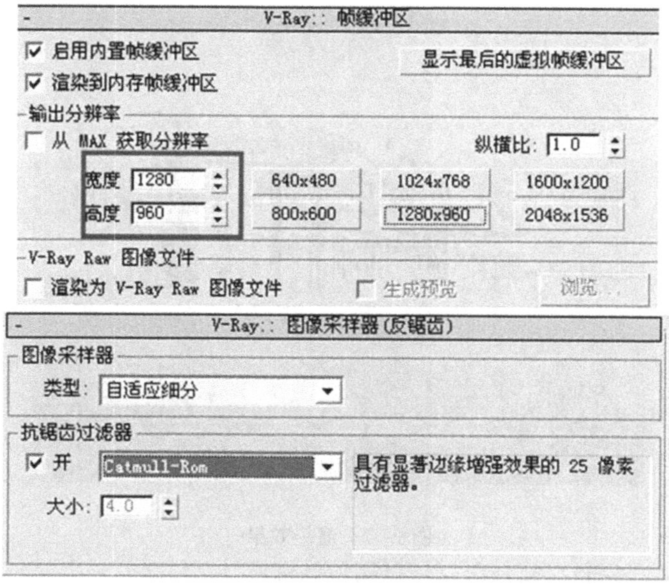

图 9-96　最终渲染参数设置

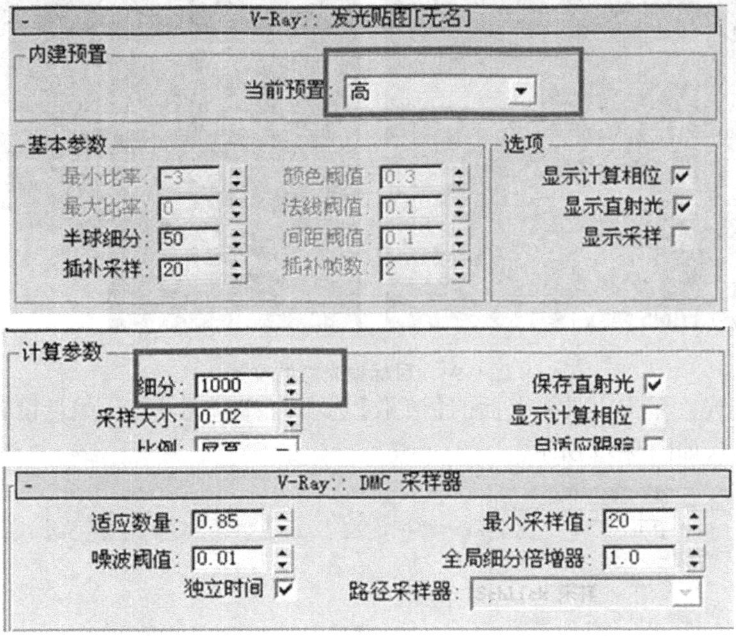

续图 9-96

设置【帧缓冲区】的分辨率为 1280 × 960；在【分离渲染通道】中，将【保存 RGB】和【保存 alpha】勾选，单击【浏览】按钮，保存到文件夹，命名为“别墅效果图”即可。

设置【图像采样器】【类型】改为自适应细分，【抗锯齿过滤器】的类型设置为 Catmull – Rom。【发光贴图】的【内建预置】为高。【灯光缓存】的【细分】为 1000。

28. 按 F9 键渲染当前场景，渲染效果如图 9-97 所示。

图 9-97　渲染效果

经过 Photoshop 后期处理最终效果如图 9-52 所示。

子任务3　别墅夜景效果图景观设计

实例效果

别墅夜景效果图见图9-98。

图9-98　别墅夜景效果图

操作步骤

▲建模

1. 打开3ds Max 2009软件,设置单位为“mm”。

2. 在工具栏中的【捕捉开关】按钮上单击鼠标右键,打开【栅格和捕捉设置】对话框,设置如图9-99所示。再单击【选项】选项卡,勾选【捕捉到冻结对象】和【使用轴约束】,关闭对话框。

3. 别墅房屋-1的制作。在顶视图中创建一个165×93的矩形,如图9-100所示。在修改器列表中选择【挤出】命令,挤出数值设置为112。

在顶视图中,创建一个170×25×25的长方体,位置如图9-101所示。

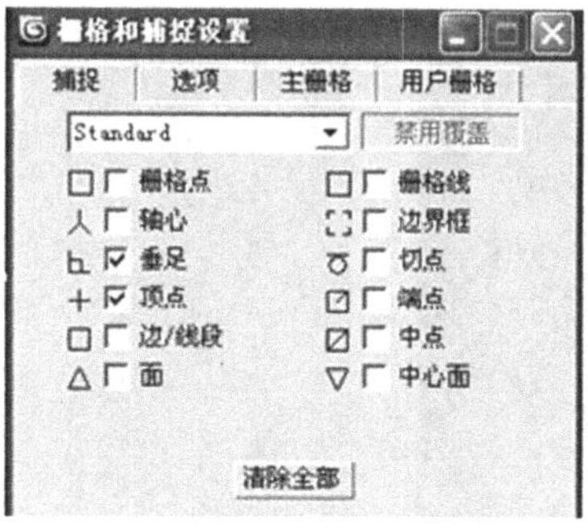

图9-99　栅格和捕捉设置

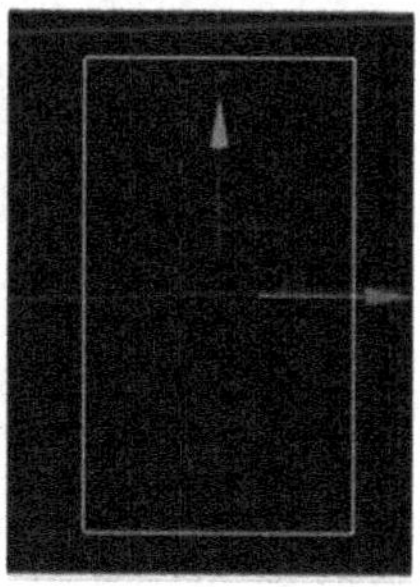

图9-100　矩形

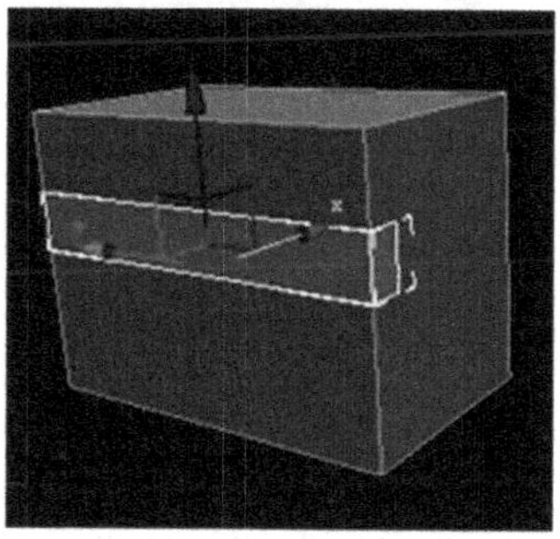

图9-101　长方体的位置

对两个几何体做差集布尔运算,得到的图形如图9-102所示。

4. 单击右键,选择【转换为可编辑多边形】,进入【多边形】级别,将多余的面删除,结果如图 9-103 所示。

选择物体的顶面,单击右键,选择【倒角】命令,参考设值及结果如图 9-104 所示。再选择【挤出】工具,参数设置如图 9-105 所示。

图 9-102　布尔运算结果

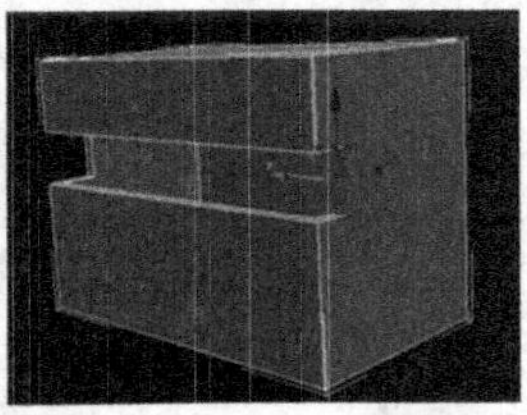

图 9-103　删除多余的面

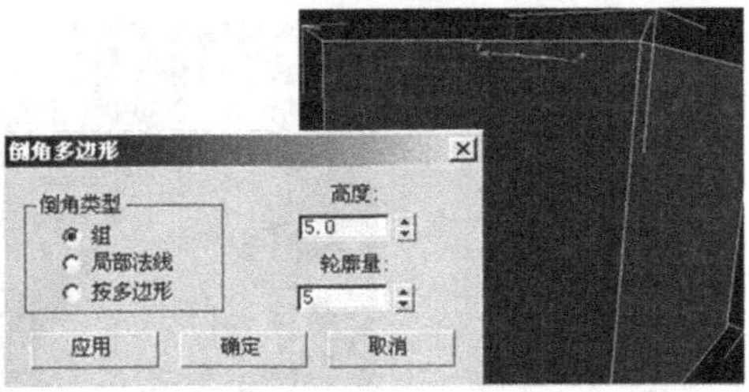

图 9-104　【倒角】参数设置及结果

5. 进入【边】级别,选择如图 9-106 所示的两条边(变为红色)。

单击鼠标右键选择【连接】命令,在弹出的【连接边】对话框中设置如图 9-107 所示。

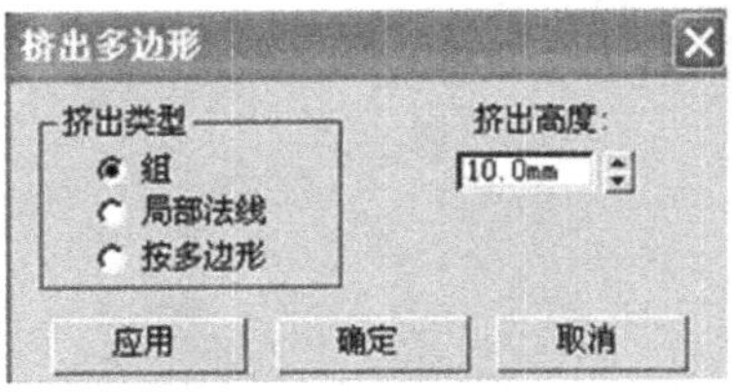

图 9-105　【挤出】参数设置

图 9-106　选择的两条边

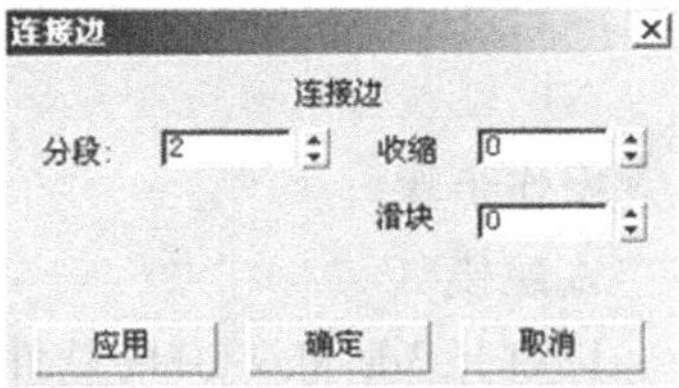

图 9-107　【连接】参数设置

单击【确定】按钮,连出两条线段,结果如图 9-108 所示。

6. 选择这两条线段,继续重复刚才的【连接】操作,再分出两条横向的线,结果如图 9-109所示。

再进入【多边形】级别,选择中间的面,如图 9-110 所示。

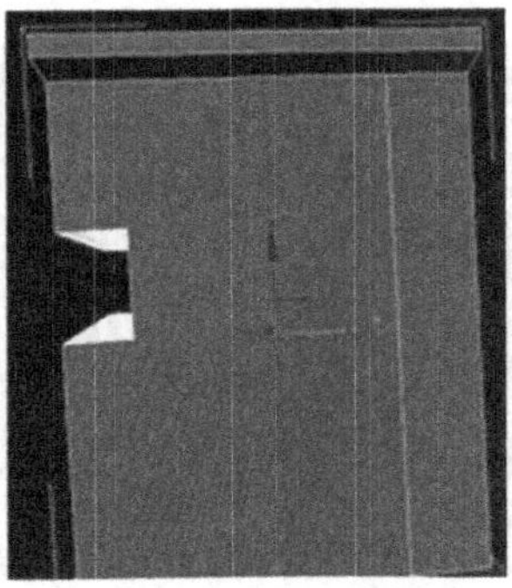

图 9-108　出现两条线段

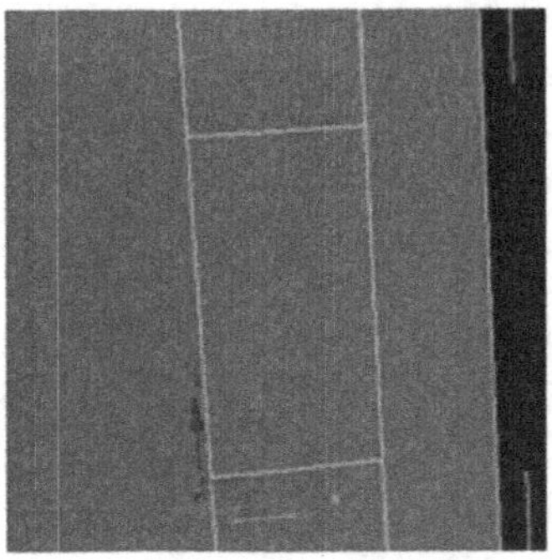

图 9-109　继续【连接】操作

图 9-110　选择面

单击鼠标右键,选择【挤出】命令,设置【挤出高度】为 -5,结果如图 9-111 所示。

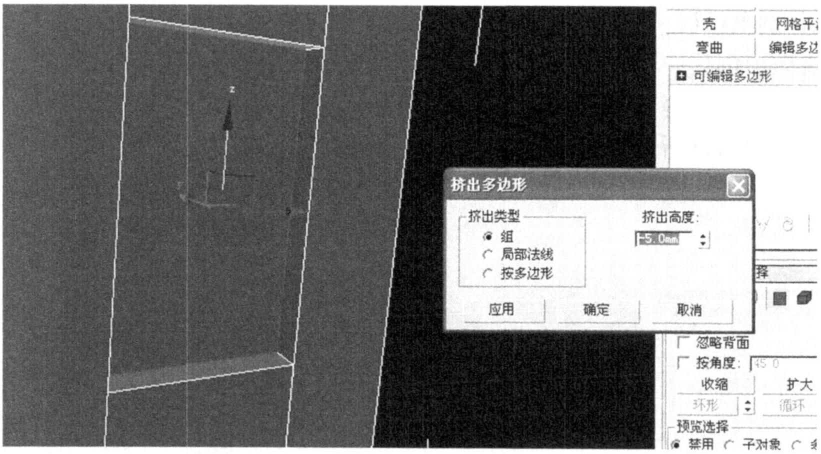

图 9-111　挤出窗洞

7. 在前视图中创建一个 60×30 的矩形，依照窗户的形状，制作窗框，如图 9-112 所示。选择【样条线】级别，选择【轮廓】命令，结果如图 9-113 所示。

8. 进入【多边形】级别，选择物体的底面，单击右键，选择【插入】命令，【插入】数值设置为 5。再选择【挤出】命令，【挤出高度】设置为 20，结果如图 9-114 所示。图 9-115 为给赋材质后的完成图。

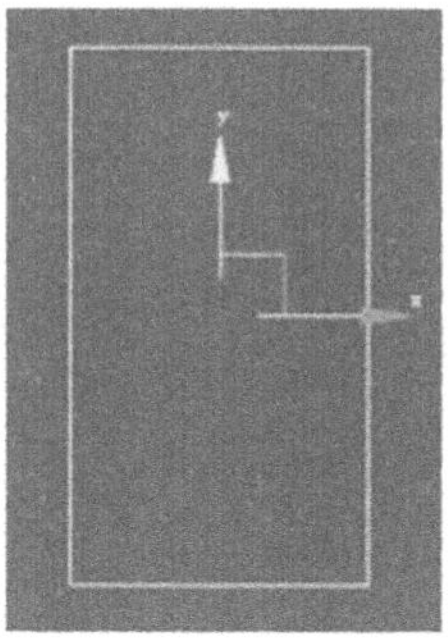

图 9-112　矩形窗框

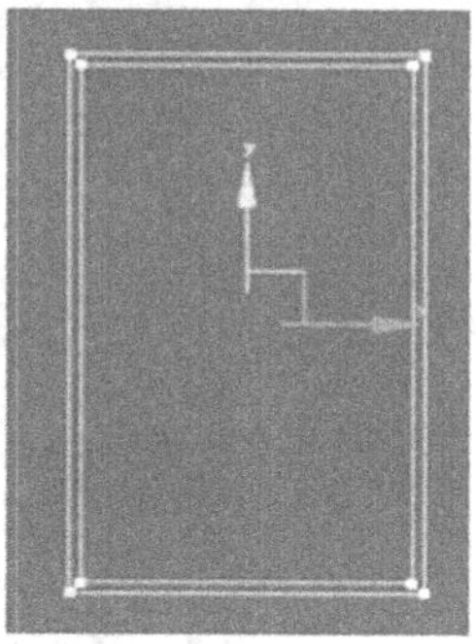

图 9-113　轮廓

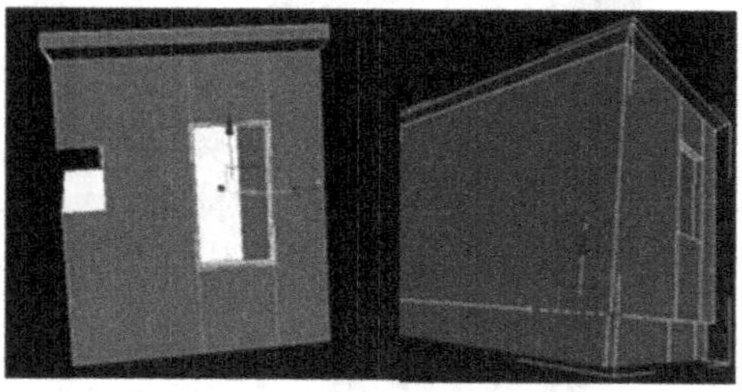

图 9-114　【插入】并【挤出】

9. 制作石台阶。

在顶视图中创建一个 180×350 的矩形，实施【挤出】命令，挤出数量为 5。继续在顶视图中绘制 140×310 和 120×290 的两个矩形，挤出数量均为 5。三个矩形的摆放位置如图 9-116所示。给赋材质后的完成图如图 9-117 所示。

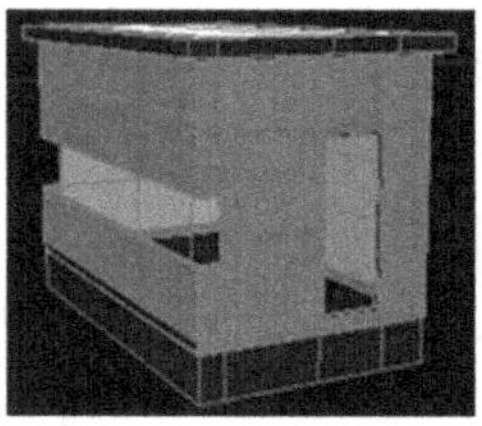

图 9-115　别墅房屋 - 1 完成图

图 9-116　三个矩形的摆放位置

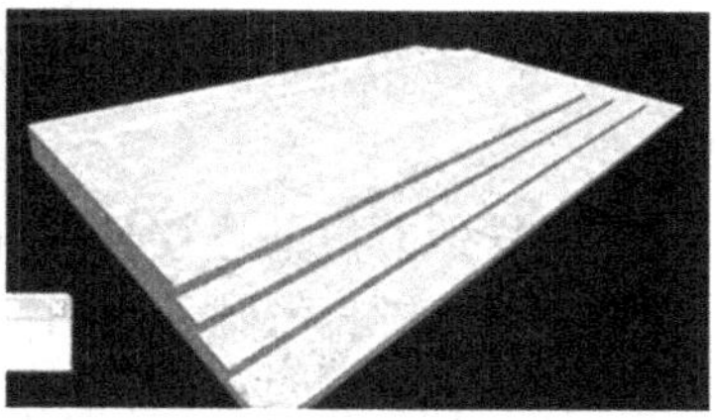

图 9-117　石台阶的完成图

10. 制作别墅房屋 -2。

在顶视图中创建一个 230×400 矩形，对其挤出 220。然后单击鼠标右键，选择【转换为可编辑多边形】，选择【边】级别，选择上下两条边，之后右键选择【连接】命令，连接两条线段，设置如图 9-118所示。单击【确定】按钮，再将这两条线段用【移动】命令移动到如图 9-119所示的位置。

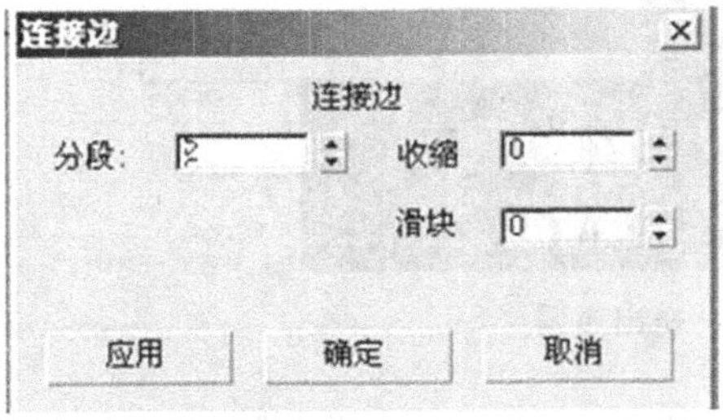

图 9-118　设置

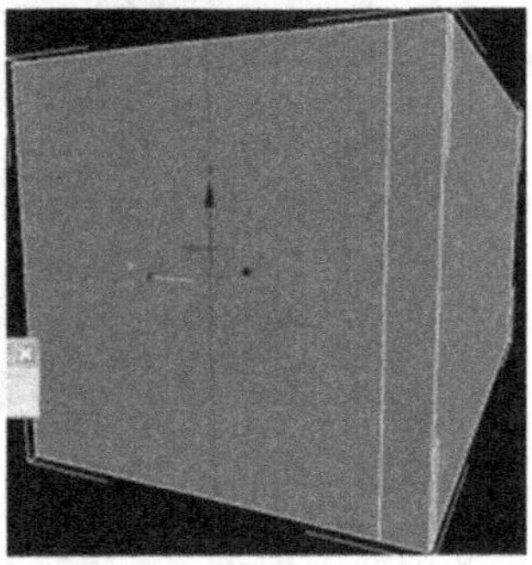

图 9-119　线段的位置

11. 选择已经连接的两条线段，再连接两条线段，选择用线连接好所组成的面，右键选择【挤出】命令，挤出 -20，如图 9-120 所示。

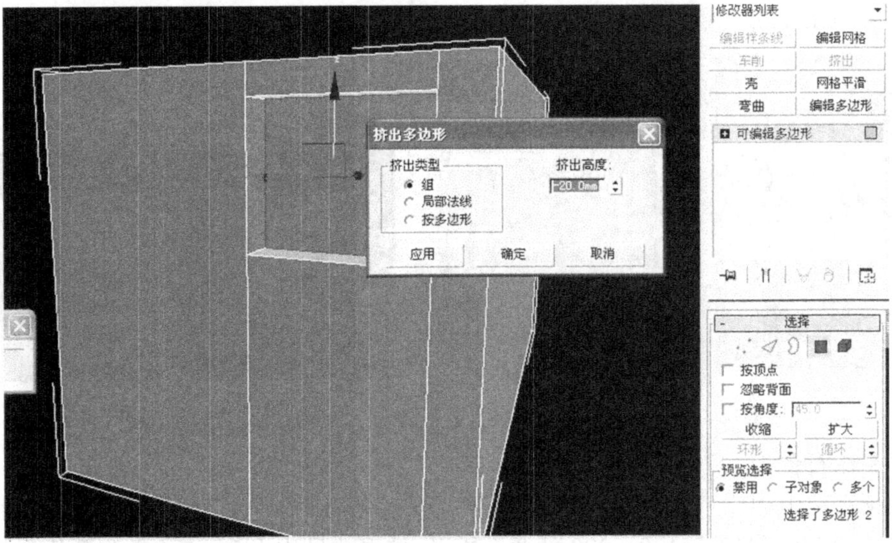

图 9-120　挤出面

12. 选择物体的另一面的两条线段，右键选择【连接】命令，连接两条线段，如图 9-121 所示。

用同样的方法，【连接】出如图 9-122 所示的线段。

再单击右键，选择【挤出】命令，挤出数量为 -10，结果如图 9-123 所示。删除多余的面，最后的图形，如图 9-124 所示。

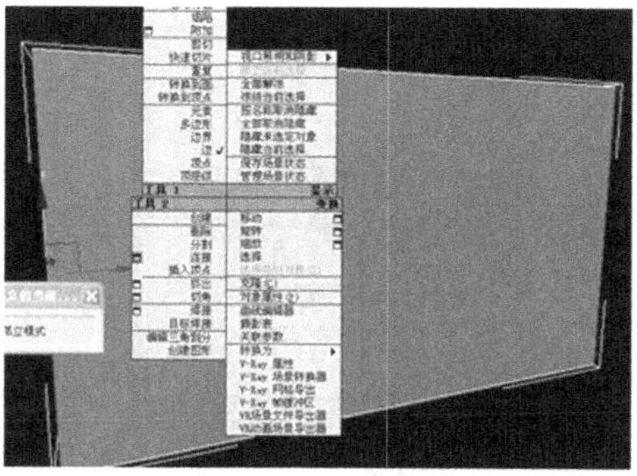

图 9-121　选择两侧的线

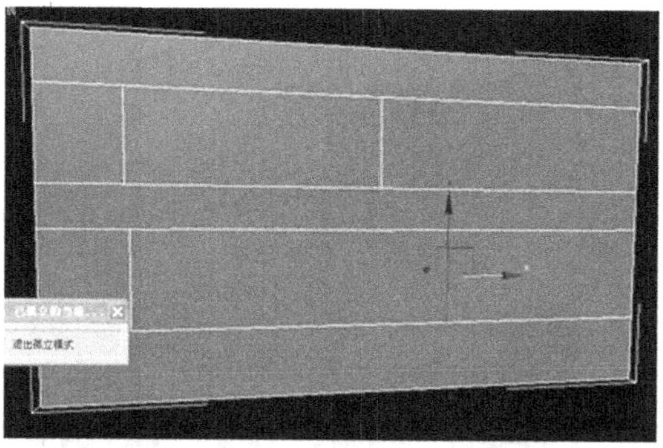

图 9-122　【连接】出的线段

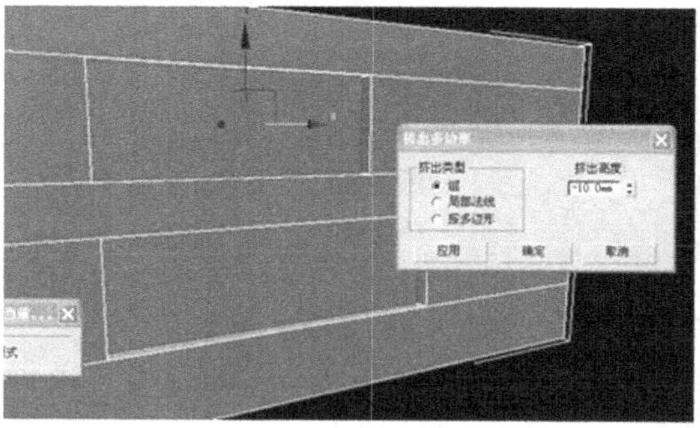

图 9-123　挤出另一面

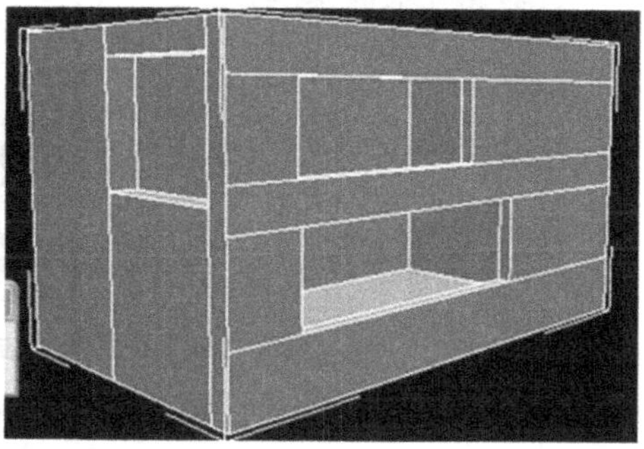

图 9-124　删除多余的面

13. 制作窗户的窗框。在前视图中，根据绘制完成的窗户的形状，创建一个矩形，再转换为可编辑样条线，如图 9-125 所示。

选择【样条线】级别，实施【轮廓】、【挤出】命令，如图 9-126 所示。

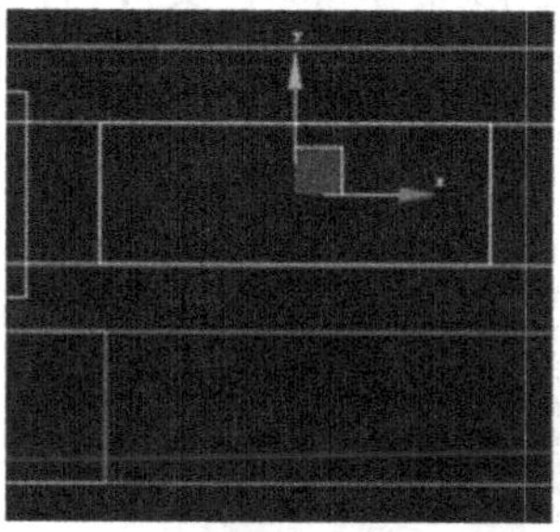

图 9-125　创建矩形

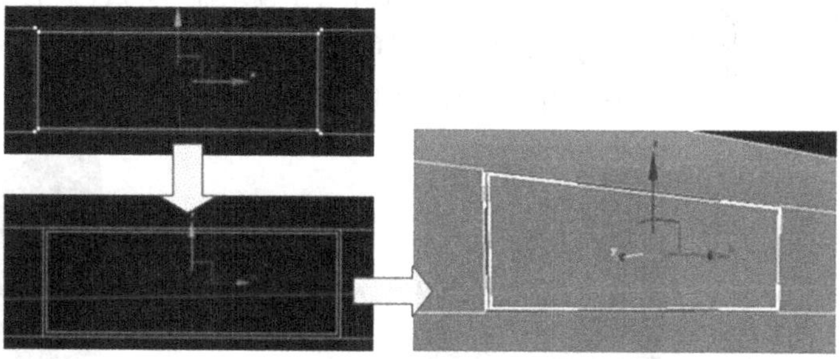

图 9-126　挤出的图形

14. 选择物体的底面，单击右键，选择【插入】命令，再选择【挤出】命令，【挤出高度】设置为 20，如图 9-127 所示。

至此，本子任务中两个比较特殊的房屋造型制作完成。

15. 制作水池里的水。

在顶视图中创建一个 420×180 的面，长度分段 130，宽度分段 60。在修改器列表中，选择【噪波】命令，参数如图 9-128 所示。

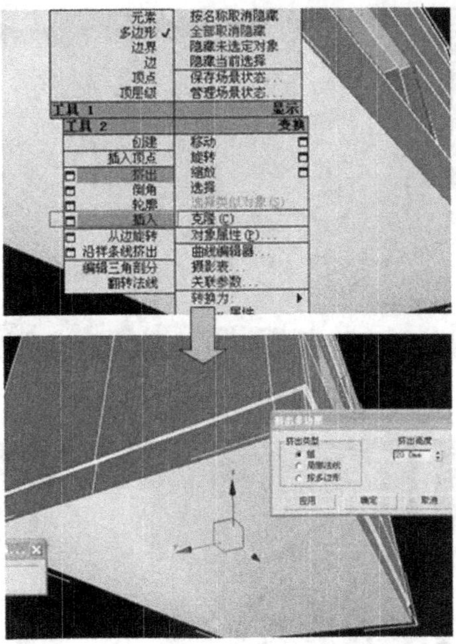

图 9-127　【插入】和【挤出】的设置与结果

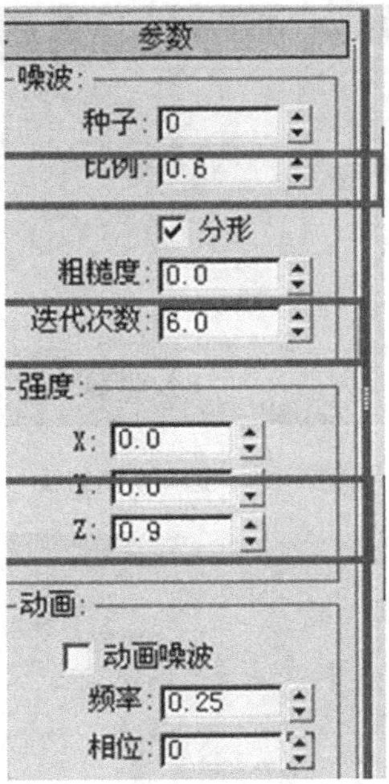

图 9-128　【噪波】参数设置

在修改器列表中选择【网格平滑】命令，再选择【壳】命令，使它更平滑一些，结果如图 9-129所示。至此，水池里水的造型就完成了。

在本子任务中，我们可以看见一些家具的体现，下面我们就来学习如何让这些家具在我们的模型中出现，让效果图的效果更丰富。

16. 模型合并。

单击【文件】/【合并】命令，打开“随书光盘/项目四/合并线架/椅子. max”文件，打开之后，会弹出【合并】对话框。选择【全部】，即可把一个完整的家具模型合并到我们已经制作完成的模型场景中，如图 9-130 所示。

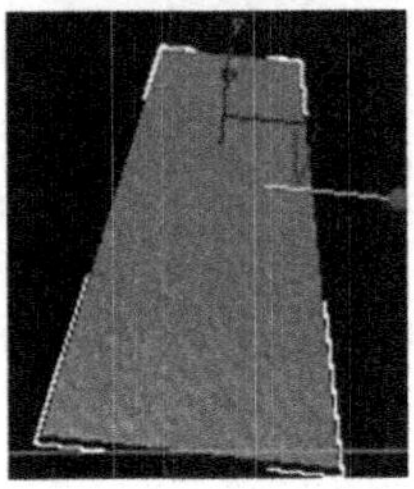

图 9-129　水的造型

图 9-130　合并家具后的场景

说明

合并场景时，有时在点击【确定】之后，会出现如图 9-131 所示的对话框。这说明，模型当中有的材质名称和合并物体材质的名称是相同的，通常我们选择最后一个选项：【自动重命名合并材质】。

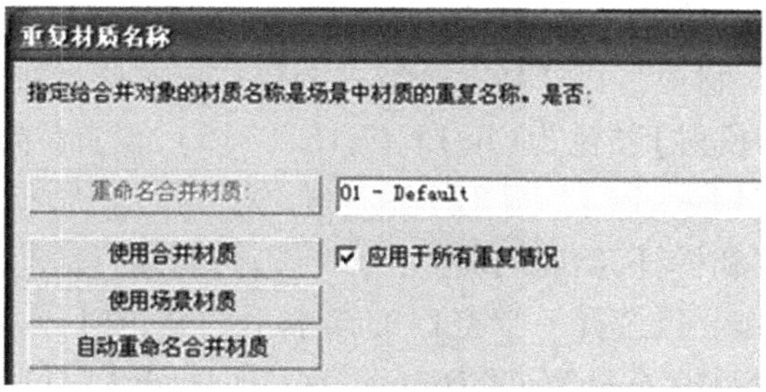

图 9-131　【重复材质名称】对话框

▲材质

在本子任务中的物体材质主要包括墙面、地面、窗框和栏杆、窗户玻璃、石墩、水池里的水等。

17. 制作棚面和墙面材质。打开材质编辑器，选择一个空白的样本示例球。点击【获取材质】按钮，选择【VR 混合材质】，在【基本材质】编辑器里面加入一张墙面贴图（“随书光盘/贴图/砖墙/砖墙 15. jpg”文件）。

在【镀膜材质】通道中加入一张墙面贴图，【混合数量】通道里面加入一张 VRDirt（V – Ray污垢）程序贴图，如图 9-132 所示。

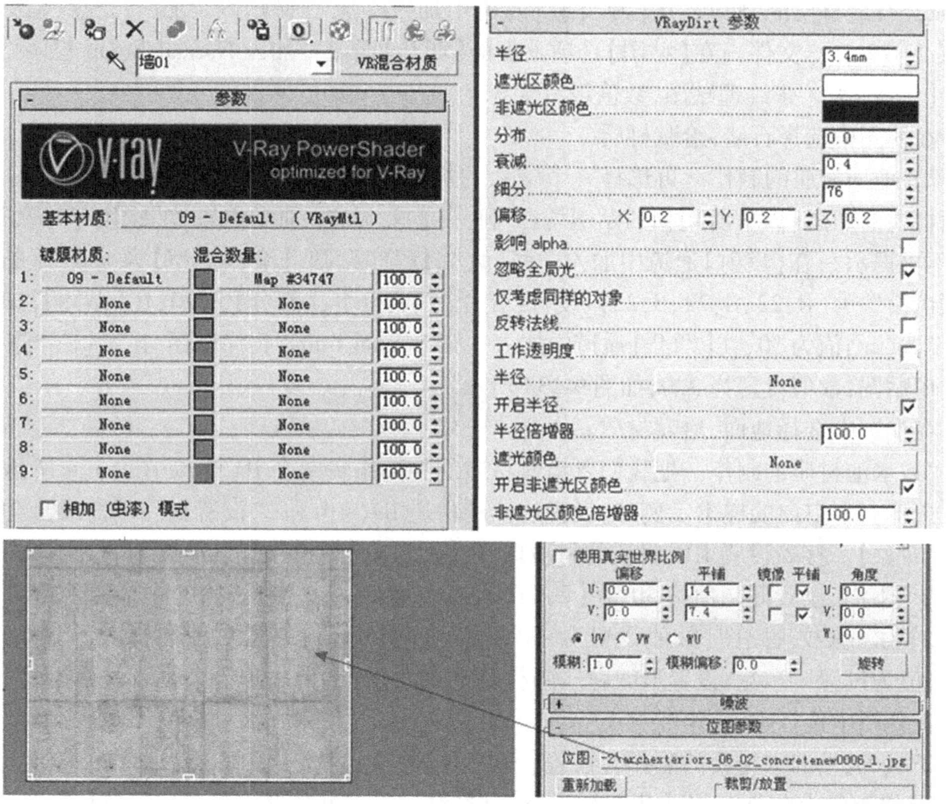

图 9-132　棚面和墙面材质参数设置

在视图中选择天棚和墙体，给赋材质。

18. 制作窗框和栏杆材质。再选择一个空白的样本示例球，设置【漫反射】颜色为（R:33、G:32、B:22），设置【反射】颜色为（R:15、G:15、B:15），设置【光泽度】为0.7、【细分】为28。

在视图中选择窗框和栏杆，给赋材质。

19. 石墩材质的制作。再选择一个空白的样本示例球，在【漫反射】通道中加入一张石材贴图（“随书光盘/贴图/石材/石材 16. jpg”文件）；打开【贴图】卷展栏，在【凹凸】通道中加入 Normal Bump 程序贴图，设置【法线】为一张纹理贴图，数值为3.2。

在视图中选择石墩，给赋材质。

20. 窗户玻璃材质的制作。再选择一个空白的样本示例球，设置【漫反射】的颜色为（R:128、G:128、B:128）；设置【反射】为白色，勾选【菲涅耳反射】项；设置【菲涅耳折射率】为2.2，【最大深度】为5；设置【折射】为白色，【折射率】为1.03，【细分】为50。

在视图中选择窗户的玻璃，给赋材质。

21. 墙纸材质的制作。再选择一个空白的样本示例球，在【漫反射】通道中加入一张木纹材质的贴图（“随书光盘/贴图/木纹/木纹 16. jpg”文件）；在【贴图】选项下面的【凹凸】通道中复制刚才的木纹纹理贴图，数值设置为30。

在视图中选择相应的物体，给赋材质。

22. 石墙材质的制作。在【漫反射】通道中加入一张石材贴图（“随书光盘/贴图/石材/石材 17. jpg”文件）；在【贴图】选项下面的【凹凸】通道中加入 Normal Bump 程序贴图，设置【法线】为一张纹理贴图，数值设置为3.4。

在视图中选择石墙，给赋材质。

23. 地面材质的制作。再选择一个空白的样本示例球，在【漫反射】通道中加入一张地面材质的贴图（以下所用到的贴图均在“随书光盘/贴图/别墅夜景效果图贴图”文件夹中，不再提示）；在【反射】通道中加入一张【衰减】程序贴图，【衰减类型】为垂直/平行，侧面颜色设置为（R:22、G:22、B:22），设置【光泽度】为0.8、【细分】为20；在【贴图】选项下面，设置凹凸值为30，在【凹凸】通道中加入一张 Normal Bump 程序贴图，设置【法线】为一张纹理贴图，数值设置为3.0，如图9-133所示。

在视图中选择地面，给赋材质。

24. 水池材质的制作。把我们要给赋材质的物体编辑两个 ID 号，如图9-134所示。

选择一个空白的样本示例球，设置物体的材质 ID 为1和2，设置材质球的类型为【多维/子对象】。接着设置 ID1 材质的材质球，在【漫反射】通道中加入一张石材贴图，在【贴图】选项下面，设置凹凸值为30，在【凹凸】通道中加入一张 Normal Bump 程序贴图，设置【法线】为一张纹理贴图，数值设置为 -0.2，设置与【凹凸】通道后面同样的一张纹理贴图，数值为设置 -3.4。设置 ID2 材质的材质球，在【漫反射】中加入一张石材贴图。

在视图中选择水池，给赋材质。

25. 水池里的水材质的制作。设置【漫反射】的颜色为（R:128、G:128、B:128）；设置【反射】的颜色为白色，打开【菲涅耳反射】，设置【菲涅耳折射率】为4.6；设置【折射】的颜色为白色，【折射率】为1.6，【烟雾颜色】为（R:138、G:141、B:94），【烟雾倍增】为0.04，勾

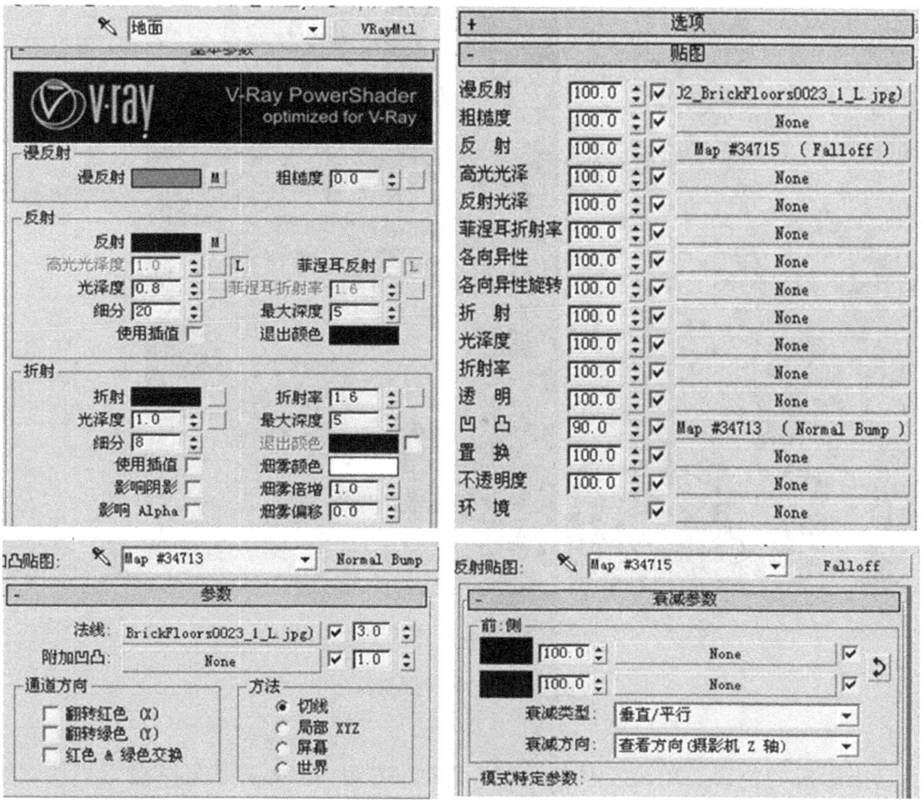

图 9-133　地面材质参数设置

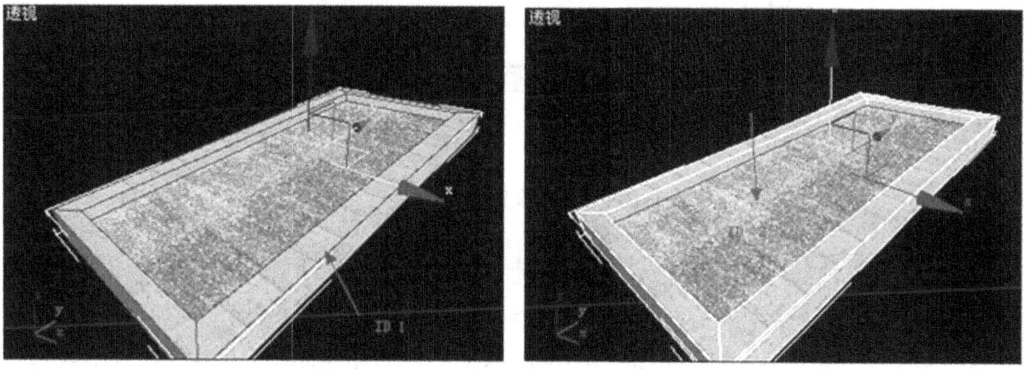

图 9-134　设置两个 ID 号

选【影响阴影】。

在视图中选择水池里的水，给赋材质。

至此，材质设置完成。

▲摄影机

26. 创建摄影机。在顶视图中创建一架摄影机并在【参数】选项中设置【镜头】为 24，如图 9-135 所示。

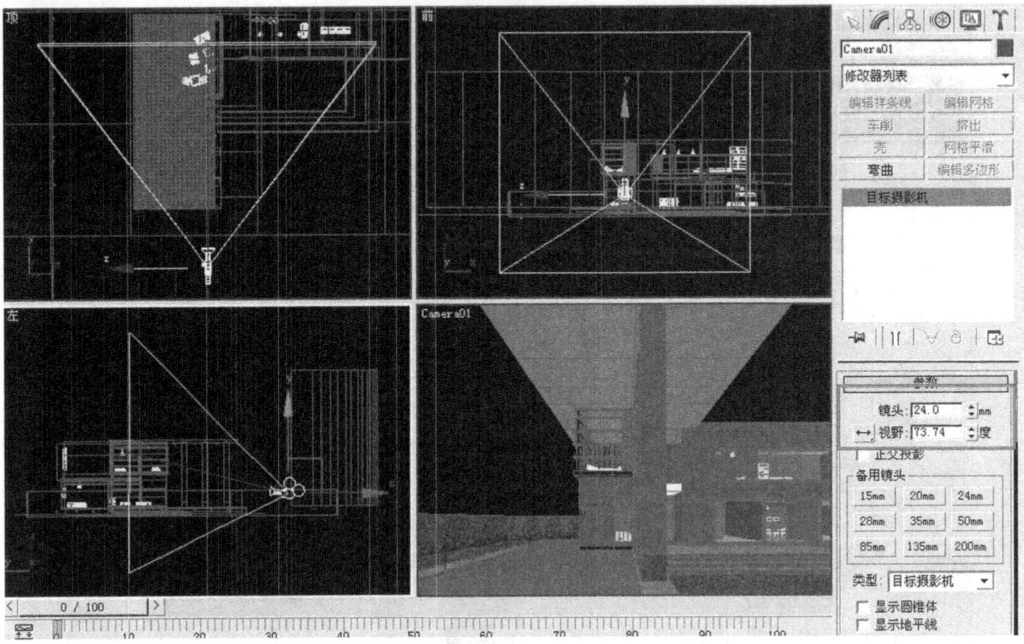

图 9-135　创建摄影机

确定摄影机的位置。单机工具栏上的【移动】按钮,在视图中选择摄影机头,接着在视图下方设置坐标数值,如图 9-136 所示。

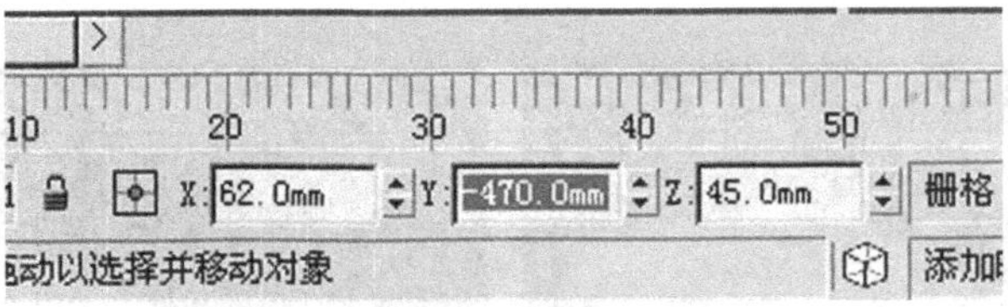

图 9-136　设置坐标数值

至此,摄影机设置完成。

▲灯光与渲染

27. 设置 V－Ray 渲染参数。设置渲染帧大小。本子任务使用 V－Ray 自带的帧缓冲区,设置【输出分辨率】区域中的【宽度】为 640,【高度】为 480。设置【全局开关】,把【默认灯光】与【隐藏灯光】前面的对号勾掉。设置【图像采样器(反锯齿)】,【类型】改为固定,【抗锯齿过滤器】的类型设置为区域。设置【间接照明】,【首次反弹】的【全局光引擎】为发光图,【二次反弹】的【全局光引擎】为灯光缓存。设置【发光图】的【内建预置】为非常低。【灯光缓存】的【细分】为 100。设置【系统】,【最大树形深度】为 100,【动态内存极限】为 3000 MB,【默认几何体】为动态。

V－Ray 渲染参数设置如图 9-137 所示。

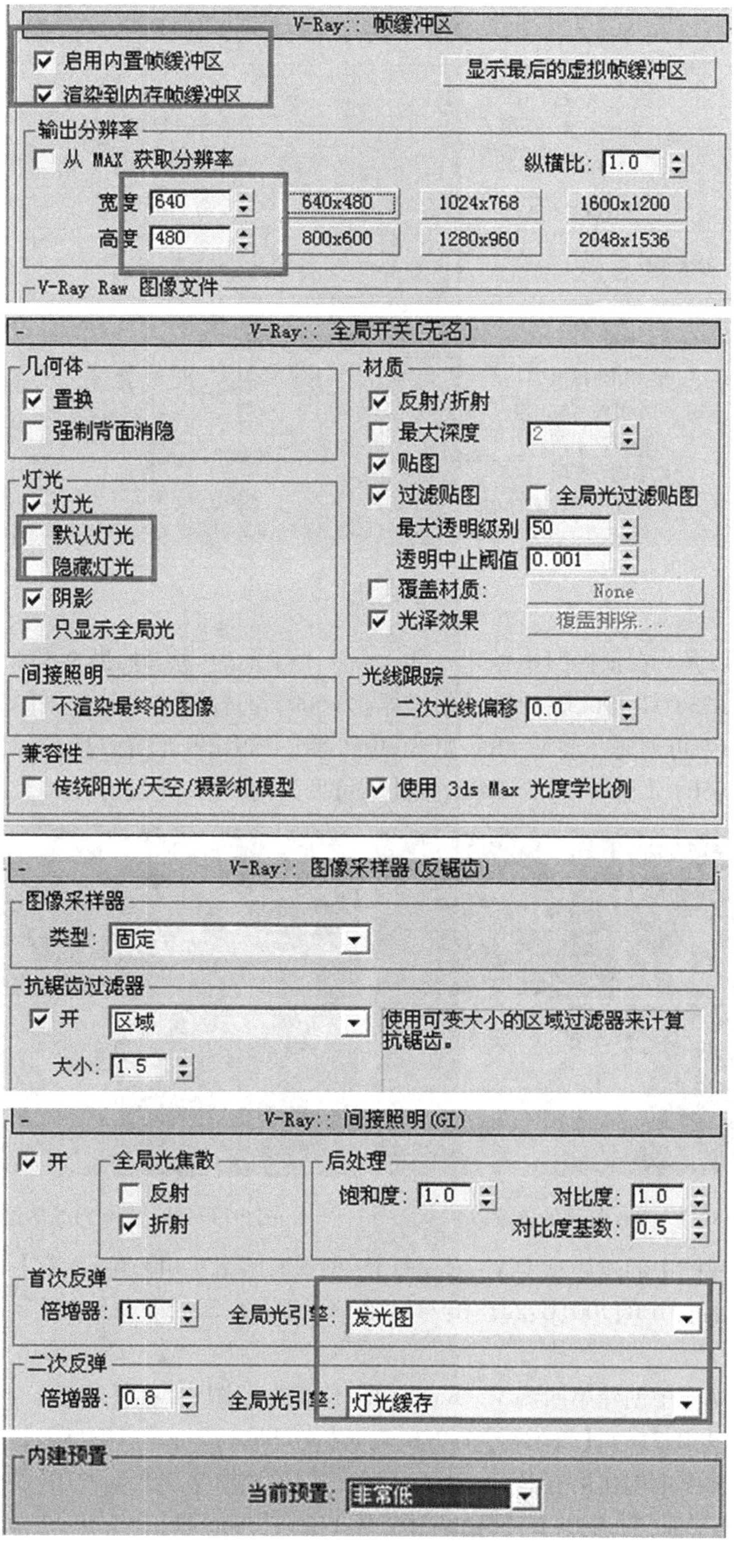

图 9-137　V－Ray 渲染参数设置

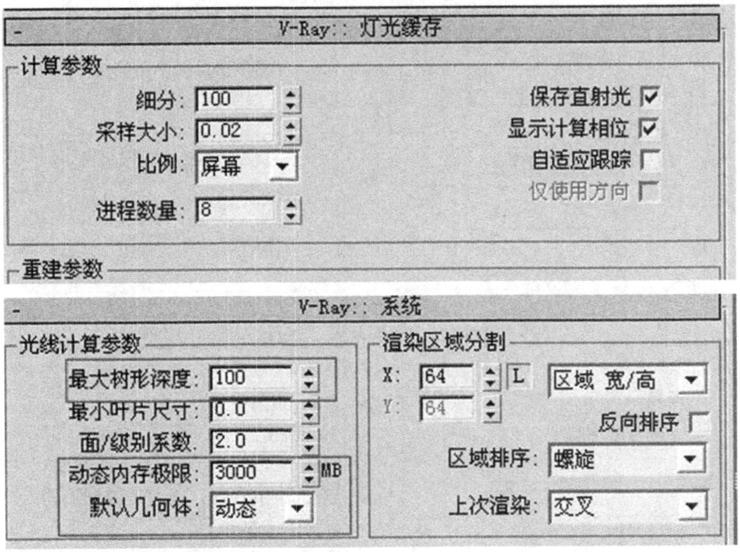

续图 9-137

28. 布置灯光。在顶视图中创建一盏 V – Ray 灯光，位置参照图 9-138，【类型】为平面，颜色为(R:238、G:196、B:123)，【倍增器】为 500，勾选【不可见】，勾去【影响反射】。

在顶视图中再创建一盏 V – Ray 灯光，位置参照图 9-139，【类型】为平面，颜色为(R:217、G:137、B:50)，【倍增器】为 300，勾选【不可见】，勾去【影响反射】。

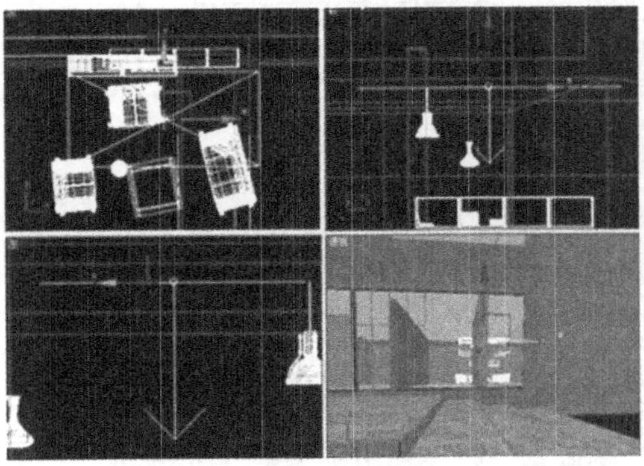

图 9-138　V – Ray 灯光的位置(1)

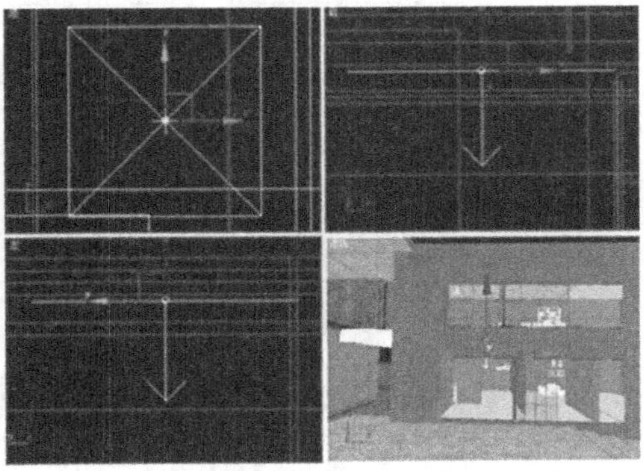

图 9-139　V – Ray 灯光的位置(2)

29. 在顶视图中创建第三盏 V – Ray 灯光，位置参照图 9-140，用【旋转】工具将片光旋转 60°，设置颜色为(R:200、G:221、B:241)，【倍增器】为 200，勾选【不可见】，勾去【影响反射】。

30. 在顶视图中创建第四盏 V – Ray 灯光，位置参照图 9-141，【类型】为平面，颜色为(R:237、G:159、B:218)，【倍增器】为 200，勾选【不可见】，勾去【影响反射】。

31. 在顶视图中创建第五盏 V – Ray 灯光，位置参照图 9-142，同样用【旋转】工具旋转 20°，【类型】为平面，颜色为(R:174、G:165、B:116)，【倍增器】为 500，勾选【不可见】，勾去【影响反射】。

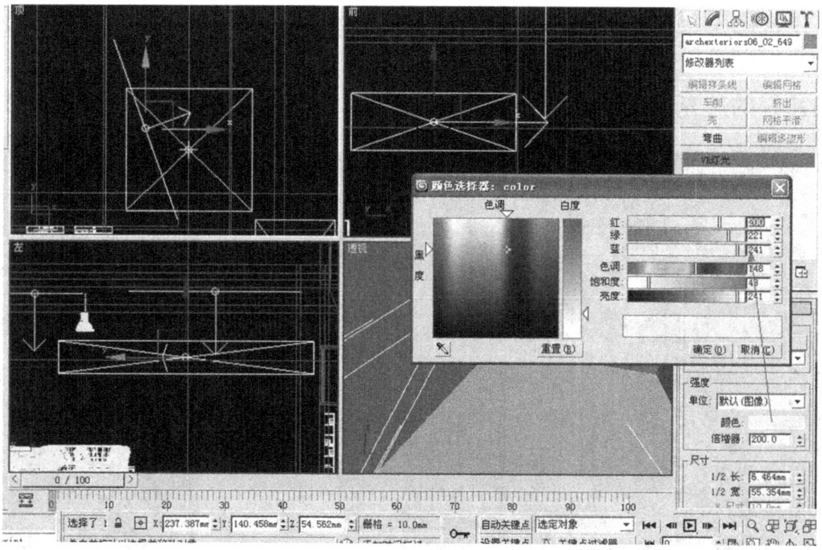

图 9-140　V-Ray 灯光的位置(3)

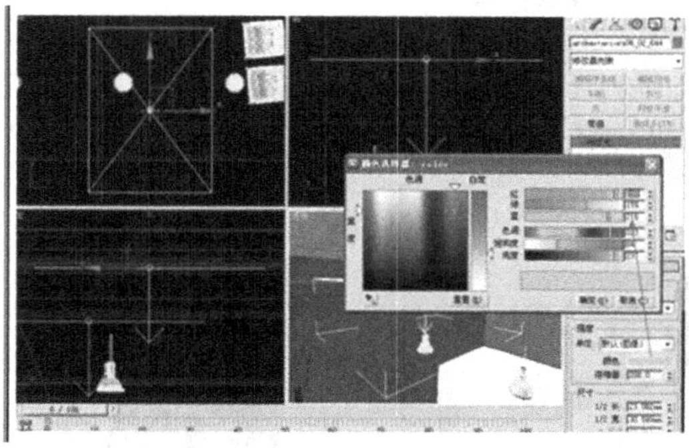

图 9-141　V-Ray 灯光的位置(4)

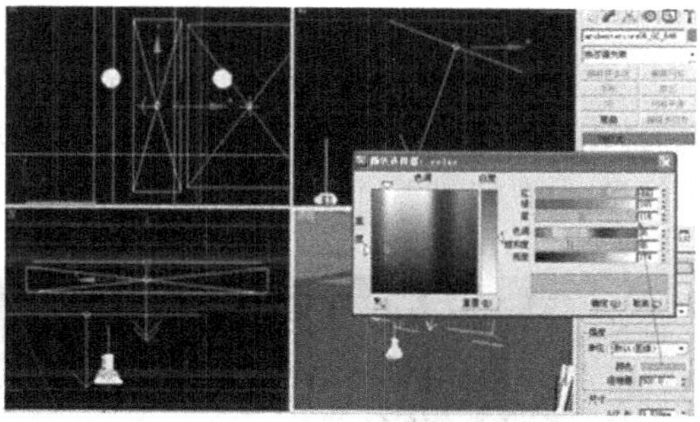

图 9-142　V-Ray 灯光的位置(5)

32. 在顶视图中创建一盏自由灯光,将 V-Ray 阴影打开,设置【灯光分布(类型)】为光度学 Web,将广域网文件("随书光盘/项目四/广域网"文件)导入进来,设置颜色为(R:247、G:219、B:175),强度为 1000,然后将创建好的灯光复制三个,【克隆】选项选择【实例】,如图 9-143 所示。

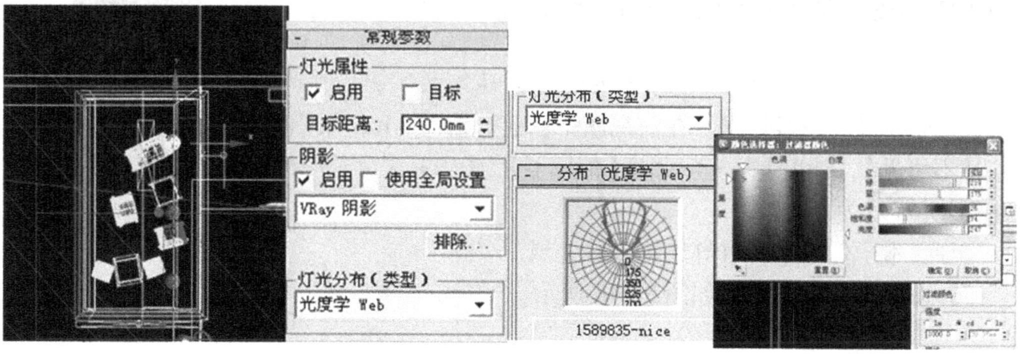

图 9-143　灯光的位置及参数设置

33. 在顶视图中，创建一盏自由矩形灯光，将 V－Ray 阴影打开，设置【灯光分布(类型)】为光度学 Web，将广域网文件导入进来，设置颜色为(R:234、G:192、B:63)，强度为 4000，将创建好的灯光复制三个，【克隆】选项选择【实例】，如图 9-144 所示。

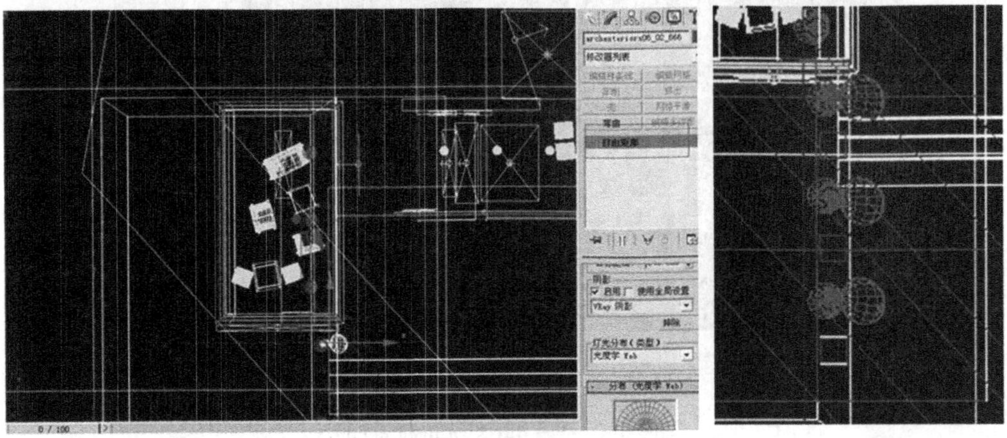

图 9-144　创建的灯光及复制位置

34. 在顶视图中创建第六盏 V－Ray 灯光，位置参照图 9-145，【类型】为球形，设置颜色为(R:217、G:137、B:50)，【倍增器】为 4000，勾选【不可见】，勾去【影响反射】。复制多个灯光，位置如图 9-146 所示。

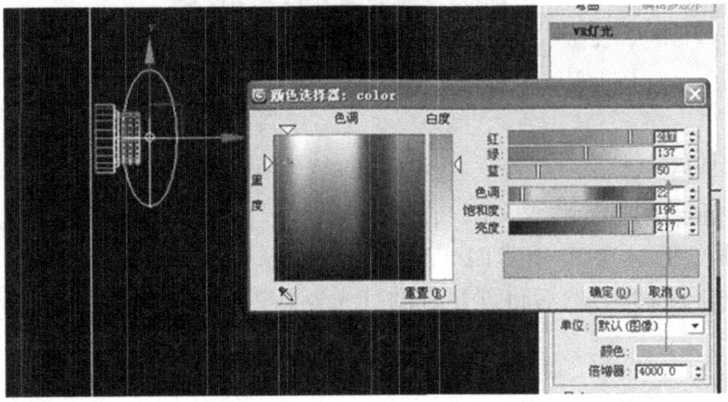

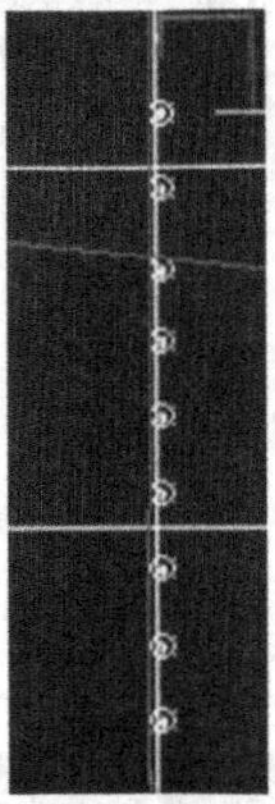

图 9-145　V－Ray 灯光的位置(6)　　图 9-146　复制灯光的位置

35. 创建最后一盏灯光。在前视图中创建一盏 V－Ray 太阳光，位置如图 9-147 所示。勾选【不可见】，【浊度】为 3.6，强度【倍增器】为 0.29，尺寸【倍增器】为 10，阴影【细分】为 3，阴影【偏移】为 0.2。

至此，本子任务中所有灯光均设置完成。

36. 设置最终渲染参数如图 9-148 所示。

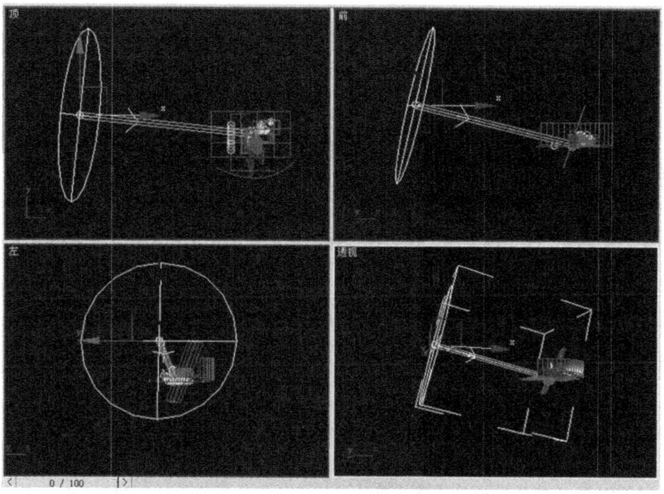

图 9-147　V－Ray 太阳光的位置

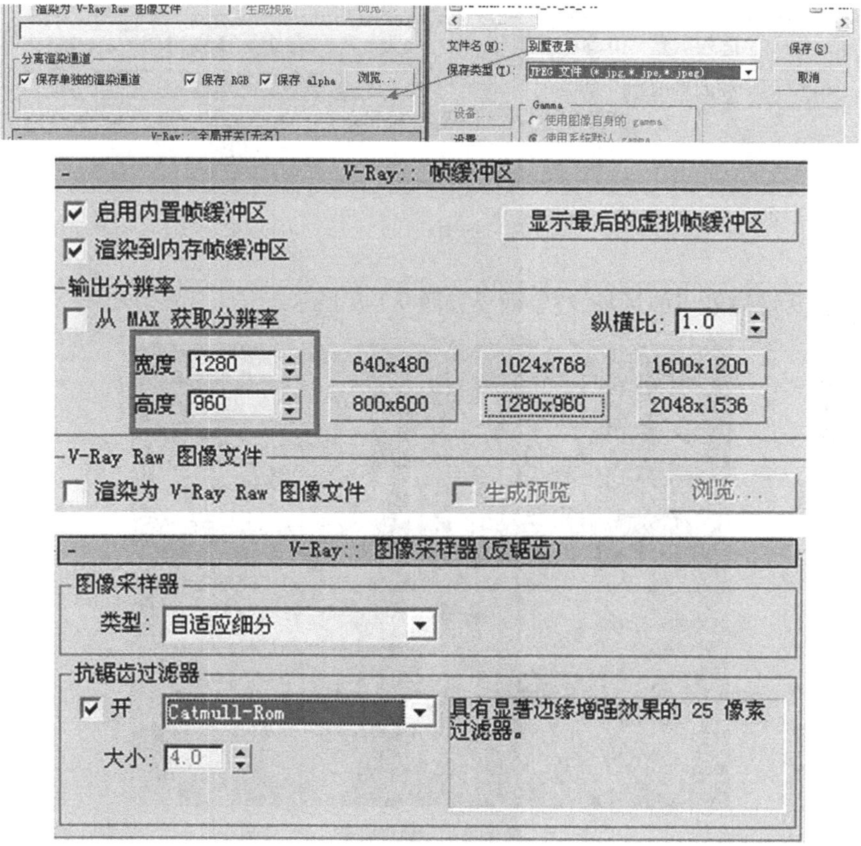

图 9-148　最终渲染参数设置

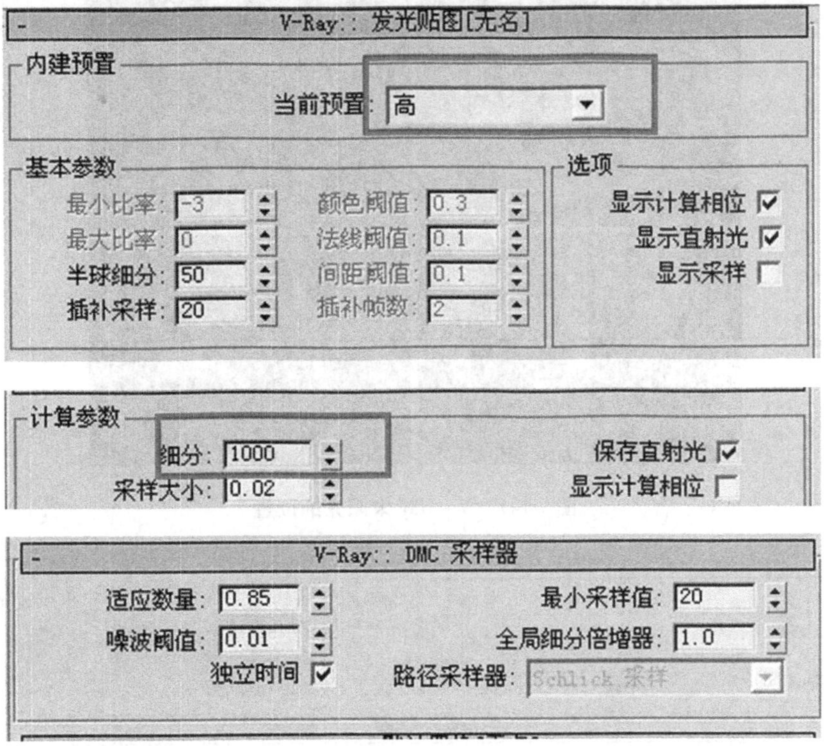

续图 9-148

37. 按 F9 键渲染当前场景，渲染效果如图 9-149 所示。

图 9-149　渲染效果

经过 Photoshop 后期处理，最终效果如图 9-98 所示。

子任务4　办公大厦效果图景观设计

实例效果

办公大厦效果图见图9-150。

图9-150　办公大厦效果图

▲建模

1. 打开3ds Max软件，设置单位为“mm”。

2. 在工具栏中的【捕捉开关】按钮上单击鼠标右键，打开【栅格和捕捉设置】对话框，勾选【垂足】和【顶点】；再单击【选项】选项卡，勾选【捕捉到冻结对象】和【使用轴约束】，关闭对话框。

3. 制作大厦楼体。

在顶视图中，利用【直线】工具，画出如图9-151所示的二维线形，命名为“顶棚”。可以先在AutoCAD中创建造型，之后导入到3ds Max中，这样，既准确又方便。

在修改器列表中，选择【挤出】命令，挤出数量设置为0.5，结果如图9-152所示。

说明

如果挤出的并不是一个实体，而是一个空心物体的话，我们就要在编辑样条线的时候，检查一下样条线的点是否都已经焊接。假如有断点的话，就不会挤出实体。

将“顶棚”复制一个，命名为“楼体”，并重新调整“楼体”的挤出高度，结果如图9-153所示。

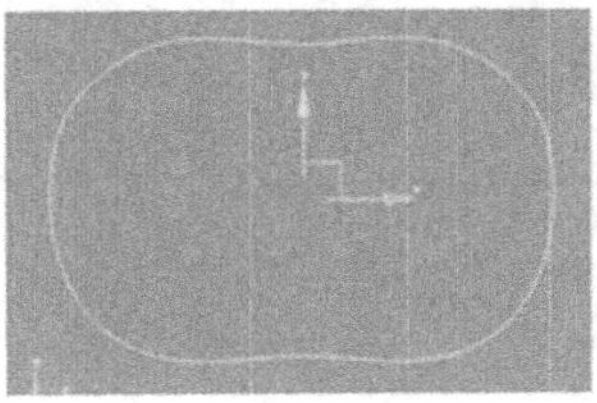
图 9-151　顶棚二维线形

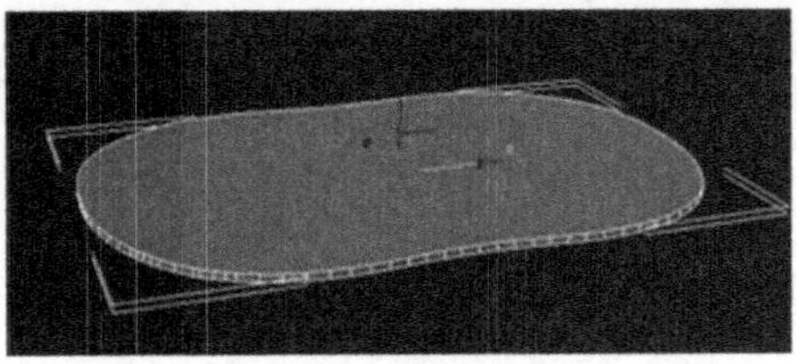
图 9-152　挤出结果

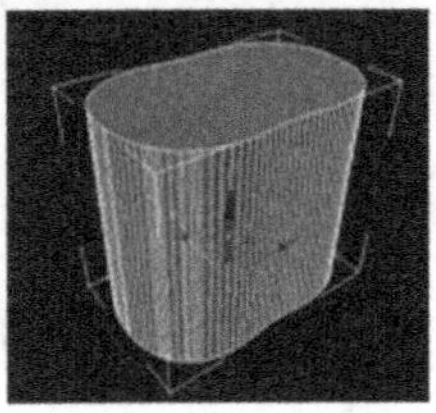
图 9-153　挤出楼体

4. 开窗洞。

虽然大厦的窗户非常多，但是制作方法类似。首先，在顶视图中创建一个长方体，如图 9-154 所示，利用【旋转】工具，旋转成和楼体一致的角度，如图 9-155 所示。然后复制多个长方体，如图 9-156 所示。

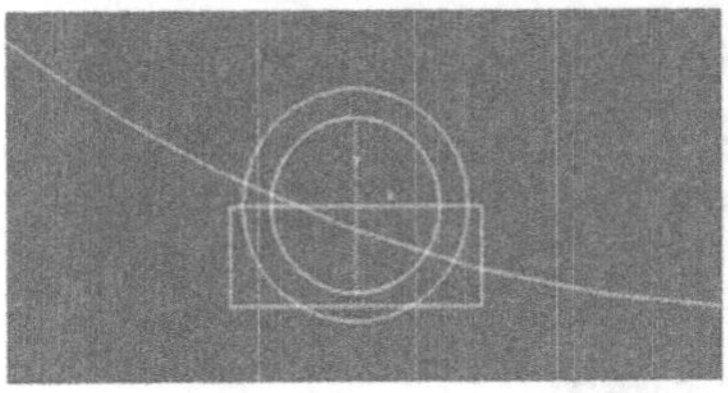
图 9-154　创建长方体

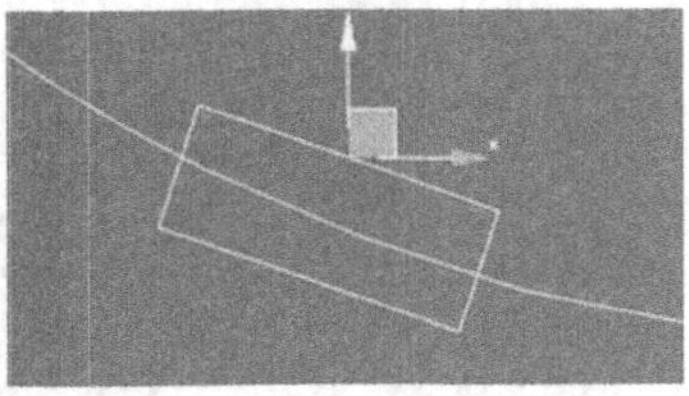
图 9-155　旋转成和楼体一致的角度

图 9-156　复制多个长方体

选择"楼体"，在【创建】面板下面选择【复合对象】/【ProBoolean】命令，选择【差集】，然后按下【拾取操作对象 B】按钮，开始拾取，得到的图形如图 9-157 所示。

单击鼠标右键转换为【可编辑多边形】，进入选择【面】级别，删除多余的面，结果如图 9-158所示。用相同的方法制作大厦楼体所有的窗户，制作完成后结果如图 9-159 所示。

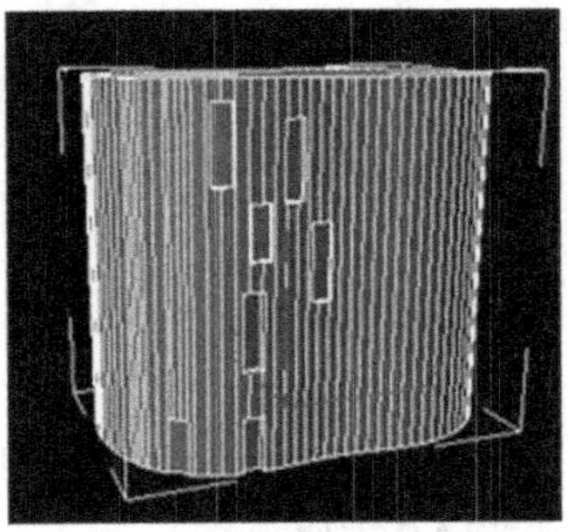
图 9-157　差集布尔运算结果

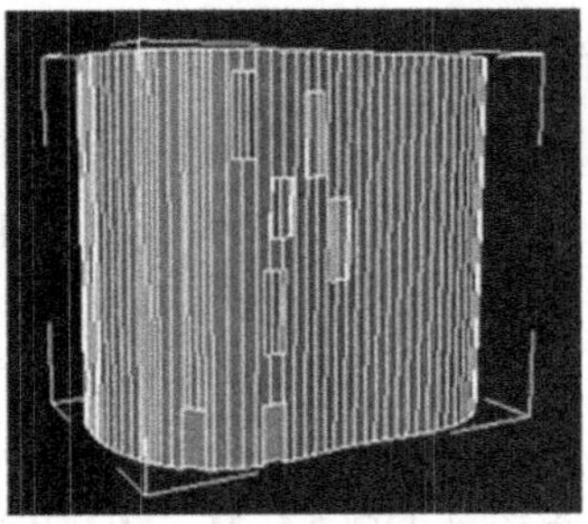
图 9-158　删除多余的面

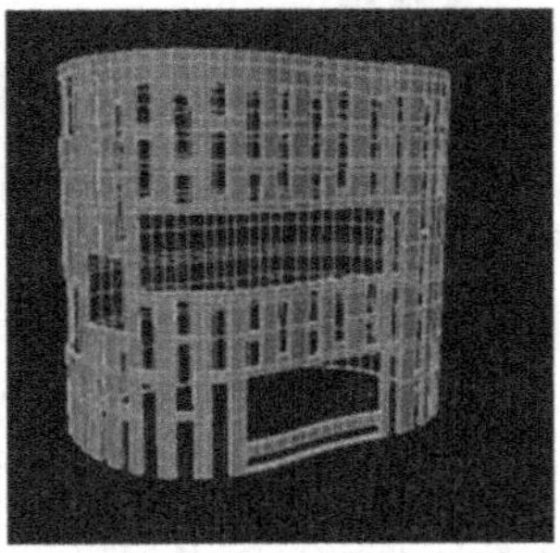
图 9-159　所有的窗户

将"顶棚"复制一个，命名为"地面"，位置如图 9-160 所示。

5. 制作窗框。

利用刚才制作完成的窗户的形状来制作窗框是最简单有效的方法。在前视图中创建一个大约 6 × 2 的矩形。单击鼠标右键转换为【可编辑样条线】，选择【样条线】级别的【轮廓】命令，如图 9-161 所示。单击修改器列表中的【挤出】命令，结果如图 9-162 所示。

窗户玻璃的制作方法和窗框类似，都是根据窗户的形状来制作完成的，再利用【挤出】命令将玻璃安放到相应位置，如图 9-163 所示。

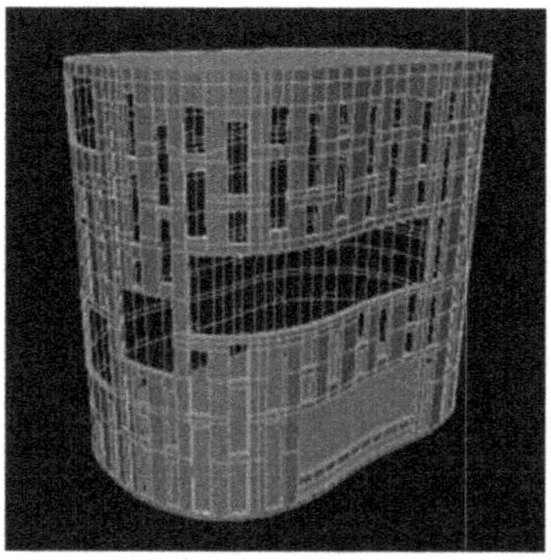

图 9-160　地面的位置

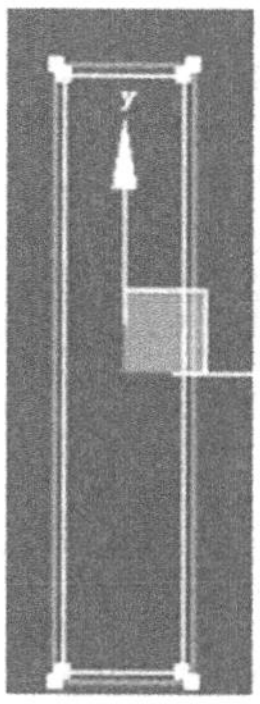

图 9-161　轮廓

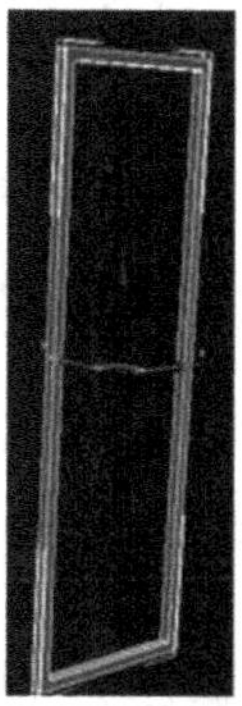

图 9-162　挤出结果

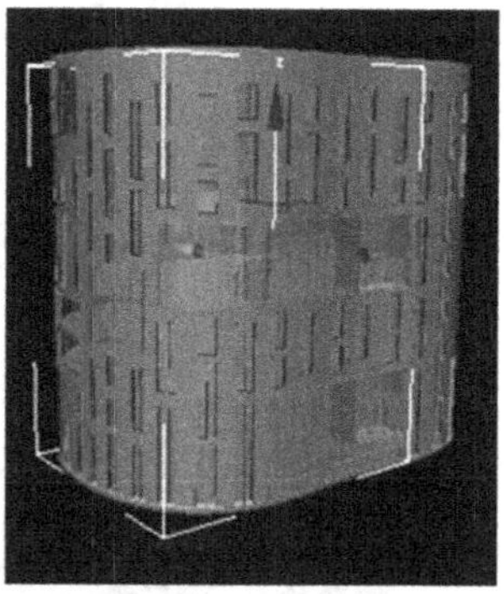

图 9-163　完成的大厦楼体

6. 制作草地。

在顶视图中创建一个 420×300、长度分段和宽度分段数均为 50 的面，命名为“草地”。

在修改器列表中选择【噪波】命令，参数设置及结果如图 9-164 所示。至此，草地制作完成。

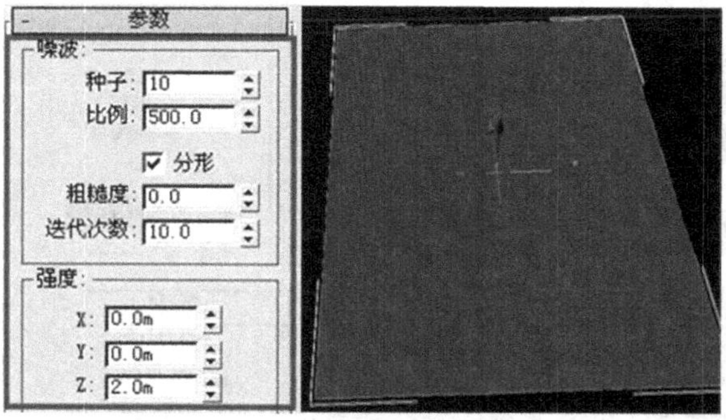

图 9-164　参数设置及结果

▲编辑材质

本场景中物体材质主要包括大厦楼体的墙面、草地、窗户玻璃、窗框等。

7. 制作大厦楼体外墙面 -1 的材质。打开材质编辑器，选择一个空白的样本示例球。在【漫反射】通道中加入一张外墙砖的贴图（本子任务的所有贴图均在“随书光盘/贴图/办公大厦效果图贴图”文件夹中，以后不再提示），打开【菲涅耳反射】，设置【光泽度】为 0.62，【菲涅耳折射率】为 2.6，【细分】为 22；在【贴图】选项里，设置凹凸值为 7，在【凹凸】通道中加入一张凹凸贴图；在【贴图】选项里，点击【环境】按钮，在通道中加入一张环境贴图。大厦楼体外墙面 -1 材质参数设置如图 9-165 所示。

在视窗中选择楼体，给赋材质。结果如图 9-166 所示。

8. 制作草地材质。选择一个空白的材质样本示例球，在【漫反射】通道中加入一张混合程序贴图，设置【交换颜色#1】为（R:66、G:75、B:28），【交换颜色#2】为一张草地贴图；设置【反射】颜色为（R:37、G:37、B:37），打开【菲涅耳反射】，【光泽度】为 0.09，【菲涅耳折射率】为 1.6，【细分】为 22；在【贴图】选项里，设置凹凸值为 24，在【凹凸】通道中加入一张凹凸贴图。草地材质参数设置如图 9-167 所示。

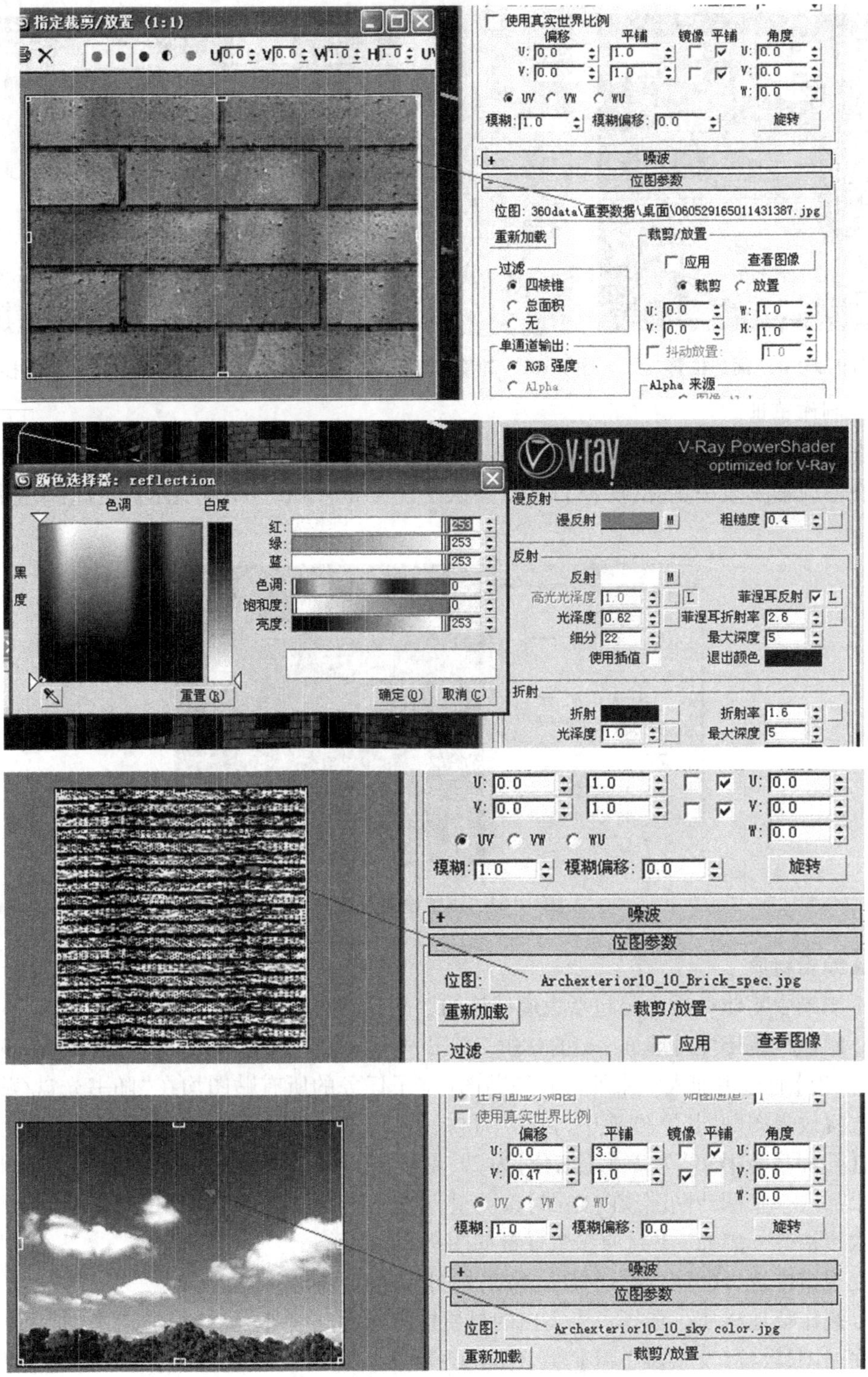

图 9-165　大厦楼体外墙面 - 1 材质参数设置

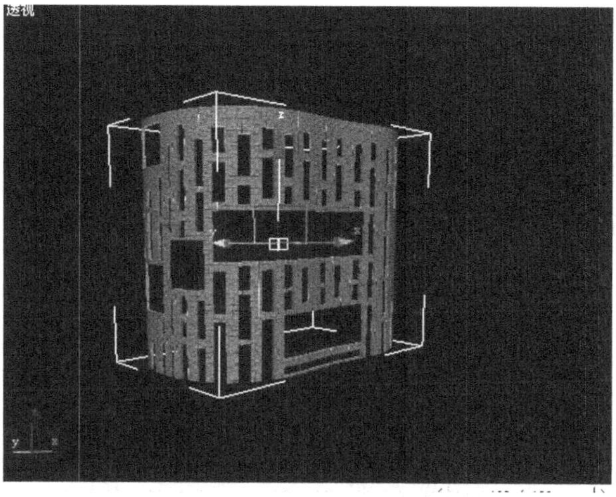

图 9-166　楼体给赋材质结果

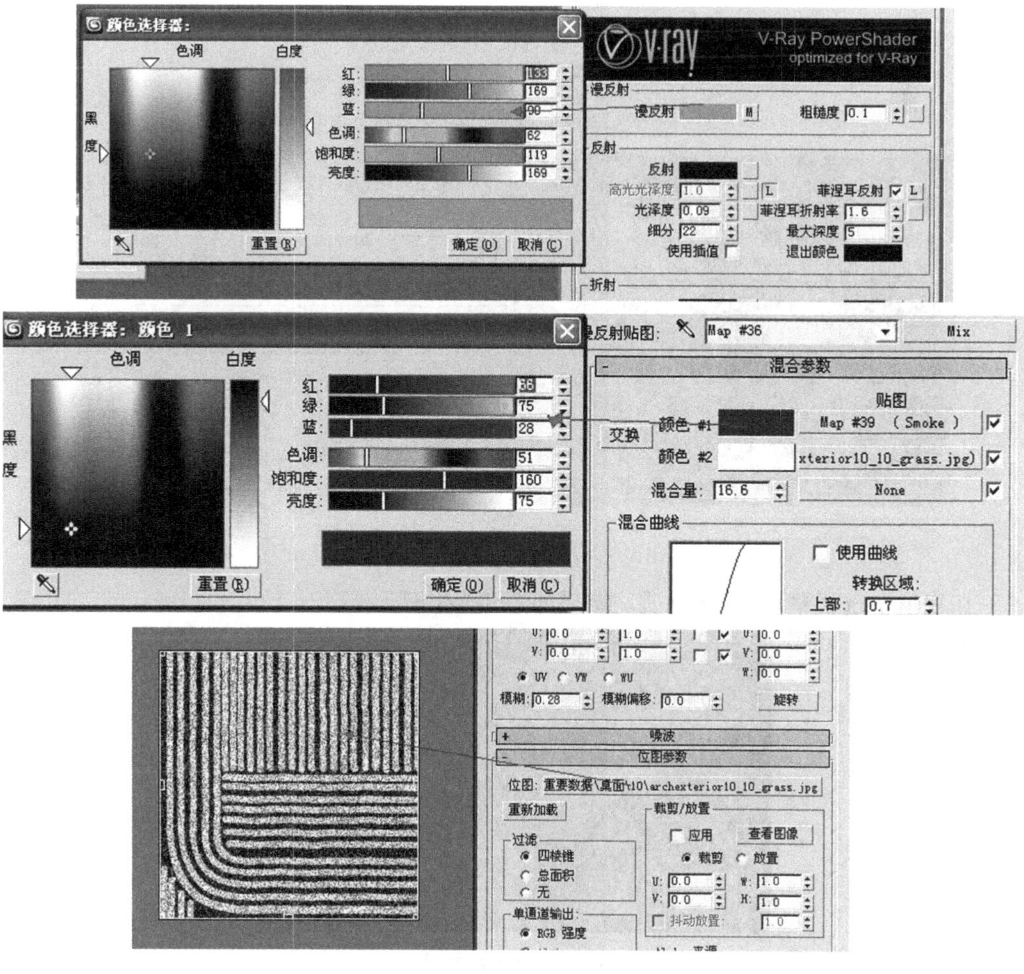

图 9-167　草地材质参数设置

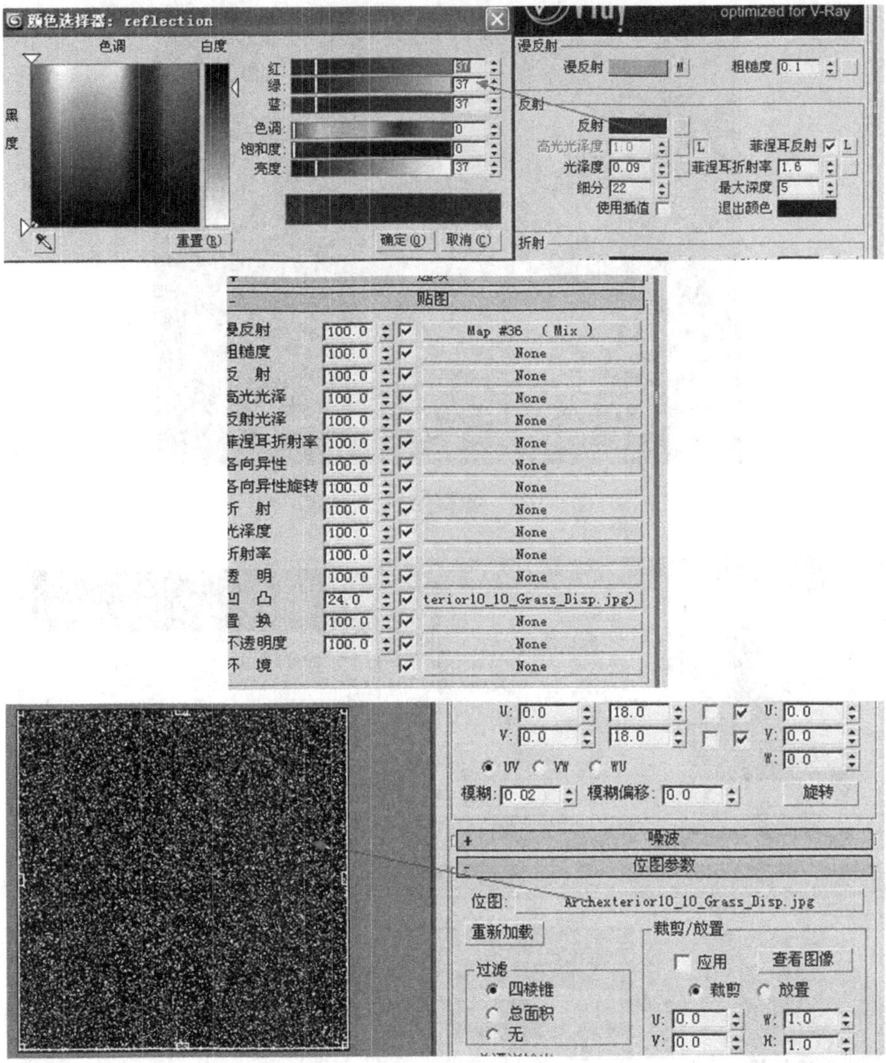

续图 9-167

在视窗中选择草地,给赋材质。结果如图 9-168 所示。

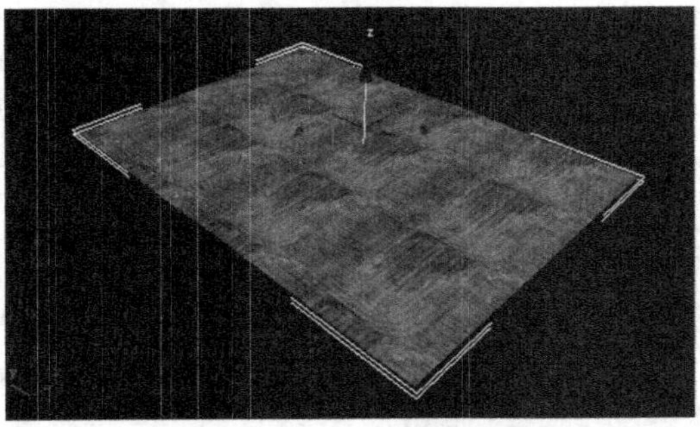

图 9-168　草地给赋材质结果

9. 窗户玻璃材质的制作。选择一个空白的材质样本示例球，设置【漫反射】颜色为（R:23、G:23、B:23）；设置【反射】颜色为（R:242、G:242、B:242），打开【菲涅耳反射】，设置【菲涅耳折射率】为 2.3；设置【折射】颜色为白色，【折射率】为 1.4；在【贴图】选项中，在环境通道加入一张环境贴图。玻璃材质参数设置如图 9-169 所示。

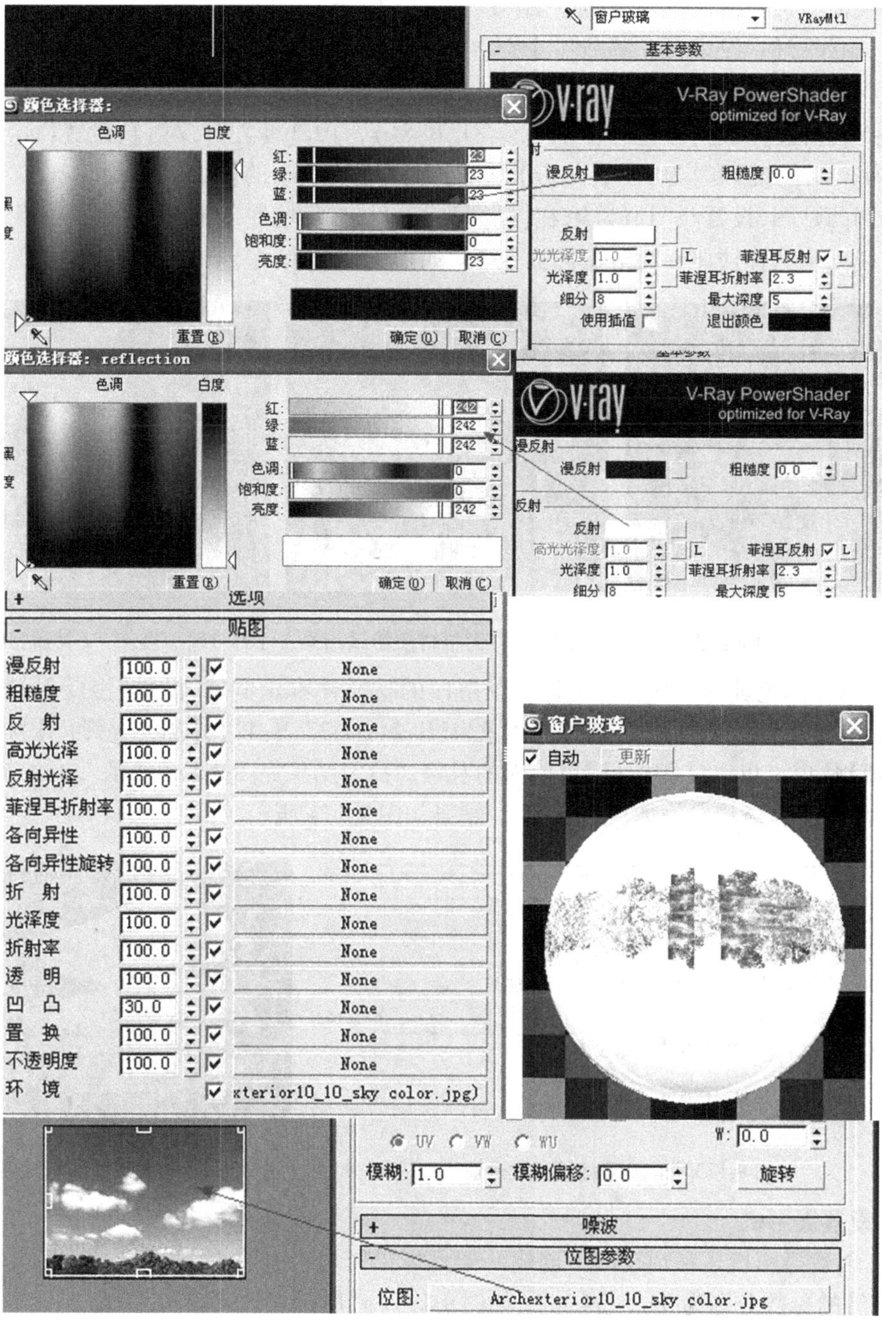

图 9-169　玻璃材质参数设置

在视窗中选择窗户玻璃造型,给赋材质。结果如图 9-170 所示

10. 制作窗框材质。选择一个空白的材质样本示例球,设置【漫反射】颜色为(R:57、G:44、B:30);设置【反射】颜色为(R:60、G:60、B:60),打开【菲涅耳反射】,设置【菲涅耳折射率】为 3.1,【光泽度】为 0.5,【细分】为 22。

在视窗中选择窗框,给赋材质。结果如图 9-171 所示。

11. 制作楼体 -2 材质。选择一个空白的材质样本示例球,在【漫反射】通道中加入一张混合程序贴图,设置【交换颜色#1】为一张灰色外墙纹理贴图,【交换颜色#2】为(R:20、G:5、B:5);设置【反射】颜色为(R:81、G:81、B:81),打开【菲涅耳反射】,设置【菲涅耳折射率】为 2.6,【光泽度】为 0.4,【细分】为 22;在【贴图】选项的【凹凸】通道里加入一张灰色外墙凹凸贴图,设置凸凹值为 9;在【贴图】选项里,在环境通道中加入一张环境贴图。

在视图中选择楼体 -2,给赋材质。结果如图 9-172 所示。

图 9-170　玻璃材质给赋结果

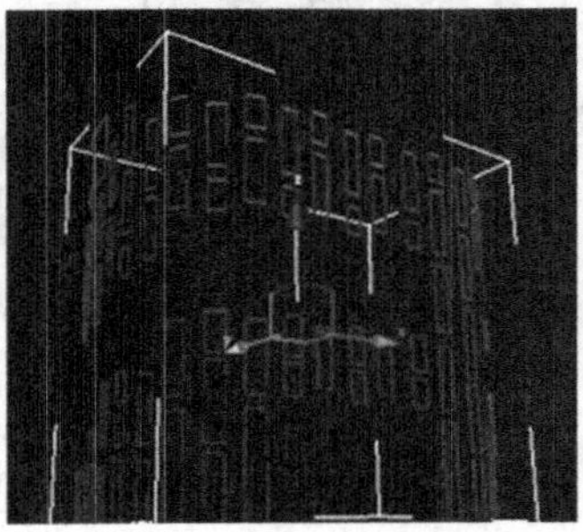

图 9-171　窗框材质给赋结果

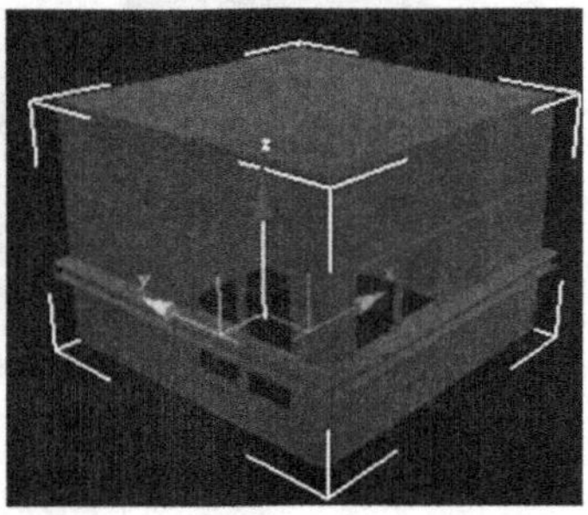

图 9-172　楼体 -2 材质给赋结果

12. 制作白色乳胶漆材质。选择一个空白的材质样本示例球,设置【漫反射】颜色为(R:245、G:245、B:245);设置【反射】颜色为(R:24、G:28、B:42),【高光光泽度】为 0.25;在【选项】选项卡里,将【跟踪反射】前面的对号勾掉。结果如图 9-173 所示。

在视图中选择相应物体,给赋材质。结果如图 9-174 所示。

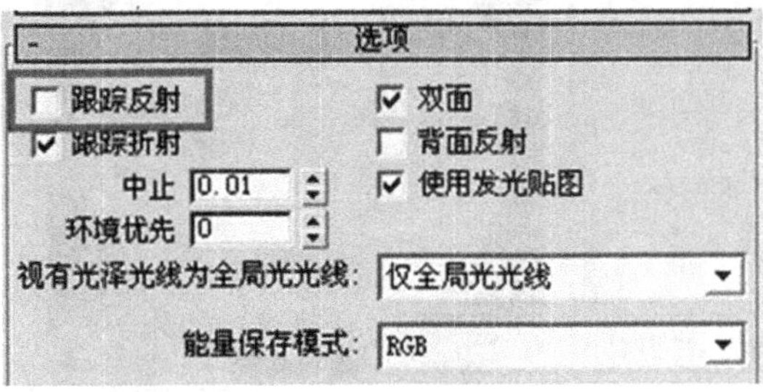

图 9-173　乳胶漆材质参数设置

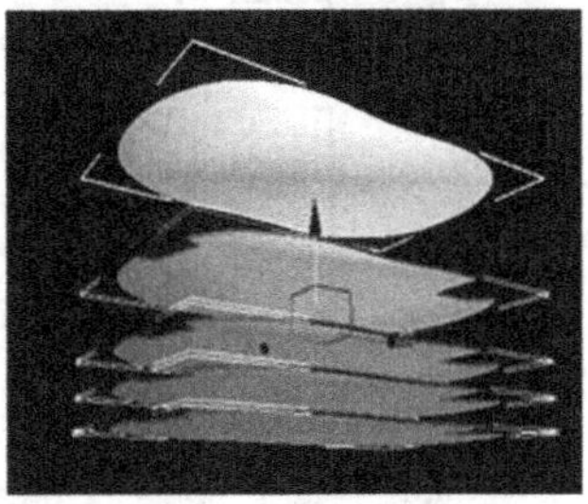

图 9-174　乳胶漆材质给赋结果

▲设置摄影机

13. 创建摄影机。在顶视图中创建一架目标摄影机,在【参数】卷展栏中设置【镜头】和【视野】的参数分别为 35 和 54.432,如图 9-175(a)所示。

14. 确定摄影机的位置。单机工具栏上的【移动】按钮,在视图中选择摄影机头,在视图下方设置坐标数值,如图 9-175(b)所示。至此,摄影机设置完成。

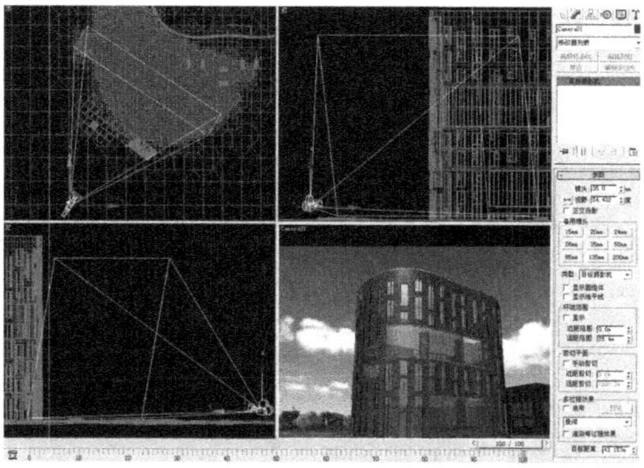

(a)创建目标摄影机

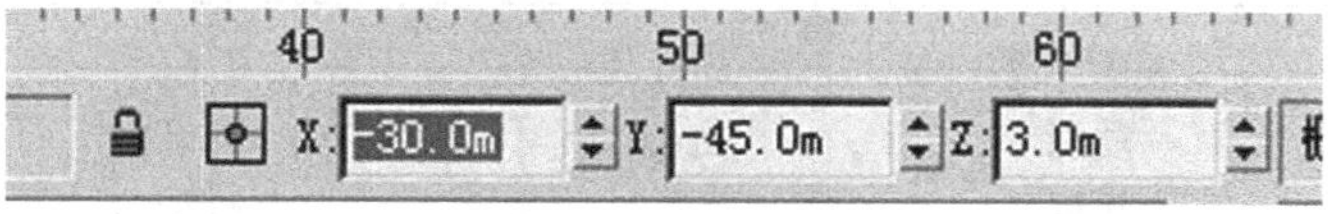

(b)设置坐标数值

图 9-175　设置摄影机

▲灯光与渲染

15. 设置 V－Ray 渲染参数,如图 9-176 所示。

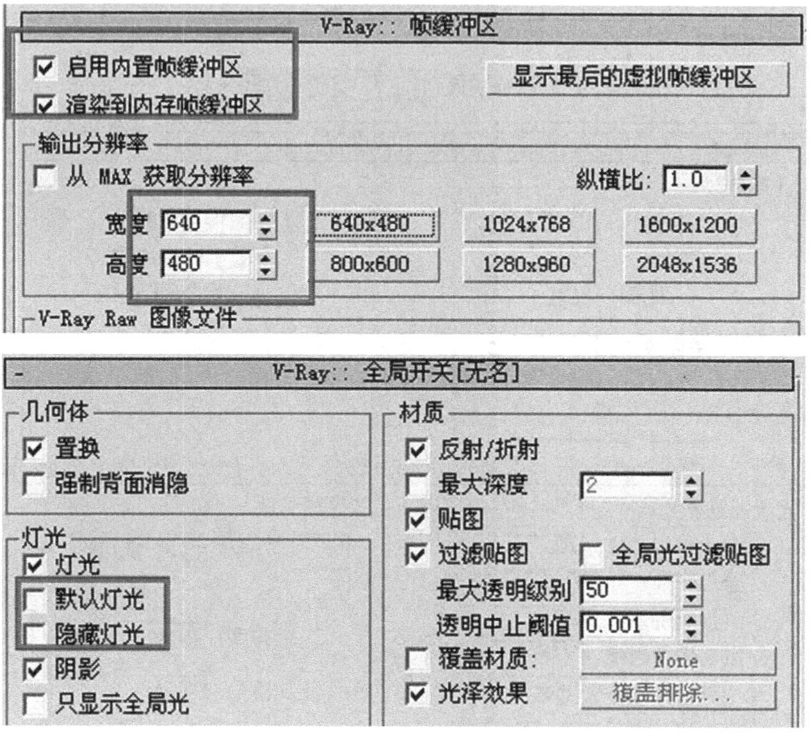

图 9-176　V－Ray 渲染参数设置

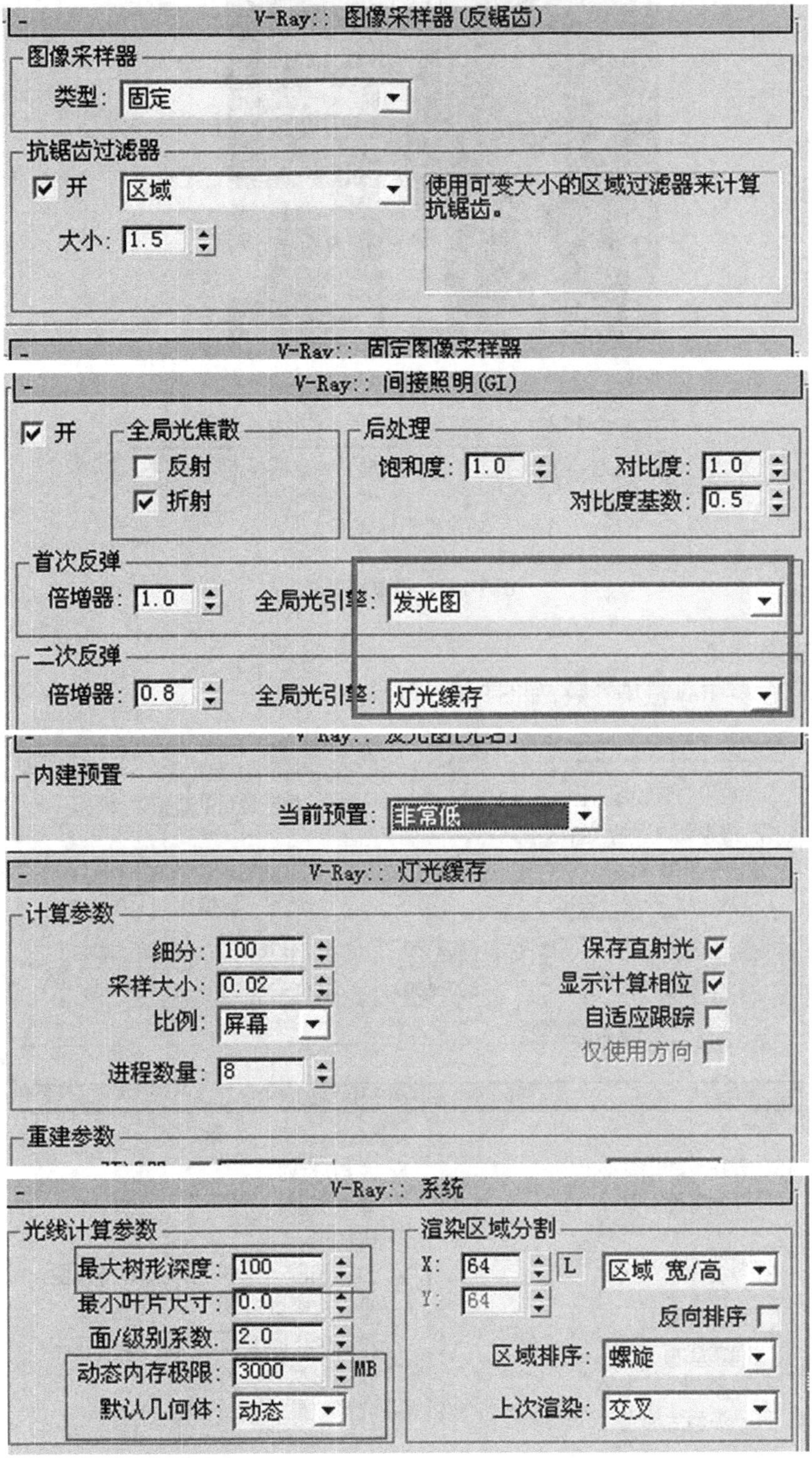
V-Ray:: 图像采样器(反锯齿)
图像采样器
类型: 固定
抗锯齿过滤器
开
区域
使用可变大小的区域过滤器来计算抗锯齿。
大小: 1.5
V-Ray:: 间接照明(GI)
开
全局光焦散
反射
折射
后处理
饱和度: 1.0
对比度: 1.0
对比度基数: 0.5
首次反弹
倍增器: 1.0
全局光引擎: 发光图
二次反弹
倍增器: 0.8
全局光引擎: 灯光缓存
内建预置
当前预置: 非常低
V-Ray:: 灯光缓存
计算参数
细分: 100
采样大小: 0.02
比例: 屏幕
进程数量: 8
保存直射光
显示计算相位
自适应跟踪
仅使用方向
重建参数
V-Ray:: 系统
光线计算参数
最大树形深度: 100
最小叶片尺寸: 0.0
面/级别系数: 2.0
动态内存极限: 3000 MB
默认几何体: 动态
渲染区域分割
X: 64
Y: 64
L
区域 宽/高
反向排序
区域排序: 螺旋
上次渲染: 交叉

续图 9-176

16. 布置灯光。

在本场景中，只有 V - Ray 太阳光，下面就来创建 V - Ray 太阳光。

首先在前视图中选择【创建】面板中的【灯光】选项，在列表中找到 V - Ray，点击 V - Ray太阳光，在【是否想自动添加一张 VR 天空环境贴图】的提示下，选择“否”；然后设置太阳光的参数，勾选【不可见】，设置【浊度】为 12，【臭氧】为 0.35，强度【倍增器】为 1.9，尺寸【倍增器】为 0.85，阴影【细分】为 4，阴影【偏移】为 0.005。

按 F9 键渲染相机视图，渲染效果如图 9-177 所示。

图 9-177　渲染效果

至此，本子任务中所有灯光设置完成。

17. 设置最终渲染参数。设置【帧缓冲区】的分辨率为 1280 × 960；设置【分离渲染通道】，将【保存 RGB】和【保存 alpha】勾选，浏览文件，保存到文件夹，命名“别墅夜景效果图”即可；设置【图像采样器（反锯齿）】，【类型】改为自适应细分，【抗锯齿过滤器】的类型设置为 Catmull - Rom；【发光帖图】的【内建预置】为高。【灯光缓存】的【细分】为 1000，如图 9-178 所示。

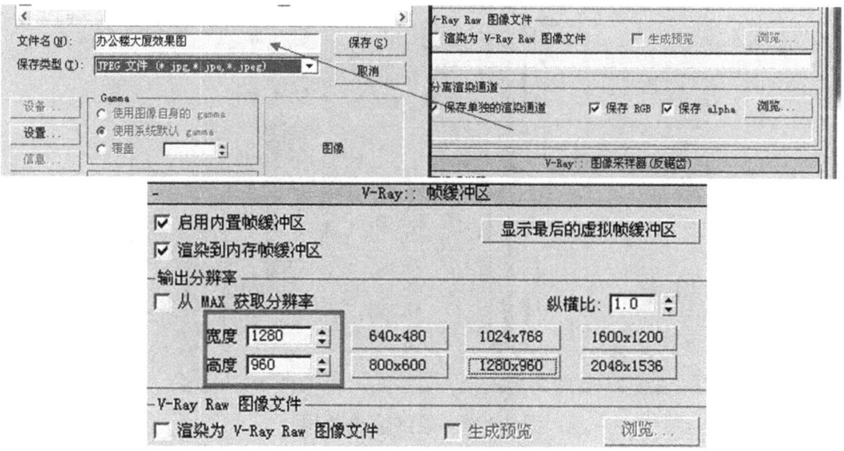

图 9-178　最终渲染参数设置

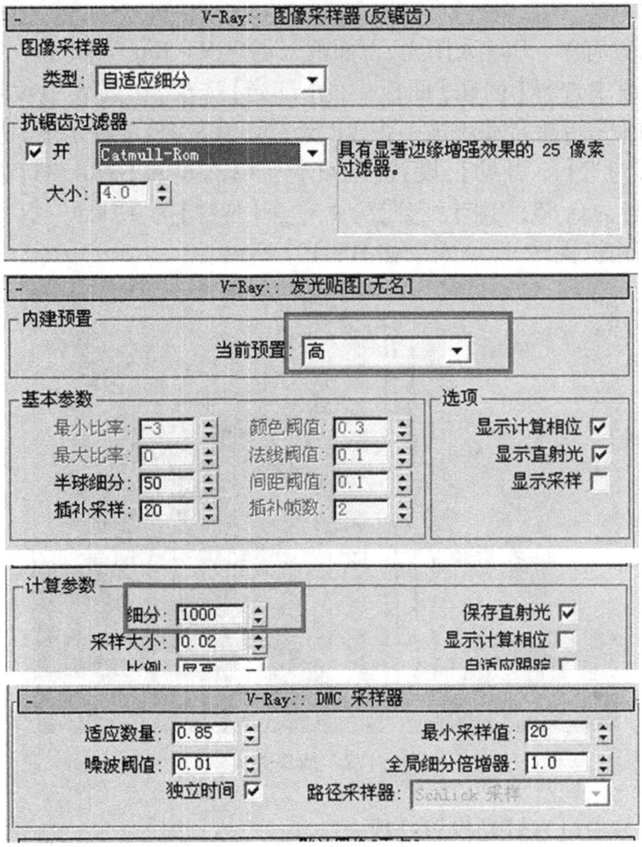

续图 9-178

18. 按 F9 键渲染当前场景,最终渲染效果图如图 9-179 所示。

图 9-179　最终渲染效果

经过 Photoshop 后期处理之后,最后效果如图 9-150 所示。

子任务5　街道景观设计

实例效果

街道景观设计渲染效果见图9-180。

图9-180　街道景观设计渲染效果

操作步骤

▲建模

1. 打开3ds Max软件，设置单位为“mm”。

2. 创建公路、街道。在顶视图创建一个300000×21000×10的长方体，命名为“公路”。

3. 在前视图中创建一个250×150×300000的长方体，命名为“路沿”，并在视图中调整造型的位置，如图9-181所示。

4. 在前视图中选择“路沿”，按住【Shift】键，将其向右移动复制一个，并在视图中调整复制后造型的位置，如图9-182所示。

图9-181　路沿造型的位置

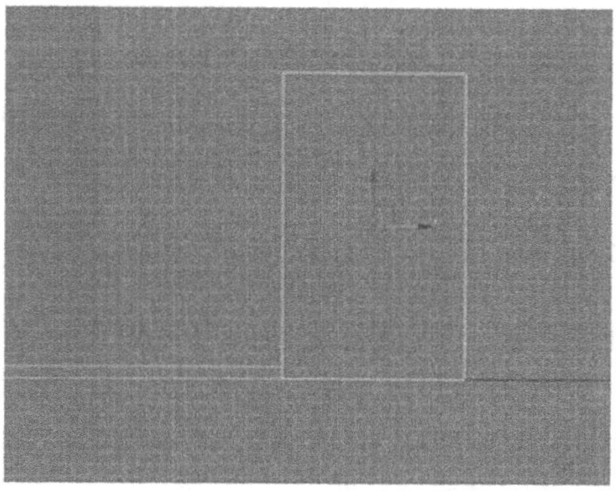

图9-182　复制后路沿造型的位置

5. 在前视图中创建一个 200 × 3000 × 300000 的长方体，命名为“道边”，并复制一个，在视图中调整其位置，如图 9-183 所示。

6. 在前视图中创建一个 220 × 1000 × 300000 的长方体，命名为“盲道”，并复制一个，在视图中调整其位置，如图 9-184 所示。

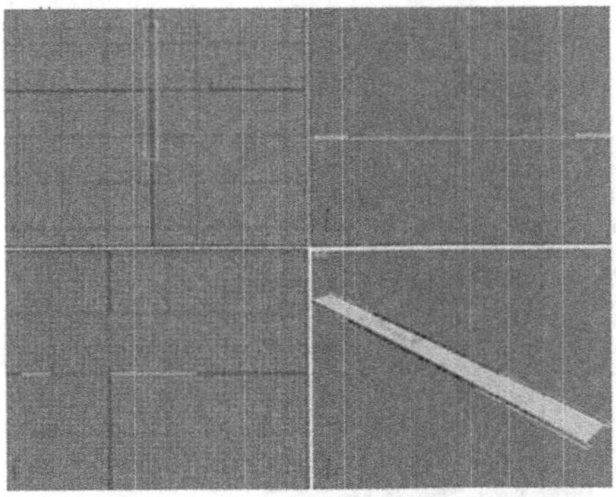

图 9-183　复制后道边造型的位置

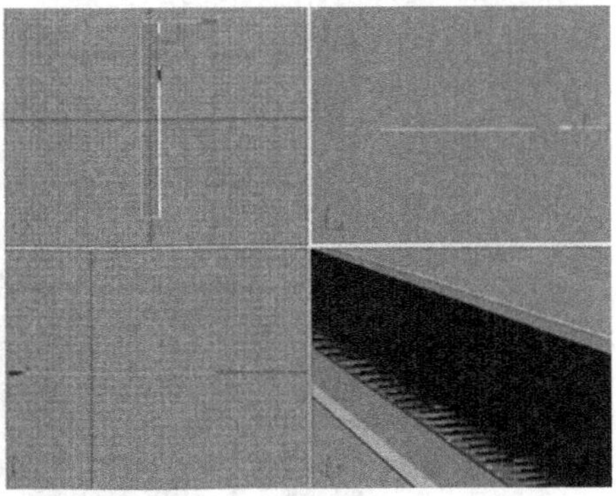

图 9-184　复制后盲道造型的位置

7. 在顶视图中创建一个 300000 × 10000 × 200 的长方体，命名为“街道”，并复制一个，在视图中调整其位置，如图 9-185 所示。

8. 创建树池、花钵和隔离带花池。

创建树池。在顶视图中创建一个 1500 × 1500 × 80 的长方体，命名为“树池”，在视图中调整造型的位置，如图 9-186 所示。

图 9-185　复制后街道造型的位置

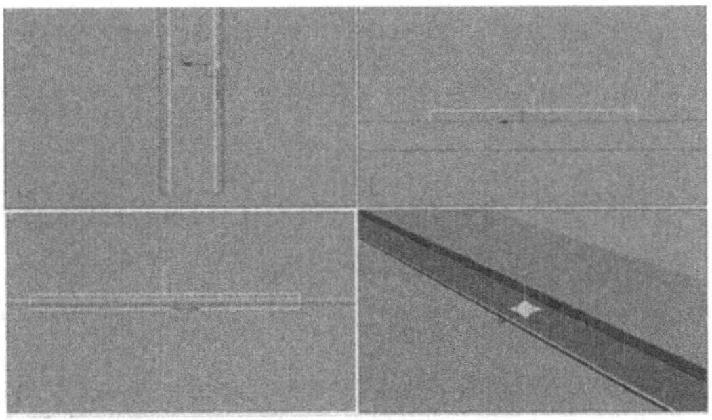

图 9-186　树池造型的位置

9. 在顶视图创建一个 1620 × 1620 的矩形，命名为“树池边”，进入其次物体下的【样条线】级，对其实施【轮廓】命令，设置数量为 100。关闭【样条线】次物体级，选择“树池边”，使用【倒角】命令，设置其参数，如图 9-187 所示。树池边的位置如图 9-188 所示。

10. 在视图中同时选择创建的“树池”和“树池边”，然后将其复制 41 组，并在视图中调整复制后造型的位置，如图 9-189 所示。

11. 创建花钵。选择视图中的所有物体，隐藏当前选择。单击【创建】/【几何体】/【扩展基本体】/【切角长方体】命令，在前视图中创建一个切角长方体，命名为“花钵底座”，参数设置如图 9-190 所示。

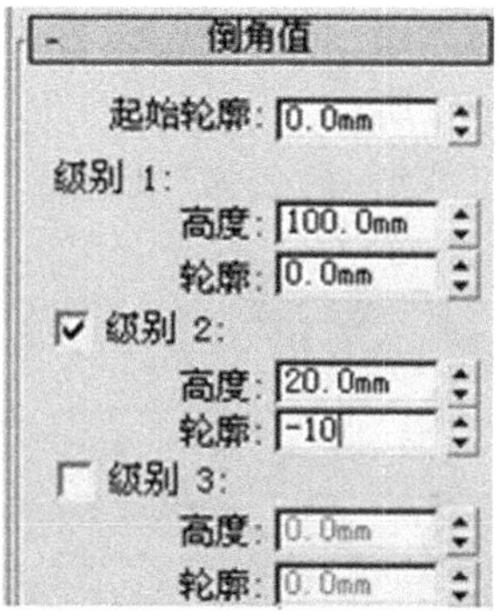

图 9-187　树池边参数设置

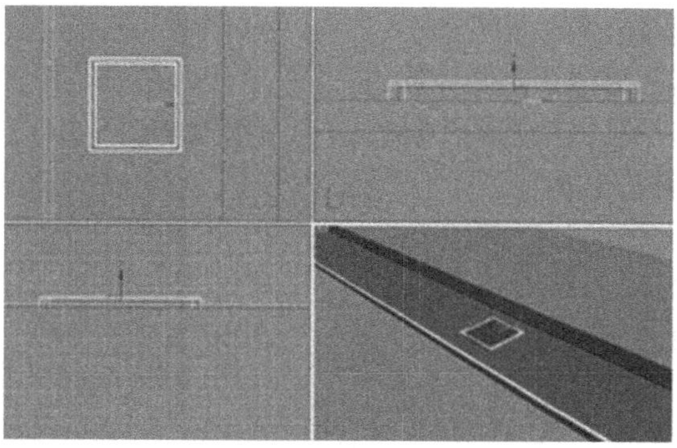

图 9-188　树池边的位置

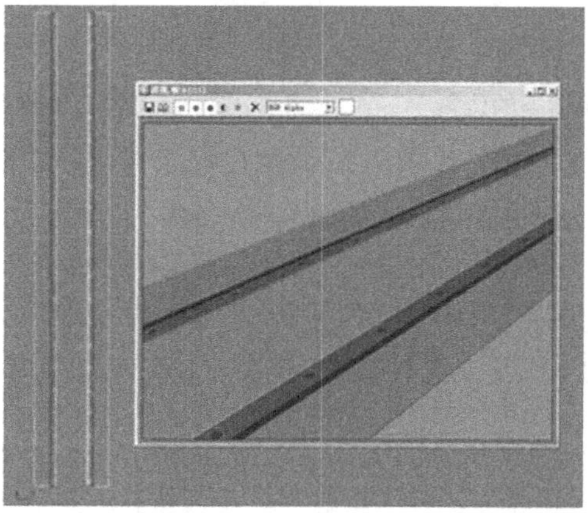

图 9-189　复制后树池和树池边造型的位置

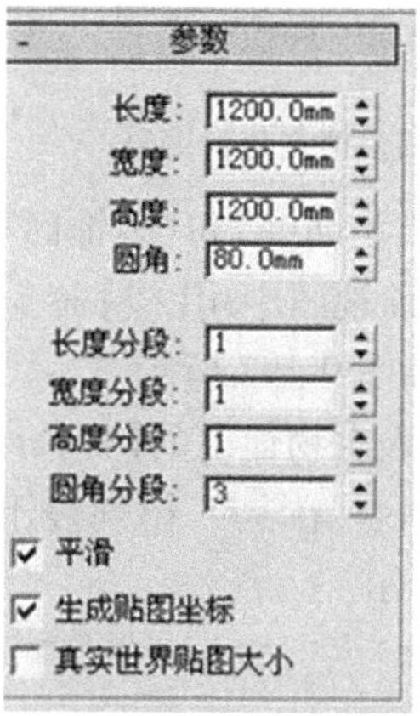

图 9-190　花钵底座参数设置

切角正方体的大小也可以自定,在场景中可以对其进行缩放调整。

12. 在前视图中创建一个 880×880 的正方形,使其与“花钵底座”中心对正,位置如图 9-191 所示。

13. 在前视图中绘制两个 1000×140 和 140×1000 的辅助长方形,位置如图 9-192 所示。

14. 选择正方形,转换为可编辑样条线,进入次物体下的【顶点】,单击【优化】,在其与两个长方形相交的地方分别加入顶点,如图 9-193 所示。

图 9-191　正方形的位置

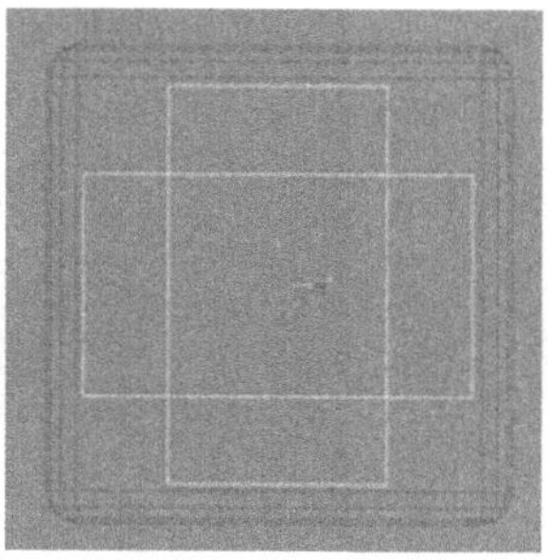

图 9-192　辅助长方形

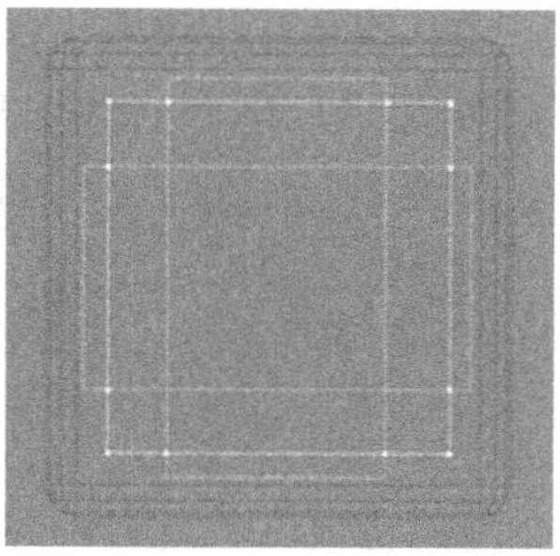

图 9-193　加入顶点

15. 调整顶点的位置,命名为“装饰条”,如图 9-194 所示。

16. 删除辅助图形,选择“装饰条”,进入【样条线】次物体级,将其轮廓设置为 10 左右,然后退出次物体级,将其挤出 100,调整其位置,如图 9-195 所示。

17. 在前视图中用【线】命令绘制如图 9-196 所示的二维线形,命名为“装饰面”,然后将其挤出 8 左右。

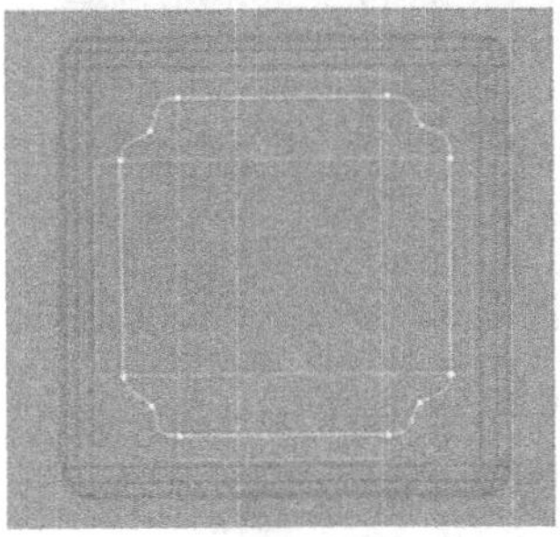

图 9-194　调整顶点后的图形

图 9-195　装饰条的位置

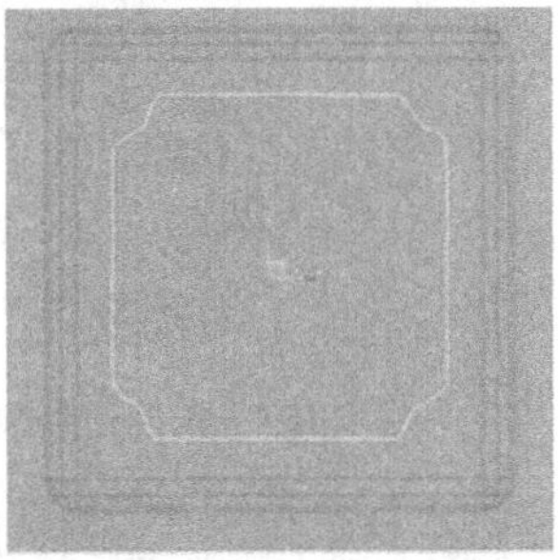

图 9-196　装饰面二维线形

18. 将“装饰框”和“装饰面”移动、旋转,并复制到其他 3 个面,结果如图 9-197 所示。

19. 在前视图中用【线】命令在底座的上方绘制一条开放的曲线,命名为“花钵体”,调整其形状如图 9-198 所示。

20. 进入次物体下的【样条线】级,对其轮廓设置为 5 左右,然后退出次物体编辑;进入修改器列表,在其下拉列表下使用【车削】命令,设置【对齐】方式为【最小】,结果如图 9-199 所示。

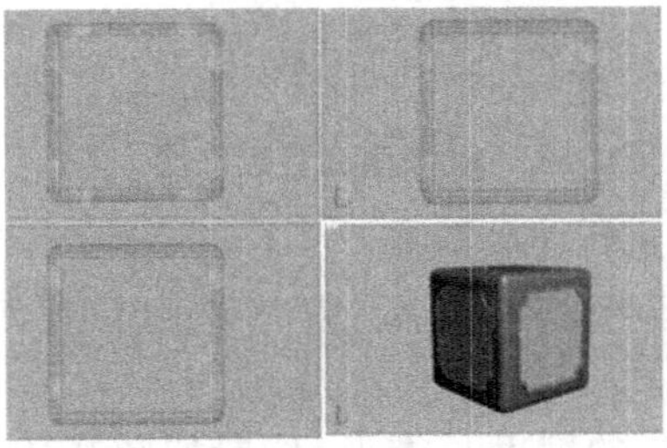

图 9-197　复制的造型

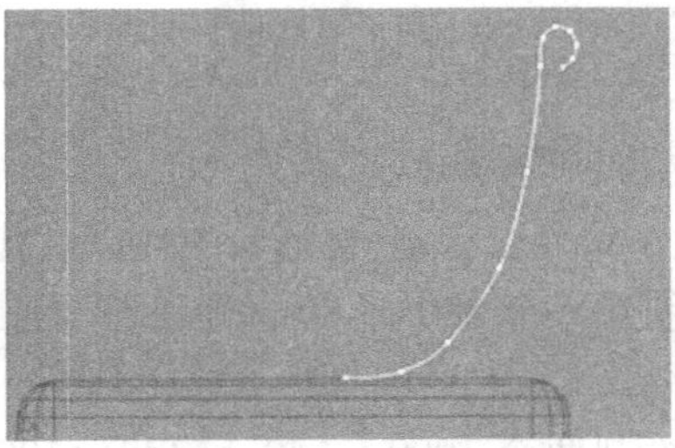

图 9-198　花钵体二维线形

图 9-199　车削结果

21. 在前视图中用【线】命令在底座的上方绘制一条开放的曲线,命名为“土”,形状和位置如图 9-200 所示。制作好的花钵如图 9-201 所示。

22. 取消全部隐藏,选择所有组成花钵的物体,将其根据图形缩放到合适的大小,然后将其复制 17 组,位置如图 9-202 所示。

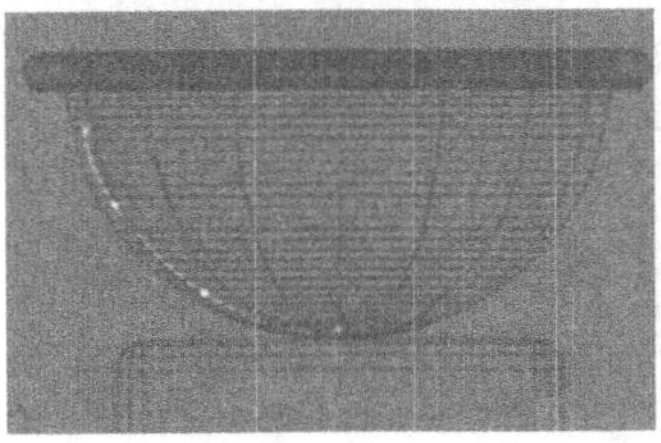

图 9-200　土二维线形

图 9-201　制作好的花钵

图 9-202　复制花钵后的位置

23. 在顶视图中绘制一个 30000 × 1000 × 390 的长方体,命名为“花池”,位置如

图 9-203所示。

24. 在顶视图中创建一个 30200×1190、角半径为 200 的矩形，命名为“花池边”。

25. 进入【可编辑样条线】，将其轮廓设置为 -250，然后退出次物体编辑，使用【倒角】命令，设置参数如图 9-204 所示。将其和“花池”对齐，结果如图 9-205 所示。

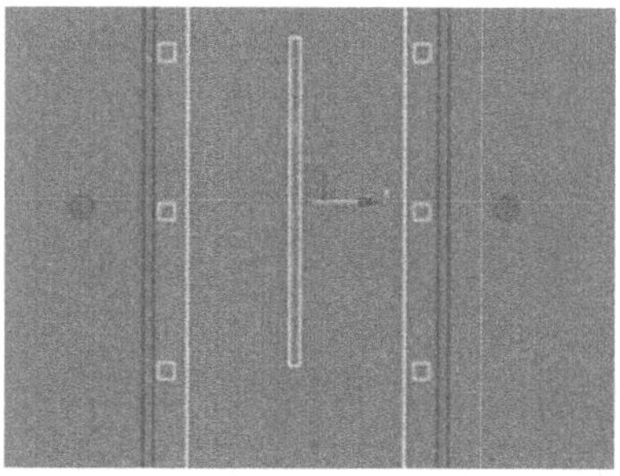

图 9-203　花池的位置

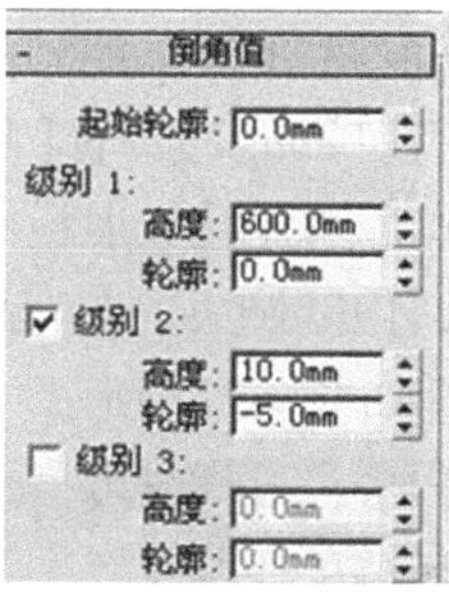

图 9-204　【倒角】参数设置

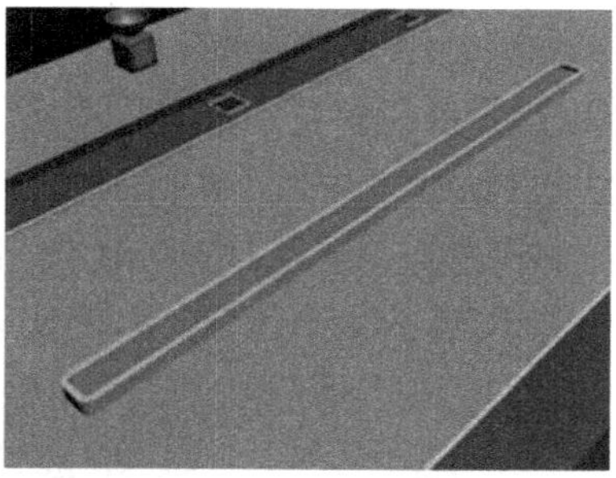

图 9-205　花池边的位置

26. 同时选择“花池”和“花池边”，将其复制 6 组，放于公路的中间，用做“隔离带”，如图 9-206 所示。

▲制作材质

27. 制作公路材质。单击按钮打开材质编辑器，选择一个材质样本示例球，命名为“公路”。在【明暗器基本参数】卷展栏中设置材质的明暗器为【Phong】，在【Phong 基本参数】卷展栏中单击按钮，取消锁定颜色按钮，将材质的【环境光】设置为黑色，【漫反射】和【高光反射】均设置为白色，【高光级别】设置为 10，【光泽度】设置为 15。

28. 在【贴图】卷展栏中，单击【漫反射颜色】贴图按钮，在【材质/贴图浏览器】中双击【位图】按钮，打开“随书光盘/贴图/图片/马路.jpg”文件，在【坐标】卷展栏下设置参数，如图 9-207 所示。

29. 在视图中选择“公路”，单击按钮，给赋材质，效果如图 9-208 所示。

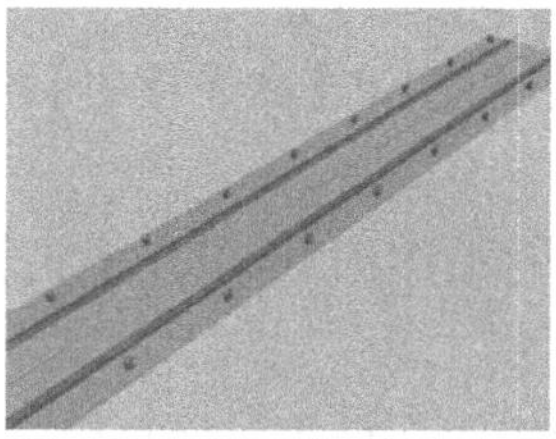

图 9-206　隔离带复制后的位置

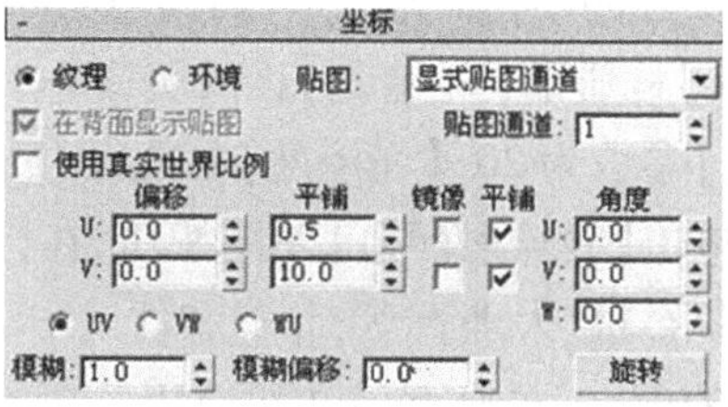

图 9-207　【坐标】卷展栏参数设置

图 9-208　公路材质效果

30. 制作盲道材质。选择一个新的材质样本示例球，命名为“盲道”。在【明暗器基本参数】卷展栏中设置材质的明暗器为【Phong】，在【Phong 基本参数】卷展栏中单击按钮，取消锁定颜色，将材质的【环境光】设置为黑色，【漫反射】设置为黄色（R、G、B 分别为 235、215、130），【高光反射】设置为白色，并设置【高光级别】参数为 10，【光泽度】参数为 15。打开【贴图】卷展栏，单击【漫反射颜色】贴图按钮，在【材质/贴图浏览器】中双击【位图】，打开“随书光盘/贴图/图片/盲道砖 01.jpg”文件。

31. 单击按钮，返回贴图级别，将【漫反射】后面的贴图复制到【凹凸】贴图类型，并将其数量设置为 100。

单击修改器下拉列表中的【UVW 贴图】命令，并设置参数如图 9-209 所示。

32. 在视图中选择“盲道”，单击按钮将材质赋给它们。盲道材质效果如图 9-210 所示。

33. 制作街道材质。选择一个新的材质样本示例球，命名为“街道”。在【明暗器基本参数】卷展栏中设置材质的明暗器为【Phong】，设置【高光反射】为白色，并设置【高光级别】参数为 10、【光泽度】参数为 15。在【贴图】卷展栏中，单击【漫反射颜色】贴图按钮，在【材质/贴图浏览器】中双击【位图】，打开“随书光盘/贴图/地砖/人行道砖 02. jpg”文件。

单击【查看图像】按钮，调整边框如图 9-211 所示。

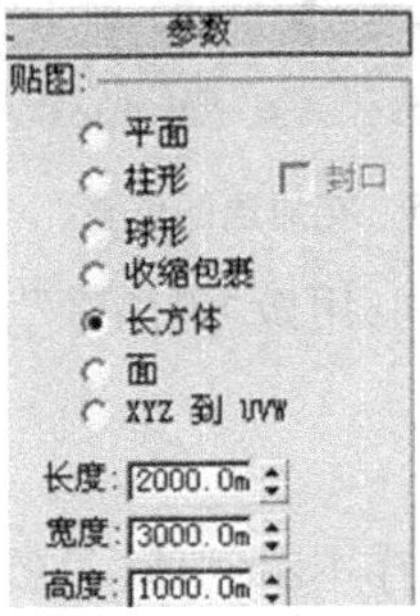

图 9-209　【UVW 贴图】参数设置

图 9-210　盲道材质效果

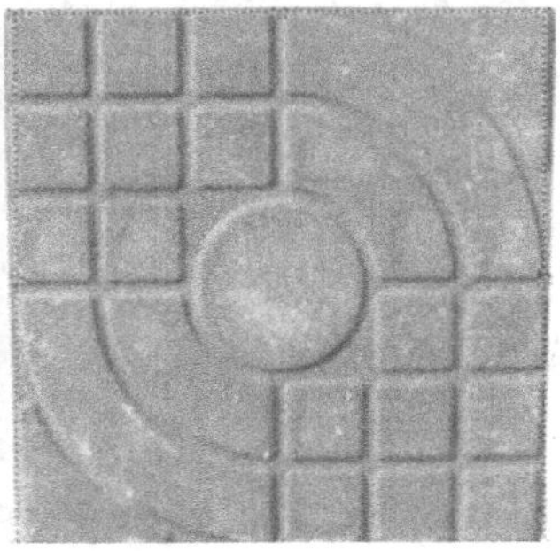

图 9-211　调整边框

34. 勾选【应用】选项，在视图中选择“街道”和“道边”，单击按钮将材质赋给它们。对所赋给的造型选择【UVW 贴图】命令，设置各项参数，如图 9-212 所示。材质效果如图 9-213 所示。

35. 制作大理石材质。选择一个新的材质样本示例球，命名为“大理石”。在【明暗器基本参数】卷展栏中设置材质的明暗器为【Phong】，在【Phong 基本参数】卷展栏中单击按钮，取消锁定颜色按钮，将材质的【环境光】设置为黑色，【漫反射】和【高光反射】均设置为白色，设置【高光级别】参数为 20、【光泽度】参数为 15。

在【贴图】卷展栏中，单击【漫反射颜色】贴图按钮，在【材质/贴图浏览器】中双击【位图】，打开“随书光盘/贴图/石材/大理石 08. jpg”文件。

在视图选择所有的“路沿”、“花池边”和“树池边”，单击按钮将材质赋给它们。

对所赋给的造型选择【UVW 贴图】命令，设置参数如图 9-214 所示，制作的大理石材质效果如图 9-215 所示。

36. 制作草地材质。选择一个新的材质样本示例球，命名为“草地”。在【明暗器基本参数】卷展栏中设置材质的明暗器为【Phong】，在【Phong 基本参数】卷展栏中单击按钮，取消锁定颜色按钮，将材质的【环境光】设置为黑色，【漫反射】的 R、G、B 分别为 30、100、5，【高光反射】设置为白色，并设置【高光级别】参数为 10、【光泽度】参数为 15。

在【贴图】卷展栏中，单击【漫反射颜色】贴图按钮，在【材质/贴图浏览器】中双击【位图】按钮，打开“随书光盘/贴图/草地/草地. jpg”文件。

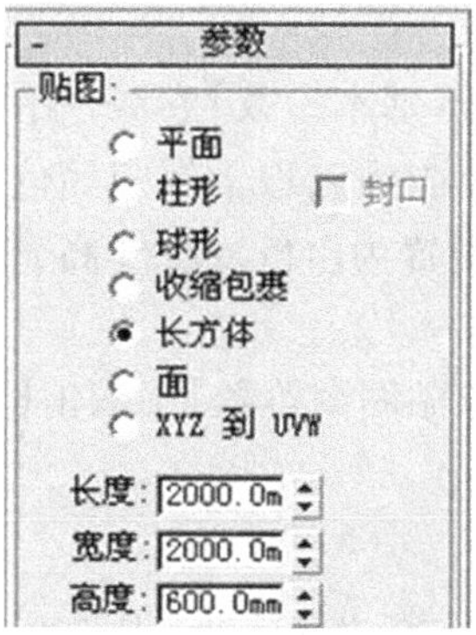

图 9-212　街道、道边材质参数设置

图 9-213　街道、道边材质效果

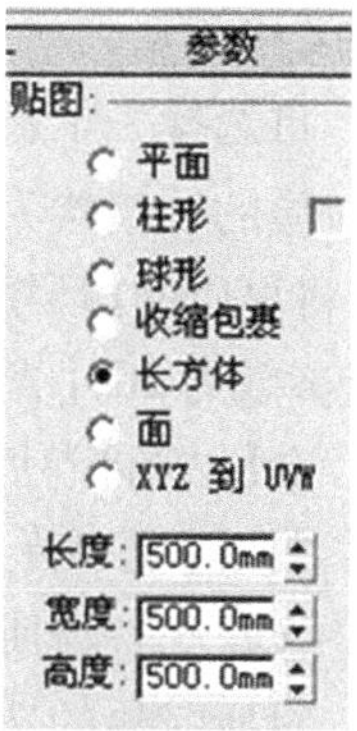

图 9-214　大理石材质参数设置

单击按钮，返回贴图级别，将【漫反射颜色】后的贴图类型拖动复制到【凹凸】贴图类型，并将其数量设置为 100。

在视图中选择所有的“花池”、“树池”和“土”，单击按钮将材质赋给它们。

对所赋给的造型选择【UVW 贴图】命令，并设置各项参数，如图 9-216 所示，制作的草地材质效果如图 9-217 所示。

图 9-215　大理石材质效果

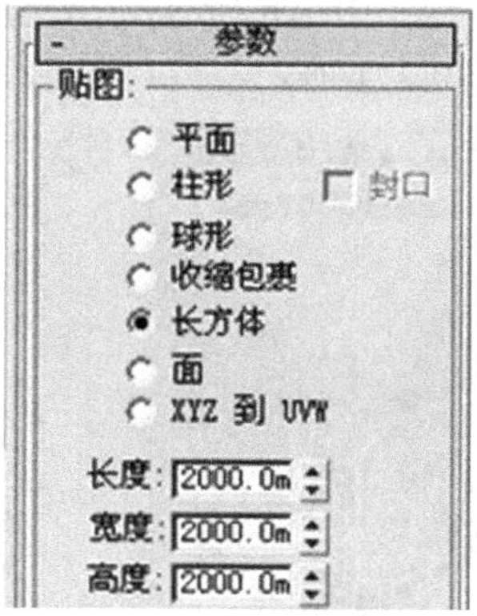

图 9-216　草地材质参数设置

37. 制作花钵材质。选择一个新的材质样本示例球，命名为“花钵体”，【环境光】、【漫反射】、【高光反射】均设置为白色，其他参数设置如图 9-218 所示。

图 9-217　草地材质效果

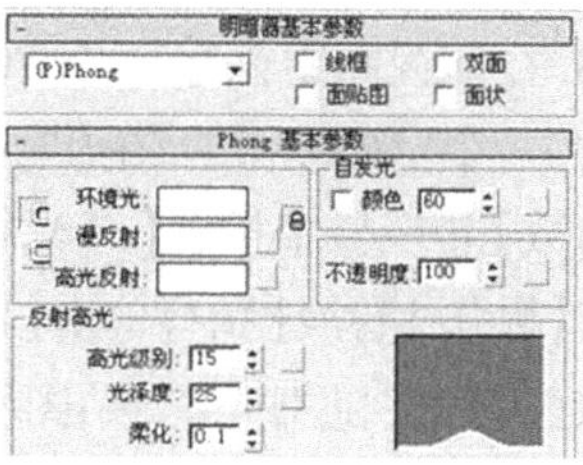

图 9-218　花钵材质参数设置

在视图中选择所有“花钵体”和“造型框”，单击按钮将材质赋给它们，效果如

图 9-219所示。

再选择一个新的材质样本示例球，命名为“石材”，在【明暗器基本参数】卷展栏中设置材质的明暗器为【Phong】，在【Phong 基本参数】卷展栏中单击按钮，取消锁定颜色按钮，将材质的【环境光】设置为黑色，【漫反射】和【高光反射】均设置为白色，设置【高光级别】参数为 20、【光泽度】参数为 15。

在【贴图】卷展栏中，单击【漫反射颜色】贴图按钮，在【材质/贴图浏览器】中双击【位图】，打开“随书光盘/贴图/石材/石材 13. jpg”文件。

在视图选择所有的“花钵底座”，单击按钮将材质赋给它们。

对所赋给的造型选择【UVW 贴图】命令，设置参数及石材材质效果如图 9-220 所示。

再选择一个新的材质样本示例球，命名为“造型面”，在【明暗器基本参数】卷展栏中设置材质的明暗器为【Phong】，在【Phong 基本参数】卷展栏中单击按钮，取消锁定颜色按钮，将材质的【环境光】和【漫反射】设置为浅蓝色（R、G、B 分别为 168、223、243），设置【高光级别】参数为 20、【光泽度】参数为 15。

在【贴图】卷展栏中，单击【漫反射颜色】贴图按钮，在【材质/贴图浏览器】中双击【位图】按钮，打开“随书光盘/贴图/石材/石材 13. jpg”文件。将【漫反射颜色】后面的贴图复制到【凹凸】贴图通道后面，并将【凹凸】后面的数量设置为 200。

在视图中选择所有的“造型面”，单击按钮将材质赋给它们。制作的造型面材质效果如图 9-221 所示。

图 9-219　花钵体和造型框材质效果

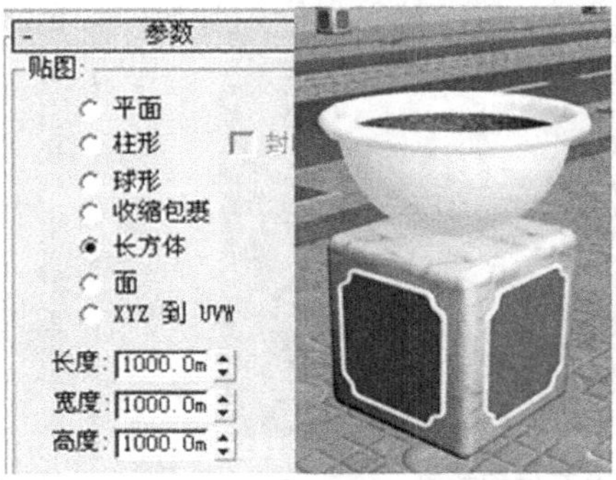

图 9-220　参数设置及石材材质效果

图 9-221　造型面材质效果

▲模拟树木

38. 在前视图中创建一个 7000 × 8000 的平面，命名为“行道树”，将其旋转适当的角度，放在一个“树池”中。在【明暗器基本参数】卷展栏中，选择【双面】复选框，在【Blinn 基本参数】卷展栏中设置【高光级别】和【光泽度】参数均为 0。

在【贴图】卷展栏中，单击【漫反射颜色】贴图按钮，在【材质/贴图浏览器】中双击【位图】按钮，打开“随书光盘/贴图/树木/树 01. jpg”文件；然后单击按钮，返回贴图级别，单击【不透明度】贴图按钮，在【材质/贴图浏览器】中双击【位图】按钮，打开“随书光盘/贴图/树木/树 01A. jpg”文件。

在视图中选择“树”，给赋材质，造型渲染效果如图 9-222 所示。

将树复制 41 棵,放入所有的树池中。

39. 用相同的方法,用“花 02. jpg”和“花 02A. jpg”文件制作公路中间树池中的树,复制后效果如图 9-223 所示。

40. 单击【创建】/【几何体】/【AEC 扩展】/【植物】命令,在【收藏的植物】卷展栏下选择【芳香蒜】,在顶视图中创建一棵芳香蒜,用【缩放】命令调整到合适的大小,然后复制 17 棵,分别放于“花钵”里,结果如图 9-224 所示。

图 9-222　树的材质效果

图 9-223　树池中的树效果

图 9-224　创建的植物

▲合并建筑构件

41. 调用广告路牌。单击【文件】/【合并】命令,从弹出的【合并】对话框中选择“随书光盘/项目四/合并线架/广告路牌. max”文件,单击【打开】按钮将其打开,在弹出的【合并】对话框中选择【广告牌 03】,单击【确定】按钮将造型合并到场景中,移动摆放到合适的位置,如图 9-225 所示。

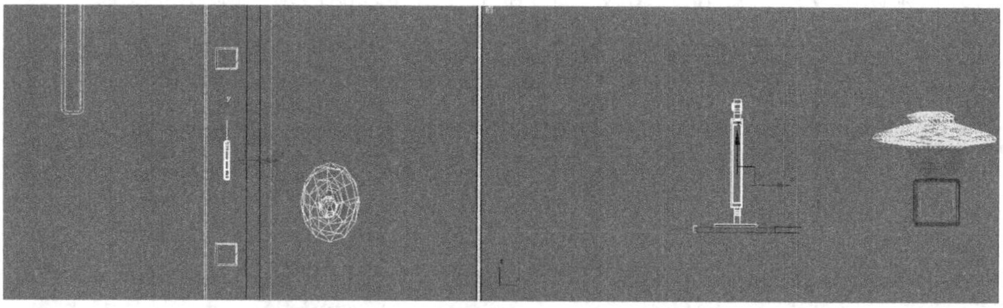

图 9-225　广告路牌的大小和位置

42. 为广告路牌制作材质。分别编辑一个“金属”材质、一个“铜漆”材质和一个“位图”材质,分别赋给相应物体,结果如图 9-226 所示。

提示:

“金属”材质:选择【金属】明暗方式,【环境光】和【漫反射】均为白色,【高光级别】和【光泽度】均为 69。【贴图】卷展栏中的【反射】贴图通道的【数量】为 65,为其选择【位图】贴图类型,指定“随书光盘/贴图/金属/2. jpg”贴图文件。

“铜漆”材质:在【Blinn 基本参数】卷展栏中设置【环境光】和【漫反射】颜色的 R、G、B 值分别为 62、39、30;设置【高光级别】为 45、【光泽度】为 35。

“位图”材质:选择【Phong】,【高光级别】为 20,【光泽度】为 30,勾选【自发光】下的

【颜色】选项。在【漫反射】贴图通道中添加【位图】贴图类型，为其指定"随书光盘/贴图/图片/人物 01. jpg"贴图文件，将此贴图文件在【贴图】卷展栏中复制到【自发光】贴图通道上面，并将其【数量】设置为 70。

文字和装饰条材质自己设置，可设置为铜漆的，颜色自定。

将"广告路牌"所有的物体成组，然后复制 19 个，放于树池边（隔两个树池放置一个广告路牌），如图 9-227 所示。

图 9-226　广告路牌材质结果

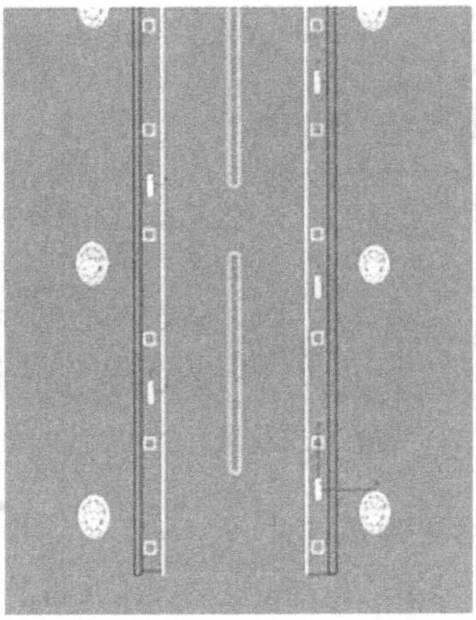

图 9-227　复制的广告路牌的位置

43. 调用路边建筑。首先合并"随书光盘/项目四/合并线架/建筑. max"文件，进入场景后，在顶视图沿 Z 轴旋转 90°，调整大小，放于路边适合的位置，如图 9-228 所示。

用相同的方法，合并"合并线架"文件夹中的两个办公楼，旋转、缩放并复制，放于路边，如图 9-229 所示。

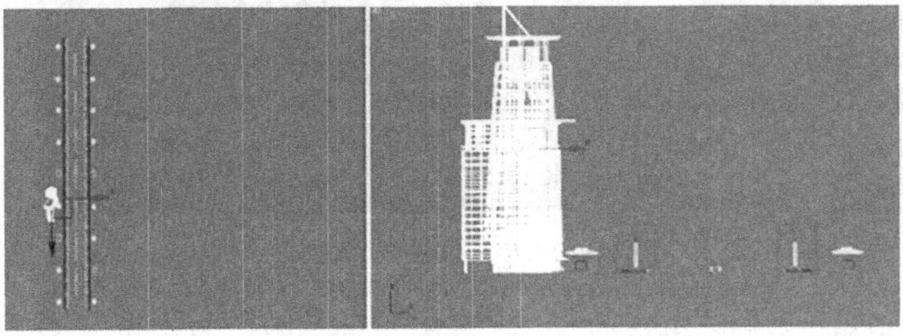

图 9-228　合并建筑的位置(1)

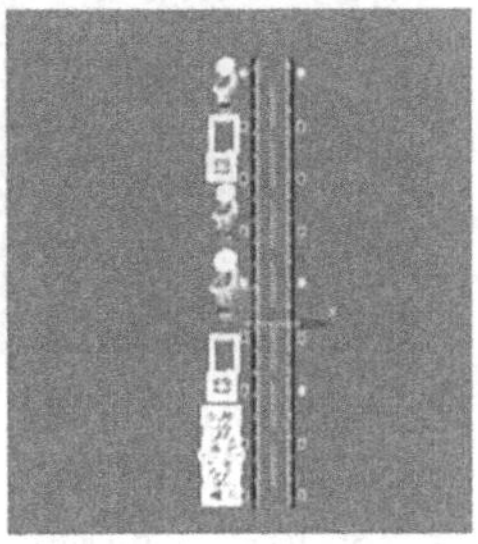

图 9-229　合并建筑的位置(2)

44. 调用路灯。合并"随书光盘/项目四/合并线架/路灯 2. max"文件，在场景中将其在顶视图中沿 Z 轴旋转 90°，调整大小，复制 5 个，放于路边适合的位置，如图 9-230 所示。

▲创建摄影机

45. 单击 /【目标】按钮，在顶视图中创建一个目标摄影机，并在视图中调整摄影机的位置，如图 9-231 所示。

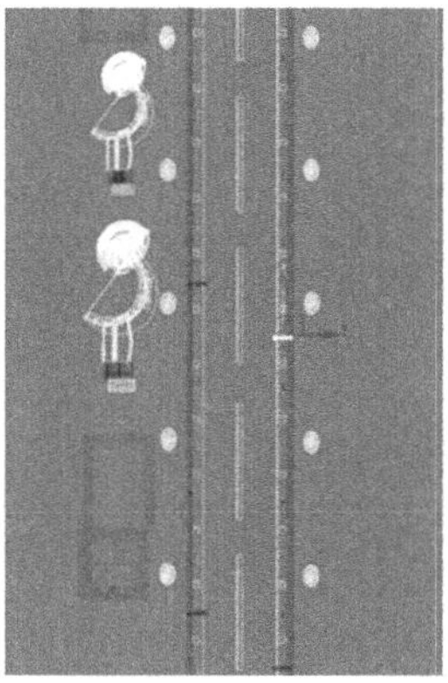

图 9-230　复制后路灯的位置

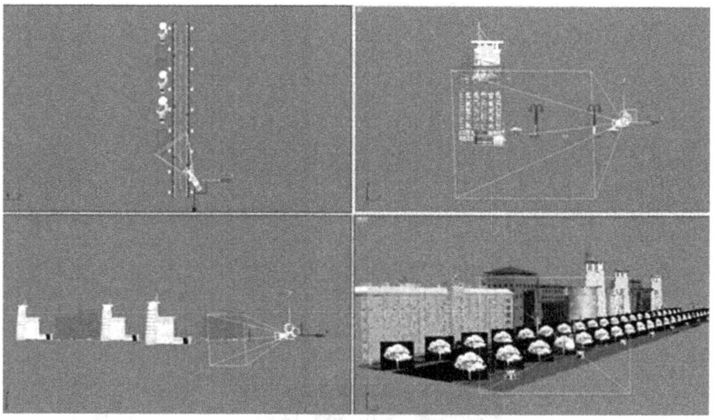

图 9-231　摄影机的位置

在【修改】命令面板中的【参数】卷展栏下，设置摄影机的【视野】为 60，激活透视图，按【C】键将透视图转换为摄影机视图，如图 9-232 所示。

图 9-232　转换摄影机视图

单击按钮打开【显示】命令面板，在【按类别隐藏】卷展栏下勾选【摄影机】将其隐藏。

▲设置灯光

46. 单击/【目标平行光】按钮，在前视图中自上而下创建一盏目标平行光，命名为"主光源"。单击按钮，在【常规参数】卷展栏下，选择阴影下的【启用】，再选择【高级光线跟踪】项，使灯光投射阴影。在【强度/颜色/衰减】卷展栏中设置颜色为黄色（R、G、B 分别为 255、247、237）。

在【平行光参数】卷展栏中设置参数，并勾选【泛光化】；在【阴影参数】卷展栏中设置颜色为蓝色（R、G、B 分别为 48、58、75）。在【衰减区/区域】后面输入 200000。

选择创建的【主光源】，然后在视图中调整它的位置，如图 9-233 所示。

设置【主光源】后相机视图的渲染效果如图 9-234 所示。

47. 单击/【目标聚光灯】按钮，在顶视图中自下而上创建一盏目标聚光灯，命名为"天空光"。

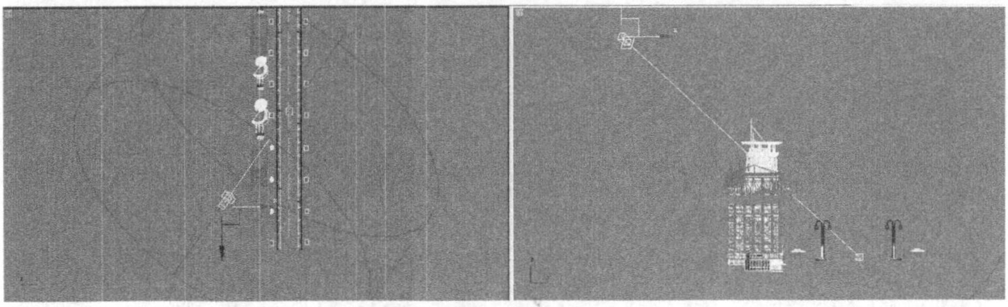

图 9-233　主光源的位置

图 9-234　设置灯光后的效果

单击按钮,在【常规参数】卷展栏下,选择阴影下的【启用】复选框,再选择【阴影贴图】项;在【强度/颜色/衰减】卷展栏中设置【倍增】参数为 0.12,颜色为灰色(R、G、B 分别为 246、251、255)。在【聚光灯参数】卷展栏下,设置【聚光区/光束】为 0.5,【衰减区/区域】为 120;在【阴影参数】卷展栏中设置颜色为蓝黑色(R、G、B 分别为 23、28、36)。【在阴影贴图参数】卷展栏中设置【大小】为 100,【采样范围】为 20。

在视图中选择"天空光",调整它的位置,如图 9-235 所示。

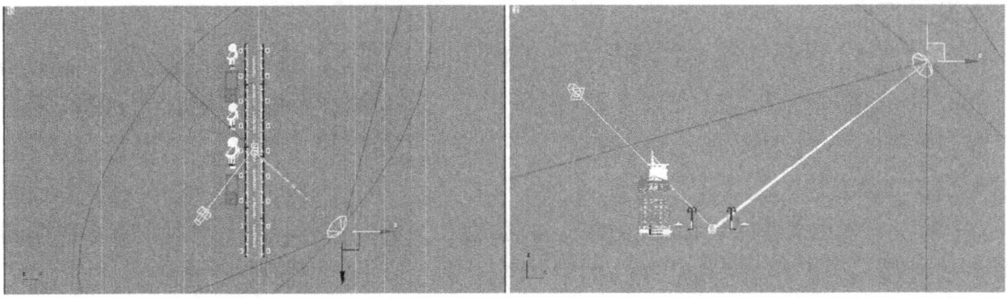

图 9-235　天空光的位置

48. 在前视图中选择"天空光",将其实例复制 4 个,并在视图中调整其位置,如图 9-236所示。

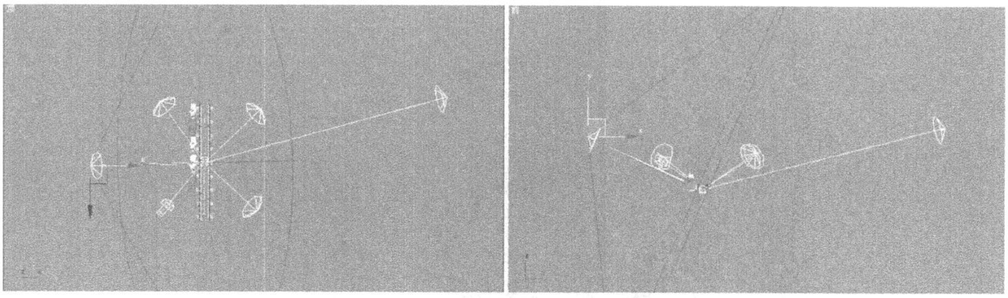

图 9-236　复制后天空光的位置(1)

复制天空光后的效果如图 9-237 所示。

图 9-237　复制天空光后的效果(1)

49. 在前视图中再次选择"天空光",然后将其实例复制 5 个,并在视图中调整复制后的天空光的位置,如图 9-238 所示。

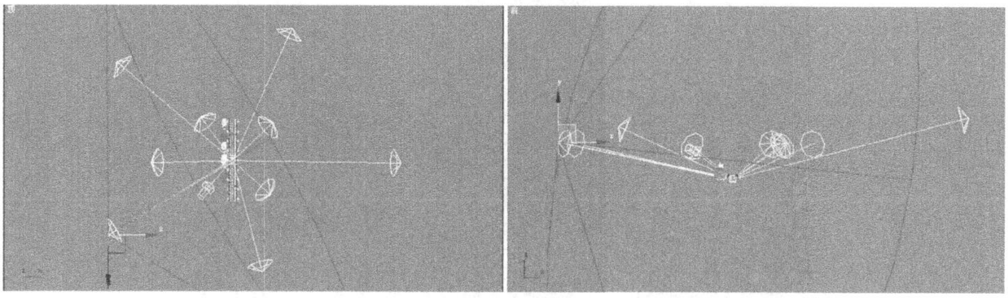

图 9-238　复制后天空光的位置(2)

复制天空光后的效果如图 9-239 所示。

50. 在前视图中再次选择"天空光",然后将其复制 5 个,并设置不【启用】阴影项,灯光的位置如图 9-240 所示。

复制天空光后的效果如图 9-241 所示。

在菜单栏中执行【文件】/【保存】命令,保存文件。至此,"街道景观设计"的灯光全部设置完成。

图 9-239　复制天空光后的效果(2)

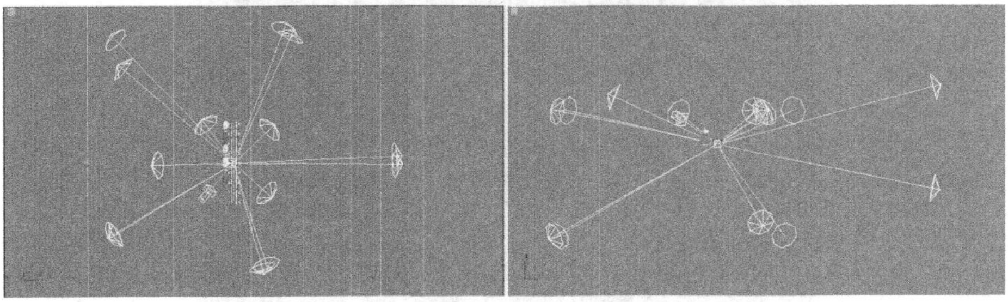

图 9-240　复制后天空光的位置(3)

图 9-241　复制天空光后的效果(3)

▲渲染输出

本例采用 3ds Max 默认的扫描渲染器渲染场景，这种渲染器计算速度快，但是需要设置较多的灯光来模拟漫反射效果。

51. 单击按钮，在弹出的【渲染场景】对话框中，设置参数如图 9-242 所示，并确认当前视图为摄影机视图，单击【渲染】按钮，渲染开始。渲染效果如图 9-243 所示。

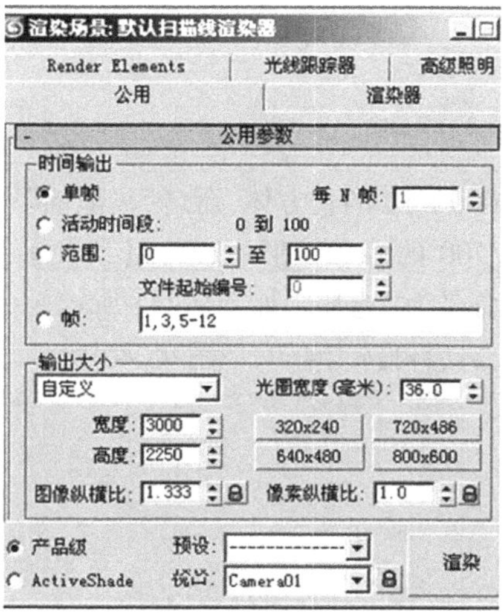

图 9-242　渲染参数设置

图 9-243　渲染效果

52. 为了方便观察最终效果，在菜单栏中执行【渲染】/【环境】命令，在打开的【环境和效果】对话框中设置【背景颜色】为白色，然后关闭对话框。

53. 在【渲染效果】对话框中单击按钮，在弹出的【浏览图像供输出】对话框中将文件保存为“街道景观设计.tga”，再存储一个“.jpg”格式的文件。

经过 Photoshop 后期处理后最终效果如图 9-180 所示。

子任务 6　别墅庭院设计

实例效果

别墅庭院景观设计效果见图 9-244。

图 9-244　别墅庭院景观设计效果

操作步骤

▲建模

1. 打开 3ds Max 软件，设置单位为“mm”。

2. 创建地面。在顶视图中创建一个 37000×36000×10 的长方体，命名为“地面”。

3. 创建地基。在顶视图中创建一个 14200×23700 的参考矩形，然后用【线】命令在顶视图中沿参考矩形的边缘绘制一条开放的曲线，命名为“地基”，如图 9-245 所示。

进入【样条线】次物体级，将其轮廓设置为 250，然后再挤出 400，如图 9-246 所示。

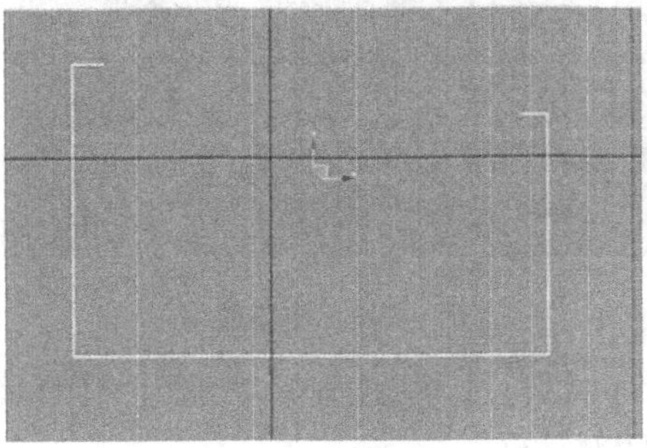

图 9-245　开放的曲线

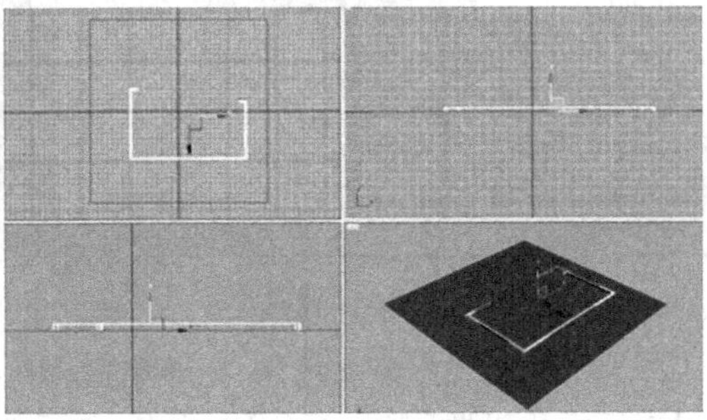

图 9-246　地基挤出后的造型

删除参考矩形。在前视图中选择“地基”，锁定 Y 轴，向上移动复制一个，命名为“地基 01”。

4. 创建路面。在顶视图中创建一个 7120×7120 的参考矩形，然后用【线】命令在顶视图中沿着参考矩形绘制两条开放的曲线，调整它们的位置，如图 9-247 所示。

在视图中选择绘制的曲线，将两条曲线附加到一起，命名为“小草坪沿”，然后将参考矩形删除。选择“小草坪沿”，进入【样条线】次物体级，将其轮廓设置为 50，然后再挤出 30，其在视图中的位置如图 9-248 所示。

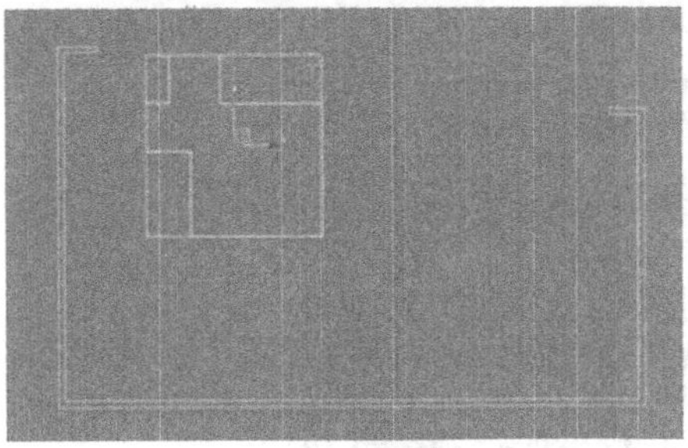

图 9-247　曲线的位置

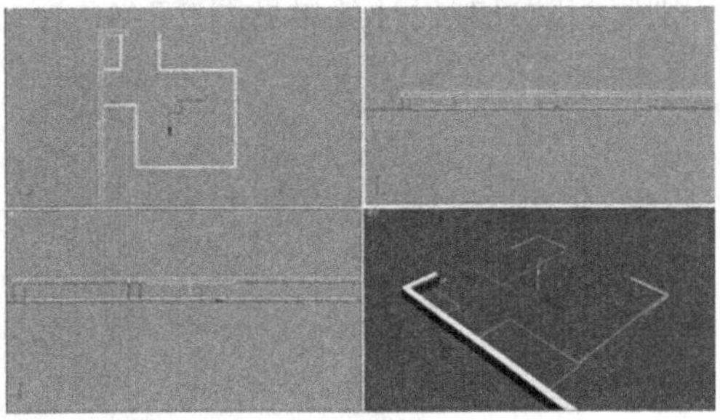

图 9-248　挤出后造型的位置

5. 在顶视图中沿“小草坪沿”的内边缘绘制一条封闭的曲线，命名为“小草坪”，如图 9-249所示。

选择“小草坪”，对其实施【挤出】命令，设置挤出数量为 20，位置如图 9-250 所示。

6. 在顶视图中创建一个半径为 600、高度为 40 的圆柱体，命名为“铺路石”。在顶视图中将“铺路石”复制 22 个，位置如图 9-251 所示。

7. 在顶视图中创建一个 3800×3800 的正方形，命名为“休闲台”，将其挤出 400，调整其位置如图 9-252 所示。

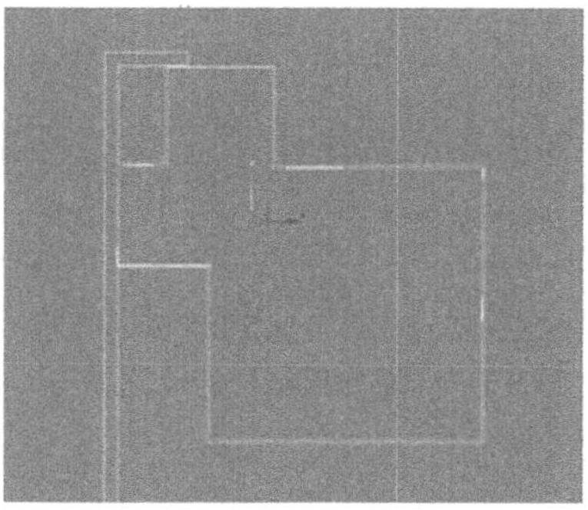

图 9-249　小草坪闭合曲线

图 9-250　小草坪造型的位置

图 9-251　复制后铺路石造型的位置

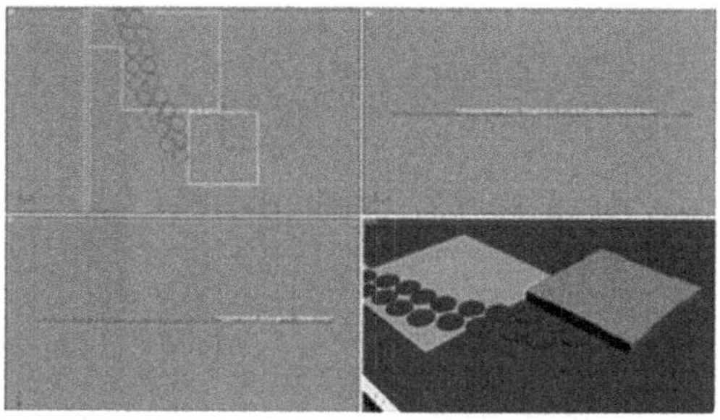

图 9-252　休闲台挤出后的造型

8. 在顶视图中创建一个 3850 × 3850 的正方形，命名为“休闲台面”，对其实施【倒角】命令，参数设置如图 9-253 所示，位置如图 9-254 所示。

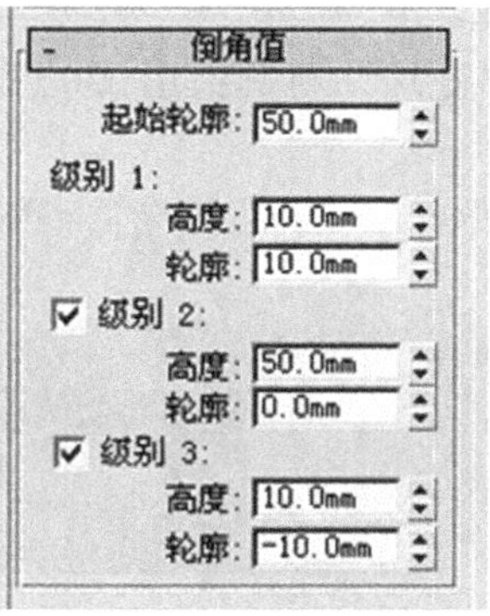

图 9-253　休闲台面参数设置

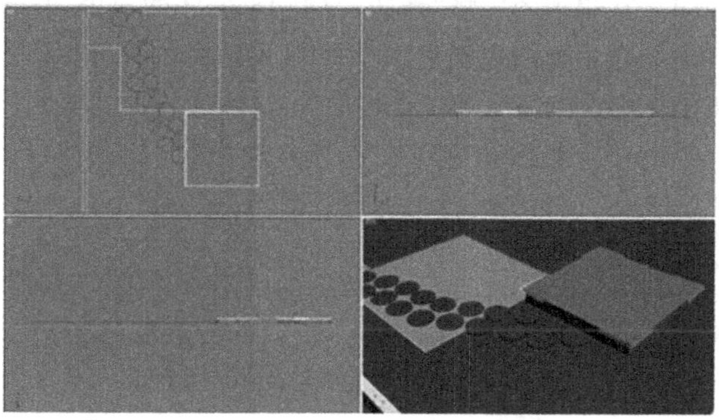

图 9-254　休闲台面造型的位置

9. 在顶视图中创建一个 9000 × 15400 的参考矩形，然后用【线】命令在顶视图中沿着参考矩形绘制三条开放的曲线，位置如图 9-255 所示。

在视图中选择一条曲线，将其与另外两条曲线附加到一起，命名为“草坪沿”，然后将参考矩形删除。选择“草坪沿”，进入【样条线】次物体级，将其轮廓设置为 80，再挤出 30，位置如图 9-256 所示。

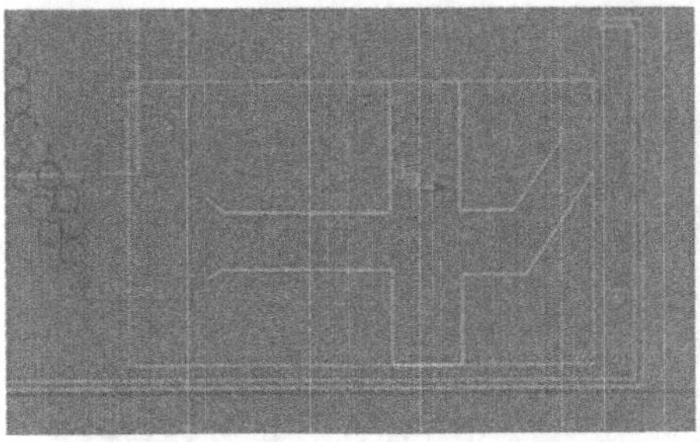

图 9-255　绘制的三条开放曲线

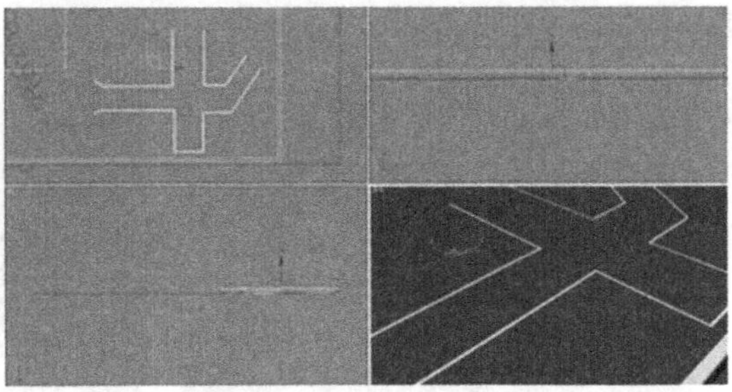

图 9-256　草坪沿造型的位置

10. 在顶视图中用【线】命令沿着“草坪沿”的内边缘绘制一条封闭的曲线，命名为“草坪”，如图 9-257 所示。

11. 选择“草坪”，将其挤出 20，结果如图 9-258 所示。

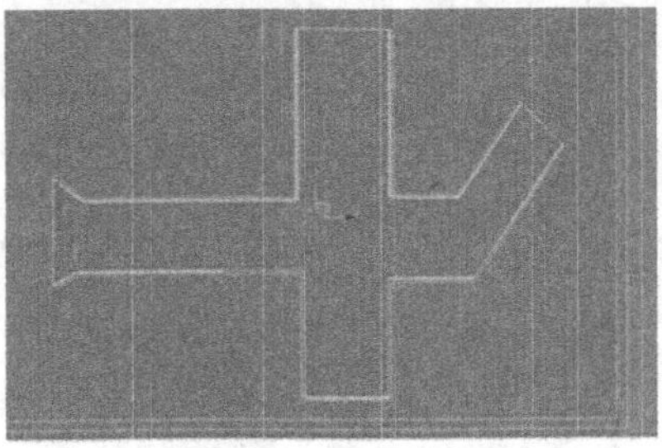

图 9-257　草坪闭合曲线

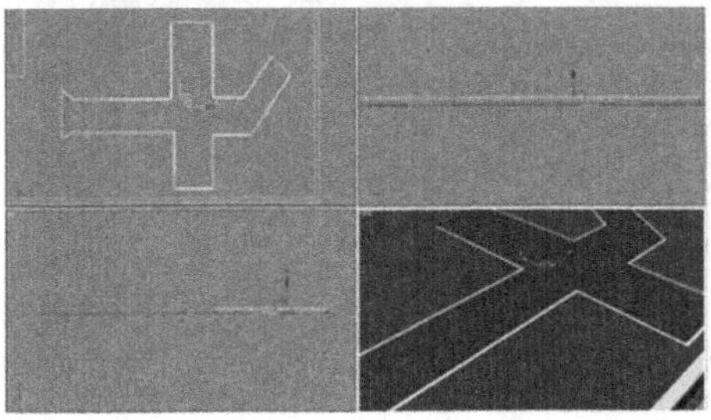

图 9-258　挤出后的草坪

12. 在顶视图中创建一个半径为 650、高度为 40 的圆柱体，命名为“地砖”，用【缩放】命令缩放成如图 9-259 所示的形状。

13. 在顶视图中将“地砖”复制 18 个，位置如图 9-260 所示。

14. 在顶视图中创建一个 2300 × 2300 的正方形，命名为“花坛”，将其挤出 330，位置如图 9-261 所示。

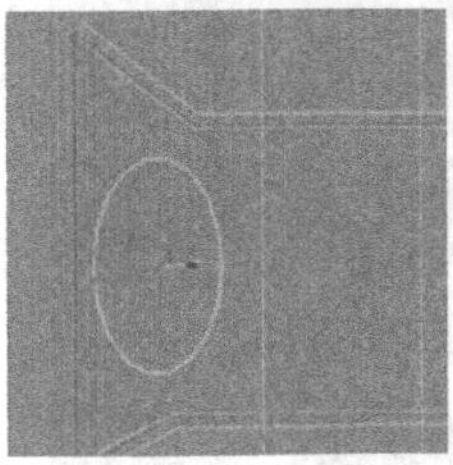

图 9-259　地砖的形状

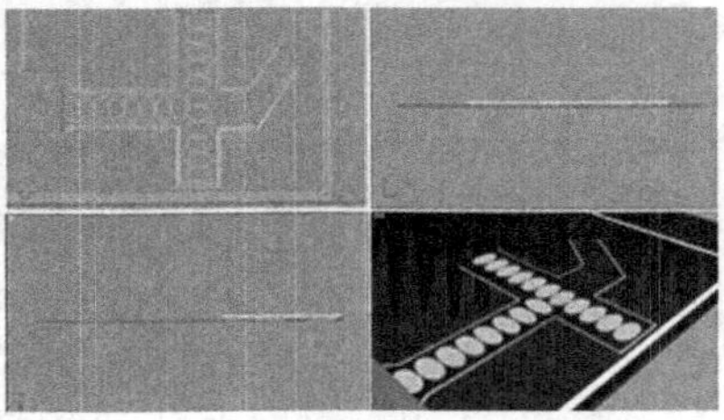

图 9-260　复制后地砖的位置

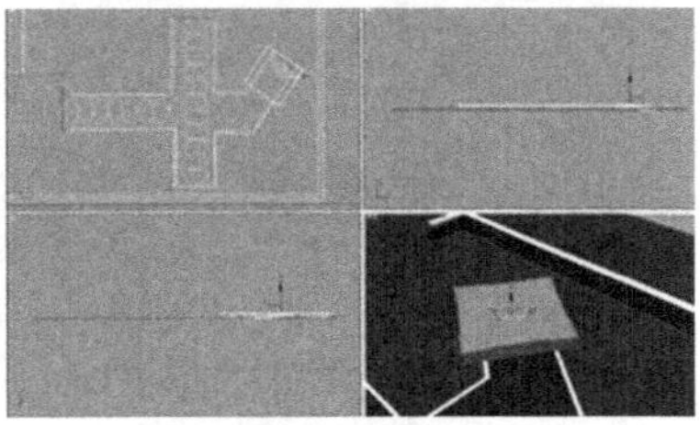

图 9-261　花坛的位置

15. 在顶视图中创建一个 2500 × 2500 的正方形，命名为“花坛边”，旋转至合适的角度，进入【样条线】次物体级，将其轮廓设置为 180，然后对其实施【倒角】命令，参数设置如图 9-262 所示。

花坛边的位置如图 9-263 所示。

16. 创建草。在视图中选择“草坪”，将其复制一个，命名为“草坪 01”。在前视图中创建一个平面，命名为“草”，参数设置如图 9-264 所示。

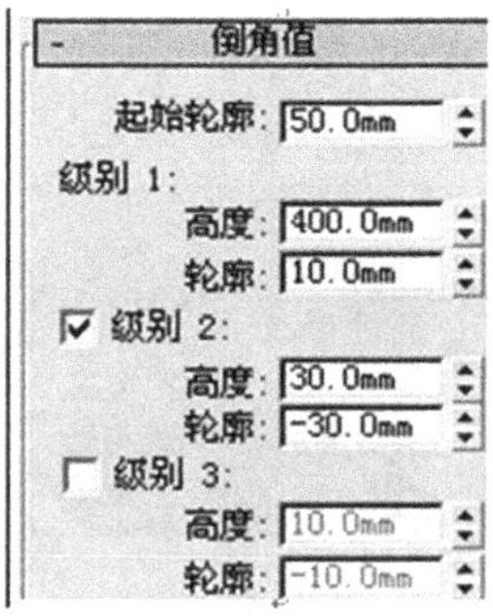

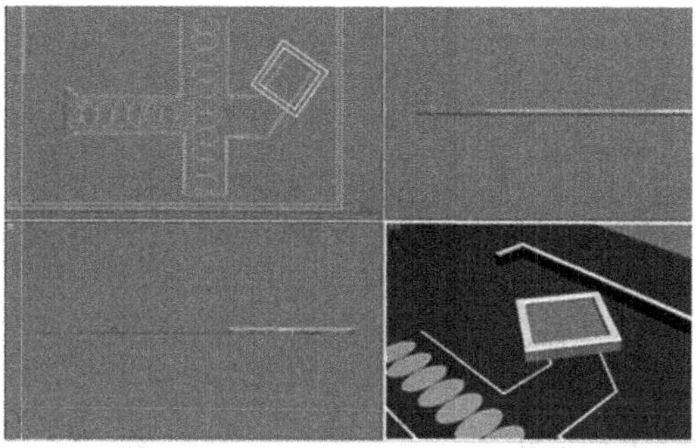

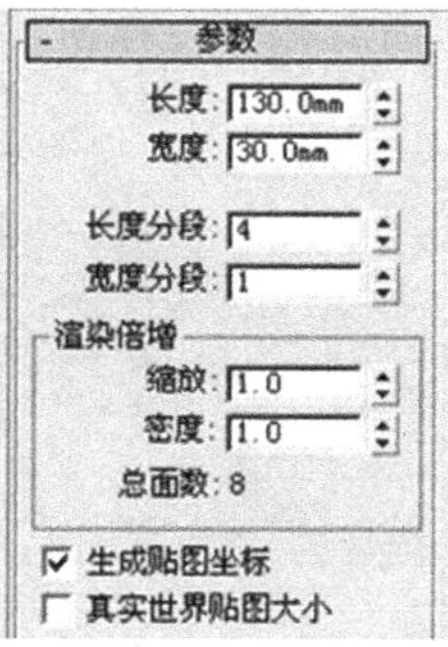

图 9-262　花坛边参数设置　　图 9-263　花坛边的位置　　图 9-264　草参数设置

17. 在视图中选择“草”，在修改器下拉列表中选择【FFD3 ×3 ×3】命令，激活【控制点】次物体级，在前视图中选择上面所有的控制点，利用【缩放】命令，锁定 X 轴进行调整，如图 9-265 所示。

在前视图中选择所有中间的控制点，锁定 X 轴，在左视图中向左移动，如图 9-266 所示。

关闭【控制点】次级物体，在视图中选择“草”，单击【创建】/【标准基本体】/【复合对象】/【散布】命令，在【拾取分布对象】卷展栏中单击【拾取分布对象】按钮，然后在左视图中单击拾取“草坪 01”，进行散布。

在【修改】命令面板的【源对象参数】卷展栏中，设置【重复数】为 15000，取消【垂直】复选框的选择状态，选择【区域】单选按钮。

说明

创建的造型需要设置【重复数】的数量，设置的数量既不要太大，也不要太小。如果没有足够的数量，造型效果将不明显。

在【变换】卷展栏中，设置参数如图 9-267 所示。

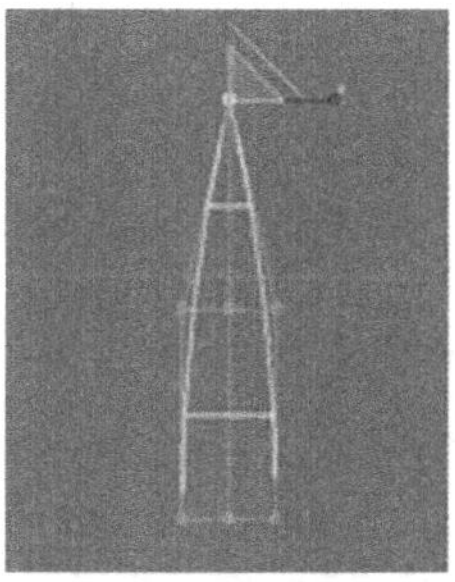

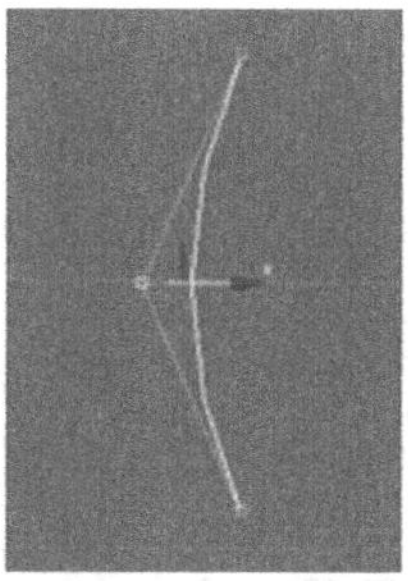

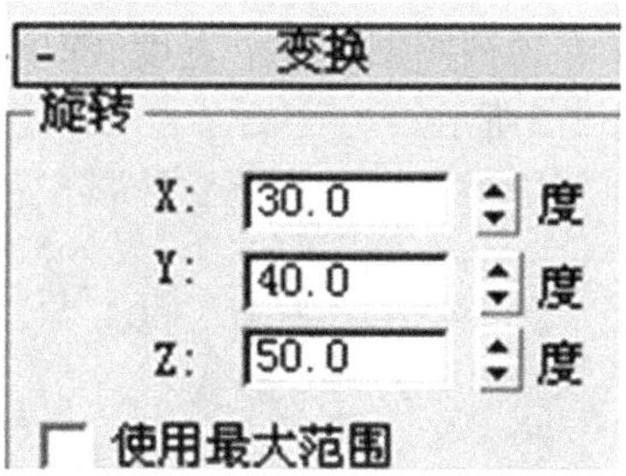

图 9-265　调整控制点(1)　　图 9-266　调整控制点(2)　　图 9-267　【变换】卷展栏参数设置

在【显示】卷展栏中，选择【隐藏分布对象】复选框。此时结果如图 9-268 所示。

18. 选择“草”，单击鼠标右键，在弹出的关联菜单中选择【转换为】/【转换为可编辑多边形】命令，在修改器堆栈中激活【元素】子对象，在工具栏上激活【围栏选择区域】按钮，在顶视图中选择地砖上的草(变为红色)，按【Delete】键将其删除，如图 9-269 所示。

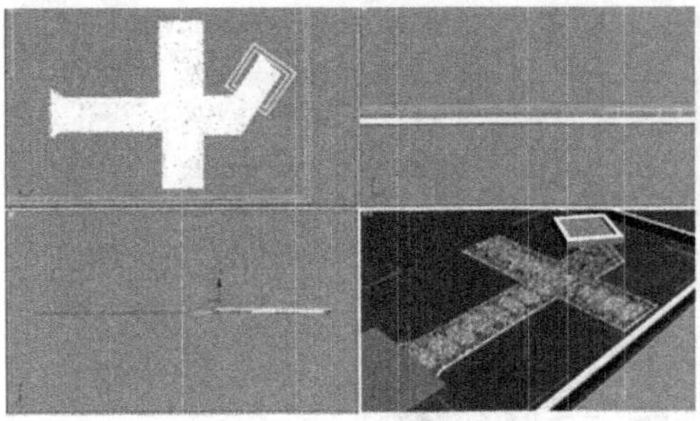

图 9-268　散布后的结果

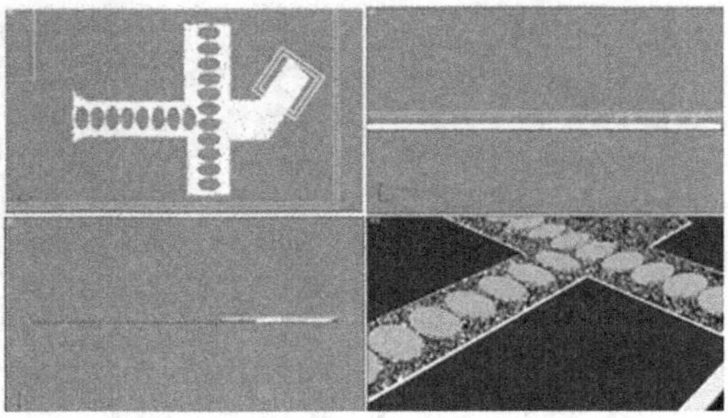

图 9-269　删除地砖上的草

19. 创建院墙。在顶视图创建一个 300 × 300 × 1500 的长方体，命名为"院墙"，在视图中隐藏除"院墙"外的所有物体。

在顶视图中再创建一个 200 × 200 × 150 的长方体，命名为"栏杆"，两个长方体的相对位置如图 9-270 所示。

在顶视图中创建一个 300 × 300 × 70 的长方体，命名为"小栏杆"，位置如图 9-271 所示。

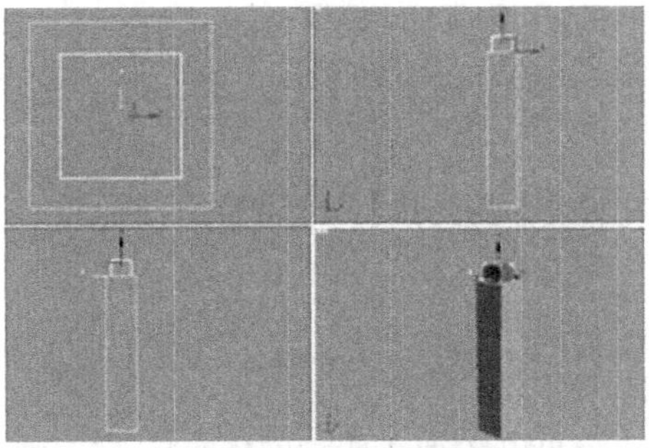

图 9-270　长方体的位置

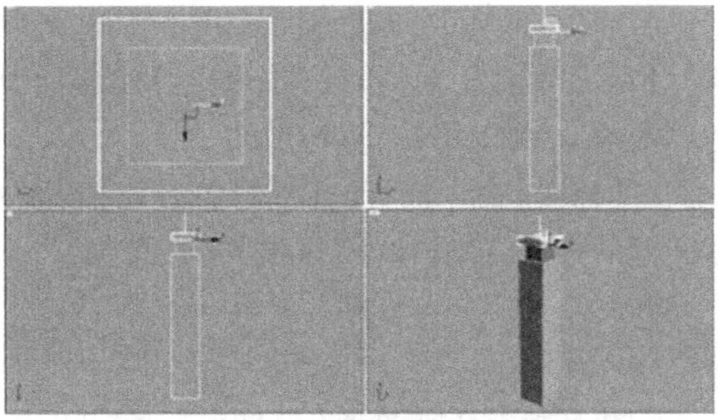

图 9-271　小栏杆造型的位置

在顶视图中创建一个 300 × 300 × 50 的长方体，命名为"长栏杆"，位置如图 9-272 所示。

在顶视图创建一个宽度、深度和高度均为 300 的四棱锥体，命名为"墙顶"，位置如图 9-273所示。

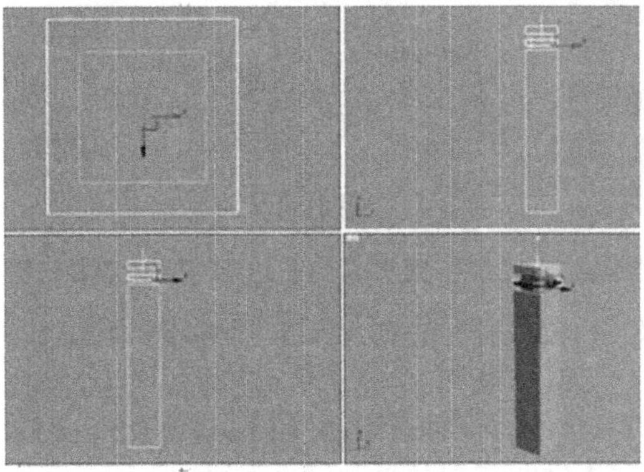

图 9-272　长栏杆造型的位置

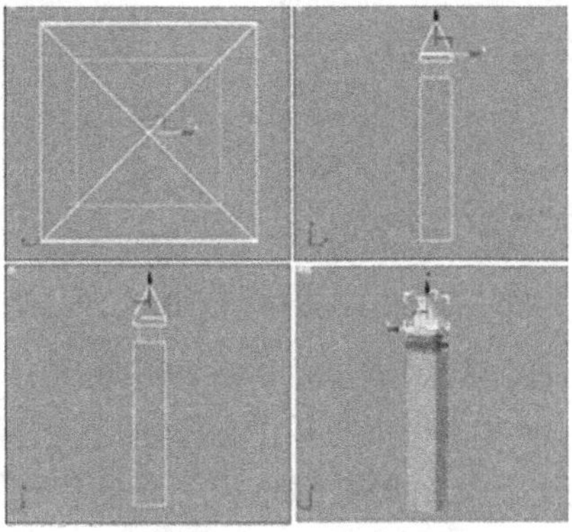

图 9-273　墙顶造型的位置

全部取消隐藏，在顶视图中同时选择四个长方体和一个四棱锥体，将其复制若干组，位置如图 9-274 所示。

20. 在顶视图中创建一个半径为 45、高度为 1500 的圆柱体，命名为“栏柱”，再创建一个半径为 80 的球体，命名为“栏杆球”，二者的相对位置如图 9-275 所示。

同时选择“栏柱”和“栏杆球”，将其复制若干组，位置如图 9-276 所示。

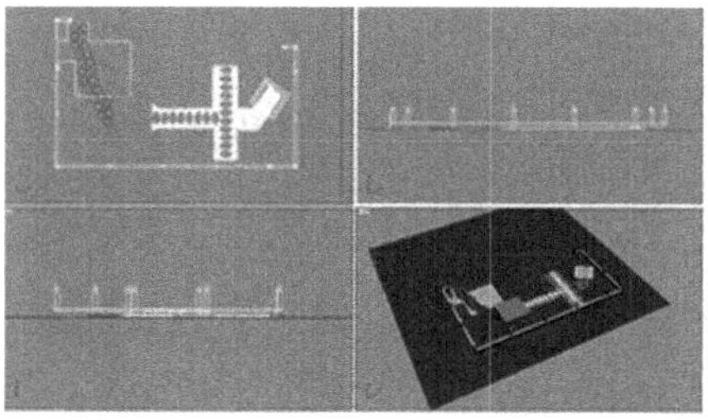

图 9-274　复制后长方体和四棱锥体造型的位置

图 9-275　栏柱和栏杆球造型的位置

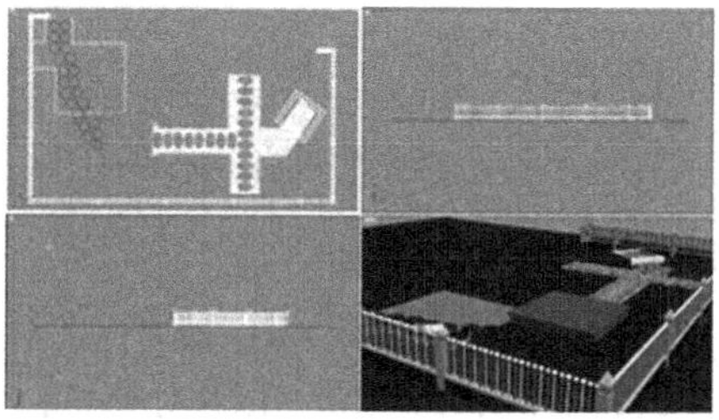

图 9-276　复制后栏柱和栏杆球造型的位置

21. 选择“地基”造型，在前视图中锁定 Y 轴，向上复制一个，并将其挤出数值改变为 20，命名为“横杆”，再将横杆向下复制两个，位置如图 9-277 所示。

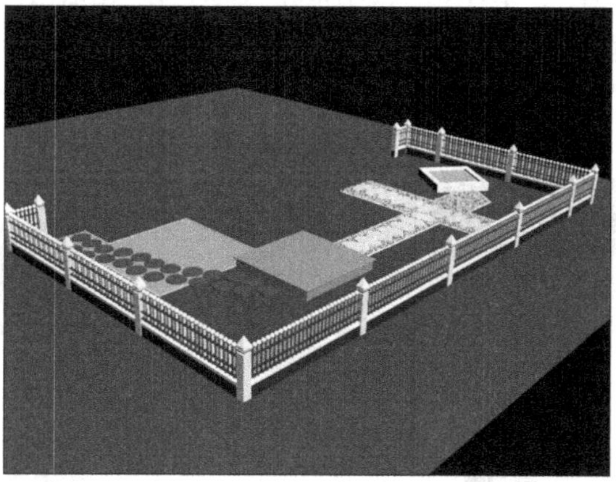

图 9-277　复制后横杆造型的位置

▲编辑材料

说明

本子任务为了增强表现效果，采用 V－Ray 渲染插件进行渲染，材质和灯光也使用 V－Ray材质、灯光。要使用 V－Ray 材质，需要首先将当前的渲染器设置为 V－Ray 渲染器。

22. 单击工具栏中的【渲染场景对话框】按钮，在弹出的【渲染场景】对话框中【公用】卷展栏的【指定渲染器】卷展栏下，设置“V－Ray Adv 1.5RC3”渲染器，如图 9-278 所示。

然后单击【保存为默认设置】按钮，系统自动弹出【保存默认设置】对话框，单击【确

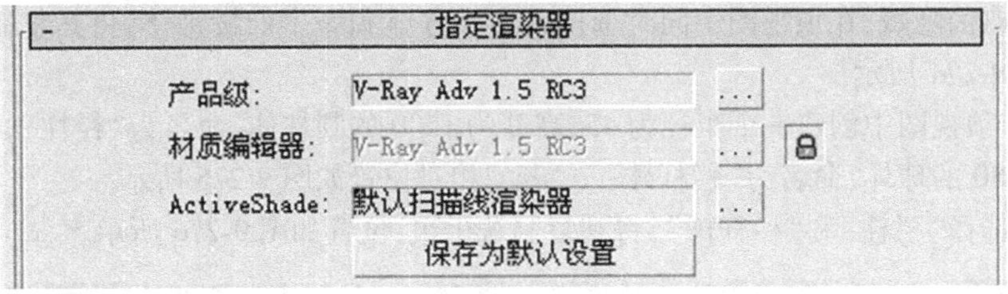

图 9-278　渲染器设置

定】按钮关闭对话框。

23. 打开材质编辑器,选择一个样本示例球,命名为“草坪”。单击【标准】Standard按钮,在弹出的【材质/贴图浏览器】对话框中双击【VRay Mtl】按钮。

在【基本参数】卷展栏下将【漫射】的颜色设置为绿色(R、G、B 分别为 115、214、107),单击【漫射】后面的灰色按钮,在弹出的【材质/贴图浏览器】对话框中双击【位图】按钮,打开“随书光盘/贴图/草地/草地 02. jpg”文件。

基本参数设置如图 9-279 所示。

在视图中选择“草坪”、“草坪 01”、“小草坪”、“草”和“花坛”,给赋材质。

对所赋给的造型选择【UVW 贴图】命令,设置参数如图 9-280 所示。

草材质效果如图 9-281 所示。

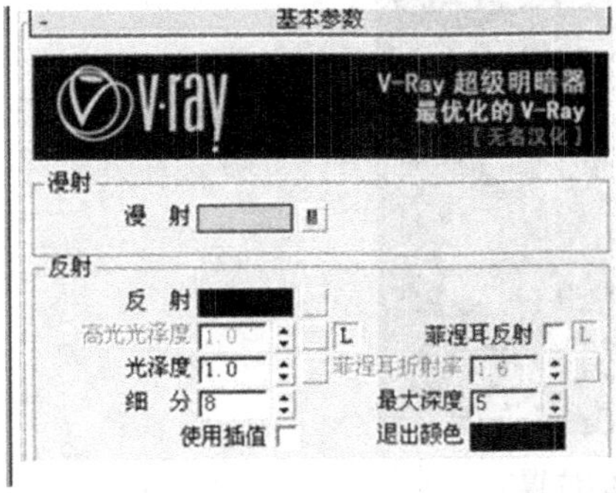

图 9-279　草材质参数设置

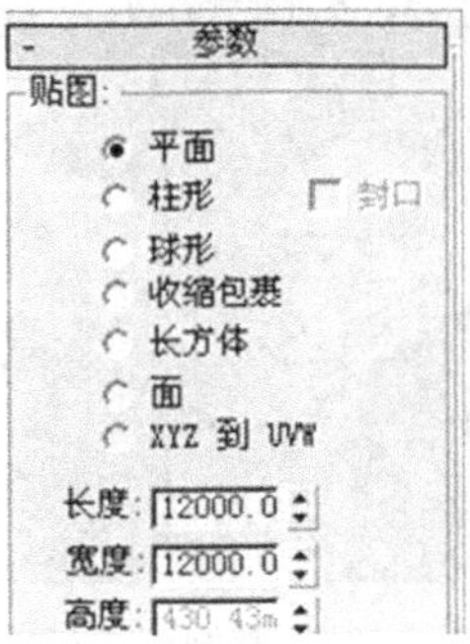

图 9-280　【UVW 贴图】参数设置

图 9-281　草材质效果

24. 选择一个新的空白样本示例球,命名为“路面”。在【基本参数】卷展栏下将【漫射】的颜色设置为褐色(R、G、B 分别为 128、89、89),单击【漫射】后面的灰色按钮,在弹出的【材质/贴图浏览器】对话框中双击【位图】按钮,打开“随书光盘/贴图/石材/石材 11. jpg”文件,基本参数设置如图 9-282 所示。

在【BRDF】卷展栏中设置参数如图 9-283 所示。

在视图中选择“地面”,给赋材质。选择【UVW 贴图】命令,设置参数如图 9-284 所示。

25. 选择一个新的空白样本示例球,命名为“地砖”。在【基本参数】卷展栏下将【漫射】的颜色设置为白色,单击【漫射】后面的灰色按钮,在弹出的【材质/贴图浏览器】对话框框中双击【位图】按钮，打开“随书光盘/贴图/石材/大理石08.jpg”文件，基本参数设置如图9-285所示。

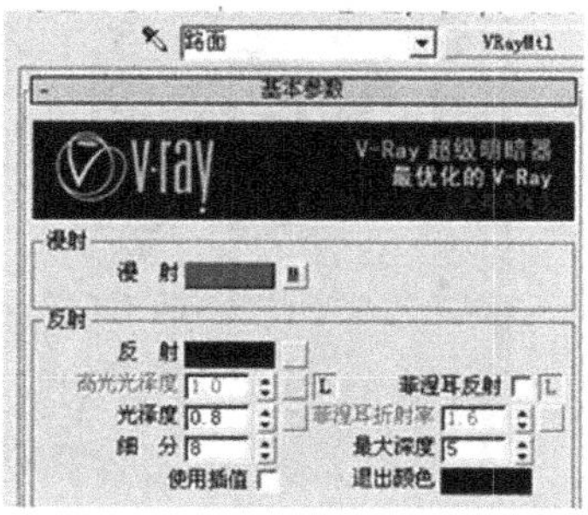

图9-282　**路面材质参数设置**

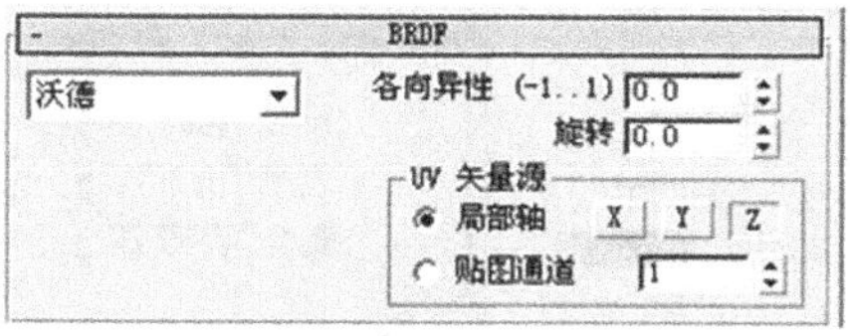

图9-283　**【BRDF】参数设置**

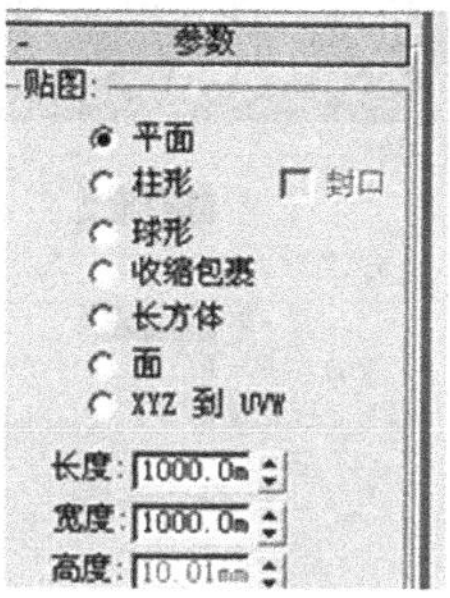

图9-284　**路面贴图参数设置**

打开【贴图】卷展栏，将【漫射】后面的贴图复制到【凹凸】贴图通道上，并将数量改为100。

在视图中选择“地砖”，给赋材质。然后选择【UVW贴图】命令，设置参数如图9-286所示。

制作的砖块材质效果如图9-287所示。

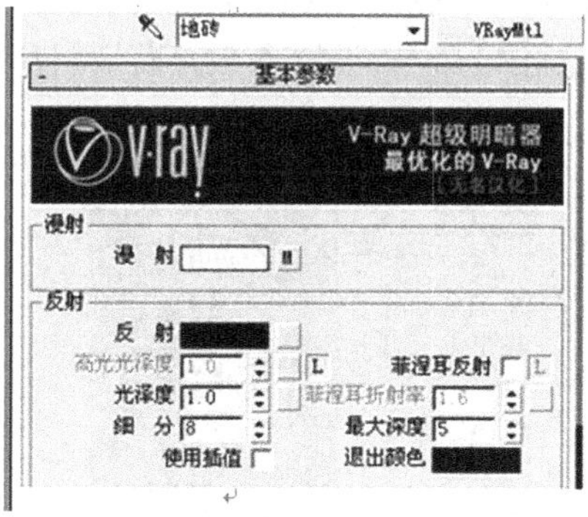

图9-285　**地砖材质参数设置**

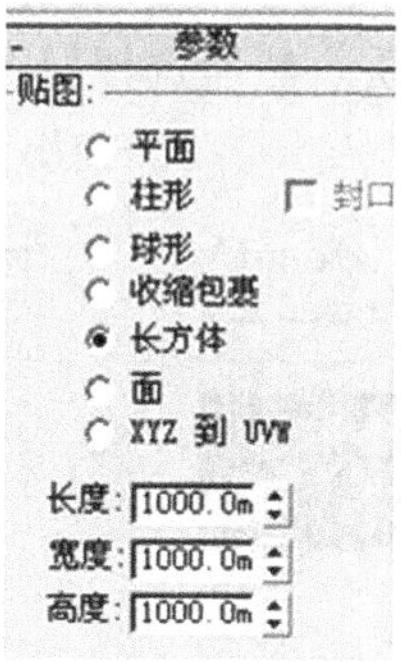

图9-286　**地砖贴图参数设置**

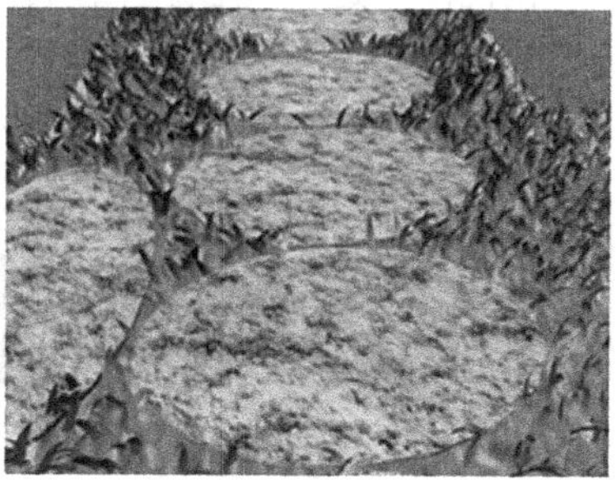
图9-287　**砖块材质效果**

26. 选择一个新的空白样本示例球，命名为“紫色大理石”。在【基本参数】卷展栏下将【漫射】的颜色设置为紫色（R、G、B分别为60、0、150），单击【漫射】后面的灰色按钮，在弹出的【材质/贴图浏览器】对话框中双击【位图】，打开“随书光盘/贴图/石材/大理石02.jpg”文件，基本参数设置如图9-288所示。

打开【贴图】卷展栏，将【漫射】贴图通道后面的数量改为50，再将【漫射】后面的贴图复制到【凹凸】贴图通道上，并将数量改为100。

在视图中选择“铺路石”、“休闲台”和“花池边”，给赋材质。然后选择【UVW贴图】命令，设置参数如图9-289所示。

制作的紫色大理石材质效果如图9-290所示。

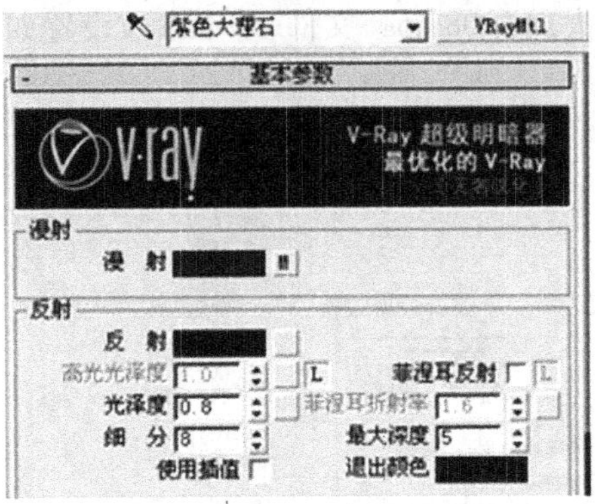

图 9-288　紫色大理石材质参数设置

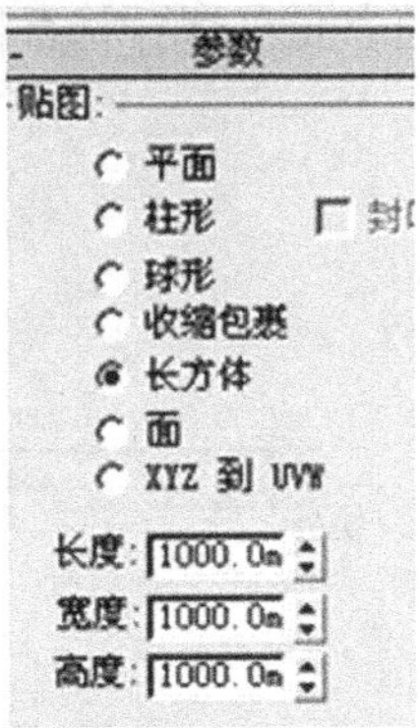

图 9-289　紫色大理石贴图参数设置

图 9-290　紫色大理石材质效果

27. 选择一个新的空白样本示例球，命名为“砖墙”。在【基本参数】卷展栏下将【漫射】的颜色设置为暗红色（R、G、B 分别为 188、94、94），单击【漫射】后面的灰色按钮，在弹出的【材质/贴图浏览器】对话框中双击【位图】按钮，打开“随书光盘/贴图/砖墙/砖墙 16. jpg”文件；在【坐标】卷展栏中设置【平铺】为 2 × 2，其他基本参数设置如图 9-291 所示。

打开【贴图】卷展栏，将【漫射】后面的贴图复制到【凹凸】贴图通道上，并将数量改为 100。

在视图中选择“院墙”，给赋材质。然后选择【UVW 贴图】命令，设置参数及砖墙材质效果如图 9-292 所示。

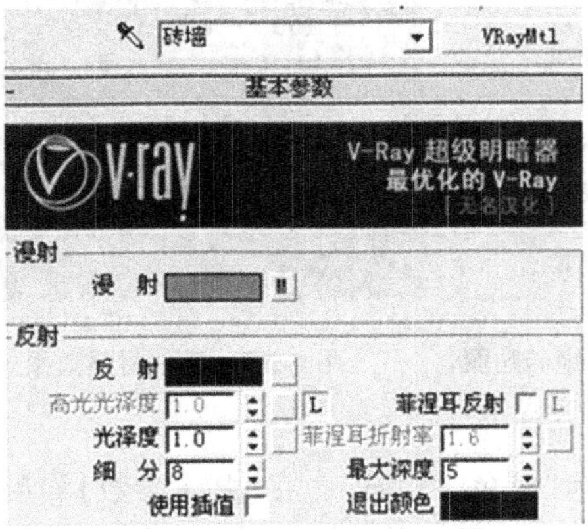

图 9-291　砖墙材质参数设置

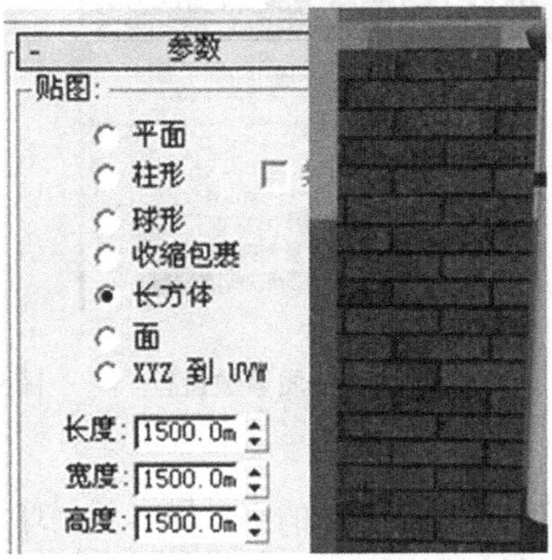

图 9-292　砖墙贴图参数设置及砖墙材质效果

28. 选择一个新的空白样本示例球，命名为“大理石”。在【基本参数】卷展栏下将【漫射】的颜色设置为白色，单击【漫射】后面的灰色按钮，在弹出的【材质/贴图浏览器】对话框中双击【位图】按钮，打开“随书光盘/贴图/石材/石材 1. jpg”文件，基本参数设置如图 9-293所示。

打开【贴图】卷展栏，将【漫射】后面的贴图复制到【凹凸】贴图通道上，并将数量改为 100。

在视图中选择“地基”、“地基 01”、“草坪沿”和“小草坪沿”，给赋材质。

对“地基”、“地基 01”造型选择【UVW 贴图】命令，设置参数如图 9-294 所示。

对“草坪沿”和“小草坪沿”造型选择【UVW 贴图】命令，设置参数如图 9-295 所示。

图 9-293　**大理石材质参数设置**

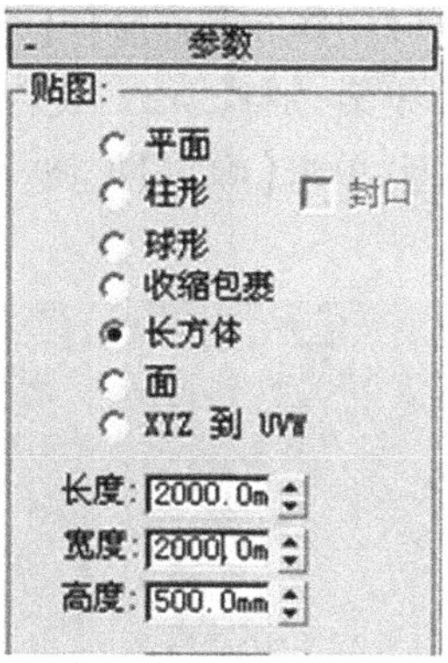

图 9-294　**地基参数设置**

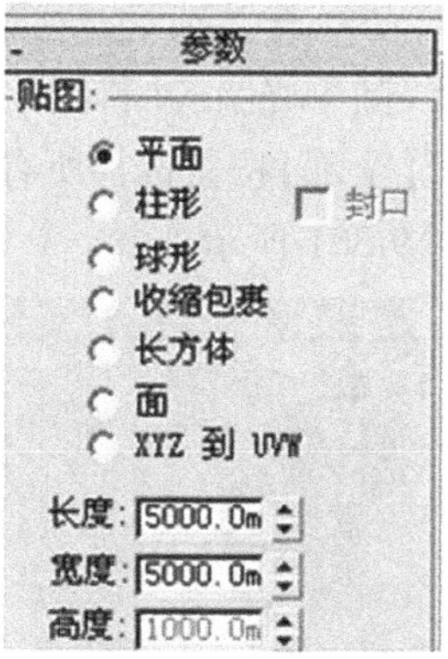

图 9-295　**草坪参数设置**

制作的大理石材质效果如图 9-296 所示。

图 9-296　**大理石材质效果**

29. 选择一个新的空白样本示例球，命名为“白漆”。在【基本参数】卷展栏下将【漫射】的颜色设置为白色，在视图中选择所有的“栏杆”、“小栏杆”、“长栏杆”、“竖杆”、“栏板”和“横杆”，给赋材质。效果如图 9-297 所示。

30. 选择一个新的空白样本示例球，命名为“木平台”。在【基本参数】卷展栏下将【漫射】的颜色设置为黄色（R、G、B 分别为 255、194、128），单击【漫射】后面的灰色按钮，在弹出的【材质/贴图浏览器】对话框中双击【位图】按钮，打开“随书光盘/贴图/木纹/20. jpg”文件，基本参数设置如图 9-298 所示。

在视图中选择“休闲台面”，给赋材质。再选择【UVW 贴图】命令，参数设置如图 9-299所示。

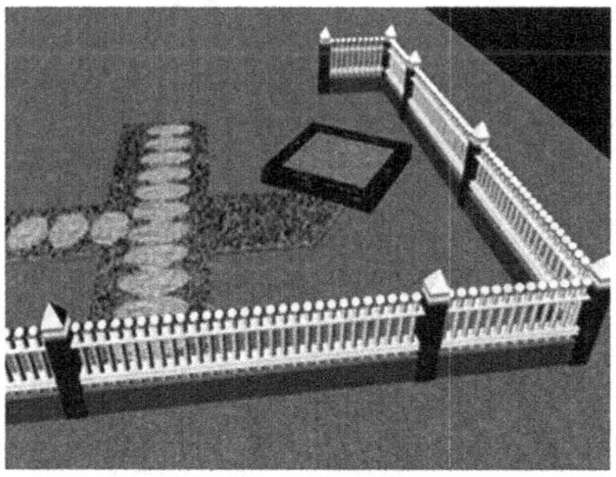

图 9-297　**白漆材质效果**

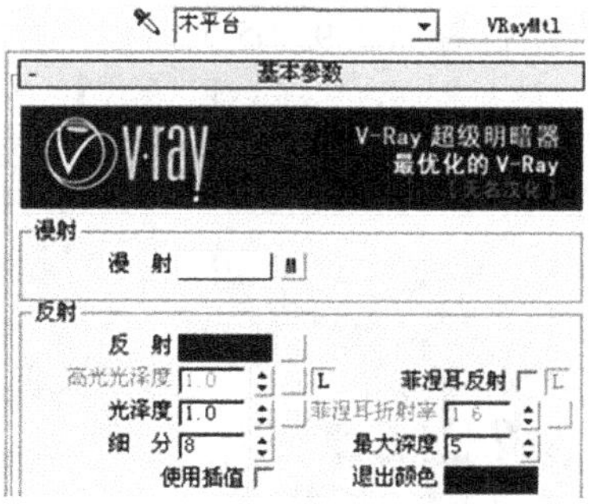

图 9-298　**木平台材质参数设置**

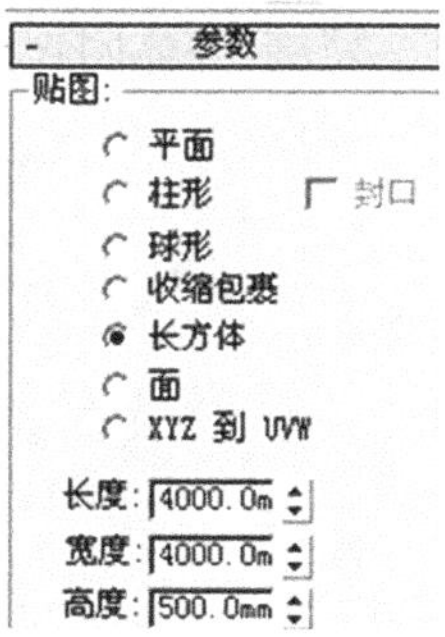

图 9-299　**木平台贴图参数设置**

制作的木平面材质效果如图 9-300 所示。

▲**合并构件**

31. 合并别墅。在菜单栏中执行【文件】/【合并】命令，从弹出的【合并】对话框中选择“随书光盘/项目四/合并线架/别墅.max”文件，将其打开，在弹出的【合并】对话框中单击【全部】按钮选择所有造型，单击【确定】按钮，将造型全部合并到场景中来，调整位置如图 9-301 所示。

图 9-300　木平台材质效果

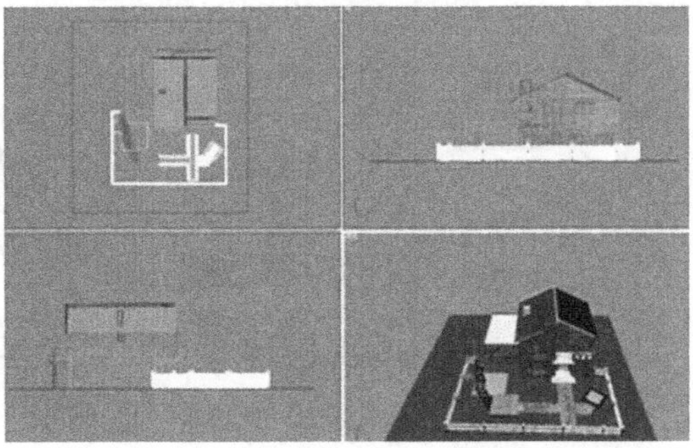

图 9-301　别墅的位置

32. 合并秋千座椅。用和上面相同的方法合并“秋千座椅 02.max”文件，位置如图 9-302所示。

33. 合并凉亭，位置如图 9-303 所示。

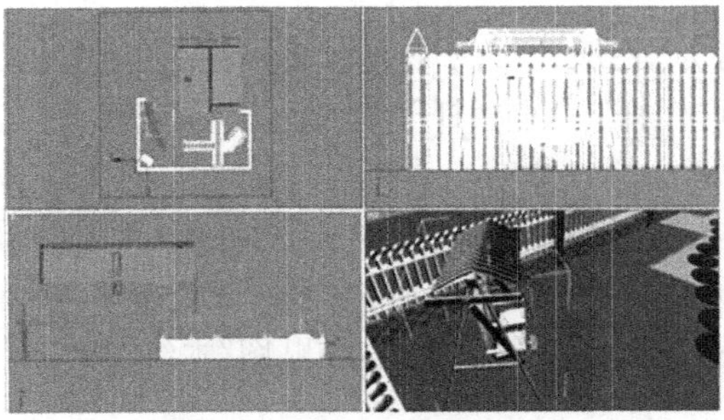

图 9-302　秋千座椅的位置

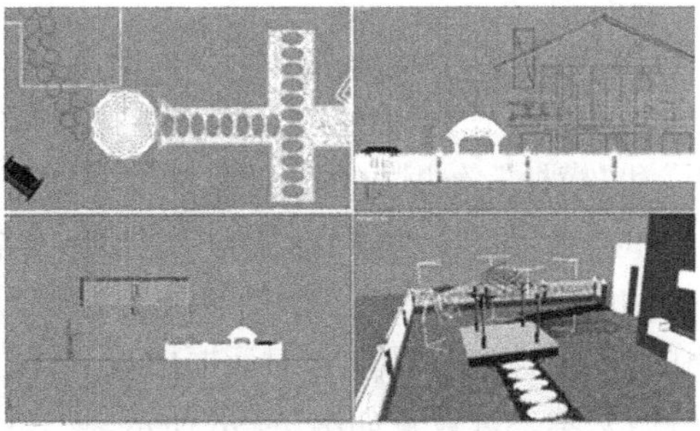

图 9-303　凉亭的位置

34. 合并木桌凳，位置如图 9-304 所示。

35. 合并休闲长座凳，位置如图 9-305 所示。

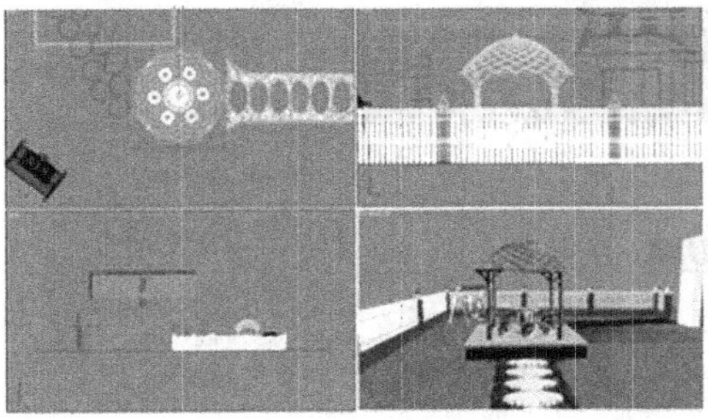

图 9-304　木桌凳的位置

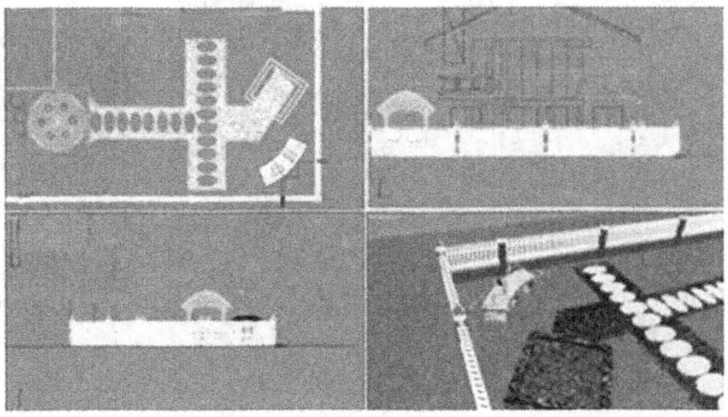

图 9-305　休闲长座凳的位置

36. 合并园林小品，复制一个，位置如图 9-306 所示。

37. 合并草坪灯，再复制两个，位置如图 9-307 所示。

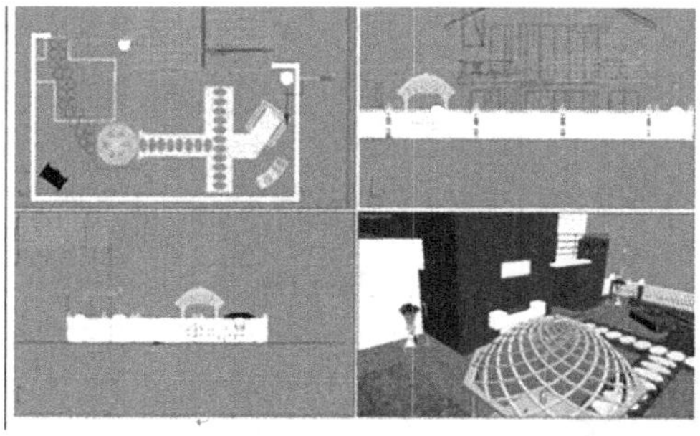

图 9-306　园林小品的位置

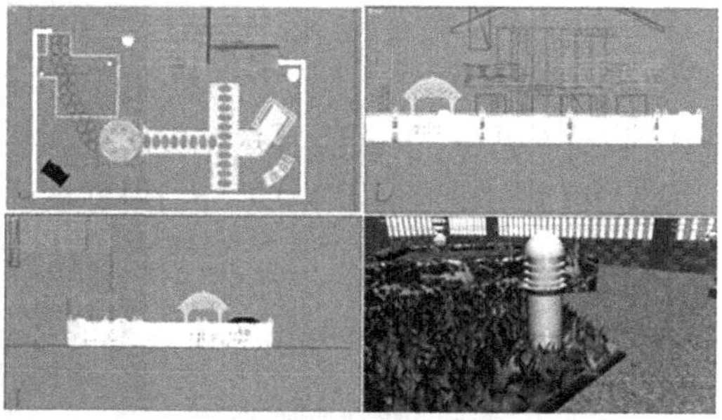

图 9-307　草坪灯的位置

注意：合并进来的线架根据实际情况调整大小、编辑材质并给赋，在此不再讲述。

38. 合并树木，复制若干，位置如图 9-308 所示。

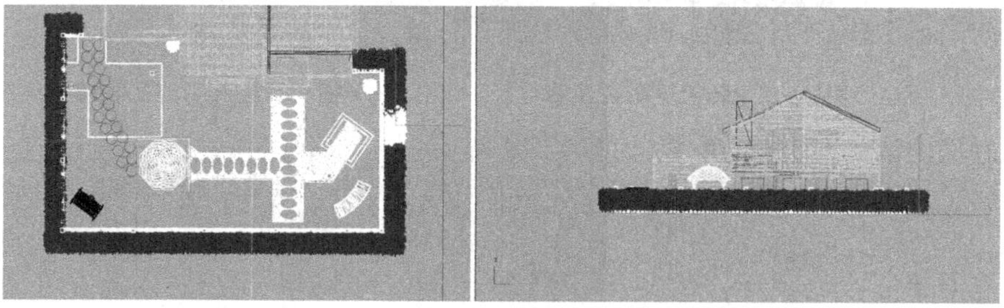

图 9-308　树的位置

▲创建摄影机

39. 在顶视图创建一个目标摄影机，设置【视野】为 50，位置如图 9-309 所示。

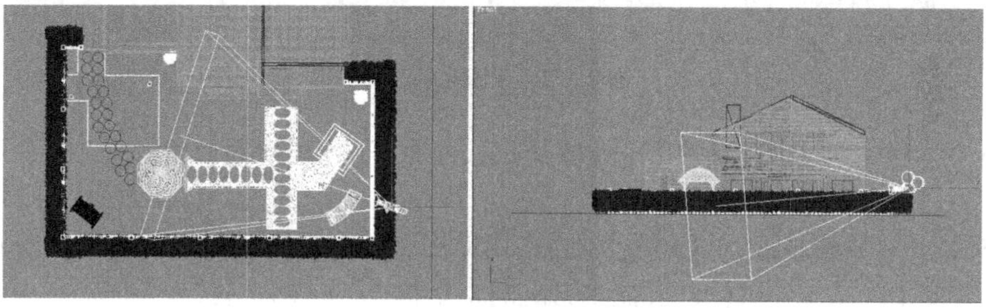

图 9-309　摄影机的位置

40. 激活透视图，按【C】键将透视图转换为摄影机视图，如图 9-310 所示。

41. 单击按钮打开显示命令面板，在【按类别隐藏】卷展栏下选择【摄影机】复选框将其隐藏。

说明

为了不影响作图和渲染速度，可以把摄影机视角范围看不到的物体隐藏，比如有些树。

▲创建灯光

42. 为了不影响速度，隐藏所有合并进来的构件。单击【灯光】/【V - Ray】/【VR 阳光】按钮，在顶视图中自下而上创建一盏 VR 阳光光源，命名为“太阳光”。系统自动弹出【VR 阳光】对话框，单击【是】按钮关闭对话框。

43. 在【VR 阳光参数】卷展栏下，选择【不可见】复选框，并设置各项参数，如图 9-311 所示。

图 9-310　转换摄影机视图

图 9-311　【VR 阳光参数】设置

在视图中调整太阳光的位置，如图 9-312 所示。

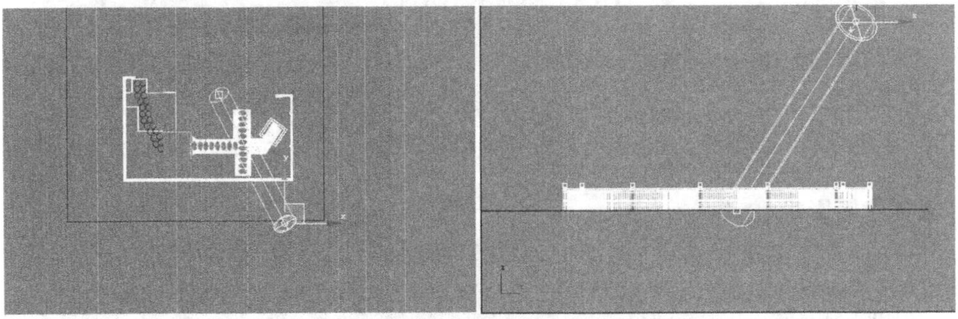

图 9-312　太阳光的位置

44. 在菜单栏中执行【渲染】/【环境】命令，在打开的【环境和效果】对话框中设置背景颜色为白色。

45. 打开材质编辑器，将【环境贴图】后的贴图类型拖动【实例】复制到一个新的材质样本示例球上。系统弹出【实例(副本)贴图】对话框，单击【确定】按钮关闭对话框。

46. 在【VR 天光参数】卷展栏下选择【手动阳光节点】复选框，单击【阳光节点】后的按钮，在视图中单击拾取创建的“太阳光”，并设置其参数，如图 9-313 所示。

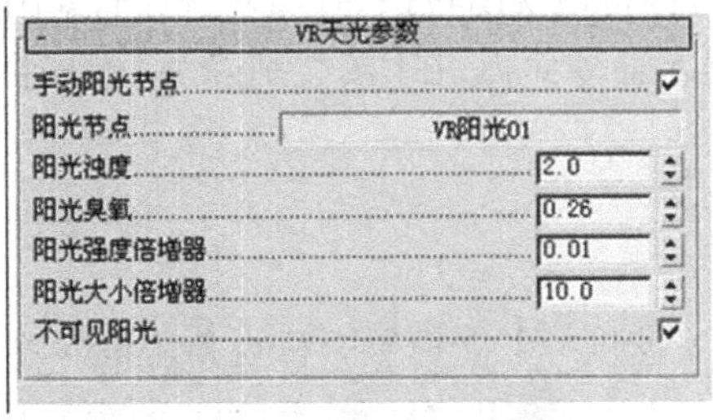

图 9-313　【VR 天光参数】设置

47. 单击按钮打开【显示】命令面板，在【按类别隐藏】卷展栏下选择【灯光】复选框将其隐藏。

▲渲染输出

说明

V－Ray 渲染器计算全局光，能够实现非常逼真的光照效果，但是也需要较多的渲染计算时间。为了提高渲染速度，本子任务首先渲染小图生成光子贴图文件，然后利用光子贴图文件生成大图。

48. 首先预览渲染设置。

单击按钮，在弹出的【渲染场景】对话框中选择【渲染器】选项卡，在 V-Ray:: 全局开关[无名] 卷展栏下，取消选择【默认灯光】复选框。

在 V-Ray:: 间接照明(GI) 卷展栏下，选择【开】复选框，设置【首次反弹】下的【倍增器】为 1，【二次反弹】下的【倍增器】为 0.8。

在 V-Ray:: 发光贴图[无名] 卷展栏下，将【当前预置】设置为低，模型【细分】设置为 20。

在 V-Ray:: 环境[无名] 卷展栏下，选择【全局光环境（天光）覆盖】为开，设置【颜色】为黄色（R、G、B 分别为 255、255、250），设置【倍增器】为 0.9。

单击【渲染】按钮，渲染开始，如果不满意，继续调整，直到满意为止。

49. 渲染光子图。在材质和灯光设置都满意后，单击按钮，在弹出的【渲染场景】对话框中选择【公用】选项卡，在【公用参数】卷展栏下，设置【宽度】为 320、【高度】为 240。

选择【渲染器】选项卡，在 V-Ray:: 发光贴图[无名] 卷展栏下，将【当前预置】设置为高；选择【渲染后】下面的三个复选框，自动保存光子图，这样，在下一次渲染时会自动使用光子图。

单击【浏览】按钮，在文件名中命名为"别墅庭院设计"，单击【保存】按钮，将文件保存。

单击【渲染】按钮，将其渲染出来。

50. 最终输出。单击按钮，在弹出的【渲染场景】对话框中选择【公用】选项卡，在【公用参数】卷展栏下，设置【宽度】为 3000、【高度】为 2250。

在 V-Ray:: 发光贴图[无名] 卷展栏下，将【当前预置】设置为中；在【方式】选项栏里，单击【浏览】按钮，将前面存储的"别墅庭院设计. vrmap"文件双击打开，如图 9-314 所示。

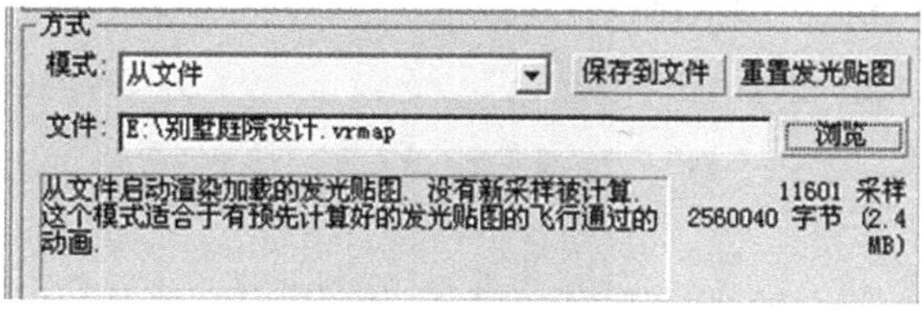

图 9-314　导入文件

说明

如果在渲染光子图时启用了【切换到保存的贴图】，这一步系统会自动设置。

单击【渲染】按钮，渲染开始。渲染效果如图 9-315 所示。

图 9-315　渲染效果

渲染结束后，在【渲染效果】对话框中单击按钮，在弹出的【浏览图像供输出】对话框中将文件保存为"别墅庭院设计. tif"文件。

在【浏览图像供输出】对话框中单击【保存】按钮，此时弹出【TIF 图像控制】对话框，在对话框中选择【存储 Alpha 通道】复选框，单击【确定】按钮关闭对话框。

经 Photoshop 后期处理后，别墅庭院设计最终效果如图 9-244 所示。

项目小结

本项目由两大任务组成，从前期的园林设计元素和设施的制作技能到设计项目实战，系统详细地介绍了园林小品的基本操作和设计项目实战的全过程。通过小区规划鸟瞰效果图景观设计、别墅建筑效果图、别墅夜景效果图景观设计、办公大厦效果图景观设计、街道景观设计和别墅庭院设计的实际操作，从中归纳出制作园林效果图的基本流程，即建模（通过导入 CAD 平面图或者是在 3ds Max 中直接创建）、赋予材质和贴图、设置灯光和相机、渲染场景四个基本过程。每个子任务的操作均是环环相扣、步步深入，特别是参数的设置细致、明确，只要同学们能认真操作练习，一定能掌握制作园林效果图的操作技能，为尽快胜任工作岗位打下坚实的基础。

附 录 3ds Max 常用快捷键

视图:

P——透视图(Perspective)
F——前视图(Front)
T——顶视图(Top)
L——左视图(Left)
C——摄影机视图(Camera)
U——用户视图(User)
B——底视图(Back)
{ }——视图的缩放

视图控制区:

Alt + Z——缩放视图工具
Z——最大化显示全部视图或所选物体
Ctrl + W——区域缩放
Ctrl + P——抓手工具,移动视图
Ctrl + R——视图旋转
Alt + W——单屏显示当前视图

工具栏:

Q——选择工具
W——移动工具
E——旋转工具
R——缩放工具
A——角度工具
S——顶点的捕捉
H——打开选择列表,按名称选择物体
M——材质编辑器

坐标:

X——显示/隐藏坐标
“ - 、+ ”——缩小或扩大坐标

其他:

8——“环境与特效”对话框

9——“光能传递”对话框
G——隐藏或显示网格
O——物体移动时,以线框的形式
F3——“线框”|“光滑 + 高光”两种显示方式的转换
F4——显示边
空格键——选择锁定
Shift + Z——撤销视图操作
Shift + C——隐藏摄影机
Shift + L——隐藏灯光
Shift + G——隐藏几何体
Shift + Q——快速渲染
Ctrl + I——反选
Ctrl + O——打开文件
Ctrl + A——全选
Ctrl + Z——撤销场景操作
Ctrl + L——使用默认灯光
Alt + 6——显示主工具栏
Alt + Q——进入单独选择模式
Alt + A——对齐

参考文献

[1] 朱仁成,周安斌,等. 3ds Max 5 室外建筑艺术与效果表现[M]. 北京:电子工业出版社,2003.

[2] 刑黎峰. 园林计算机辅助设计教程[M]. 北京:机械工业出版社,2004.

[3] 张括. 3ds Max 6.0、Photoshop CS 建筑效果图制作精粹[M]. 北京:北京希望电子出版社,2005.

[4] 常会灯. 园林计算机辅助设计[M]. 北京:高等教育出版社,2005.

[5] 王静. AutoCAD 2006/3ds Max 7/Photoshop CS 装饰设计效果图制作教程[M]. 北京:电子工业出版社,2005.

[6] 亓鑫辉,刘晓. 3ds Max 7 中文版火星课堂[M]. 北京:兵器工业出版社,北京科海电子出版社,2005.

[7] 高志清. 3ds Max 园林及建筑小区规划效果图制作技能特训[M]. 北京:中国水利水电出版社,2005.

[8] 李绍勇. 3ds Max 8 范例导航[M]. 北京:清华大学出版社,2006.

[9] 冯嵩,黄志涛. 3ds Max 三维造型入门与范例解析[M]. 北京:机械工业出版社,2006.

[10] 程鹏辉,贾甦燕,梁计峰. 3ds Max 8 造型与效果图实例指导教程[M]. 北京:机械工业出版社,2006.

[11] 杨雪果. 3ds Max 高级程序贴图的艺术[M]. 北京:中国铁道出版社,2006.

[12] 于蓉. 园林计算机辅助制图[M]. 沈阳:白山出版社,2006.

[13] 车宇,夏小寒,王恺. 3ds Max 效果图制作循序渐进 400 例[M]. 北京:清华大学出版社,2007.

[14] 周峰,王征. 3ds Max 9 中文版基础与实践教程[M]. 北京:电子工业出版社,2008.

[15] 万志成. 3ds Max 9 基础入门与范例提高[M]. 北京:北京科海电子出版社,2008.

[16] 周初梅. 园林建筑设计[M]. 北京:中国农业出版社,2009.

[17] 张朝阳,贾宁. 3ds Max + Photoshop 园林景观效果图表现[M]. 北京:中国农业出版社,2009.